国家示范性高职院校优质核心课程系列教材
高等职业教育"十四五"规划教材

# 动物疫病防治

姚卫东　主编



中国农业大学出版社
·北京·

## 内 容 简 介

动物疫病防治是畜牧兽医专业重要的临床课程之一，是畜牧兽医专业人才培养方案中的一门核心课程。它包括传染病和寄生虫病两部分内容，是探讨畜禽疫病发生和发展的规律以及预防和消灭这些疫病的方法的一门课程。它的根本任务是有效防治畜禽传染病和寄生虫病，从而保证畜牧业的健康发展。本课程的实践性很强，打破了原有的"系统性"和"完整性"，以理论知识够用为度，以加强实践技能培养为原则，基于临床诊治动物疫病的过程，根据临床诊断、病理变化识别和用药治疗三者间的联系，以临床诊断为主线，构建新的教学结构体系。

在结构体系上，注重便于读者学习和使用；在内容阐述上，力求反映当代新知识、新方法和新技术，保证其先进性。教材内容适合高等职业教育的畜牧兽医类专业使用。

**图书在版编目(CIP)数据**

动物疫病防治/姚卫东主编．—北京：中国农业大学出版社，2011.3(2024.8 重印)
ISBN 978-7-5655-0200-2

Ⅰ.①动… Ⅱ.①姚… Ⅲ.①兽疫-防治-高等学校-教材 Ⅳ.①S851

中国版本图书馆 CIP 数据核字(2011)第 012046 号

**书　　名** 动物疫病防治
**作　　者** 姚卫东 主编

**策划编辑** 姚慧敏 康昊婷　　**责任编辑** 陈 阳
**封面设计** 郑 川 李尘工作室　　**责任校对** 陈 莹 王晓凤
**出版发行** 中国农业大学出版社
**社　　址** 北京市海淀区圆明园西路 2 号　　**邮政编码** 100193
**电　　话** 发行部 010-62818525,8625　　读者服务部 010-62732336
编辑部 010-62732617,2618　　出 版 部 010-62733440
**网　　址** http://www.cau.edu.cn/caup　　**E-mail** cbsszs @ cau.edu.cn
**经　　销** 新华书店
**印　　刷** 北京锦鸿盛世印刷科技有限公司
**版　　次** 2011 年 3 月第 1 版 2024 年 8 月第 5 次印刷
**规　　格** 787×980 16 开本 20 印张 367 千字
**定　　价** 59.00 元

# 国家示范性高职院校优质核心课程系列教材
# 建设委员会成员名单

# 编写人员


**主　编**　姚卫东（辽宁农业职业技术学院）

**副主编**　刘衍芬（辽宁农业职业技术学院）
刘正伟（辽宁农业职业技术学院）
张　利（辽宁农业职业技术学院）
曲　悦（辽宁医学院畜牧兽医学院）

**参　编**　曹　晶（辽宁农业职业技术学院）
范俊娟（辽宁农业职业技术学院）
贺永明（辽宁农业职业技术学院）
韩　周（辽宁农业职业技术学院）

**主　审**　刘振湘（湖南环境生物职业技术学院）

# 序

我国高等职业教育在经济社会发展需求推动下，不断地从传统教育教学模式中蜕变出新，特别是近十几年来在国家教育部的重视下，高等职业教育从示范专业建设到校企合作培养模式改革，从精品课程遴选到“双师型”教师队伍构建，从质量工程的开展到示范院校建设项目的推出，经历了局部改革到全面建设的历程。教育部《关于全面提高高等职业教育教学质量的若干意见》(教高[2006]16 号)和《教育部、财政部关于实施国家示范性高等职业院校建设计划，加快高等职业教育改革与发展的意见》(教高[2006]14 号)文件的正式出台，标志着我国高等职业教育进入了全面提高质量阶段。切实提高教学质量已成为当前我国高等职业教育的一项核心任务。而以课程为核心的改革与建设成为高等职业院校当务之急。目前，教材作为课程建设的载体、教师教学的资料和学生的学习依据，存在着与当前人才培养需要的诸多不适应。一是传统课程体系与职业岗位能力培养之间的矛盾；二是教材内容的更新速度与现代岗位技能的变化之间的矛盾；三是传统教材的学科体系与职业能力成长过程之间的矛盾。因此，加强课程改革、加快教材建设已成为目前教学改革的重中之重。

辽宁农业职业技术学院经过 10 年的改革探索和 3 年的示范性建设，在课程改革和教材建设上取得了一些成就，特别是示范院建设中的 32 门优质核心课程作为物化成果之一，教材现均已结稿付梓，即将与同行和同学们见面交流。

本系列教材力求以职业能力培养为主线，以工作过程为导向，以典型工作任务和生产项目为载体，立足行业岗位要求，参照相关的职业资格标准和行业企业技术标准，遵循高职学生成长规律、高职教育规律和行业生产规律进行开发建设。教材建设过程中广泛吸纳了行业企业专家的智慧，按照任务驱动、项目导向教学模式的需求，构建情境化学习任务单元，在内容选取上注重了学生可持续发展能力和创新能力培养，教材具有典型工学结合特征。

本套以工学结合为主要特征的系列化教材的正式出版，是学院不断深化教学改革，持续开展工作过程系统化课程开发的结果，更是国家示范院建设的一项重要成果。本套教材是我校多年来开展按农时季节工艺流程工作程序开展教学活动的一次理性升华，也是借鉴国外职业教育经验的一次探索尝试，这里面凝聚了各位编委的大量心血与智慧。希望该系列教材的出版能为推动基于工作过程系统化课程体系建设和促进人才培养质量提高提供更多的方法及路径，能为全国农业高职院校的教材建设起到积极的引领和示范作用。当然，系列教材涉及的专业较多，编者对现代教育理念的理解不一，难免存在各种各样的问题，希望得到专家的斧正和同行的指点，以便我们改进。

该系列教材的正式出版得到了姜大源、徐涵等职业教育专家的悉心指导，同时，也得到了化学工业出版社、中国农业大学出版社及相关行业企业专家和有关兄弟院校的大力支持，在此一并表示感谢！

**蒋锦标**

2010 年 12 月

# 前　言

高等职业教育是我国高等教育的重要组成部分，近年来在国家有关政策的指导下，高等职业教育得到了快速的发展，围绕培养目标在人才培养模式、教学方法、教材等方面都进行了大规模的改革。但有些课程和教材还不能完全适应高等职业教育的特点，需要进一步的整合和完善。我院为国家高等职业教育百所示范院校之一，畜牧兽医专业是示范院校建设的重点专业之一，而动物疫病防治是畜牧兽医专业的优质核心课程。为了适应课程体系的改革，我们编写了这部教材。

动物疫病防治是畜牧兽医专业重要的临床课程之一，它包括传染病和寄生虫病两部分内容，是探讨畜禽疫病发生和发展的规律以及预防和消灭这些疫病的方法的一门课程。它的根本任务是有效防治畜禽的传染病和寄生虫病，从而保证畜牧业的健康发展。所以，本课程的实践性很强，打破了原有的"系统性"和"完整性"，以理论知识够用为度，以加强实践技能培养为原则，基于临床诊治动物疫病的过程，根据临床诊断、病理变化识别和用药治疗三者间的联系，以临床诊断为主线，构建新的教学结构体系。

党的二十大报告指出，教育、科技、人才是全面建设社会主义现代化国家的基础性、战略性支撑。畜牧兽医类专业的培养目标是培养适应社会主义市场经济和现代化建设需要的，德、智、体、美全面发展的，具有畜牧兽医行业应职岗位所必需的实践技能和相关的基础知识，适应畜牧兽医生产、管理、经营等岗位工作需要的高技术技能型人才。本教材就是在这一目标的指引下，确定课程培养目标，科学合理地选取教材内容。以理论适当、够用为度，加强实践教学的内容。在以能力为本位的教育思想指导下，遵循职业教育的教学规律，充分体现职业教育特点，尤为注重知识和技能的应用性和实用性，突出专业能力和素质的培养提高。在结构体系上，注重便于读者的学习和使用；在内容阐述上，力求反映当代新知识、新方法和新技术，保证其先进性。所以，教材内容适合高等职业教育的畜牧兽医类专业使用。

本教材为基于工作过程的理论实践一体化教学的配套教材，教材分为六个大项目，在每个项目前提出具体的知识目标和技能目标，在每个子项目后设计案例分析和复习思考题，在每个项目后设计实训任务。实训任务可配合理论授课分散进行，也可以在教学计划安排的教学实习中完成。

本教材由辽宁农业职业技术学院的姚卫东主编，辽宁农业职业技术学院的刘衍芬、刘正伟、张利，辽宁医学院畜牧兽医学院曲悦任副主编；曹晶、范俊娟、贺永明和韩周参加编写。全书由姚卫东负责统稿。

本教材由湖南环境生物职业技术学院刘振湘教授主审，在此表示由衷的感谢。由于编者水平所限，难免有不足之处，敬请广大读者批评指正。

**编　者**

2024 年 6 月

# 目　　录

# 绪　　论

◈知识目标：

- 掌握动物疫病的概念及研究内容。
- 理解动物疫病防治与其他兽医课程的联系及动物疫病的危害。
- 了解我国对动物疫病的研究成就与存在的问题。

## 一、动物疫病防治的研究内容

动物疫病包括动物传染病和寄生虫病。动物疫病防治是研究动物疫病发生和发展的规律以及预防和消灭这些疫病的方法的一门课程。具体内容包括：研究动物疫病发生和发展的一般规律；动物疫病一般性预防和控制扑灭的措施；各种动物疫病简介、临床症状、病理变化、诊断和防治措施等。

## 二、动物疫病防治与其他课程的关系及学习目标

动物疫病防治是畜牧兽医专业的重要临床课程之一，与畜牧兽医专业的其他课程有着广泛而密切的联系，其中主要的有动物解剖生理、兽医微生物、兽医病理、兽医药理、兽医临床诊断等，特别是兽医微生物与动物疫病防治的联系最为密切。通过学习动物疫病防治，学生可以了解并掌握动物疫病流行和防治的规律，有助于学生在实际工作中对某一区域动物疫病的宏观控制措施和养殖场中具体疫病进行分析和评价。同时掌握或了解不同种类动物疫病的具体控制措施及其执行过程中的侧重点，便于学生在临床中进行动物疫病的防治。

## 三、动物疫病的危害与学习意义

动物疫病是危害畜禽生产最严重的一类疾病。它不仅可以造成大批畜禽因暴发疫病而死亡，导致畜禽生产性能下降（如产蛋量、产乳量等），影响动物生长发育和繁殖以及畜禽产品的质量下降，造成直接经济损失，对畜禽或畜禽产品的外贸出口也有极大的负面影响，某些人兽共患病还直接影响人身健康。各个国家和地区每年在对动物疫病的防治、检疫、封锁上都要消耗大量的人力、物力和财力。因此，

认识研究动物疫病发生和发展的规律，努力做好动物疫病防治工作，对于促进畜牧业健康持续发展，保护人民身体健康，促进国际贸易，维护国家声誉等都具有十分重要的意义。

## 四、我国动物疫病防治取得的成就与存在的问题

动物疫病的控制和消灭程度，是衡量一个国家兽医事业发展水平的主要标志。新中国成立以来，兽医事业得到了快速发展，取得了一些重要成绩。先后颁布了《中华人民共和国动物防疫法》和《中华人民共和国动植物进出境检疫法》等重要法律、法规，使我国的动物疫病防治工作走上了法制化的轨道；首次确诊了小鹅瘟、兔病毒性出血症；1955 年宣布消灭了牛瘟、1996 年宣布消灭了牛肺疫；首次阐明了某些寄生虫的生活史，提供了某些寄生虫病的地理分布、季节动态、传播方式、媒介与中间宿主的生物学特征及感染途径等；研制了一批具有世界先进水平的疫苗如牛瘟兔化、绵羊化、山羊化弱毒疫苗，猪瘟兔化弱毒疫苗，牛肺疫兔化、绵羊化弱毒菌苗，布鲁氏菌羊型 5 号、猪型 2 号弱毒菌苗，马传染性贫血弱毒疫苗，猪气喘病兔化弱毒菌苗，弓形虫苗和旋毛虫苗；成功研究了数十种动物疫病的特异诊断方法，核酸探针、基因重组技术已被应用于疫病的病原鉴定、实验研究和疫苗研制当中；国内主要动物疫病均已得到基本控制；成功研究了数十种动物疫病的免疫程序和方法；新型低毒、高效的抗微生物药、抗寄生虫药都有研制和生产，已基本步入国际先进行列。

我国动物疫病防治工作虽然取得了一些成绩，但对疫病的研究水平与先进国家相比尚有较大差距。主要动物疫病虽然得到基本控制，但某些地区的某些疫病流行依然比较严重，阻碍养殖业的发展；对某些局部地区流行的、危害性较大的动物疫病，尚待建立疫病监测和信息管理系统，应加强快速反应能力，使其能够尽快得到控制。动物疫病防治的法律、法规有待进一步完善并与国际接轨，人们的法制意识有待进一步提高；基层兽医队伍的稳定和发展，任务十分紧迫而艰巨；技术成果的推广应用困难很多。控制动物疫病是保障我国畜牧生产可持续发展的主要技术手段，任务艰巨。因此，必须加速人才培养，提高科研水平，并使一些先进成果尽快应用于生产实际，制定并严格执行综合性防疫措施，控制消灭动物疫病，特别是消灭那些人兽共患的传染病和寄生虫病，使我国兽医事业赶超世界先进水平。

### 复习思考题

1.《动物疫病防治》主要研究哪些内容？与其他课程有什么关系？

2.动物疫病主要会造成哪些危害？结合这些危害谈谈从事动物疫病防治工作的重要性。

# 项目一　动物疫病的传染和流行过程

◈知识目标：
- 能够用自己的话解释动物疫病传染和流行过程的相关名词。
- 掌握传染病的特征；畜禽传染病流行过程的特征与影响因素。
- 理解动物疫病流行的基本环节及在兽医实践中的应用。
- 了解畜禽寄生虫病的生活史及流行过程。

◈技能目标：
- 熟练掌握动物疫病流行病学调查与分析的方法。

## 子项目一　畜禽传染病的传染和流行过程

### 一、畜禽传染病的传染过程

（一）传染的概念

病原微生物侵入动物机体，在一定部位生长繁殖并引起不同程度的病理反应过程，称为传染，也称为感染。

病原微生物进入动物机体后不一定都能引起感染过程。多数情况是动物的身体条件不适合侵入的病原微生物生长繁殖，或是动物能够迅速动员机体的非特异性免疫力和特异性免疫力将该侵入者消灭或清除，从而不出现可见的病理变化和症状，这种状态称为抗感染免疫。亦可说抗感染免疫就是动物机体对病原微生物不同的抵抗力。畜禽体对某种病原微生物缺乏抵抗力（免疫力）时，则称畜禽对该病原体具有易感性，而具有易感性的畜禽常被称为易感畜禽。病原微生物只有侵入易感畜禽机体后才能引起感染过程。

（二）感染的类型

感染是受多方面因素影响的，其过程表现出各种形式和类型，从不同的角度可划分为不同的类型。

**1. 显性感染和隐性感染** 这是按是否出现症状划分。病原体侵入机体后，畜禽表现出该病特有临床症状的感染过程称为显性感染。显性感染过程中表现出某病的特征性症状的称为典型感染，反之称为非典型感染。机体不出现任何临床症状，呈隐蔽经过的感染称为隐性感染。有些隐性感染畜禽虽然外表看不到症状，但体内可呈现一定的病理变化，而另一些隐性感染畜禽既无临床症状又无病理变化，一般只能通过微生物学或免疫学方法检查出来。

**2. 一过型感染和顿挫型感染** 这是根据临诊表现划分。开始症状较轻，特征性症状未出现就恢复的感染过程称为消散型感染(或称一过型)。开始症状较重，但特征性症状尚未出现即迅速康复的感染过程称为顿挫型感染。感染临诊表现比较轻缓的称为温和型感染。

**3. 局部感染和全身感染** 这是根据感染部位划分。由于畜禽机体抵抗力较强，侵入机体的病原微生物毒力较弱或数量较少，致使病原体被局限在机体内一定部位生长繁殖而引起一定程度的病变，称局部感染，如化脓性葡萄球菌、链球菌所引起的各种化脓创面等。如果感染的病原微生物或其代谢产物突破机体的防御屏障，通过血流或淋巴循环扩散到全身各处，并引起全身性症状的则称为全身感染。全身感染的表现形式主要包括菌血症、病毒血症、毒血症、败血症、脓毒症和脓毒败血症等。

**4. 最急性、急性、亚急性和慢性感染** 这是根据病程长短划分。病程短促，数小时至 1 天左右，发病急剧、突然死亡，症状和病变不明显的感染过程称为最急性感染，多见于牛羊炭疽和绵羊快疫等传染病流行的初期；病程较长，数天至两三周不等，具有该病明显临床症状的感染过程称为急性感染，如急性猪瘟、猪丹毒、鸡新城疫等；亚急性感染则是指病程比急性感染稍长、病势及症状较为缓和的感染过程，如疹块形猪丹毒等。而慢性感染是指发展缓慢，病程常在一个月以上，症状不明显的感染过程，如鸡慢性呼吸道病、猪气喘病、布鲁氏菌病等。

**5. 外源性感染和内源性感染** 这是根据感染来源划分。病原微生物从畜禽体外侵入机体而引起的感染过程称为外源性感染，大多数感染属于这一类型；内源性感染是指由于受到某些因素作用，畜禽机体的抵抗力下降，致使寄生于畜禽体内的某些条件性病原微生物得以大量生长繁殖而引起的感染现象，如猪巴氏杆菌病、禽败血支原体感染等多属于此种感染。

**6. 单纯感染、混合感染、原发性感染和继发感染** 这是根据病原的种类划分，由一种病原微生物所引起的感染称为单纯感染。两种或两种以上病原微生物同时参与的感染称为混合感染。由病原微生物本身引起机体的首次感染过程称为原发性感染。而当畜禽机体感染了某种病原微生物引起抵抗力下降后，造成另一种新侵入的或原来存在于体内的病原微生物的感染称为继发性感染，如慢性猪瘟常继发感染多杀性巴氏杆菌或猪霍乱沙门氏菌等。

**7. 良性感染和恶性感染** 这是根据发病严重程度划分。一般以患病畜禽的死亡率作为判定传染病严重性的主要指标。如果没有引起大批畜禽死亡则称为良性感染，反之则称为恶性感染。如牛口蹄疫病死亡率一般不超过2%，可称为良性感染。

（三）传染病的概念及特征

凡是由病原微生物引起的，具有一定潜伏期和临床表现并具有传染性的疾病称为传染病。畜禽传染病的表现多种多样，千差万别，但与非传染性疾病相比，具有以下共同特征。

**1. 由特异的病原微生物引起** 每种传染病都是由特定的病原体引起，如鸡新城疫是由鸡新城疫病毒引起的，没有新城疫病毒鸡就不会发生鸡新城疫。

**2. 具有传染性和流行性** 病原微生物能在患病畜禽体内增殖并不断排出体外，通过一定的途径再感染另外的易感畜禽而引起具有相同症状的疾病，这种散播传染的现象即传染性。当条件适宜时，在一定时间内，某一地区易感畜禽群中可能有许多畜禽被感染，致使畜禽传染病扩散蔓延，便形成了传染病的流行。

**3. 机体能发生特异性免疫反应** 感染畜禽在病原体或其代谢产物的刺激下，能够出现特异性的免疫生物学变化，并产生特异性的抗体或变态反应等。这些微细变化或反应可通过血清学试验等方法检测，因而有利于病原体感染状态的确定。

**4. 获得特异性的免疫力** 多数传染病发生后，没有死亡的患病畜禽能产生特异性的免疫力，并在一定时期内或终生不再感染该种传染病。

**5. 具有特征性的临床表现和病理变化** 大多数传染病都具有其明显的或特征性的临床症状和病理变化，以及一定的潜伏期和病程经过。

（四）畜禽传染病的分类

根据不同的分类方法可以将畜禽传染病分为不同的种类，下面分别介绍几种分类方法：

**1. 按病原体的种类分类** 可以分为病毒病、细菌病、支原体病、衣原体病、螺旋体病、放线菌病、立克氏体病和霉菌病等。除病毒病外，其他病原体引起的畜禽传染病通常称为细菌性传染病。

**2. 按畜禽的种类分类** 可以分为猪传染病、鸡传染病、鸭传染病、鹅传染病、牛传染病、羊传染病、犬传染病、猫传染病、兔传染病以及人畜共患传染病等。

**3. 按畜禽传染病的危害程度分类**

（1）国内通常根据畜禽传染病对人和畜禽的严重程度、造成经济损失的大小和国家扑灭措施的需要，我国政府将畜禽传染病分为一类、二类和三类。

一类畜禽传染病是指对人和畜禽危害严重、需要采取紧急、严厉的强制性预防、控制和扑灭措施的疾病。这类传染病大多数为发病急、死亡快、流行广、危害大的急性、烈性传染病或人兽共患传染病。按照法律规定此类畜禽传染病一旦暴发，应采取以疫区封锁、扑杀和销毁畜禽为主的扑灭措施。

二类畜禽传染病是指可造成重大经济损失、需要采取严格控制扑灭措施的疾病。由于该类畜禽传染病的危害性、暴发强度、传播能力以及控制和扑灭的难度不如一类畜禽传染病大，因此法律规定发现二类畜禽传染病时，应根据需要采取必要的控制、扑灭措施，当然不能排除采取与上述一类传染病相似的强制性措施。

三类畜禽传染病是指常见多发、可造成重大经济损失、需要控制和净化的畜禽传染病。该类畜禽传染病多呈慢性发展状态，法律规定应采取检疫净化的方法，并通过预防、改善环境条件和饲养管理等措施控制。

这种畜禽传染病分类方法的主要意义是根据畜禽传染病的发生特点、传播媒介、危害程度、危害范围和危害对象，在众多的畜禽传染病中能够分别主次，明确畜禽传染病防治工作的重点，便于组织实施畜禽传染病的扑灭计划。

(2)国际兽疫局(OIE)将畜禽传染病分成A类和B类。

A类畜禽传染病是指超越国界，具有快速的传播能力，能引起严重的社会经济或公共卫生后果，并对畜禽和畜禽产品的国际贸易具有重大影响的传染病。按照《国际动物卫生法典》的规定，应将这类畜禽传染病的流行状况经常或及时地向OIE报告。

B类畜禽传染病是指在国内对社会经济或公共卫生具有明显的影响，并对畜禽和畜禽产品国际贸易具有很大影响的传染病。按规定应每年向OIE呈报一次疫情，但必要时也需要多次报告，这类畜禽传染病的种类较多。

(五)传染病的发展阶段

不同畜禽传染病在临床上的表现存在差别，但其发病时的病程经过具有一定的规律性，一般分为潜伏期、前驱期、明显期和转归期四个阶段。

**1.潜伏期** 从病原体侵入机体开始，直到该病临床症状出现的这段时间称为潜伏期。不同传染病的潜伏期长短差异很大。如炭疽的潜伏期为1～14 d，多为1～5 d；猪瘟的潜伏期为2～21 d，多为5～7 d；鸡新城疫的潜伏期为2～10 d等。

一般来说，急性传染病的潜伏期较短，变动范围较小；慢性传染病的潜伏期则较长，变动范围较大。可以根据传染病的潜伏期确定传染病封锁和解除封锁的时间以及在某些情况下对畜禽的隔离观察时间。从流行病学的角度看，对处于潜伏期的畜禽更要引起注意，因为它们是危害最大的传染源。

感畜禽的传播方式。大多数传染病如口蹄疫、猪瘟、鸡新城疫等以间接接触传播为主，同时也可以通过直接接触传播，这类传染病被称为接触性传染病。传播媒介是指将病原体从传染源传播给易感畜禽的各种外界因素。传播媒介可以是生物（媒介者），也可以是物体（媒介物或污染物）。间接接触传播一般有以下几种途径。

a. 经空气传播：一是由于患病畜禽在咳嗽或打喷嚏时通过强气流把含有病原体的渗出液从呼吸道喷射出来，并形成飞沫飘浮于空气中。经飞散于空气中带有病原体的微细泡沫的传染称为飞沫传染。所有呼吸道传染病均可通过飞沫而传播，如结核病、猪气喘病、鸡传染性喉气管炎等。二是当飞沫蒸发干燥后，则可变成飞沫核，被吸入后引起感染。三是随患病畜禽的分泌物、排泄物等而散播的病原体，在外界环境中可形成尘埃。附着有病原体的尘埃也可悬浮在空中而被易感畜禽吸入造成感染。

b. 经污染的饲料和饮水以及物体传播：多种传染病都可经消化道感染，其传播媒介主要是被污染的饲料和饮水。患病畜禽的分泌物、排出物或尸体等很容易污染饲料、饮水以及用具，一旦易感畜禽饮食这种污染有病原体的饲料和饮水便可感染发病。

c. 经污染的土壤传播：随患病畜禽排泄物、分泌物或其尸体一起落入土壤而能在其中长时间存活的病原微生物，称为土源性病原微生物，如炭疽杆菌、气肿疽梭菌、破伤风梭菌、猪丹毒杆菌等。由于该类病原体在外界环境中抵抗力很强，一旦它们进入土壤便可形成难以清除的持久污染区，因此应特别注意患病畜禽的排泄物以及尸体的处理，防止病原体污染土壤。能够经土壤传播的传染病，称为土壤性传染病。

d. 经活的媒介传播：主要是指节肢动物、野生动物和人类。节肢动物中的蚊、蝇、虱、蚤等和蜘蛛纲的蜱、螨等都能传播传染病；某些野生动物本身对特定的病原体具有易感性，受感染后可将病原体传播给人工饲养的易感畜禽，如鼠类可传播沙门氏菌、钩端螺旋体、布鲁氏菌、伪狂犬病病毒等；人类活动范围广，与畜禽的关系密切，许多情况下可成为畜禽病原体的机械携带者。如人类虽然不感染猪瘟病毒、鸡法氏囊病病毒，但却能机械性传播这些病原体。

除此之外，医源性传播、管理源性传播等人为性传播因素对畜禽传染病的发生和流行也具有实际意义。医源性传播是指兽医人员使用被病原体污染的体温计、注射针头等器械以及被外源性病原体污染的生物制品等，或没有按照严格的防疫卫生要求操作，将病原体带入畜禽群而造成的传染病传播。管理源性传播是指由于管理不善，饲养管理人员缺乏防病意识，防疫卫生制度不健全，不注意日常卫生消毒等造成传染病的暴发或蔓延。例如，平时来回进出不同的畜禽圈舍；车辆、人员进出畜禽场舍时不消毒;粪便、污物和病死畜禽尸体不能及时清除或处理不当等。在进行人工授精或胚胎移植时,病原体也可通过精液或胚胎带入畜禽体内而引发传染病。

(2)垂直传播。是病原体从亲代到其子代的传播方式。一般可归纳为下列三种途径。

①经胎盘传播:是指产前被感染的妊娠畜能通过胎盘将其体内病原体传给胎儿的现象。可经胎盘传播的传染病有猪瘟、猪细小病毒感染、牛黏膜病、蓝舌病、伪狂犬病、衣原体病、日本乙型脑炎、布鲁氏菌病、弯曲菌性流产、钩端螺旋体病等。

②经卵传播:是指携带病原体的种禽卵子在发育过程中能将其中的病原体传给下一代的现象。可经种蛋传播的病原体有禽白血病病毒、禽腺病毒、鸡传染性贫血病毒、禽脑脊髓炎病毒、鸡白痢沙门氏菌和鸡毒支原体等。

③经产道传播:是指存在于妊娠畜阴道和子宫颈口的病原体在分娩过程中造成新生胎儿感染的现象。可经产道传播的病原体主要有大肠杆菌、葡萄球菌、链球菌、沙门氏菌和疱疹病毒等。

畜禽传染病的传播途径比较复杂,每种传染病都有自己特定的传播途径,分析传染病的传播方式以传播途径的目的,就是为了采取针对性的措施切断传染源和易感畜禽间的联系,使传染病的流行能够迅速平息或终止。

**3.畜禽群体的易感性** 畜禽易感性是指畜禽个体对某种病原体缺乏抵抗力、容易被感染的特性。畜禽群体易感性是指一个畜禽群体作为整体对某种病原体感受性的大小和程度。易感性的高低取决于群体中易感个体所占的比例和机体的免疫强度。导致畜禽群体易感性升高的主要因素有:一定地区饲养畜禽种类或品种;群体免疫力降低;新生畜禽或新引进畜禽的比例增加;免疫接种程序的紊乱或接种的畜禽数量不足;免疫接种所使用的生物制品质量不合格;年龄及性别因素;饲养管理因素也可以造成畜禽群的免疫力下降、易感性升高。导致群体易感性降低的主要因素有有计划的预防接种;传染病流行引起畜禽的群体免疫力增强;病原体的隐性感染导致畜禽群体的免疫力增强;抗病育种可选育抵抗力强的畜禽品系;年龄因素,随着畜禽日龄的增长,畜禽群的年龄抵抗力明显增强,如幼龄畜禽对大肠杆菌、沙门氏菌等易感性较高,而成年畜禽的易感性逐渐降低。

(二)疫源地和自然疫源地

**1.疫源地**

(1)概念。疫源地是指具有传染源及其排出的病原体所存在的地区。疫源地的含义要比传染源的含义广泛得多,除了传染源外,它还包括被污染的环境以及这个范围内的易感畜禽和贮藏宿主等。因此在防疫时,不但要对传染源进行处理,还要注意对环境和传播媒介以及易感畜禽的处理等一系列综合措施。

(2)疫源地的范围。疫源地的范围大小要根据传染源的分布和污染范围的具体情况确定。它可能只限于个别畜禽栏舍、放牧地;也可能包括某饲养场、自然村或更大的地区。通常将范围小的疫源地或单个传染源所构成的疫源地称为疫点。若干个疫源地连接成片且范围较大时称为疫区。疫区不但指某种传染病正在流行的地区,还应包括患病畜禽于发病前(该病的最长潜伏期)后活动过的地区。从防疫工作的实际出发,有时也将某个比较孤立的养殖场或自然村称为疫点,所以疫点与疫区的划分不是绝对的。

(3)疫源地的存在时间。疫源地的存在具有一定的时间性,时间的长短由多方面的复杂因素所决定。只有当最后一个传染源死亡或痊愈后不再携带病原体,或已经离开该疫源地,对所污染的环境进行彻底消毒,并且达到该病最长潜伏期,不再有新病例出现,还要通过血清学检查畜禽群均为阴性反应时,才能认为该疫源地被消灭。如果没有外来的传染源和传播媒介的侵入,这个地区就不再有这种传染病的存在了。

**2. 自然疫源地**

(1)概念。有些传染病的病原体在自然条件下,即使没有人类或动物的参与,也可以通过传播媒介感染动物造成流行,并且长期在自然界循环延续后代,这些传染病称为自然疫源性疾病。存在自然疫源性疾病的地区,称为自然疫源地。自然疫源性疾病具有明显的地区性和季节性等特点,并受人类从事一些活动时使生态系统产生变化时的影响。

(2)自然疫源性疾病。主要有流行性出血热、森林脑炎、狂犬病、伪狂犬病、犬瘟热、流行性乙型脑炎、黄热病、非洲猪瘟、蓝舌病、口蹄疫、恙虫病、Q热、鼠型疹伤寒、鼠疫、土拉杆菌病、布鲁氏菌病、李氏杆菌病、弓形虫病等。

(三)畜禽传染病的流行过程特征

**1. 流行强度过程的表现形式**　在畜禽传染病流行过程中,根据一定时间内的发病率、传播速度和范围以及病例间的联系程度等通常具有以下几种表现形式。

(1)散发性。是指畜禽发病数量不多,在一定时间内呈零星散在性发生,而且各个病例在时间和空间上没有明显联系的现象。出现这种形式的原因主要有:一是畜禽群对某种传染病的免疫水平相对较高;二是某种传染病通常主要以隐性感染形式出现;三是某种传染病的传播需要特定的条件,如破伤风等。

(2)地方流行性。是指畜禽的发病数相对较多,在一定地区或畜禽群中,传染病流行范围较小并具有局限性传播的特性(如一个乡、镇、县),猪气喘病、猪丹毒、炭疽和牛气肿疽等通常就是采取这种流行形式。

(3)流行性。是指在某一时间内畜禽群中某种传染病的发病数目比较多，且在较短的时间内传播的范围比较广(如几个乡、县甚至省区)。流行性是一个相对的概念，仅说明传染病的传染性强，且多为急性经过。

“暴发”一词与流行性有相同之处，是指在局部范围的一定畜禽群中，短期内突然出现较多病例的现象。实际上，暴发是流行的一种特殊形式。

(4)大流行性。是指某些传染病具有传播快、发病数目很多、波及面广的流行现象。此类传染病的流行范围可达几个省甚至几个国家，如牛瘟、口蹄疫、禽流感、新城疫等病均有可能以这种方式流行。

以上几种流行形式之间，在发病数量和流行范围上没有量的绝对界限，只是一个相对量的概念。而且某些传染病在特殊的条件下可能会表现出不同的流行形式，如鸡新城疫、猪瘟等，有时会以地方流行性的形式出现，有时则以流行性或暴发的形式出现。

**2. 畜禽传染病流行的季节性** 畜禽传染病流行的季节性指某些畜禽传染病经常发生于一定的季节，或在一定季节内出现发病率明显升高的现象。传染病流行的季节性分为三种情况。

(1)严格季节性。指病例只集中在一年内的少数几个月份，其他月份几乎没有病例发生的现象。传染病流行的严格季节性与这类疾病的传播媒介活动性有关，如日本乙型脑炎只流行于每年的6～10月份等。

(2)季节性升高。指一些传染病，如钩端螺旋体病、传染性胃肠炎、气喘病、鸡毒支原体感染、流感、口蹄疫等在一年四季均可发生，但在一定季节内发病率明显升高的现象。传染病流行的季节性升高主要是季节变化能够直接影响病原体在外界环境中的存活时间、畜禽机体的抗病能力以及传播媒介的活动性。

(3)无季节性。指一年四季都有病例出现，并且无显著性差异的传染病流行现象。一些慢性或潜伏期长的传染病，如结核病的鼻疽等发病时通常无季节性差异。

传染病流行的季节性变化受畜禽群的密度、饲养管理、病原体的特性、传播媒介以及其他生态因素变化的影响。了解传染病季节性升高的原因及影响，便于更有效地采取防制措施。

**3. 畜禽传染病流行的周期性** 是指在经过一个相对恒定的时间间隔后(常经年计)，某些传染病如牛流行热、口蹄疫等可以再次发生较大规模流行的现象。牛、马等大家畜每年群体更新的比例不大，几年后易感个体的数量才可达到引起再度流行的比例，因此这类家畜的某些传染病常有周期性流行的特点；而繁殖率高、群体更新快的猪和禽等畜禽的传染病，则很少出现周期性流行现象。

(四)影响畜禽传染病流行过程的因素

畜禽传染病的流行过程必须具备传染源、传播途径和易感畜禽群三个基本环节。阻断这三个环节之间的联系，才能够控制传染病的发生和流行。影响传染病流行过程的因素主要是自然因素和社会因素，而两种因素都存在着有利和不利两个方面。

**1. 自然因素**　对流行过程有影响的自然因素主要包括气候、气温、湿度、阳光、雨量、地形、地理环境等，它们对三个环节的作用错综复杂。对于传染源而言，江、海、河、高山等地理条件，对传染源的转移产生一定限制，成为天然的隔离条件。季节变换使畜禽机体抵抗力降低而发生传染病或者病情加重时，散播传染的机会也随之增加，反之则减少。对于传播媒介而言，自然因素对其影响更为明显，适宜的温度和湿度环境季节，都有利于传播媒介的活动，因此就增加了传播传染病的传播机会。对于易感畜禽而言，自然因素的影响主要是提高或降低机体的抵抗力，从而减少或增加传染病的发生和流行。

**2. 社会因素**　影响畜禽传染病流行过程的社会因素主要包括社会制度、生产力和人们的经济、文化、科学技术水平以及法律、法规的执行情况等。这些既是促使畜禽传染病流行的原因，也是可以有效消灭和控制畜禽传染病流行的关键所在。需要特别强调的是，严格执行法规和防治措施，是控制和消灭畜禽传染病的重要保证。要尽最大努力将由于人为因素而使畜禽传染病发生和流行的可能性降至最低，它所产生的效益将会十分巨大。

# 子项目二　畜禽寄生虫病的感染和流行过程

## 一、寄生虫及其生活史

寄生虫的病原种类很多、分布很广，一般引起慢性消耗性的疾病，影响动物生长、发育和繁殖，甚至造成动物大批死亡。而且某些寄生虫病给人的健康造成威胁，甚至引起死亡。

(一)寄生虫、宿主及寄生虫病的含义

在两种生物之间，一种生物以另一种生物为居住条件，夺取其营养，并造成其不同程度危害的现象，称为“寄生生活”。过着寄生生活的多细胞无脊椎动物和单细胞的原生动物称为寄生虫。被寄生虫寄生的人和动物，称为这种寄生虫的宿主。由寄生虫所引起的疾病，称为寄生虫病。

(二)寄生虫的生活史

寄生虫的生活史是指寄生虫完成一代的生长、发育和繁殖的全过程。故又称发育史。寄生虫的生活史形式多样,大体可分为以下两种类型:

**1. 直接型** 寄生虫完成生活史不需要中间宿主,虫卵或幼虫在外界发育到感染期后直接感染动物或人。亦称为土源性寄生虫。如猪蛔虫虫卵随粪便排出体外,在自然界发育成感染性虫卵,猪摄食了有感染性的虫卵而遭受感染;鸡球虫卵囊随鸡粪排出,卵囊在自然界完成其孢子发育过程之后,随污染的土、水或食物感染其他鸡只。

**2. 间接型** 寄生虫完成生活史需要中间宿主。幼虫在中间宿主体内发育到感染期后感染动物或人。亦称为生物源性寄生虫。如猪肺线虫虫卵随宿主粪便排出体外之后,须被蚯蚓吞咽,之后在蚯蚓体内发育成为感染幼虫,猪吞食蚯蚓而感染;猪棘头虫幼虫在金龟子体内发育为感染幼虫,金龟子成为猪棘头虫的感染来源。

寄生虫完成生活史除需要适宜的宿主外,还需要适宜的外界环境条件。寄生虫的生活史实际上包括寄生虫的感染阶段侵入宿主的方式和途径、在宿主体内移行或到达寄生部位的途径、正常的寄生部位、离开宿主机体的方式以及所需要的终末宿主、中间宿主、贮藏宿主或传播媒介等。因此,掌握寄生虫生活史的规律,是了解寄生虫的致病性及诊断、防治寄生虫病的基础。

## 二、寄生虫和宿主的类型

(一)寄生虫的类型

由于寄生虫-宿主关系的历史过程的长短和相互间适应程度的不同,以及特定的生态环境的差别等因素,使这种关系呈现多样性,从而也使寄生虫显示为不同的类型。

**1. 专性寄生虫** 整个发育过程的各个阶段都营寄生生活(如丝虫)或某个阶段必须营寄生生活(如钩虫)的寄生虫。也叫固需寄生虫。

**2. 兼性寄生虫** 既可营自立生活,又能营寄生生活的寄生虫。如类圆线虫。

**3. 单宿主寄生虫** 发育过程中仅需要一个宿主的寄生虫。如猪蛔虫。

**4. 多宿主寄生虫** 发育过程中需要两个或两个以上宿主的寄生虫。如猪绦虫。

**5. 暂时寄生虫** 凡是在需求营养物质时,才与宿主相接触,营暂短的寄生生活的寄生虫。如蚊子、臭虫、虻等。

**6. 永久寄生虫** 长期地并往往是终身地居留于宿主体上营寄生生活的寄生虫。如旋毛虫。

**7. 内寄生虫** 寄生于宿主体内器官、组织的寄生虫。以消化道的寄生虫最多，如蛔虫。

**8. 外寄生虫** 暂时或长期寄生于宿主皮肤表面或皮内的寄生虫。如虱、疥螨等。

**9. 专一宿主寄生虫** 只寄生于一个特定的宿主，对宿主有严格选择性的寄生虫。如鸡球虫，只寄生于鸡。

**10. 非专一宿主寄生虫** 能够寄生于多种宿主的寄生虫。如日本分体吸虫。

(二)宿主的类型

凡体表或体内被寄生虫暂时或永久寄生的动物称为宿主。

**1. 终末宿主** 被寄生虫的成虫期或有性繁殖阶段所寄生的宿主。如牛羊是肝片吸虫的终末宿主。

**2. 中间宿主** 被寄生虫的幼虫期或无性繁殖阶段所寄生的宿主。如椎实螺是肝片吸虫的中间宿主。

**3. 补充宿主** 有的寄生虫在幼虫发育期中需要两个中间宿主，其第二个中间宿主称为补充宿主(第二中间宿主)。如淡水螺是华支睾吸虫的第一中间宿主，某些淡水鱼和虾是其补充宿主。

**4. 保虫宿主** 在寄生虫的多个宿主当中，一部分更惯于被它们寄生，另一部分虽然也被寄生，但不那么普遍多量，后者称为该寄生虫的保虫宿主。如肝片吸虫，惯常寄生的宿主是牛、羊等反刍动物，但也寄生于野生动物，则野生动物就是肝片吸虫的保虫宿主。

**5. 贮藏宿主(传递宿主)** 有时某些寄生虫的感染幼虫转入一个并非它们生理上所需要的动物体，虽不能发育，但保持着生命力和对宿主的感染力，这个动物被称做贮藏宿主。如蚯蚓是鸡蛔虫的贮藏宿主。

**6. 带虫现象** 有时一种寄生虫病在自行康复或治愈后或处于隐性感染时，宿主对寄生虫保持着一定的免疫力，但也保留着一定的虫体感染。这种现象称为带虫现象，这种宿主为带虫者。

**7. 媒介** 常指在同种脊椎动物之间传播血液原虫的吸血节肢动物。蜱在牛和牛之间传播双芽巴贝斯焦虫。

## 三、寄生虫和宿主的相互关系

寄生虫与宿主间的相互关系十分复杂，贯穿于从寄生虫侵入宿主、移行、寄生到排出的全部过程中。研究其相互关系的目的，就是要创造条件，消灭寄生虫，以保护畜禽的健康。

（一）寄生是对宿主的危害

由于各种寄生虫的生物学特性及其寄生部位不同，致病的作用和程度亦不相同，其危害和影响主要有以下几个方面。

**1. 机械性损害** 寄生虫侵入宿主机体后，在移行过程中和到达特定寄生部位后的机械性刺激，可使宿主的组织、脏器受到不同程度的损害，如创伤、发炎、出血、堵塞、挤压、萎缩、穿孔和破裂等。

**2. 掠夺宿主的营养物质** 寄生虫在宿主体内寄生时，常以经口吞食或由体表吸收的方式夺取宿主体内的各种营养物质，有的则直接汲取宿主的血液和淋巴液作为营养，从而造成宿主的营养不良、消瘦、贫血和抵抗力降低等。

**3. 引入其他病原体** 寄生虫造成的损伤，给其他病原体的侵入创造了条件，有些寄生虫自身就是另一些病原微生物或寄生虫的传播者。

**4. 毒性作用** 寄生虫在生长、发育和繁殖过程中的分泌物、排泄物和死亡虫体的分解产物对宿主均有毒性作用，导致组织和机能的损害。

（二）宿主的防御适应能力

寄生虫的致病作用，不同程度地影响宿主的生长发育和其他生命活动；但另一方面，宿主的抵抗性反应也影响着寄生虫的生长发育和存亡。

当宿主受到寄生虫的作用后，宿主以免疫应答抵制虫体的作用。即发炎、充血、白细胞游出，并对虫体进行吞噬、溶解，或形成包囊以至钙化。表现为能够抑制虫体的生长，或降低其繁殖力；缩短其生活期限，甚至可以杀灭寄生虫；阻止虫体的附着，使之排出体外；能沉淀及中和寄生虫的产物等。

（三）寄生虫与宿主相互作用的结果

其结果一般可分三类。

**1. 完全清除** 宿主清除了体内的寄生虫，临床症状消失，并在一段时间内可防御再感染。

**2. 带虫免疫** 宿主清除了大部或者未能清除寄生虫，感染处于低水平状态，但对再感染具有相对的抵抗力，并且寄生关系可维持相当长的时间，此时宿主不表现症状。这种现象称为带虫免疫。

寄生虫病的免疫大多属于带虫免疫，就是说，这种免疫能力只有在虫体居留于宿主体内时才能产生，如果宿主体内的虫体被消灭，其免疫能力也随之减弱或消失。

**3. 机体发病** 宿主不能控制寄生虫的生长或繁殖，表现出临诊病状和病理变化，发生寄生虫病。

## 四、寄生虫及寄生虫病的命名

(一)寄生虫的命名

国际公认的生物命名规则为双名制法,用此方法为寄生虫规定的名称称为寄生虫的学名,即为科学名。学名由两个不同的拉丁文或拉丁化文字单词组成,属名在前,种名在后。例如,*Schistosoma japonicum*,学名为日本分体吸虫,其中*Schistosoma* 意为分体属,*japonicum* 意为日本种。

(二)寄生虫病的命名

原则上以引起疾病的寄生虫属名定为病名,如阔盘属的吸虫所引起的寄生虫病称为阔盘吸虫病。在某属寄生虫只引起一种动物发病时,通常在病名前冠以动物种名,如鸭鸟蛇线虫病。但习惯上也有突破这一原则的情况,如牛羊消化道线虫病,就是若干个属的线虫所引起寄生虫病的统称。

## 五、寄生虫的感染与流行规律

(一)动物寄生虫病流行的基本环节

畜禽寄生虫病的传播与流行,必须具备传染源、传播途径、易感动物三个基本环节。切断或控制其中的任何一个环节,就可有效地控制某种寄生虫病的发生与流行。

**1. 传染源**　寄生虫病发生的首要条件是周围环境中存在着处于感染阶段的寄生虫,或已经被寄生虫所感染的各种载体。具体包括寄生虫、患病动物和人、带虫者、被寄生虫感染的中间宿主、贮藏宿主和保虫宿主、生物传播媒介等。虫卵、幼虫、虫体等病原体通过这些宿主的分泌物、排泄物排出体外,污染外界环境并发育到感染性阶段,经一定的方式或途径感染易感宿主。

**2. 传播途径**　是指寄生虫从传染源传播到易感染宿主的方式,不同的寄生虫对宿主的感染途径和方式也有所不同。

(1)经口感染。畜禽吃到虫卵、污染的饲料和饮水、中间宿主而遭到感染。这种方式最为常见。

(2)经皮肤感染。感染性幼虫主动钻入宿主健康皮肤而感染。如日本血吸虫的尾蚴。

(3)经生物媒介感染。寄生虫通过节肢动物的叮咬、吸血而传播给易感动物。如蜱吸血传播牛双芽巴贝斯虫病。

(4)接触感染。通过体表皮肤的直接接触而使健康畜禽遭受感染。如蜱、螨和虱等。

(5)交配感染。动物直接交配或经被病原体污染的人工授精器械而感染,如牛胎毛滴虫、马媾疫等。

(6)经胎盘感染。有些寄生虫在母体移行时,可以通过胎盘进入胎儿体内使其发生感染,如弓形虫等。

(7)自身感染。某些寄生虫在原宿主体内使其再次遭受感染,如猪带绦虫病畜感染囊尾蚴病。

**3. 易感动物** 是指对某种寄生虫缺乏免疫力的动物。宿主方面有很多因素都会影响到其对寄生虫的易感性,如动物的种类、品种、年龄、性别、饲养方式、营养状况等对其是否发病均会产生影响,而其中最重要的因素是营养状况,宿主良好的营养状况有助于对抗寄生虫的侵袭及其毒害作用。另外,畜禽的防御适应能力随年龄的增长而有所提高,许多寄生虫主要使幼龄畜禽受害较重。

(二)动物寄生虫病流行的特点

**1. 地方性** 某种疾病在某一地区经常发生,无需自外地输入,这种情况称地方性。寄生虫病的流行与分布往往具有明显的地方性,这主要与当地的气候条件、中间宿主或媒介节肢动物的地理分布、当地的生活习惯及生产方式有关。如血吸虫病在我国长江以南地区广泛流行,这与中间宿主钉螺在江南分布有密切关系。

**2. 季节性** 寄生虫病的流行与分布往往具有明显的季节性。这是由于温度、湿度、光照、雨量等气候条件可影响寄生虫、中间宿主及媒介节肢动物种群数量的消长,因而使寄生虫病的流行呈现明显的季节性。如温暖、潮湿的季节有助于鸡球虫卵囊在外界的发育,因此球虫感染多见于春末至秋初季节。

**3. 自然疫源性** 有些寄生虫病即使没有人类或易感家畜的参与,也可以通过传播媒介感染动物造成流行,并且长期在自然界循环,这些寄生虫病称为自然疫源性寄生虫病。存在自然疫源性疾病的地区称为自然疫源地。在自然疫源地中,保虫宿主在流行病学上起着重要作用。

# 子项目三　动物疫病流行病学的调查与分析

## 一、目的意义

流行病学调查与分析是人们研究动物疫病流行规律的主要方法,其目的在于揭示动物疫病在畜禽群中发生的特征,阐明其流行的原因和规律,以作出正确的流行病学判断,迅速采取有效的措施,控制动物疫病的流行。

流行病学的调查与分析是认识动物疫病流行规律的两个相互联系的阶段。调查是查明动物疫病在畜禽群中发生的地点、时间、畜群分布、流行条件等，这是认识动物疫病的感性阶段；分析是将调查资料归纳整理，进行全面的综合分析，查明流行的原因和条件，找出流行的规律。调查是分析的基础，分析是调查的深入。一切防疫措施都是以调查分析的结果为依据，调查越充分，措施就越合理，效果也越显著。

## 二、调查种类

流行病学调查的种类，根据调查对象和目的的不同，一般可以分为个例调查、暴发调查、观察调查（也称流行情况调查或现况调查）、回顾性调查和前瞻性调查。其中个例调查与现况调查是发生疫情时最基本和常用的调查。

## 三、调查方法

动物疫病流行病学调查的主要方法包括：

（一）询问调查

这是流行病学调查的一种最简单而又基本的方法。必要时可组织座谈，调查对象主要是畜主、兽医工作者，当地有关人员等。调查结果按统一的规定和要求记录在调查表上。询问时要耐心细致，态度亲切，边提问边分析，但不要按主观意图作暗示性提问，力求使调查的结果客观真实。

（二）现场察看

就是对病畜周围进行调查。调查者应仔细察看疫区的兽医卫生、地理地形和气候条件等特点，以便进一步了解流行发生的经过和关键问题所在。在进行现场察看时，可以根据疫病种类不同有侧重点地调查。如发生肠道畜禽传染病时，应特别注意饲料的来源和质量，水源和卫生条件，粪便和尸体的处理情况；发生由节肢动物传播的畜禽传染病时，应注意调查当地节肢动物种类、分布、生态习性和感染等情况。

（三）实验室检查

为了准确诊断、发现隐性传染源、证实传播途径、摸清畜禽群免疫状态和有关病因等。通常需要对可疑患病畜禽应用微生物学、血清学、变态反应、尸体剖检等各种诊断方法进行检查；对有污染嫌疑的各种因素（水、饲料、土壤、畜禽产品、节肢动物或野生动物等）进行微生物学和理化检查，以确定可能的传播媒介或传染源；有条件的地区，尚可对疫区畜禽群进行免疫水平测定。

（四）统计学方法

在调查中涉及许多有关疫情数量的资料，需要找出其特点，进行分析比较，因此要应用统计学方法。在流行特点分析中常用的频率指标有下列几种：

发病率：表示畜禽群中在一定时期内某病的新病例发生的频率。它能较完整地反映出动物疫病的流行情况，但不能说明整个流行过程，因为常有许多畜禽是隐性感染，而同时又是传染源，因此还要计算感染率。

$$发病率=\frac{某期间内某病新病例数}{某期间内该畜禽群中畜禽的平均数}\times 100\%$$

感染率：指用临诊诊断法和各种检验法（微生物学、血清学、变态反应等）检查出来的所有感染畜禽头数（包括隐性患者），占被检查畜禽总头数的百分比。它能较深入地反映出流行过程的情况，特别是在发生某些慢性或亚临诊型动物疫病时，进行感染率的统计分析，更具有重要的实践意义。

$$感染率=\frac{感染某动物疫病的畜禽头数}{检查总头数}\times 100\%$$

患病率（流行率、病例率）：是在某一指定时间，畜禽群中存在某病的病例数的比率。代表在指定时间畜禽群中畜禽传染病数量的一个侧面。

$$患病率=\frac{在某一指定时间畜禽群中存在的病例数}{在同一指定时间畜禽群中畜禽总数}\times 100\%$$

死亡率：指某病病死数占某种畜禽总头数的百分比。它仅能表示该病在畜禽群中造成死亡的频率，不能全面反映畜禽传染病流行的动态特性，仅在发生死亡头数很高的急性动物疫病时，才能反映出流行的动态。但当发生不易致死的动物疫病时，如口蹄疫等，虽能大规模流行；而死亡率却很小，则不能表示出流行范围广的特征。因此，在动物疫病发展期间，除应统计死亡率外，还应统计发病率。

$$死亡率=\frac{因某病死亡头数}{同时期某种畜禽总头数}\times 100\%$$

病死率（致死率）：指因某病死亡的畜禽头数占患该病病畜禽总数的百分比。它能表示某病临诊上的严重程度，比死亡率更为具体、精确。

$$病死率=\frac{因某病致死头数}{患该病病畜禽总数}\times 100\%$$

## 四、动物疫病的流行病学分析

流行病学分析是在调查所得资料的基础上，找出动物疫病流行过程的本质和有关因素。应认真对资料去粗取精、去伪取真、由此及彼、由表及里，系统整理，综合分析，得出流行过程的客观规律，由感性认识上升到理性认识，为制定有效的防制措施提供科学依据，从而又转过来为实践服务。实践工作中调查与分析是相互渗透、紧密联系的，流行特点调查为流行病学分析积累材料，而流行病学分析从调查材料中找出规律，同时又为下一次调查提出新的任务，如此循序渐进，指导防疫实践的不断完善。

**复习思考题**

1. 什么叫传染病？它有什么特征？
2. 畜禽传染病流行过程有哪些特征？影响流行过程的因素有哪些？
3. 畜禽传染病流行过程包括哪三个基本环节？在兽医实践中如何应用其原理防制畜禽传染病？
4. 简述畜禽传染病的分类。
5. 畜禽传染病的发展过程分哪几个阶段？
6. 举例说明感染的类型。
7. 寄生虫病的传播途径主要有哪些？
8. 何谓寄生虫的生活史？它有哪几种类型？
9. 寄生虫病的流行特点是什么？
10. 动物疫病流行病学调查与分析有什么意义？怎样进行？

# 任务一　动物疫病流行病学的调查

## 一、内容

动物疫病流行病学调查的内容与方法；动物疫病流行病学调查资料的初步统计。

## 二、目标

掌握动物疫病流行病学调查的一般方法和资料的初步统计。

## 三、材料

动物疫病流行病学的调查表、计算器、某饲养场的疫情资料等。

## 四、方法与步骤

**1. 拟定调查提纲**

(1)单位及养殖户(场)名称和地址。

(2)单位概况。包括地理情况、地形特点、气象资料(季节、天气、雨量等)、耕地数量及性质、草原数量、土壤和植物特性、野生畜禽的种类及分布、单位职工情况,畜禽数目品种和用途、被调查的畜禽群概况(头数、品种、性别、年龄组成、补充来源等)。

(3)单位的兽医卫生状况。包括畜禽的饲养(共同的或是单个的)、护理和使役;畜舍及邻近地区状况;饲料的品质、来源地、保藏、调配和饲喂方法;水源的状况和饮水处(水井、水池、河流等)的情况;放牧场地的情况和性质;中间宿主和传播媒介存在和分布情况;畜舍内有无啮齿动物;厩肥的清理及其保存,厩肥贮存所的位置和状况;预防消毒和一般预防措施的执行情况;尸体的处理和毁灭的方法;尸体、废物利用场的位置、设备和卫生状况及兽医监督情况等;有无检疫室、隔离室、屠宰场、产房等及其兽医卫生状况、洗涤水的排泄情况。

(4)一般流行病学资料。包括农牧场补充畜禽的条件、预防检疫规则的执行情况;何时由该场运出家畜和原料以及运往何处;该农牧场以往的疫情、畜禽何时患过疫病,有多少畜禽感染、发病、死亡,在所调查疫病发生之前,何时登记最后一个疫病的病例;邻近地区的疫情,畜禽发病死亡情况:营养状况、发病数、临床表现、死亡数、病死畜禽的剖检情况、发病和死亡时间、已采取的措施及其效果。

**2. 调查方法** 按照调查提纲,采取询问,查阅各种记录(气象、畜禽生产、治疗等)和实地考察等方式进行。

**3. 调查材料的整理与分析** 对于所获得的资料,应进行数据统计(如发病率、死亡率、病死率等)和情况分析,提出规律性资料(如生产能力、发病季节、降雨量及水源的关系,与中间宿主和传播者的关系,与人、犬、猫等的关系等)。

## 五、报告

写出流行病学调查报告,并提出进一步确诊的建议。

# 任务二 动物粪便中虫卵检查

## 一、内容

直接涂片法和集卵法(水洗沉淀法和饱和盐水浮集法)进行粪便中虫卵检查;应用显微镜观察粪便中虫卵的形态结构。

## 二、目标

掌握直接涂片法和集卵法(水洗沉淀法和饱和盐水浮集法)进行粪便中虫卵检查的方法。了解常见线虫、绦虫、吸虫、棘头虫虫体形态、大小,能够区分常见虫卵形态、大小,应用显微镜观察粪便中虫卵的形态结构,并能以简图示之。

## 三、材料

**1. 实验仪器和耗材**　40 目漏筛;塑料杯、三角量杯;青霉素瓶;滴管;饱和盐水;方瓷盘;擦镜纸;小棉块;载玻片、盖玻片;长镊子;显微镜;试管架;动物粪便3 份。

**2. 粪便样品**　提前一天到养殖场采取猪、犬、马、牛、羊的粪便样品各一份。标明样品的来源及编号。

## 四、方法与步骤

粪便检查是诊断寄生虫病常用的方法。寄生于消化道以及与其相连的脏器如肝、胰、肺、气管、支气管以及肠系膜静脉内的蠕虫。以及寄生于消化道的原虫(如球虫、隐孢子虫、结肠小袋纤毛虫等)都可以通过粪便检查来确诊。要取得准确的结果,粪便必须新鲜,送检时间一般不宜超过 24 h。如检查肠内原虫滋养体,最好立即检查。盛粪便的容器要干净,并防止污染与干燥;粪便不可混杂尿液等,以免影响检查结果。

**1. 直接涂片法**　用以检查蠕虫卵、原虫的包囊和滋养体。方法简便,连续做 3 次涂片,可提高检出率。直接涂片法的优点是简便易行、快速、适合于虫卵量大的粪便检查;缺点是对虫卵含量低的粪便检出率低。实际工作中,需要多检几片,以提高检出率。

(1)蠕虫卵检查。滴一滴生理盐水于洁净的载玻片,用棉签棍或牙签挑取绿豆大小的粪便块,在生理盐水中涂抹均匀;涂片的厚度以透过涂片约可辨认书上的字迹为宜,然后加盖片,置光学显微镜下观察。一般先在低倍镜顺序检查盖片下的所有部分,发现疑似虫卵物时,再用高倍镜观察。因一般虫卵(特别是线虫卵)颜色较淡,镜检时视野宜稍暗一些。应注意虫卵与粪便中异物的鉴别。虫卵都具有一定形状和大小;卵壳表面光滑整齐,具固有色泽;卵内含卵细胞或幼虫。

(2)原虫检查。

a. 活滋养体检查:涂片应较薄,方法同查蠕虫卵。气温愈接近体温,滋养体的活动愈明显。必要时可用保温台保持温度。

b. 包囊的碘液染色检查：直接涂片方法同上，以一滴碘液代替生理盐水。如碘液过多，可用吸水纸从盖片边缘吸去过多的液体。若同时需检查活滋养体，可在用生理盐水涂匀的粪滴附近滴一滴碘液，取少许粪便在碘液中涂匀，再盖上盖片。涂片染色的一半查包囊；未染色的一半查活滋养体。

c. 隐孢子虫卵囊染色检查：目前较佳的方法为金胺酚改良抗酸染色法。对于新鲜粪便或经 10%福尔马林固定保存(4℃、1 个月内)的含卵囊粪便都可用此法染色。染色过程是先用金胺-酚染色，再用改良抗酸染色法复染。方法步骤如下：

* 改良抗酸染色法：

①染液配制：石炭酸复红染色液(第一液)：碱性复红 4 g，95%酒精 20 mL，石炭酸 8 mL，蒸馏水 100 mL；10%硫酸溶液(第二液)：纯硫酸 10 mL，蒸馏水 90 mL(边搅拌边将硫酸徐徐倾入水中)；孔雀绿液(第三液)：20 g/L 孔雀绿原液 1 mL，蒸馏水 10 mL。

②染色步骤：滴加第一液于粪便上，1.5～10 min 后水洗；滴加第二液，1～10 min 后水洗；滴加第三液，1 min 后水洗，待干；置显微镜下观察。

经染色后，卵囊为玫瑰红色，子孢子呈月牙形，共 4 个。其他非特异颗粒则染成蓝黑色，容易与卵囊区分。

**2. 水洗沉淀法** 原虫包囊和蠕虫卵(吸虫卵、棘头虫卵)的比重大可沉积于水底，有助于提高检出率。但对比重较小的钩虫卵和某些原虫卵囊则效果较差。

(1)自然沉淀法。取被检粪便 20～30 g 于塑料杯中，加水拌成混悬液，经金属筛(40～60 目)或 2、3 层湿纱布过滤于三角量杯中，加满清水静置 15 min，倒去上液，重新加满清水，以后每隔 15～20 min 换水一次(3～4 次)，直至上液清晰为止。最后倒去上液，取沉渣做涂片镜检。

(2)离心沉淀法。将上述滤去粗渣的粪液离心(1 500～2 000 r/min)1～2 min，倒去上液，注入清水，再离心沉淀，如此反复沉淀 3～4 次，直至上液澄清为止，最后倒去上液，取沉渣镜检。

**3. 浮集法** 其原理是利用比重较大的液体，使粪便中的虫卵与粪便渣子分开而浮于液体表面，然后进行检查。本法对大多数线虫卵、绦虫卵及球虫卵囊均有效。常用的方法有两种：

(1)饱和盐水浮集法。用竹签取黄豆粒大小的被检粪便置于塑料杯中，加入少量饱和盐水调匀，再慢慢加入饱和盐水 200 mL，经金属筛(40～60 目)或 2、3 层湿纱布过滤于另一塑料杯中，将滤液分装到青霉素瓶中(3～5 个不等，将滤液全部分完)，液面略高于瓶口，但不溢出为止(可用滴管)。静置 15～30 min 后，用载玻片轻触凸起的液面，将载玻片提起并迅速翻转，镜检。漂浮时间为 15～30 min，如果时间过短(少于 10 min)漂浮不完全;时间过长(1 h)易造成虫卵变形、破裂,难以识别;检查多例粪便时,用铁丝圈蘸取一例后,再蘸取另一例时,须先在酒精灯上烧过之后再用,避免相互污染,影响结果的准确性。漂浮液必须饱和,且保存于 13℃以上的情况下,才能保持较高的比重。否则难以保证效果。

饱和盐水配制:将食盐徐徐加入盛有沸水的容器内,不断搅动,直至食盐不再溶解为止(1 000 mL 沸水中加入约 400 g 食盐)。精制的食盐配制的盐水一般不必过滤,待冷却后即可使用;粗制的盐配制的可用滤纸、纱布或棉花过滤后备用。

(2)硫酸锌离心浮集法。除了用饱和盐水外,其他一些漂浮液也可用于一些特殊的虫卵的检查。如饱和硫酸锌溶液(1 000 mL 水中溶解 920 g 硫酸锌),取粪便约 1 g,加 10~15 倍的水,充分搅碎,按离心沉淀法过滤,反复离心 3~4 次,至水清为止,最后倒去上液,在沉渣中加入饱和硫酸锌液溶液,调匀后再加硫酸锌溶液至距管口约 1 cm 处,离心 1 min。用金属环取表面的粪液置于载玻片上,加碘液一滴,镜检。本法用于检查猪肺丝虫卵效果较好。

(3)蔗糖离心浮集法。此法适用于检查粪便中隐孢子虫的卵囊。取粪便约 5 g,加水 15~20 mL,以 260 目尼龙袋或 4 层纱布过滤。取滤液离心 5~10 min,吸去上清液,加蔗糖溶液(蔗糖 500 g,蒸馏水 320 mL,石炭酸 6.5 mL)再离心,然后如同饱和盐水浮集法,取其表液膜镜检(高倍或油镜)。卵囊透明无色,囊壁光滑,内有一小暗点和发出淡黄色的孢子。隐孢子虫的卵囊在浮集液中浮力较大,常紧贴于盖片之下,但 1 h 后卵囊脱水变形不易辨认,故应立即镜检。也可用饱和硫酸锌溶液或饱和盐水替代蔗糖溶液。

**4. 拭子检查法**

适用于在肛周、皮肤产卵(蛲虫),或常在肛门附近发现虫卵(带绦虫)的虫卵检查法。

(1)棉签拭子法。先将棉签浸泡在生理盐水中,取出时挤去过多的盐水,在肛门周围擦拭,随后将棉签放入盛有饱和盐水的试管中,用力搅动,迅速提起棉签,在试管内壁挤干盐水后弃去,再加饱和盐水至管口处,覆盖一载玻片,勿使其接触液面,5 min 后取载玻片镜检。也可将擦拭肛周的棉签放在盛清水的试管中,经充分浸泡,取出,在试管内壁挤去水分后弃去。试管静置 10 min,或经离心后,倒去上液,取沉渣镜检。

(2)透明胶纸法。用长约 6 cm,宽约 2 cm 的透明胶纸粘擦肛门周围的皮肤,取下胶纸,将有胶面平贴玻片上,镜检。

**5. 粪便内蠕虫幼虫检查法**

(1)幼虫分离法。反刍兽网尾线虫(*Dityocaulus* spp.)的虫卵在新排出的粪便中已变为幼虫(larva);类圆线虫(*strongloides* spp.)的虫卵随粪便排出后很快孵出幼虫。对粪便中幼虫的检查最常用的方法是平皿法。

平皿法特别适用于球状粪便,其操作是:取粪球 3~10 个,放于培养皿内,加少量 40℃温水。10~15 min 后移去粪球,将留下的液体在低倍镜下检查。

用上述两种方法检查时,可见到运动活泼的幼虫。如欲对幼虫进行仔细的观察,可滴加卢戈氏碘液将幼虫致死,并染成棕黄色。

(2)粪便培养法。圆形科线虫(*strongyles*)种类很多,其虫卵在形态上很难区别,常将粪便中的虫卵培养为幼虫。再根据幼虫形态上的差异加以鉴别。

最常用的方法是在培养皿的底部加滤纸一张,将欲培养的粪便调成硬糊状,塑成半球形,放于皿内的纸上,并使粪球的顶部略高出平皿边沿,使加盖时与皿盖相接触。而后置 25℃温箱中培养 7 d。注意保持皿内湿度(应使底部的垫纸保持潮湿状态)。此时多数虫卵已发育为第 3 期幼虫,并集中于皿盖上的水滴中。将幼虫吸出置载玻片上,镜检。

(3)毛蚴孵化法。本法专门用于诊断日本血吸虫病。当粪便中虫卵较少时。镜检不易查出;当粪便中血吸虫虫卵内含有毛蚴(*miracidium*),虫卵入水后毛蚴很快孵出,游于水面,便于观察。操作方法:取新鲜牛粪 100 g,置 500 mL 容器内。加水调成糊状,通过 40~60 目铜筛过滤,收集滤液。将滤液倾入 500 mL 长颈烧瓶内,加至瓶颈中央处,在该处放入脱脂棉,小心加入清水至瓶口。孵化时水温以 22~26℃为宜,应有一定的光线。

孵化后 1、3、5 h 各观察 1 次,检查有无毛蚴在瓶内出现。毛蚴为灰白色,折光性强的梭形小虫,多在距水面 4 cm 以内的水中做水平或略倾斜的直线运动。应在光线明亮处,衬以黑色背景用肉眼观察。必要时可借助于放大镜。观察时应与水虫区别,毛蚴大小较一致,水虫则大小不一。显微镜下观察,毛蚴呈前宽后窄的三角形。而水虫多呈鞋底状。

## 五、报告

对所观察到的虫卵绘制结构简图。

# 项目二　动物疫病的防治措施

◆**知识目标：**

- 熟练掌握动物疫病综合防制的相关名词概念。
- 掌握动物疫病综合防制的基本内容。
- 理解动物疫病综合防制的原则。
- 了解检疫的对象、范围、类型、步骤。

◆**技能目标：**

- 会对被检病料及畜禽尸体进行合理处理。
- 会识别各种消毒药并根据不同消毒对象合理使用。
- 会免疫接种的各种方法；会编制动物疫病的防疫计划。

## 子项目一　防疫工作的基本原则和内容

### 一、防疫工作的基本原则

**1. 健全机构的原则**　县以上农牧部门是兽医行政机构，县级人民政府和乡级人民政府应当采取有效措施，加强村级防疫员队伍建设，还可根据动物防疫工作需要，向乡、镇或者特定区域派驻兽医机构，共同担负畜禽传染病的预防与扑灭工作。兽医防疫工作是一项系统的工程，它与农业、商业、外贸、卫生、交通等部门都有密切的关系，只有依靠政府的统一领导、协调，从全局出发，大力合作，统一部署，全面安排，才能有效及时地把兽医防疫工作做好。

**2. 预防为主的原则**　畜禽生产过程中，搞好综合性的防疫措施是极其重要的。随着集约化畜牧业的发展，“预防为主”方针的重要性显得更加突出，否则兽医防疫工作将会陷入完全被动的局面，畜牧生产也会走向危险的境地。

**3. 法规建设的原则**　我国于1991年开始实施《中华人民共和国进出境动植物检疫法》，1998年1月开始实施《中华人民共和国动物防疫法》，2007年8月30日又进行了修订,并于 2008 年 1 月 1 日执行。这些兽医法规对我国畜禽防疫和检疫工作的方针和基本原则做了明确而具体的叙述,它们是兽医工作者开展防疫、检疫工作的法律依据。

**4. 调查监测的原则** 由于不同传染病在时间、地区及畜禽群中的分布特征、危害程度和影响流行的因素有一定的差异,因此要制订适合本地区或养殖场的传染病防治计划或措施,必须在对该地区展开流行病学调查和研究的基础上进行。

**5. 突出重点的原则** 动物疫病的控制或消灭需要针对流行过程的三个基本环节采取综合性防治措施。但在实施和执行综合性措施时,必须考虑不同传染病的特点及不同时期、不同地点和畜禽群的具体情况,突出主要因素和主导措施,即使为同一种疫病,在不同情况下也可能有不同的主导措施,在具体条件下究竟应采取哪些主导措施要根据具体情况而定。

## 二、防疫工作的基本内容

动物疫病的流行是由传染源、传播途径和易感畜禽三个相互联系的环节而形成的一个复杂过程。因此,采取适当的措施来消除或切断三个环节的相互联系,就可以使畜禽疫病的流行终止。在采取具体防疫措施时,必须从“养、防、检、治”四个方面采取综合性的防疫措施,方可控制畜禽传染病的发生和蔓延。综合性防疫措施可分为平时的预防措施和发生疫病时的扑灭措施两个方面。

**1. 平时的原则性预防措施**

(1)科学饲养管理,搞好卫生消毒,增强畜禽机体抗病能力。

(2)贯彻自繁自养的原则,减少疫病传播,对引入动物要严格检疫。

(3)拟订和执行定期预防接种和补种计划。

(4)定期杀虫灭鼠,粪便进行无害化处理。

(5)认真贯彻执行国境检疫、交通检疫、市场检疫和屠宰检验等各项法规和制度。

(6)各地兽医机构应调查研究当地疫情分布,相邻地区联防协作,有计划地对动物疫病进行消灭和控制,并防止外来疫病的侵入。

**2. 发生疫情时的原则性扑灭措施**

(1)及时发现、诊断和上报疫情,并通知邻近单位做好预防工作。

(2)迅速隔离病畜,对污染和疑似污染的地方进行紧急消毒。

(3)若发生“一类”疫病应采取封锁措施。如口蹄疫、炭疽等。

(4)以疫苗实行紧急接种,对病畜进行及时和合理的治疗。

(5)合理处理死畜和淘汰的病畜。

# 子项目二 动物疫病的防治措施

## 一、疫情报告和诊断

（一）疫情报告制度

**1. 国内疫情报告系统** 按照《中华人民共和国动物防疫法》的规定，任何从事动物疫情监测、检验检疫、疫病研究与诊疗以及动物饲养、屠宰、经营、隔离、运输等活动的单位和个人，发现动物染疫或者疑似染疫的，应当立即向当地兽医主管部门、动物卫生监督机构或者动物疫病预防控制机构报告，并采取隔离等控制措施，防止动物疫情扩散。其他单位和个人发现动物染疫或者疑似染疫的，应当及时报告。任何单位和个人都不得以自身利益或其他原因为借口，瞒报、谎报或阻碍他人报告畜禽疫情。接到动物疫情报告的单位，应当及时采取必要的控制处理措施，并按照国家规定的程序上报。当畜禽突然死亡或怀疑发生疫病时，除立即报告畜禽防疫监督机构外，在兽医人员未到现场或未作出诊断前，应将患病畜禽进行隔离并派专人管理，对患病畜禽污染的环境和用具进行严格消毒，患病畜禽的尸体应保留完整，未经兽医检查同意不得擅自急宰和剖检，以便为疫病的准确、快速诊断提供材料，并防止病原体的扩散。动物疫情由县级以上人民政府兽医主管部门认定；其中重大动物疫情由省、自治区、直辖市人民政府兽医主管部门认定，必要时报国务院兽医主管部门认定。国务院兽医主管部门应当及时向国务院有关部门和军队有关部门以及省、自治区、直辖市人民政府兽医主管部门通报重大动物疫情的发生和处理情况；发生人畜共患疫病的，县级以上人民政府兽医主管部门与同级卫生主管部门应当及时相互通报。国务院兽医主管部门负责向社会及时公布全国动物疫情，也可以根据需要授权省、自治区、直辖市人民政府兽医主管部门公布本行政区域内的动物疫情。其他单位和个人不得发布动物疫情。

**2. 国际疫情报告系统** 为了限制重要动物疫病的扩散，在世界范围内更好地控制动物疫病，国际兽疫局对其成员国规定了畜禽疫情国际通报的权利和义务，其程序和内容简述如下：

(1)当某成员国或某地区出现国际兽疫局规定的 A 类疾病或其他国家具有重要流行病学意义的非 A 类疾病时，应在 24 h 内通过电传、电报、传真或电子邮件通报中央局(即国际兽疫局常设秘书处)。

(2)初次通报后，在疫情稳定或传染病根除之前应按上述方法每周上报一次疫情控制的进展情况。

(3)疫情扑灭后或未发生重大疫情的国家或地区,应对 A 类疾病和具有重要流行病学意义的非 A 类疾病,按月上报其控制和存在状况。

(4)所有 A 类、B 类及其他具有重要社会经济影响的传染病每年应上报一次。

在疫病发生时,各国兽医行政管理部门除上报上述内容外,还应通报为防止疫病传播所采取的措施,包括检疫措施、疫区内畜禽及其产品和其他物品等流通的限制措施、传播媒介的控制措施等。

(二)动物疫病的诊断

畜禽传染病的诊断就是依靠人的感官或利用其他方法对患病畜禽进行检查,从而作出诊断。及时准确有效的诊断是扑灭畜禽传染病工作成败的关键。诊断畜禽传染病的常用方法有临床诊断、流行病学诊断、病理学诊断、病原学诊断和免疫学诊断等。实际工作过程中,需根据某种畜禽传染病的特点采用几种方法进行综合诊断,有时仅需要采用其中一两种方法便可做出准确诊断。现将常用的诊断方法简介如下:

**1. 临床诊断** 这是最基本、最简便易行的方法,也是动物疫病诊断的起点和基础。它是利用人的感官或借助一些最简单的器械如温度计、听诊器等直接对患病畜禽进行检查,有时也需要结合血、尿、粪的常规检查方可做出诊断,对某些具有典型症状的病例,通过临床诊断一般可以确诊。如破伤风、猪气喘病、蛔虫等。但应当指出这种方法有一定的局限性和片面性,如对发病初期特征性症状尚不明显的病例和非典型病例,通过临床诊断难以确诊,只能提出可疑动物疫病的大致范围,必须结合其他方法才能作出确诊。在进行临床诊断时,应注意对整个发病畜禽群所表现的综合症状加以分析判断,不要单凭个别或少数病例的症状轻易下结论,以防误诊。

**2. 流行病学诊断** 流行病学诊断经常与临床诊断是联系在一起的。流行病学诊断是在流行病学调查(即疫情调查)的基础上进行的,疫情调查可在临床诊断过程中进行,如以座谈式向畜主询问疫情,并对现场进行仔细检查,取得第一手资料,然后对材料进行分析,做出诊断。由于动物疫病不同,流行病学诊断的重点也不一样。一般应调查本次流行的情况、疫情来源以及传播途径和方式等问题。

**3. 病理诊断** 大多数的动物疫病都有不同程度的特殊病理变化,对于诊断动物疫病具有重要价值。如鸡新城疫、猪瘟、禽霍乱、猪气喘病及球虫等。尤其对于多数寄生虫病,可以直接检查到虫体,适用于自然死亡动物、急宰的患病动物或屠宰的动物。但有些病例,如最急性和非典型病例,其病理变化不太典型,尤其是非典型病例,需多剖检一些病例进行综合方可发现某病典型病理变化,如非典型鸡新城疫。病理组织学诊断是经典的诊断方法之一，主要是通过显微镜观察病料组织切片中的特征性显微病变和特殊结构，借以诊断或区别不同的疫病。目前病理组织学诊断对某些疫病仍是最主要和可靠的诊断方法，如狂犬病和牛海绵状脑病。

**4. 病原学诊断**　这是诊断动物疫病最重要的方法之一，是确诊动物疫病的重要依据。常用病原学诊断方法如下：

(1)病料涂片镜检。通常在有显著病变的不同组织器官和不同部位涂抹数片，进行染色镜检。此法对于一些具有特征性形态的病原微生物如炭疽杆菌、巴氏杆菌和寄生虫等可以迅速作出诊断，但对大多数动物疫病来说，只能提供进一步检查的依据或参考。

(2)分离培养和鉴定。用人工培养方法将病原体从病料中分离出来。细菌、真菌、螺旋体等可选择适当的人工培养基，病毒可先用动物或组织培养等方法分离培养，分得病原体后，再进行形态学、培养特性、动物接种及免疫学试验等方法作出鉴定。

(3)动物接种试验。通常选择对该种动物疫病的病原体最敏感的动物进行人工感染试验。将病料用适当的方法进行人工接种，然后根据对不同动物的致病力、症状和病理变化特点来帮助诊断。当实验动物死亡或经一定时间杀死后，观察体内变化，并采取病料进行涂片检查和分离鉴定。

一般应用的实验小动物有家兔、小鼠、豚鼠、仓鼠、家禽、鸽子等，在实验小动物对该病原体无感受性时，可以采用有易感性的大动物进行试验，但费用大，而且需要严格的隔离条件和严格的消毒措施，因此只有在非常必要和条件许可时才能进行。

从病料中分离出微生物，虽是确诊的重要依据，但也应注意畜禽的“健康带菌”现象，其结果还需与临床及流行病学、病理变化结合起来进行分析。有时即使没有发现病原体，也不能完全否定该种畜禽传染病的诊断。

(4)免疫组化技术。是指用标记的特异性抗体(抗原)对组织细胞内抗原(抗体)分布进行检测的方法。根据标记物的不同分为免疫荧光组化技术、免疫酶组化技术、免疫电镜技术等。不同的免疫组化技术各自具有独特的试剂和方法，包括抗体制备、组织材料处理、免疫染色、对照试验及显微观察等。在涉及病毒、细菌和原生生物等抗原的检测或鉴定中，该技术具有以下几方面的优点：样品运送方便；能够安全地控制对人员具有潜在致病作用的病原体；使样品的保存和回顾性研究成为可能；诊断快速；能够对无活性的病原体进行检测。

随着单克隆抗体技术的发展，免疫组化技术在畜禽传染病诊断方面的应用将愈来愈广泛。

分子生物学诊断技术畜禽传染病诊断方面的应用也愈来愈广泛，如多聚酶链式反应、限制性酶切片段长度多态性分析、核酸探针技术等。

**5. 血清学试验** 是通过免疫学方法诊断动物疫病最常用的重要方法之一，包括血清学试验和变态反应两类。

(1)血清学试验。利用抗原和抗体特异性结合的免疫学反应进行诊断。可以用已知抗原来测定被检畜禽血清中的特异性抗体，也可以用已知的抗体(免疫血清)来测定被检材料中的抗原。血清学试验有中和试验(毒素抗毒素中和试验、病毒中和试验等)；凝集试验(直接凝集试验、间接凝集试验、间接血凝试验)；沉淀试验(环状沉淀试验、琼脂扩散沉淀试验)；溶细胞试验(溶菌试验、溶血试验)；补体结合试验以及免疫荧光试验、免疫酶技术、放射免疫测定、单克隆抗体和核酸探针等。

(2)变态反应。变态反应是诊断畜禽某些疫病的重要免疫学方法之一。畜禽患某些传染病(主要是慢性畜禽传染病)时，可对该病病原体或其产物的再次进入产生强烈的反应。该种方法可用于结核、布鲁氏菌病等多种畜禽传染病的诊断。

**6. 药物诊断** 是对可疑为疫病的患病动物，用对该疫病的特效药物治疗或驱虫而进行诊断的方法。适用于生前不能或无条件进行实验室检查的患病动物。

## 二、检疫

动物检疫是指国家法定的机构和人员，依照法定的方法和技术标准，对畜禽、畜禽产品的健康卫生状况实施定性检测和处理的一种具有强制性的技术性措施。动物检疫作为发现、预防、控制、扑灭动物疫病的重要手段，因而也是畜禽防疫的重要内容，是畜禽疫病防治的一个重要环节，它直接关系到畜牧业生产的发展，对外贸易的信誉以及人民身体健康等，应特别引起重视。

### (一)检疫的范围

**1. 国内畜禽检疫的范围** 国内畜禽检疫的范围包括畜禽和畜禽产品。畜禽是指家畜家禽和人工饲养、合法捕获的其他动物。如猪、羊、牛、鸡、实验动物、观赏动物、演艺动物等。畜禽产品是指畜禽的生皮、胚胎、种蛋以及未经加工的胴体、脏器、血液、骨、蹄等。

**2. 进出境畜禽检疫的范围** 进出境畜禽检疫的范围包括畜禽、畜禽产品和其他检疫物。畜禽是指饲养、野生的活动物，包括畜、禽、兽、蛇、鱼、蜂等；畜禽产品是指来源于畜禽未经加工或者虽经加工但仍可能传播传染病的产品，如生皮张、毛类、肉类等；其他检疫物是指疫苗、血清、诊断液等。

**3. 运载饲养畜禽及其产品的工具** 包括车、船、飞机、包装物、饲料和铺垫材料、饲养工具等。

（二）检疫的对象

畜禽检疫对象是指畜禽检疫中政府规定的动物疫病。动物疫病的种类很多，畜禽检疫只是把其中的一部分规定为畜禽检疫对象，而不是所有的动物疫病。《中华人民共和国动物防疫法》第 10 条规定，全国畜禽检疫对象的具体病种名录由国务院畜牧兽医行政管理部门规定并公布。《中华人民共和国进出境动植物检疫法》第 18 条规定，进境畜禽检疫对象的名录由国务院农业行政主管部门制定并公布。

**1. 重点检疫对象**

（1）人、畜和多种畜禽共患的传染病。如炭疽、结核病、布鲁氏菌病、狂犬病等。

（2）危害性大而目前预防控制困难的畜禽传染病。如口蹄疫、牛海绵状脑病、痒病、梅迪-维斯纳病等。

（3）急性烈性畜禽传染病。如猪瘟、鸡新城疫等。

（4）我国尚未发现的国外传染病。如非洲猪瘟、非洲马瘟等。

**2. 全国畜禽检疫对象**　全国动物疫病检疫对象共分三类 116 种，其中一类畜禽传染病包括口蹄疫、猪水疱病、猪瘟、非洲猪瘟、非洲马瘟、牛瘟、牛传染性胸膜肺炎、牛海绵状脑病、痒病、蓝舌病、小反刍兽疫、绵羊痘和山羊痘、禽流行性感冒（高致病性禽流感）、鸡新城疫等共 14 种。

**3. 进境畜禽检疫对象**　为防止国外畜禽传染病的侵入，我国由国务院农业行政主管部门制定并公布了《中华人民共和国进境畜禽一、二类传染病、寄生虫病名录》，其中一类传染病包括口蹄疫、非洲猪瘟、猪水疱病、猪瘟、牛瘟、小反刍兽疫、蓝舌病、痒病、牛海绵状脑病、非洲马瘟、鸡瘟、新城疫、鸭瘟、牛肺疫、牛结节疹共 15 种。

**4. 国际畜禽检疫对象**　1986 年国际兽疫局委员会修订的《国际动物卫生法典》规定，国际畜禽检疫对象分两类，A 类 16 种，B 类 79 种，共 95 种。其中 A 类包括口蹄疫、水疱性口炎、猪水疱病、牛瘟、小反刍兽疫、牛传染性胸膜肺炎、结节性疹、裂谷热、蓝舌病、绵羊痘和山羊痘、非洲马瘟、非洲猪瘟、猪瘟、传染性脑脊髓炎、鸡瘟（A 型流感）和鸡新城疫。

（三）检疫类型

根据畜禽及其产品的动态和运转形式，我国动物检疫在总体上分为国内检疫和国境检疫两大类，其大致分类与检疫步骤如下。

**1. 国内检疫**　是指为有效地防止重要传染病的发生和传播，根据法律规定由法定机构或人员对境内畜禽及其产品实施的、具有法律效力和法律后果的技术措施和政府行为。国内检疫由县级以上农牧部门所属的动物检疫站和乡（镇）畜牧兽医站等部门负责执行。分为产地检疫、净化检疫、运输检疫、屠宰检疫和市场检疫。

(1)产地检疫。是指畜禽在离开饲养、生产地之前所进行的畜禽检疫。通过产地检疫,能把畜禽传染病控制在原地,消灭在移动之前。产地检疫主要由乡(镇)畜牧兽医站具体负责,而出口畜禽的产地检疫应由当地县级以上畜牧兽医行政管理部门畜禽防疫监督机构负责。产地检疫合格的应出具《畜禽产地检疫合格证明》,不合格的应按有关规定处理。

(2)净化检疫。是指在国内某地发生规定的检疫对象流行时进行的检疫,又称疫区检疫。如发现为一类畜禽传染病,当地县级以上地方人民政府畜牧兽医行政管理部门应当立即派人到现场,划定疫点、疫区、受威胁区,并对疫区进行封锁。应根据疫情处理的要求及时提出净化检疫方案,明确疫区检疫的目的、达到的目标、采用的方法和依据的标准。进行人力、物力、技术等方面的准备。

(3)运输检疫。是指对运出县境的畜禽及其产品进行的检疫。运输检疫包括铁路检疫、公路检疫、水运检疫、空运检疫等。运输检疫的主要任务是监督检查,即验证、查物。

(4)屠宰检疫。包括宰前检疫和宰后检疫。宰前检疫是指对待宰畜禽活体进行的畜禽检疫。宰前检疫能检出宰后检疫难以检出的传染病,如破伤风、狂犬病、李氏杆菌病、乙型脑炎、胃肠炎、口蹄疫及某些中毒性传染病等;宰后检疫是宰前检疫的继续和补充。宰前检疫通常只能根据畜禽的体温反应和明显的临床症状等将患病畜禽检查出来,而对于那些不出现体温反应或临床症状不明显的畜禽则很难发现。在屠宰过程中,通过对肉尸和内脏病理变化及异常表现的直接观察和其他检测方法,则可以将该类患病畜禽检查出来。

(5)市场检疫。是指畜禽及其产品在进入市场商品交易时所实施的检疫。市场检疫包括集市检疫、交易检疫、采购检疫。市场是畜禽及其产品的集散地,集中时相互间接触机会多,易互相传播传染病,离散时又容易扩散传染病。做好市场检疫可以防止患有检疫对象的畜禽及其产品上市交易,保护畜牧业生产发展,保证消费者安全,促进经济贸易。

**2. 国境检疫** 国境检疫又叫进出境检疫或口岸检疫(简称外检),是一项政策性和技术性相结合的兽医卫生防疫工作,对维护国家主权、控制畜禽重大传染病的传入和流行,保障养殖业的正常发展和人民的身体健康都有重要的意义。包括进境检疫、出境检疫、过境检疫、携带和邮寄物检疫、运输工具检疫等。

(1)进境检疫。是指对畜禽、畜禽产品和其他检疫物在进入国境过程中进行的畜禽检疫。进境检疫对防止国外畜禽传染病传入我国有着极其重要的意义。进境检疫包括签订双边检疫议定书、审批、报检、现场检疫、隔离检疫、处理与放行等程序。

在检疫过程中，若发现农业部颁布的《中华人民共和国进境畜禽一、二、三类传染病、寄生虫病名录》中一类传染病或双边检疫议定书规定的传染病时，全群畜禽或畜禽遗传物质禁止进境，作退回或销毁处理；检出二类病的阳性畜禽应退回或销毁，同群的其他畜禽进行隔离观察，阴性时可以进境。

(2)出境检疫。是指对畜禽、畜禽产品和其他检疫物在输出国外前进行的检疫。出境检疫对维护我国的国际信誉，促进对外经济贸易，有着重要的意义。畜禽、畜禽产品和其他检疫物经检疫合格或除害处理合格者，才准予出境。出境检疫包括报检、检疫和离境等程序。

(3)过境检疫。是指对载有畜禽、畜禽产品和其他检疫物的运输工具要通过我国国境时进行的畜禽检疫。过境检疫对防止畜禽传染病传入我国和传出国境都有重要的意义。

(4)携带、邮寄物检疫。是指携带物检疫和邮寄物检疫。携带物检疫是指对进入国境的旅客、交通员工携带的或托运的畜禽及其产品进行的畜禽检疫，简称为旅检。邮寄物检疫是指对邮寄入境的畜禽产品进行的畜禽检疫，简称为邮检。携带或邮寄的畜禽及其产品，未经检疫或检疫不合格者，不许进境。

(5)运输工具检疫。是指对来自畜禽疫区的进境运输工具，所有进出境、过境装载畜禽、畜禽产品及其他检疫物的运输工具(包括集装箱)进行的检疫。

## 三、隔离和封锁

### (一)隔离

隔离是指将患病畜禽和疑似感染畜禽控制在一个有利于防疫和生产管理的环境中进行单独饲养和防疫处理的一种措施。它是控制和扑灭动物疫病的重要措施之一，一般适用二、三类动物疫病的控制和扑灭，也是发生一类动物疫病实行强制性封锁前采取的措施。其目的是为了控制传染源，防止畜禽继续受到传染，控制动物疫病蔓延，以便将疫情控制在最小范围内加以就地扑灭。根据诊断检疫结果，可将全部受检畜禽分为患病畜禽群、可疑感染畜禽群和假定健康畜禽群三类，以便分别对待。

**1. 患病畜禽群**　是指有典型症状或类似症状，或通过其他诊断方法检查为阳性的畜禽。对检出的患病畜禽应立即送往隔离栏舍或偏僻地方进行隔离。如患病畜禽数量较多时，可隔离于原畜禽舍内，而将少数疑似感染畜禽移出观察。对有治疗价值的，要及时治疗；对危害严重、缺乏有效治疗办法或无治疗价值的，应扑杀后深埋或销毁。对患病畜禽要设专人护理，禁止闲散人员出入隔离场所。饲养管理用具要专用,并经常消毒,粪便发酵处理,对人畜共患病还要做好个人防护。

**2. 可疑感染畜禽群** 是指在发生某种畜禽传染病时,与患病畜禽同群或同舍,并共同使用饲养管理用具、水源等的畜禽。这些畜禽有可能处在潜伏期中或有排菌(毒)危害,故应经消毒后转移隔离(应与患病畜禽分别隔离),限制活动范围,详细观察、及时分化。有条件时可进行紧急预防接种或药物预防。根据该种畜禽传染病潜伏期的长短,经一定时间观察不再发病后,要在畜禽消毒后解除隔离。

**3. 假定健康畜禽群** 疫区内除上述两类畜禽之外的易感畜禽均属此类,临床上没有任何症状假定健康的畜禽。对假定健康畜禽应及时进行紧急预防接种,加强饲养管理和消毒等,以保护畜禽群的安全。

(二)封锁

封锁是指当某地或养殖场暴发法定一类传染病和外来传染病时,为了防止传染病扩散以及安全区健康畜禽的误入而对疫区或其畜禽群采取划区隔离、扑杀、销毁、消毒和紧急免疫接种等强制性措施。

根据我国《动物防疫法》的规定,当确诊为一类动物疫病时,当地县级以上地方人民政府兽医主管部门应当立即派人到现场,划定疫点、疫区、受威胁区,调查疫源,及时报请本级人民政府对疫区实行封锁。疫区范围涉及两个以上行政区域的,由有关行政区域共同的上一级人民政府对疫区实行封锁,或者由各有关行政区域的上一级人民政府共同对疫区实行封锁。必要时,上级人民政府可以责成下级人民政府对疫区实行封锁。封锁的目的是保护广大地区畜群的安全和人民健康,把畜禽传染病控制在封锁区之内,发动群众力量就地扑灭。封锁行动应通报邻近地区政府采取有效措施,同时逐级上报国家畜牧兽医行政机关或国际兽疫局,并由其统一管理和发布国家畜禽疫情信息。

封锁区的划分,必须根据该畜禽传染病的流行规律、当时的流行情况和当地的条件,按"早、快、严、小"的原则进行。"早"是早封锁,"快"是行动果断迅速,"严"是严密封锁,"小"是把疫区尽量控制在最小范围内。封锁是针对传染源、传播途径、易感畜禽群三个环节采取的措施。根据我国有关兽医法规的规定,具体措施如下:

**1. 封锁的疫点应采取的措施**

(1)当某地暴发法定 A 类或一类传染病、外来传染病以及人畜共患病时,其疫点内的所有畜禽,无论其是否实施过免疫接种,在兽医行政部门的授权下,宰杀感染特定传染病的畜禽及同群可以感染畜禽,并在必要时宰杀直接接触畜禽或可能传播病原体的间接接触畜禽,尸体一律焚烧或深埋处理。扑杀政策是畜禽传染控制上采取的一项最严厉的强制性措施,也是兽医学中特有的传染病控制方法。

(2)严禁人、畜禽、车辆出入和畜禽产品及可能污染的物品运出。在特殊情况下人员必须出入时，需经有关兽医人员许可，经严格消毒后出入。

(3)对病死畜禽及其同群畜禽，县级以上农牧部门有权采取扑灭、销毁或无害化处理等措施，畜主不得拒绝。

(4)疫点出入口必须有消毒设施，疫点内用具、圈舍、场地必须进行严格消毒，疫点内的畜禽粪便、垫草、受污染的草料必须在兽医人员监督指导下进行无害化处理。

**2. 封锁的疫区应采取的措施**

(1)交通要道必须建立临时性检疫消毒卡，备有专人和消毒设备，监视畜禽及其产品移动，对出入人员、车辆进行消毒。

(2)停止集市贸易和疫区内畜禽及其产品的采购。

(3)未污染的畜禽产品必须运出疫区时，需经县级以上农牧部门批准，在兽医防疫人员监督指导下，经外包装消毒后运出。

(4)非疫点的易感畜禽，必须进行检疫或预防注射。农村城镇饲养及牧区畜禽与放牧水禽必须在指定疫区放牧，役畜限制在疫区内使役。

**3. 受威胁区及其应采取的措施** 疫区周围地区为受威胁区，其范围应根据传染病的性质、疫区周围的山川、河流、草场、交通等具体情况而定。受威胁区应采取如下主要措施。

(1)对受威胁区内的易感畜禽应及时进行预防接种，以建立免疫带。

(2)管好本区易感畜禽，禁止出入疫区，并避免饮用疫区流过来的水。

(3)禁止从封锁区购买牲畜、草料和畜产品，如从解除封锁后不久的地区买进牲畜或其产品，应注意隔离观察，必要时对畜产品进行无害处理。

(4)对设于本区的屠宰场、加工厂、畜产品仓库进行兽医卫生监督，拒绝接受来自疫区的活畜及其产品。

(5)解除封锁。疫区内(包括疫点)最后一头病畜禽扑杀或痊愈后，经过该病一个潜伏期以上的检测、观察、未再出现病畜禽时，经彻底消毒清扫，由县级以上农牧部门检查合格，经原发布封锁令的政府发布解除封锁令后，并通报毗邻地区和有关部门。疫区解除封锁后，病愈畜禽需根据其带毒时间，控制在原疫区范围内活动，不能将它们调到安全区去。

## 四、动物疫病的治疗

动物疫病的治疗与一般普通病不同，特别是那些流行性强、危害严重的动物疫病，必须在严格封锁或隔离的条件下进行，务必使治疗的患病畜禽不致成为散播病原的传染源。对动物疫病的治疗，一方面是为了挽救患病畜禽，减少损失；另一方面，在某种情况下也是为了消除传染源，是综合性防疫措施中的一个组成部分。治疗中，在用药方面坚持因地制宜、勤俭节约的原则。既要考虑针对病原体，消除其致病作用，又要帮助畜禽机体增强一般抗病能力和调整、恢复生理机能，而采取综合性的治疗方法。患病畜禽的治疗必须及早进行，不能拖延时间。还应尽量减小诊疗工作的次数和时间，以免经常惊扰而使患病畜禽得不到休养。不能单靠药物治疗，而应尽力扶持和增强患病畜禽本身的抵抗力。

（一）针对病原体的疗法

在畜禽传染病的治疗方面，应用能够抑制病原体的繁殖或杀灭病原体的药物或制品帮助畜禽机体杀灭或抑制病原体，或消除其致病作用的疗法是很重要的，一般可分为特异性疗法、抗生素疗法和化学疗法等。在畜禽寄生虫病的治疗方面，主要是应用各种驱虫药杀灭畜禽体内的寄生虫。

**1. 特异性疗法** 应用针对某种畜禽传染病的高免血清、痊愈血清（或全血）等特异性生物制品进行治疗，因为这些制品只对某种特定的畜禽传染病有效，而对其他病无效，故称为特异性疗法。

高免血清由于代价高、生产少、难购买而使应用受到限制，一般用于某些急性畜禽传染病或珍贵畜禽传染病的治疗。诊断确实的基础上在病的早期注射足够剂量的高免血清，常能取得良好的疗效。如缺乏高免血清，可用耐过畜禽或人工免疫畜禽的血清或血液代替，也可起到一定的作用，但用量须加大。使用血清时如为异种畜禽血清，应特别注意防止过敏反应。最近几年，高免卵黄液的开发应用，使畜禽传染病的特异治疗得到较多应用。因为卵黄中的抗体与血清中的抗体基本上相同（最多差一个滴度），所以可用某种畜禽传染病（如新城疫和法氏囊病等）的疫苗对鸡进行强化免疫，当抗体水平达到要求（用血清学方法监测）时，即可采集鸡蛋制备高免卵黄液应用于生产。

**2. 抗生素疗法** 抗生素主要用于由细菌引起的畜禽传染病的治疗。合理地应用抗生素是发挥抗生素疗效的重要前提，不合理的应用或滥用抗生素往往引起多种不良后果，一方面可能使敏感的病原微生物产生耐药性；另一方面，可能对机体造成不良反应，甚至引起中毒，再就是可能使药效降低或抵消。使用时一般须注意以下几个问题。

(1)掌握抗生素的适应证（最好结合药敏试验结果选药）。每一种抗生素都有其固定的抗菌谱，应根据临诊诊断确定或估计出病原微生物种类，选择最敏感的药物进行治疗。但是随着抗生素在生产中的广泛应用，耐药菌株越来越多，有的甚至找不到敏感的药物。鉴于这种情况，最好是先分离病原菌，做药敏试验，然后根据药敏试验结果选用高敏药物进行治疗。这样既可有效地治疗患病畜禽，又可防止由于抗生素无效或效果差而延误治疗时机造成药物的浪费。

(2)要考虑用量、疗程、给药途径、不良反应、经济价值等问题。关于剂量，开始宜大，以便使血液浓度快速升至有效水平，以后再据病情酌减。疗程应以发病的具体情况而定，急性传染病病例，在药物效果较好时 3 d 后即可停药。慢性传染病由于病程缓慢，疗程一般较长，可控制在 5～7 d，若有必要继续治疗，可适当延长或换另一种药物。用药途径最好根据药物的特点及病情和病的特点来确定。如消化道传染病最好经饲料拌药途径给药，食欲下降或废绝的患病畜禽可经饮水途径给药，食欲、饮水均废绝的患畜禽则应注射给药。饮水途径给药只能用水溶性好的药物；易被消化道破坏的药物最好注射给药；有的药物有不良反应(如硫酸庆大霉素、先锋霉素Ⅱ、洁霉素等对肾脏有损害作用)，应用时应加以注意。当药物价格总值超过患病畜禽本身价值时则不应进行治疗。

`(3)不要滥用。用量既要充足，又不能超量，否则都会带来不良后果。用量不足易导致耐药菌株的出现；用量大，一是造成浪费，二是易引起中毒，如痢特灵在用量超过 0.04%，经过一定时间便会使鸡中毒。用量大小与细菌对药物的敏感性有关，中敏药物剂量应适当增加。另外，肉鸡于出售前 15 d 禁止用抗生素，以防止药物残留。

(4)抗生素的联合应用。有些抗生素联合应用，通过协同作用可以增进疗效。如青霉素与链霉素主要表现出协同作用，抗生素和磺胺类药物多数都有协同作用，如青霉素和磺胺、链霉素与磺胺嘧啶等均有协同作用。另外，应防止有拮抗作用的抗生素联合应用，如土霉素与链霉素合用会产生拮抗作用，反而影响治疗效果。

抗生素的联合应用，取得成功的实例很多，但临床上不能无原则地盲目应用，必须有明确的特征。一般适合用于下列情况：①病因不明，病情危害的严重感染或败血症。②单一抗菌药不能有效控制的感染或混合感染。③须长期用药的传染病。④对某些抗生素不易渗入的感染病灶，如中枢神经的感染。⑤毒性较大，联合用药减少剂量后可降低不良反应的抗生素。

**3. 化学疗法**　使用化学药物帮助机体消灭或抑制病原微生物的治疗方法，称为化学疗法。治疗畜禽传染病常用的化学药物有以下几种：

(1)磺胺类药物。这是一类化学合成的抗菌药物，可抑制大多革兰氏染色阳性和部分阴性细菌，对放线菌和一些大型病毒也有一定作用；个别磺胺类药物还能选择性地抑制某些原虫(如球虫等)。除用于消化道抗菌作用的磺胺脒(SG)以外，其他许多磺胺类如磺胺嘧啶(SD)、磺胺双甲嘧啶(SM2)等，在口服(饲料)给药时应加等量的小苏打，以助其溶解、吸收，并防止它在泌尿系统结晶析出，造成严重后果。

(2)抗菌增效剂。这是一类广谱抗菌药物,与磺胺类药并用,能显著增加疗效,与某些抗生素并用亦能显著增加疗效,故称为抗菌增效剂。临诊上常用的抗菌增效剂有三甲氧苄氨嘧啶(TMP)和二甲氧苄氨嘧啶(DVD,又称敌菌净)等。

(3)氟喹诺酮类药物。这是一类分子结构中含有4-喹诺酮环结构的药物,属于广谱抗菌药,对绝大部分革兰氏染色阴性细菌抗菌效果好。主要品种有诺氟沙星、培氟沙星、依诺沙星、氧氟沙星、环丙沙星、乙基环丙沙星、单诺沙星、洛美沙星、氧罗沙星等。其中以环丙沙星、乙基环丙沙星、氧氟沙星的抗菌作用较强。

(4)其他抗菌药。如黄连素、痢菌净、氟哌酸、吡哌酸、喹乙醇等,这些药物抗菌谱广,抗菌活性强,多用于畜禽肠道感染。异烟肼(雷米封)、对柳氨酸等,对结核病有一定疗效。

抗病毒感染的药物近年来有所发展,但仍远较抗菌药物为少,毒性一般较大。目前在人医临床上试用的药物有碘苷(疱疹净)、三氮唑核苷(病毒唑)、吗啉胍(病毒灵)、阿昔洛韦和干扰素等十余种,但在兽医临床上应用的还很少。

**4.动物驱虫** 驱虫既是杀灭畜禽体内的寄生虫,又是积极的预防措施。根据不同的要求,又可分为治疗性驱虫和预防性驱虫。前者指畜禽已经发生寄生虫病并在确诊的基础上进行,这种驱虫随时都能进行,目的是杀灭虫体,治疗病畜;后者又称计划性驱虫,目的是保护动物不受或少受寄生虫的侵害,这项措施必须根据当地寄生虫病的流行情况而确定。对大多数蠕虫而言,特别是放牧的牲畜,每年应进行两次预防性驱虫,即春、秋各一次,春季在放牧之前,秋季在舍饲之后,尤其是秋季驱虫,在生产实践中更为重要。

另外,某些寄生虫病的流行,与犬、猫及野生动物等保虫宿主有密切的关系,如弓形虫病、华支睾吸虫病、细颈囊尾蚴病等。其中许多还是重要的人畜共患病。因此,应对犬和猫严加管理,控制饲养,对患寄生虫病的犬和猫要及时治疗和驱虫,粪便深埋或烧毁。

(二)针对畜禽机体的疗法

在动物疫病的治疗中,除针对病原微生物进行治疗外,还要采取针对畜禽机体的疗法,以增强机体抵抗力,调整和恢复畜禽机体的生理机能,促使机体恢复健康。

**1.加强护理** 对患病畜禽的护理是治疗工作的基础。对患传染病的畜禽的治疗应在严格隔离的条件下进行,冬季应注意防寒保暖、阳光充足,夏季应注意防暑降温、通风良好,供给优质的饲料和饮水,并经常消毒,亦可经注射、灌服或饮水给以葡萄糖、维生素或其他营养性物质以维持生命,帮助患病畜禽渡过难关。

**2.对症疗法** 在动物疫病的治疗过程中,为了减缓或消除某些严重的症状,调节和恢复机体的生理机能所采取的疗法,称为对症疗法。如使用退热、止痛、止血、镇静、兴奋、强心、利尿、清泻、止泻、防止酸中毒、调节电解质平衡等药物，以及采取某些急救手术或局部治疗等，都属于对症治疗的范畴。

（三）微生态制剂调整治疗

微生态制剂是利用正常微生物群的成员制成的活的微生物制剂，它具有补充或调整充实微生物群落的内涵，维持或调整微生态平衡，达到治疗传染病、增进健康的目的。例如调痢生，主要用于仔猪黄痢、白痢等。

（四）中药制剂的治疗

中药制剂的治疗作用主要是通过调整畜禽机体的整体功能，直接或间接起治疗作用。

（1）中药制剂的一些有效成分对畜禽机体直接起缓解症状的作用，即对症治疗作用。如柴胡的有效成分柴胡甙，有显著的镇静作用和较强的镇咳作用。

（2）有些中草药被畜禽机体吸收后，通过从不同方面对畜禽机体的功能进行综合调整，可增强机体的免疫功能和抗病力。如党参、黄芪、白术、何首乌、熟地等具有增加营养、增强体质、提高机体免疫机能和抗病力的作用。

（3）有些中草药的有效成分可直接具有抗菌和抗病毒的作用。如金银花的含氯原酸类等具有抑制金黄色葡萄球菌、痢疾杆菌、伤寒杆菌、肺炎球菌等的作用。

中药的治疗作用，往往是以上几种兼而有之。

## 五、消毒、杀虫、灭鼠

消毒是指通过物理、化学或生物学方法杀灭或清除环境中病原体的技术或措施。目的是消灭被传染源散播于外界环境中的病原体，以切断传播途径，阻止畜禽传染病的蔓延。预防动物寄生虫病及虫媒性传播的动物疫病主要是改善环境卫生，消灭中间宿主和传播媒介，采取杀虫、驱虫、灭虫的措施。

（一）消毒的种类

根据消毒的目的不同可将消毒分为预防性消毒、随时消毒和终末消毒。

**1. 预防性消毒**　是指在平时的饲养管理过程中，对畜舍、空气、场地用具和饮水或畜禽群等进行定期消毒，以达到预防一般畜禽传染病的目的。

**2. 随时消毒**　是指在发生畜禽传染病后到解除封锁期间，疫源地内有传染源存在，为了及时消灭刚由传染源排出的病原体，而进行的反复多次的消毒。消毒对象是患病畜禽及带菌（毒）畜禽的排泄物、分泌物以及被其污染的畜舍、用具、场地和物品等。

**3. 终末消毒**　是指疫源地内的患病畜禽解除隔离、痊愈或死亡后，或者在疫区解除封锁时，为了消灭疫区内可能残存的病原体，而进行的一次全面彻底的大消毒。消毒对象是传染源污染和可能污染的所有畜舍、饲料饮水、用具、场地及其他物品等。

(二)消毒的方法

消毒的方法可概括为物理消毒法、化学消毒法和生物学消毒法。

**1.物理消毒法** 是指通过机械性清扫、冲洗、通风换气、高温、干燥、照射等物理方法对环境和物品中病原体的清除或杀灭。

(1)机械性清除。主要是通过清扫、洗刷、通风、过滤等机械方法消除病原体。本法是一种普通而又常用的方法,但不能达到彻底消毒的目的,作为一种辅助方法,须与其他消毒方法配合进行。

(2)日光、紫外线消毒。日光消毒是利用阳光光谱中的紫外线、热线及其他射线进行消毒的一种常用的方法。其中紫外线具有较强的杀菌能力,阳光的灼热和蒸发水分造成的干燥也有杀菌作用。本法对于牧场、草地、运动场、畜栏、饲养用具及环境等的消毒很有实际意义。在实际工作中常采用紫外灯产生紫外线进行空气消毒,消毒时灯管与污染物体表面的距离不得超过 1.5 m。消毒时间应根据污染的程度确定,通常为 0.5～2 h,但随着照射时间的适当延长,能够增强消毒效果。各种病原体对紫外线的抵抗力由小至大的顺序为革兰阴性菌、革兰阳性菌、病毒、细菌芽孢,抵抗力较强的病原体需要的照射量或照射时间应适当延长。

(3)焚烧。是一种简单易行可靠的消毒方法。常在发生烈性畜禽传染病,如炭疽、气肿疽时,对病畜尸体及其污染的垫草、草料等进行焚烧,对厩舍墙壁、地面可用喷灯进行喷火消毒。金属制品可用火焰烧灼和烘烤进行消毒。

(4)干热灭菌法。包括火焰烧灼灭菌法和烘烤灭菌法,两种方法的灭菌效果明显、使用操作也比较简单。当病原体抵抗力较强时,可通过火焰发射器对粪便、场地、墙壁、笼具、其他废弃物品进行烧灼灭菌,或将畜禽的尸体以及传染源污染的饲料、垫草、垃圾等进行焚烧处理;全进全出制畜禽圈舍中的地面、墙壁、金属制品也可用火焰烧灼灭菌。

烘烤灭菌也称热空气灭菌法,该法主要用于干燥的玻璃器皿,如烧杯、试管、培养皿、玻璃注射器等灭菌。灭菌时,将待灭菌物品放入烘烤箱内,使温度逐渐上升到 160℃维持 2 h,可以杀死全部细菌及其芽孢。

(5)湿热灭菌法。包括煮沸消毒、高压蒸汽消毒和间歇蒸汽消毒等。

①煮沸消毒。是日常最为常用而且效果确实的消毒方法。一般病原菌的繁殖型在 60～70℃经 30～60 min 或 100℃的沸水中 5 min 内即可死亡。多数芽孢在煮沸 15～30 min 内即可死亡,煮沸 1～2 h 可以消灭所有的病原体。常用于耐煮的金属器械、木质和玻璃器具、工作服等的消毒。在煮沸金属器械和玻璃器械时,可加

1%～2%苏打或0.5%肥皂等碱性物质，以提高沸点，增强杀菌效果。塑料、皮革制品易变形，不能煮沸消毒。

②高压蒸汽消毒。相对湿度80%～100%的热空气消毒。能携带许多能量，遇到消毒物品时凝集成水，并放出大量热能，从而达到消毒，其效果好。农村可用蒸笼进行。在实验室主要利用高压蒸汽消毒，通常在121℃维持30 min，就可杀死细菌和芽孢。此外，病死畜禽化制站也利用高压蒸汽消毒。

③间歇蒸汽消毒法。由于在100℃时维持30 min可以杀死污染物品中细菌的繁殖体，因而将消毒后的物品置于室温下过夜，使其中的细菌芽孢和霉菌孢子萌发，第2天和第3天再用同样的方法进行处理和消毒，便可杀灭全部的细菌、真菌及其芽孢和孢子。此法常用于易被高温破坏物品如鸡蛋、血清、牛乳和各种糖类等培养基的灭菌。

**2. 化学消毒法** 是用化学药物杀灭病原体的方法，常用化学药品的溶液或蒸汽进行消毒，在防疫工作中最为常用。选用消毒药应考虑杀菌谱广，有效浓度低，作用快，效果好；对人畜无害；性质稳定，易溶于水，不易受有机物和其他理化因素影响；使用方便，价廉，易于推广；无味，无臭，不损坏被消毒物品；使用后残留量少或副作用小等。临床实践中常用的消毒剂种类很多，根据其化学特性分为酚类、醛类、醇类、酸类、碱类、氯制剂、氧化剂、碘制剂、染料类、重金属盐和表面活性剂等。

**3. 生物消毒法** 在兽医防疫实践中，常用该法将被污染的粪便堆积发酵，利用嗜热细菌繁殖时产生高达70%以上的热量，经过1～2个月将病毒、细菌(芽孢除外)等病原体杀死，既达到消毒的目的，又保持了肥效。但本法不适用于炭疽、气肿疽等芽孢菌引起的畜禽传染病，这类畜禽传染病的粪便应焚烧或深埋。

（三）消毒程序和制度

**1. 消毒程序** 根据消毒的类型、对象、环境温度、病原体性质以及传染病流行特点等因素，将多种消毒方法科学合理地加以组合而进行的消毒过程称为消毒程序。以全进全出制生产系统中的消毒为例，空栏消毒的程序通常为粪污清除、高压水枪冲洗、消毒剂喷洒、干燥后熏蒸消毒或火焰消毒，再次喷洒消毒剂、清水冲洗、晾干后再将畜禽群转入。

消毒程序的制定应根据本场的生产方式、主要流行的传染病、消毒剂的特点和消毒设备及设施的种类等因素确定，但消毒前将畜禽圈舍内的粪便、污物清扫、冲洗干净是提高消毒效果的前提。条件较好的养殖场应在消毒后对生产的关键环节，如育雏舍、产仔舍等实施消毒效果的检查。

**2. 消毒制度** 养殖场通常应将各种消毒工作制度化，明确规定和记录消毒工作的管理者和执行人，使用消毒剂的种类、浓度和方法，消毒的间隔期限，消毒剂的轮换使用情况以及消毒设施、设备的管理和维护等内容。

（四）消毒效果的检查

**1.房舍机械清除效果的检查** 主要是对房舍及设备的清洁程度进行检查。其次是检查管理用具等的消毒程度以及消毒粪便所采取的方法（是否进行生物热消毒、焚烧等）。

**2.消毒药剂选择正确性的检查** 了解消毒工作的记录，检查消毒药物的种类、浓度、温度及其用量。可从没有用完的消毒液中进行消毒药物浓度、杀菌力等方面的化学检查，如测定甲醛、有效氯的浓度等。

**3.灭菌器消毒效果的检查** 通常用最高温度计、压力计等放在高压灭菌器中的不同部位，监测其运行过程中温度和压力的动态变化；也常用抵抗力比普通病原菌大的嗜热脂肪杆菌芽孢、枯草杆菌芽孢等做成试验菌纸片，经过待检灭菌器消毒处理后再检测这些细菌的活性。

**4.污染区消毒效果的检查** 在实践中常以某些条件致病菌，如金黄色葡萄球菌和大肠杆菌等作为评价指标。一般规定检查10个样品，检测结果全部为阴性时表明消毒合格。畜禽圈舍地面和墙壁的消毒效果检验，一般是通过比较消毒前和消毒后被消毒物品上至少5块相等面积（10 cm×10 cm）中的细菌数，根据细菌数量减少的百分比进行效果的评价。

**5.空气消毒效果的检查** 一般是比较消毒前后空气中微生物的数量作为评价依据。空气中微生物样品的采集方法有2种，即自然沉降法和冲击采样法。

自然沉降法是将带有固体培养基的培养皿放置在待测空间中的不同位置，并打开平皿盖让其暴露于空气中一定时间，通过空气中微生物的自然沉降采集样品。但该方法只能捕获直径大于10 μm以上的颗粒，对体积更小、流行病学意义更大的传染性颗粒很难捕获，故准确性差。

冲击采样法是用空气采样器先抽取一定体积的空气，然后强迫空气通过狭缝直接高速冲击到缓慢转动的琼脂培养基表面，经过培养比较消毒前后的细菌数。该方法是目前公认的标准空气采样法。

（五）杀虫与灭鼠

主要是消灭虻、蝇、蚊、蜱等节肢动物、鼠类和螺、蚂蚁、蚯蚓等中宿主，它们是多种动物疫病的传播媒介，也可成为传染源。同时还要杀灭寄生虫排放到外界环境中的虫卵、幼虫及卵囊。

**1.杀虫方法**

（1）物理杀虫法。机械性的拍打捕捉、火焰烧杀、沸水或蒸汽热杀等。

(2)药物杀虫法。用化学杀虫剂杀灭。作用方法主要是胃毒药剂、接触毒药剂、熏蒸毒药剂和内吸毒药剂等。如有机磷类的辛硫磷等;拟除虫菊酯类的胺菊酯等;昆虫生长调节剂如保幼激素、发育抑制剂等;驱避剂如邻苯二甲酸二甲酯、避蚊胺等。

(3)生物杀虫法。杀灭寄生虫虫卵的有效方法是粪便生物热发酵,即把粪便集中在固定场所,经 10～20 d 发酵后,粪内温度可达到 60～70℃,几乎可以完全杀死其中的虫卵、幼虫或卵囊。另外,可以昆虫的天敌或病菌及雄虫绝育技术等方法杀灭昆虫。如养柳条鱼灭蚊;用辐射使雄虫绝育;或使用过量的激素,抑制昆虫的变态和蜕皮;或利用病原微生物感染昆虫使其死亡。这些方法具有无公害、不产生抗药性的优点,已日益受到重视。另外,改造昆虫孳生的环境以减少滋生等,也是杀虫的方法。

**2. 灭鼠** 鼠类是许多人畜共患病的传播媒介和传染源,它们可以传播的动物传染病有炭疽、布鲁氏菌病、结核病、土拉杆菌病、李氏杆菌病、钩端螺旋体病、伪狂犬病、口蹄疫、猪瘟、猪丹毒、巴氏杆菌病和立克次氏体病等。

灭鼠应从两个方面进行,一方面根据鼠类的生态学特点防鼠、灭鼠,从动物栏舍建筑和卫生措施上防止鼠类的滋生和活动;另一方面,采取各种方法直接杀灭鼠类。直接杀灭鼠类的方法大体上可分为两类。

(1)器械灭鼠。用各种工具以不同方式扑杀鼠类,如关、夹、压、扣、套、翻、堵、挖灌等。

(2)药物灭鼠。根据毒物进入途径可分为消化道药物和熏蒸药物两类。消化道药物主要有磷化锌、杀鼠灵、安妥、敌鼠钠盐和氟乙酸钠等。熏蒸药物有三氯硝基甲烷和灭鼠烟剂。

## 六、免疫接种和药物预防

(一)免疫接种

免疫接种是给畜禽接种各种免疫制剂(菌苗、疫苗、类毒素及免疫血清),使畜禽个体和群体产生对动物疫病的特异性免疫力。它是使易感畜禽转化为不易感畜禽的一种手段。有计划有组织地进行免疫接种,是预防和控制动物疫病的重要措施之一,在某些畜禽传染病如猪瘟、鸡新城疫等病的防治过程中,免疫接种更具有关键性的作用。根据免疫接种的时机不同,可分为预防接种和紧急接种两类。

**1. 预防接种** 预防接种是指在经常发生某些畜禽传染病的地区,或有某些畜禽传染病潜在的地区,或受到邻近地区某些畜禽传染病经常威胁的地区。为了防患于未然,在平时有计划地给健康畜禽群进行的免疫接种。预防接种常用的免疫制剂有疫(菌)苗、类毒素等。由于所用免疫制剂的品种不同,接种方法也不一样,有皮下注射、肌肉注射、皮肤刺种、口服、点眼、滴鼻、喷雾吸入等。随着集约化畜牧业的发展,饲养数量显著增加。因此,预防接种方向也由逐头打预防针改为简便的饮水免疫和气雾免疫,如鸡新城疫疫苗、猪肺疫弱菌苗的饮水免疫,牛羊布鲁氏菌菌苗的饮水免疫和气雾免疫等,均获得了良好的免疫效果,而且节省了大量的人力。接种后一般经1～3周产生免疫力。可获得持续数月至1年以上的免疫力。

寄生虫的免疫预防尚不普遍。目前,国内外比较成功地研制了牛羊肺线虫、血矛线虫、泰勒虫、旋毛虫、犬钩虫、禽气管比翼线虫、毛圆线虫、弓形虫和鸡球虫的虫苗。

(1)调查研究。做好宣传进行有计划的预防接种。预防接种应首先对本地区近年来畜禽曾发生过的畜禽传染病流行情况进行调查了解。然后有针对性地拟订年度或周期预防接种计划,确定免疫制剂的种类和接种时间,按所制定的各种畜禽免疫程序进行免疫。例如,某地区为预防猪瘟、猪丹毒、猪肺疫等传染病,要求每年全面地定期接种两次,在两次间隔期间,每月或每半月检查1次,对新生仔猪(1月龄以上)和新从外地引进的猪只,进行及时的补种,以提高防疫密度。

有时也进行计划外的预防接种。如输入或输出家畜时,为避免在运输途中或到达目的地后暴发某些传染病而进行的预防接种,可用疫苗、菌苗或类毒素,若时间紧迫也可应用免疫血清进行免疫。如果在某一地区过去从未发生过某种畜禽传染病,也没有从别处传染的可能时,则不需对该畜禽传染病进行免疫。

预防接种前,应对被接种的畜禽进行详细的检查和调查了解。根据具体情况确定接种的时机。成年的、体质健壮或饲养管理条件好的家畜,接种后会产生较坚强的免疫力,可按计划进行接种;而对于幼年的、体质弱的,有慢性病的和妊娠后期的母畜,饲养管理条件不好的家畜,进行预防接种的同时,必须创造条件改善饲养管理,如果是已经受感染的威胁,最好暂不接种。

预防接种前,还要对当时当地的畜禽传染病情况进行调查,如发现疫情,则应首先安排紧急防疫,如无特殊畜禽传染病流行则按原计划进行定期预防接种。接种后,应加强饲养管理,使机体产生较好的免疫力,减少接种后的反应。

(2)应注意预防接种反应。生物制剂对于畜禽机体来说,都是异物,经接种后总有一个反应过程,但反应的强度和性质有所不同。有的程度轻微,不会对机体带来危害,只要精心护理,就会恢复,但有些不良反应或剧烈反应则应引起注意。所谓不良反应,就是指经预防接种后引起持久的或不可逆的组织、器官损害或功能障碍而致的后遗症。接种反应的类型可分为:

①正常反应:是指由于制品本身的特性而引起的反应,其性质和反应强度因制

品不同而异。如有些制品是活菌苗或活疫苗，接种后实际是一次轻度感染，也会发生某种局部反应或全身反应。

②严重反应：和正常反应没有本质上的区别，但程度轻重或发生反应的畜禽数量超过正常比例。引起严重反应的原因或由于某一批生物制品质量较差；或是使用方法不当，如接种剂量过大，接种技术不正确，接种途径错误等；或是个别畜禽对某种生物制品过敏。这类反应通过严格控制制品质量和按照说明书使用可以减少到最低程度，只有个别特殊的畜禽才会发生。

③并发症：是指与正常反应性质不同的反应。主要包括超敏感(血清病过敏休克、变态反应)、扩散为全身感染和诱发潜伏感染等。

(3)几种疫苗的联合应用。这是预防接种工作的发展方向。由于一定地区、一定季节内某种畜禽流行的传染病种类较多，往往在同一时间需要给畜禽接种两种不同或两种以上的疫苗，以分别刺激机体产生保护性抗体。这种免疫接种可以大大提高工作效率，很受广大养殖者和基层兽医防疫人员的欢迎，但在当前仍以常规疫苗为主的形势下，疫苗联合使用时应考虑到疫苗的相互作用。从理论上讲，在增殖过程中不同病原微生物可通过不同的机制彼此相互促进或相互抑制，当然也可能彼此互不干扰。前两种情况对弱毒苗的联合免疫接种影响很大，主要是因为弱毒活苗在产生免疫力之前需要在机体内进行一定程度的增殖，因此选择疫苗联合接种免疫时，应根据研究结果和试验数据确定哪些弱毒苗可以联合使用，哪些疫苗在使用时应有一定的时间间隔以及接种的先后顺序等。生物制品厂生产的联合疫苗都经过实验检验，相互之间不会出现干扰作用。

近年来的研究表明，灭活疫苗联合使用时似乎很少出现相互影响的现象，甚至某些疫苗还具有促进其他疫苗免疫力产生的作用。但考虑到畜禽体的承受能力、传染病危害程度和目前的疫苗生产工艺等因素，常规灭活苗无限制累加联合也会影响主要传染病的免疫防制，其原因是因为畜禽机体对多种外界因素刺激的反应性是有限度的，同时接种疫苗的种类或数量过多时，不仅妨碍畜禽体针对主要传染病高水平免疫力的产生，而且有可能出现较剧烈的不良反应而减弱机体的抗病能力。因此，对主要畜禽传染病的免疫防制，应尽量使用单独的疫苗或联合较少的疫苗进行免疫接种，以达到预期的接种效果。

(4)制定合理的免疫程序。所谓免疫程序，就是对某种畜禽，根据其常发的各种畜禽传染病的性质、流行病学，母源抗体水平，有关疫(菌)苗首次接种的要求以及免疫期长短等，制定该种畜禽从出生经青年到成年或屠宰配套接种程序。目前国际上还没有一个可供统一使用的疫(菌)苗免疫程序，各国都在实践中总结经验，制定出合乎本地区、本牧场具体情况的免疫程序，而且还在不断研究改进中。

制定免疫程序通常应遵循如下原则：

①畜禽群的免疫程序是由传染病的分布特征决定的：由于畜禽传染病在地区、时间和畜禽群中的分布特点和流行规律不同，它们对畜禽造成的危害程度也会随着发生变化，一定时期内兽医防疫工作的重点就有明显的差异，需要随时调整。有些传染病流行时具有持续时间长、危害程度大等特点，应制定长期的免疫防制对策。

②免疫程序是由疫苗的免疫学特性决定的：疫苗的种类、接种途径、产生免疫力需要的时间、免疫力的持续期等差异是影响免疫效果的重要因素，因此在指定免疫程序时要根据这些特性的变化进行充分的调查、分析和研究。

③免疫程序应具有相对的稳定性：如果没有其他因素的参与，某地区或养殖场在一定时期内畜禽传染病分布特征是相对稳定的。因此，若实践证明某一免疫程序的应用效果良好，则应尽量避免改变这一免疫程序。如果发现该免疫程序执行过程中仍有某些传染病流行，则应及时查明原因(疫苗、接种、时机和病原体变异等)，并进行适当的调整。

④幼畜幼禽的母源抗体水平：免疫过的妊娠母畜所产仔畜体内在一定时间内有母源抗体存在，对建立自动免疫有一定的影响，因此对幼龄畜禽进行免疫接种往往不能获得满意的效果。以猪瘟为例，母猪于配种前后接种猪瘟疫苗者，所产仔猪由于从初乳中获得母源抗体，在 20 日龄以前对猪瘟具有坚强免疫力，30 日龄以后母源抗体急剧衰减，至 40 日龄时几乎完全丧失，哺乳仔猪如在 20 日龄左右首次免疫接种猪瘟弱毒疫苗，至 65 日龄左右进行第二次免疫接种，这是我国目前公认的较合适的猪瘟免疫程序，另据国内外一些报道认为，初生仔猪在吃初乳前接种猪瘟弱毒疫苗，可免受母源抗体的影响而获得可靠免疫力，这种免疫有一些优越性，但也存在一些困难，饲养人员和兽医人员必须随时观察。产后立即进行免疫接种，再者注苗与哺乳的时间间隔亦应注意。据丘惠深(2001)报道认为，产后 1 h 进行免疫为宜。

(5)实行免疫监测制度，合理免疫。在影响疫(菌)苗免疫效果的因素中，接种畜禽体内原有抗体(母源抗体和自动免疫抗体)是主要因素之一。实践证明，免疫过的母畜所生的仔畜，可从初乳中获得母源抗体；免疫过的种禽卵所孵出的雏禽，也可获得母源抗体。如初免时机选择不当，就可影响免疫效果。因此，为了使免疫接种获得可靠的免疫效果，必须建立免疫监测制度，排除对畜禽免疫的干扰因素，以保证免疫程序的合理实施。所谓免疫监测，就是利用血清学方法，对某些疫(菌)苗免疫畜禽在免疫接种前后的抗体跟踪监测，以确定接种时间和免疫效果。在免疫前，监测有无相应抗体及其水平，以便掌握合理的免疫时机，避免重复和失误；在免疫后，监测是为了了解免疫效果，如不理想可查找原因，进行重免；有时还可及时发现疫情，尽快采取扑灭措施。如鸡新城疫的免疫监测手段是鸡新城疫血凝抑制试验。

(6)预防接种失败的原因。免疫失败是指经某病疫苗接种的畜禽群，在该疫苗有效免疫期内，仍发生该畜禽传染病；或在预定时间内经检测免疫力达不到预期水平，即预示着有发生该畜禽传染病的可能。造成疫苗接种失败的原因如下：

①幼畜禽体内存有高度的被动免疫力(母源抗体)，可能中和了疫苗。

②环境条件恶劣、寄生虫侵袭、营养不良等应激，影响了畜禽的免疫应答。

③传染性法氏囊病、传染性贫血、马立克氏病、霉菌素中毒等引起的免疫抑制。

④畜禽群中已潜伏着传染病。

⑤活苗因保存、运输或处理不当而死亡；或使用超过有效期的疫苗。

⑥可能疫苗不含激发该畜禽传染病保护性免疫所需的相应抗原，即疫苗的毒(菌)株或血清型不对。

⑦使用饮水法或气雾法接种时，疫苗分布不匀，使部分畜禽未接触到或因剂量不足而仍然易感。

**2.紧急接种**　紧急接种是指在发生畜禽传染病时，为了迅速控制和扑灭畜禽传染病的流行，而对疫区和受威胁区尚未发病的畜禽进行的应急性免疫接种。紧急接种从理论上讲应使用免疫血清，或先注射血清，2 周后再接种疫(菌)苗，即所谓共同接种较为安全有效。但因免疫血清用量大，价格高，免疫期短，且在大批畜禽亟须接种时常常供不应求，因此在防疫中很少应用，有时只用于种畜场、良种场等。实践证明，在疫区和受威胁区有计划地使用某些疫(菌)苗进行紧急接种是可行而有效的。如在发生猪瘟、鸡新城疫和口蹄疫等急性畜禽传染病时，用相应疫苗进行紧急接种，可收到很好的效果。

应用疫(菌)苗进行紧急接种时，必须先对畜禽群逐头逐只地进行详细的临床检查，逐头测温，只能对无任何临床症状的畜禽进行紧急接种，对患病畜禽和处于潜伏期的畜禽，不能接种疫(菌)苗，应立即隔离治疗或扑杀。但应注意，在临床检查无症状而貌似健康的畜禽中，必然混有一部分潜伏期的畜禽，在接种疫(菌)苗后不仅得不到保护，反而促进其发病，造成一定的损失，这是一种正常的不可避免的现象。但由于这些急性畜禽传染病潜伏期短，而疫(菌)苗接种后又能很快产生免疫力，因而发病后不久即可下降，疫情会得到控制，多数畜禽得到保护。

**3.环状免疫带建立**　通常指某些地区发生急性、烈性传染病时，在封锁疫点和疫区的同时，根据该病的流行特点对封锁区及其外围一定区域内所有易感染畜禽进行的免疫接种。建立免疫带的目的主要是防止传染病扩散，将传染病控制在封锁区内就地扑灭。

**4.免疫隔离屏障建立** 通常是指为防止某些传染病从有传染病的国家向无该病的国家扩散，而对国界线周围地区的畜禽群进行的免疫接种。

紧急接种是综合防制措施的一个重要环节，必须与其中的封锁、检疫、隔离、消毒等环节密切配合，才能取得较好的效果。

(二)药物预防

**1.药物预防的概念及意义** 药物预防是为了预防某些畜禽传染病，在畜群的饲料或饮水中加入某种安全的药物进行群体的化学预防，在一定的时间内可以使受威胁的易感畜禽不受畜禽传染病的危害，这也是预防和控制畜禽传染病的有效措施之一。这种群体的利用药物预防的方法又称为化学预防。

群体防治对某些畜禽传染病在一定条件下采用，可收到良好的效果。在饲料或饮水中添加化学药物预防畜禽传染病具有重要意义：一是能够对整个养殖场的传染病进行群防群治，便于宏观调控；二是方便经济，对于细菌性感染性传染病，不需要兽医花很多时间和精力对每头(只)畜禽进行注射或内服给药；三是可以减少应激，降低应激性疾病的发生；四是通过长期连续或定期间断性混饲或混饮用药，能对在养殖场扎根的某些顽固性细菌性传染病进行根治。

**2.药物内服给药剂量与饲料或饮水中添加给药剂量的换算** 内服剂量通常是以每千克体重使用药物重量来表示，饲料添加剂是以单位饲料重量中添加药物的重量来表示。畜禽一次内服剂量的多少与畜禽的体重呈正比关系。而饲料添加给药剂量与畜禽每日耗饲量相关，消耗饲料多，药物在饲料中的比例(浓度)减少，如果每日消耗饲料少，则药物在饲料中的比例增大。现以猪为例作简要说明：实践中，如果已知猪口服某种药物的剂量，即可估算出药物在饲料或饮水中的添加剂量。设 $D$ 为猪每千克体重每次内服某种化疗药物的重量(mg)，$T$ 为每日内服药物的次数，$W$ 为猪每日每千克体重的饲料消耗量(kg 饲料)，肥育猪每日饲料消耗量占体重的5%，即每日平均每千克体重的饲料消耗量为 $W=1$ kg 体重×5%(kg 饲料/kg 体重)=0.05 kg 饲料，则肥育猪饲料中添加药物的比例($R$)为 $R=DT/W$(mg/kg 饲料)。

仔猪与母猪饲料添加药物量可稍作调整。一般情况下，仔猪的每日饲料消耗量可以其体重的6%～8%计算；种母猪以其体重2%～4%计算，哺乳期以3%～5%计算。

**例1** 猪内服痢菌净的剂量为每千克体重5～10 mg，1日2次，换算成饲料添加剂为多少？

已知 $D=5\sim10$ mg，$T=2$，$W=0.05$ kg 饲料。

则猪痢菌净混饲治疗浓度为：$R=(5\sim10\ \mathrm{mg})\times2/0.05\ \mathrm{kg}$ 饲料 $=200\sim400\ \mathrm{mg/kg}$ 饲料，即每吨饲料中添加痢菌净 200～400 g。

**例 2** 猪内服诺氟沙星的剂量为每千克体重 10 mg，每日 2 次，换算成混饲给药浓度为多少？

已知 $D=10\ \mathrm{mg}$，$T=2$，$W=0.05\ \mathrm{kg}$ 饲料。

则混饲浓度为 $R=10\times2/0.05=400(\mathrm{mg/kg})$ 饲料，即每吨饲料中添加诺氟沙星 400 mg（治疗剂量）。

**3. 药物预防的注意事项** 为了保证在饲料或饮水中添加药安全有效，必须注意以下问题：

（1）预防剂量的控制。预防剂量一般为治疗剂量的 1/4～1/2，在多数情况下，饲料添加药物是作为预防传染病使用，一般添加的时间较长，所以必须严格控制药物剂量，以免用药剂量过大造成蓄积中毒。特别值得提出的是不要将用于治疗的口服剂量换算成饲料添加量用于长期预防。

（2）配合饲料中原本添加药物的确认。现代配合饲料生产中大多数加有一定量的化学药物。所以在向饲料厂家生产的配合饲料中添加自己拟定防治某一传染病的药物品种时，必须十分谨慎，避免同一药物重复添加造成畜禽的药物中毒。

（3）药物与饲料混合。将药物添加到饲料中预防或治疗传染病，药物的量较饲料量低得多，药物浓度通常为 1～500 mg/kg 饲料。相对饲料来讲，药物所占的比例极小，要将这“小量”的药物均匀地混合到“大量”的饲料中去，并不是一件容易的事情。生产实践中，因药物与饲料混合不均匀造成中毒或防治无效的事故时有发生，这给养殖业造成极大的经济损失。因此，混合时必须严格依照生产工艺执行。通常采用的方法是“等量递升”法，即先取与药物等量的饲料和药物混合，再逐渐加饲料量混合，直至完全、反复混合完毕。对于某些药物原粉，应先将药物与适量的饲料混合制成预混料，然后再与全价料混合。

（4）添加方式。可以将药物添加到饲料中用药，也可以添加到饮水中用药。添加到饲料中比较适合于传染病的预防，添加到饮水中用药比较适合于传染病的治疗。畜禽在发生传染病时，由于病情原因致使食欲下降，严重时废绝，此时通过饲料给药，进入到畜禽体内的药量不足，达不到理想的治疗效果。但病畜禽的饮水有时略有增加，此时通过饮水添加用药常能达到预期效果。应该说明的是在生理条件下，猪的饮水量约为饲料摄入量的 2 倍，以此类推，饮水中添加药物剂量（比例）应为饲料中添加剂量的 1/2。例如，治疗猪病诺氟沙星添加到每千克饲料中的剂量为 200～400 mg，则添加到饮水中的剂量应为 100～200 mg，即 1 000 L 饮水添加诺氟沙星 100～200 g。通过饮水添加用药，其药物应是水溶性的制剂，否则，药物会在饮水中沉积下来，造成用药不均匀而引起中毒或治疗无效。

(5)掌握一次给药的化疗药物在饲料中的添加方法。某些化疗药物特别是抗寄生虫药物如左咪唑、苯丙咪唑类药物(如丙硫咪唑、甲苯咪唑)、伊维菌素类药物在防治传染病时多是内服或注射给药一次，即按规定剂量使用一次就可以达到防治传染病的效果。前面介绍的混饲给药方法是将药物按照一定的比例添加到饲料中，治疗传染病时添加用药一个疗程(3～7 d)，预防传染病时则是长时间添加或使用(几周至几个月)。这种长时间混饲添加用药方法要求药物的毒性较小，安全范围大，不易发生蓄积中毒。对于一次给药的抗寄生虫药物混饲添加方法为：首先根据体重计算畜禽所需要的药量，然后将药物(一次量)均匀地拌入畜禽日量的日粮中喂给，有时，也可将一次量的药物拌入 2～3 d 的日粮中喂给。

(6)注意防止产生耐药性。长期使用化学药物预防，容易产生耐药性菌株，而影响防治效果。因此，必须根据药物敏感试验结果，选用高度敏感的药物。另外，长期使用抗生素等药物进行畜禽传染病的预防，形成的耐药性菌株将会使治疗难度增大，某些人畜共患病病菌一旦感染人，将会对人类健康造成危害。因此，使用药物预防必须严格遵守有关法规合理使用。

**4. 常用的药物种类**　随着现代畜牧业向工厂化生产的发展，要求做到畜禽群无病、无虫、健康。而密集式的饲养制度，又易使畜禽群发生和流行传染病，因而保健添加剂在近十多年来发展很快。常用于生产的有氟喹诺酮类、磺胺类和抗生素等药物，可应于预防和治疗鸡和猪的沙门氏菌病、大肠杆菌病、鸡传染性鼻炎、鸡败血支原体病、猪萎缩性鼻炎以及一些寄生虫病。

利用生态制剂进行生态预防，是药物预防的一条新途径。所谓生态制剂，即是利用对病原菌具有生物拮抗作用的非致病性细菌，经过严格选择和鉴定后而制成的活菌制剂，如 EM(有效微生物群)、乳康生、促菌生、调痢生等均属生态制剂范畴。畜禽内服后，可抑制病原菌或条件致病菌在肠道的增殖和生存，调整肠道内菌群的平衡，从而预防仔猪黄痢、仔猪白痢、仔猪下痢、犊牛腹泻等消化道传染病发生，以及促进畜禽生长发育的作用。应当注意，在内服生态制剂时，禁服抗菌药物。

中草药饲料添加剂，由于具有药残低、副作用少和不易产生耐药性等优点，而越来越受到重视。

## 七、动物尸体处理

患动物疫病死亡的畜禽尸体内含有很多病原体，应及时进行无害化处理，切不可乱扔，也不可食用，以防止病原体扩散使疫病蔓延，甚至危害人类健康。尸体处理方法较多，各有优缺点，在实际工作中可根据具体情况而定。常用的方法有：

（一）掩埋

即挖 2 m 以上的深坑，放入尸体后再加入石灰或其他消毒液，然后填土掩埋，此法简单易行，但效果较差。

（二）焚烧

效果较好，消灭病原体最为彻底。更适用于特别危险的传染病尸体的处理，如炭疽、气肿疽等。禁止在地面焚烧，应在焚尸炉内进行。

（三）化制

尸体在特设的加工厂中加工处理，既进行了消毒，又可以加工利用，如加工成工业用油脂和骨肉粉等。

**复习思考题**

1. 试述畜禽传染病综合防制的基本内容。
2. 说明动物检疫的类型。
3. 举例说明制订畜禽传染病防疫计划的意义、内容和范围。
4. 怎样才能搞好预防接种工作？
5. 什么叫免疫程序？如何制定一个合理的免疫程序？
6. 发生畜禽传染病时进行紧急接种有何意义？
7. 对畜禽传染病进行药物预防有什么意义？
8. 简述消毒的种类和方法及意义。
9. 简述畜、禽舍空气消毒的方法。
10. 发生畜禽传染病时及时报告和诊断有何意义？
11. 畜禽传染病的诊断方法有哪些？
12. 封锁与隔离的意义是什么？发生畜禽传染病后怎样进行封锁与隔离？

# 任务一　病理材料的采取与送检

## 一、内容

病料的采取；病料的保存；病料的记录与包装和运送方法。

## 二、目标

学会被检病料的采取、保存、包装、记录的方法。

## 三、材料

载玻片、解剖器械一套、试管、棉签、平皿、显微镜、注射器、针头、30%甘油缓冲液或50%甘油缓冲液或10%饱和盐水或10%甲醛、木箱、油布或油纸、纱布、新鲜病死动物(牛、马、猪或家禽)。

## 四、方法与步骤

**1.病料的采取**

(1)解剖前检查。凡发现患病畜禽(包括马、牛、羊及猪等)有急性死亡时,未解剖之前,必须用显微镜检查其血液抹片或脾脏触片中是否有炭疽杆菌存在。如怀疑是炭疽时,则不可随意解剖,可采取患病畜禽的血液或脾脏(局部解剖)检查。只有在确定不是炭疽后,方可进行剖检。解剖时,采取有病变之脏器或组织送往实验室,以便证明其病因。

(2)取材时间。内脏病料的采取须于患病畜禽死亡后立即进行,最好不超过6 h,否则时间过长,致使尸体易于腐败,有碍于病原菌的检出。

(3)器械。采取病料的器械都要经过消毒灭菌,病料采取的全过程都要注意无菌操作。每采一种病料,应使用一套灭菌器械,不得反复使用或混用一套器械。

(4)采取病料的病例。在一般情况下,应选取临床表现比较明显而典型的病例,流行后期症状不明显病例的病料,往往不易得出正确的结果。

(5)各种脏器及组织材料的采取。采取病料应根据不同的疫病,采其相应的脏器或内容物。在无法估计是某种疫病时,可进行全面的采取。为了避免污染杂菌,检查病变应待取材完毕后再进行。

脓汁:用灭菌注射器无菌操作,抽取未破溃的脓肿深部的脓汁,置灭菌试管中。若为开口的化脓灶或鼻腔时,则用无菌棉签浸蘸后,放在灭菌试管中。

淋巴结及内脏:将淋巴结、肺、肝、脾及肾等有病变的部位,各采取1～2 $cm^3$ 的小方块,分别置于灭菌试管或平皿中。

血液:无菌采取全血10 mL,立即注入盛有5%柠檬酸钠1 mL的灭菌试管内。如畜禽已死,可无菌采取右心房的血液,同样置于试管内。如要分离血清,可无菌采取血液10 mL,注入灭菌试管内,分离血清。

乳汁:乳房先用消毒药水洗净(取乳者的手亦应事先消毒),并把乳房附近的毛刷湿,弃去最初所挤的3～4股乳汁,然后采集10 mL左右乳汁于灭菌试管中。如仅供显微镜直接染色检查,可于其中加入0.5%的甲醛液。

胆汁:先用烧红的刀片或铁片烙烫胆囊表面,再用灭菌吸管或注射器刺入胆囊吸取胆汁，盛于灭菌试管中。

肠：用烧红刀片将欲采取的肠表面烙烫后穿一小孔，持灭菌棉签插入肠内，采取肠管黏膜或内容物；亦可用线扎紧一段肠道（约 6 cm）两端，将两端以外切断，置于灭菌器皿内。

皮肤：取大小约 10 cm×10 cm 的皮肤一块，保存于 30%甘油缓冲溶液中，或 10%饱和盐水溶液中，或 10%甲醛液中。

胎儿：将流产后的整个胎儿，用塑料薄膜、油布或数层不透水的油纸包装，装入木箱内，立即送往实验室。

小家畜及家禽：将整个尸体包入不透水塑料薄膜、油纸或油布中，装入木箱内，送往实验室。

骨头：剔除表面肉、韧带，表面洒上食盐，然后用浸有 5%石炭酸或 0.1%升汞的纱布包扎，装入木箱或其他容器内。

脑、骨髓：如做病毒检查，可将脑、脊髓浸入 50%甘油盐水液中或将整个头部割下，包入浸过 0.1%升汞的纱布或油布中，装入木箱或铁桶中送检。

供显微镜检查用的脓、血液及黏液抹片：在剖检或采取病料时，取脓汁、血液、渗出液等病料用载玻片制作涂片；脏器等病料可用载玻片制成触片，干燥后包扎好待检。做成的抹片、触片上应注明号码，并另附说明。

**2. 病料的记录**

采取病料时应详细填写病料送检单，内容包括单位、病料名称，畜禽种类、检验目的、采样日期、发病畜禽的主要临诊症状和剖检变化、治疗情况、流行情况等，以供检验人员综合分析用。

**3. 病料的保存和运送**

（1）细菌检验病料。通常保存在灭菌液体石蜡、30%甘油缓冲盐水或饱和氯化钠溶液内。细菌检验的液体病料，可封存在灭菌的细玻璃管内或灭菌的试管、小瓶中运送。肠道病料，应先用灭菌盐水洗去内容物后，将肠管置于盛有上述保存液的灭菌容器内运送。

（2）病毒检验病料。通常用 50%甘油缓冲盐水或加有青霉素、链霉素的磷酸缓冲盐水中或培养病毒用的维持液中保存、送检。

（3）血清学检验病料。如为固形病料（肝、脾、肾、皮肤、小块胃肠等），可用硼酸或食盐处理后包扎运检；液体病料（血清、渗出液）可在每毫升中加入 3%～5%石炭酸液 1～2 滴，包装好后运送。

（4）运送。于广口保温瓶（冰瓶）内放冰块，冰块上撒一些盐，然后将装有病料的塑料袋置于冰块上，将盖盖紧，用胶布密封送检。派专人运送。

(5)常用保存剂及其配制方法。

①30%甘油缓冲盐水溶液:纯中性甘油 30 mL,氯化钠 0.5 g,碱性磷酸钠 1.0 g,0.02%酚红 1.5 mL,中性蒸馏水加至 100 mL。混合后,在 15 磅高压灭菌器中灭菌 30 min。

②50%甘油缓冲盐水溶液:氯化钠 2.5 g,酸性磷酸钠 0.46 g,碱性磷酸钠 10.74 g,纯中性甘油 150 mL,中性蒸馏水 50 mL(氯化钠、酸性磷酸钠、碱性磷酸钠溶于 100 mL 中性蒸馏水内)。混合分装后,在 15 磅高压灭菌器内灭菌 30 min。

③饱和食盐水溶液:取一定量的蒸馏水加入纯氯化钠,不断搅拌至不能溶解为止(一般为 38%～39%),然后用滤纸过滤。

## 五、报告

根据实训课的内容写一份畜禽传染病病料送检单。

# 任务二　消　　毒

## 一、内容

常用消毒器械的使用;畜舍、土壤、粪便及饲养环境等的消毒;常用消毒药物配制的方法。

## 二、目标

掌握畜舍、土壤、粪便及饲养环境等的消毒方法;学会常用消毒器械的使用和配制消毒药物。

## 三、材料

喷雾器(各种类型)、铁铲、锄头、火焰喷灯、天平或台秤、盆、桶、清扫及洗刷用具、高筒胶鞋、工作服、橡胶手套、漂白粉、氢氧化钠(苛性钠)、甲醛(福尔马林)、氧化钙(生石灰)、高锰酸钾、氯化铵、克辽林(臭药水)、燃料、盐酸、食盐。

## 四、方法与步骤

(一)消毒的器械及使用

**1. 喷雾器**　用于喷洒消毒液的器具称为喷雾器,是消毒常用的器械,主要有以下两种。

(1)压力式喷雾器。使用时,药液不要装得太满,一方面不易打气,另一方面因空间小,喷雾气桶易爆炸。打气时,手上感觉有一些抵抗力时,就停止打气。放气时,不要一下子打开桶上盖,应先拧开旁边小螺丝放完气后再开盖。

(2)单管式喷雾器。又称手压式喷雾器,适用于大规模的消毒。

喷雾器使用前,应对各部分仔细检查,尤其注意喷头部分有无堵塞现象。消毒液必须充分溶解并进行过滤,避免药液中的不溶性颗粒堵塞喷头,影响消毒工作的进行。消毒完毕后,应立即将剩余的消毒液倒出,并用清水冲洗干净。喷雾器的打气筒应注意维修与保养。

欲装入喷雾器的消毒液,应先在一个桶内充分溶解、过滤,以免有些固体堵塞喷嘴而影响消毒工作的进行。

**2. 火焰喷灯** 是利用汽油或煤油做燃料的一种工业用喷灯,因喷出的火焰具有很高的温度,所以在兽医实践中常用以消毒各种被病原体污染了的金属制品。但在消毒时不要用喷灯喷烧过久,以免将被消毒物品烧坏。在消毒时还应有一定的次序,以免发生遗漏。

(二)畜、禽舍的消毒

畜、禽舍的消毒分两个步骤进行,第一步先进行机械清扫,第二步是化学消毒液消毒。

首先对畜舍地面、饲槽等进行彻底清扫。清扫前用清水或消毒液喷洒,以免灰尘及病原微生物飞扬。然后扫除粪便,垫草及残余的饲料等污物(扫除的污物按粪便消毒法处理)。水泥地面的畜舍,在扫除污物后,再用清水冲洗,效果更好。

第二步用化学消毒剂进行喷洒消毒或蒸汽消毒。预防消毒常用的消毒液为11%～20%石灰乳、10%漂白粉乳剂、2%～4%粗制氢氧化钠、5%来苏儿或福尔马林蒸气消毒。喷洒消毒液的用量一般按每平方米1 L计算。消毒时,先由离门远处开始,对墙壁、地面、天棚、饲槽等按一定顺序均匀地喷洒,然后打开门窗通风至干燥,并用清水洗饲槽及饮水槽,以除去消毒药味。

福尔马林蒸气消毒所用的药品有福尔马林和高锰酸钾,按畜舍空间计算用量,每立方米空间用福尔马林25 mL、高锰酸钾25 g。消毒前将家畜(禽)赶出畜舍,畜舍内需消毒的用具和物品摆开,门窗密闭,室温不得低于15℃,先将福尔马林与水倒于金属桶内,最后加入高锰酸钾,福尔马林被气化发热而蒸发产生甲醛气体。消毒12～24 h后,将门窗打开,充分通风换气数日,使药味消失后才能将家畜迁入,以免发生中毒现象。若急需畜舍,可按每100 $m^3$,用氯化铵500 g、生石灰1 g及75℃左右的热水750 mL,混合置于桶内,产生氨气来中和福尔马林蒸气;也可用氨水来代替氯化铵，按每 100 $m^3$ 用 25%氨水 1 250 mL，中和 20～30 min 后，打开畜舍门窗通风 20～30 min，即可迁入家畜使用。

当发生传染病时，进行随时消毒或终末消毒，应视传染病不同而选择不同的消毒液。一般在发生炭疽及梭菌性传染病时，必须使用消毒力强的药物，如 10%～20%漂白粉乳剂等。一般发生病毒性传染病多用碱性消毒剂，如 2%～4%热氢氧化钠溶液、10%～20%石灰乳、20%～30%草木灰水，也可使用 5%～10%漂白粉乳剂。

在畜舍及隔离的入口处，应设置消毒槽（坑），消毒槽的宽及长应以车辆通过时，车轮能消毒一周为宜。坑内放置浸有消毒液的草垫或麻片，并须经常添加消毒液。消毒液一般用 10%克辽林溶液或 2%～4%粗制氢氧化钠溶液，冬季为防止冻结，可在消毒液中加入 5%～10%食盐。

在患病畜禽舍、隔离舍的出入口处应放置浸有消毒液的麻袋片或草垫，如为病毒性传染病（猪瘟、口蹄疫等），则消毒液可用 2%～3%氢氧化钠，而对其他的一些传染病则可浸以 10%克辽林溶液。

（三）地面土壤的消毒

患病畜禽的排泄物（粪、尿）和分泌物（鼻汁、唾液、奶汁和阴道分泌物等）内常常含有病原微生物，可污染地面、土壤，因此应对地面、土壤进行消毒，以防疫病继续发生和蔓延。消毒土壤表面可用含 2.5%有效氯的漂白粉溶液、4%甲醛液或 10%氢氧化钠溶液。

停放过芽孢杆菌所致疫病（如炭疽、气肿疽）患病畜禽尸体的场所，应严格加以消毒处理。首先用含 2.5%有效氯的漂白粉溶液喷洒地面，然后将表层土壤掘起 30 cm 左右，撒上干漂白粉并与土混合，将此表层土运出掩埋。在运出时应用不漏土的车以免沿途漏散，如果无条件将表层土运出，则应多加干漂白粉的用量（1 $m^2$ 面积加漂白粉 5 kg），将漂白粉与土混合，加水湿润后原地压平。

其他疫病所污染的地面土壤消毒，如为水泥地，则用消毒液仔细刷洗，如为土地，则可将地面翻一下，深度约 30 cm，在翻地的同时撒上干漂白粉（用量为 1 $m^2$ 面积用 0.5 kg），然后以水湿润、压平。

如果放牧地区被某种病原体污染，一般利用自然（如阳光、种植某些对病原微生物起有害作用的植物如黑麦、小麦、葱等）使土壤发生自净作用来消除病原体。但在土壤自净之前，或是被接种疫苗的畜禽产生免疫之前，畜禽不应再在这些地区放牧。如果污染的面积不大，则应使用化学药剂消毒。

（四）粪便的消毒

**1. 掩埋法**　将污染的粪便与漂白粉或新鲜的生石灰混合，然后深埋于地下，埋的深度应达 2 m 左右。此种方法简而易行，在目前条件下实用。但病原微生物可经地下水散布且损失肥料。

**2. 生物热消毒法** 这是一种最常用的粪便消毒法。应用这种方法，能使非芽孢病原微生物污染的粪便变为无害，且不丧失肥料的应用价值。粪便的生物热消毒方法通常有两种，一为发酵池法，一为堆粪法。

(1)发酵池法。此法适用于饲养大量家畜的农牧场，多用于稀薄粪便(如牛、猪粪)的发酵。其设备为距农牧场院 200～250 m 以外无居民、河流、水井的地方挖筑两个或两个以上的发酵池(池的数量与大小决定于每天运出的粪便数量)。池可筑成方形或圆形，池的边缘与池底用砖砌后再抹以水泥，使之不透水。如果土质干固、地下水位低，可以不必用砖和水泥。一般高 3 m，宽 3 m，长度依实际情况定。

使用时先在池底倒一层干粪，然后将每天清除出的粪便、垫草等倒入池内，直到快满时，在粪便表面铺一层干粪或杂草，上面盖一层泥土封好。如条件许可，可用木板盖上，以利于发酵和保持卫生。粪便经用上述方法处理后，经过 13 个月即可掏出作肥料用。在此期间，每天所积的粪便可倒入另外的发酵池，如此轮换使用。

(2)堆粪法。此法适用于干固粪便(如马、羊、鸡粪等)的处理。在距农牧场 100～300 m 以外的地方设一堆粪场。堆粪的方法如下：在地面挖一浅沟，深约 20 cm，宽 1.5～2 m，长度不限，随粪便多少而定，先将非传染性的粪便或稿秆等堆至 25 cm 厚，其上堆放欲消毒的粪便、垫草等，高达 1～1.5 m，然后在粪堆外面再铺上 10 cm 厚的非传染性的粪便或谷草，并覆盖 10 cm 厚的沙子或土。如此堆放 3 周到 3 个月，即可用以肥田。

当粪便较稀时，应加些杂草，太干可倒入稀粪或加水，使其不稀、不干，以促其迅速发酵。通常处理牛粪时，因牛粪比较稀不易发酵，可以掺马粪或干草，其比例为 4 份牛粪加 1 份马粪或干草。

**3. 焚烧法** 常用于处理被炭疽、气肿疽等芽孢菌污染的粪便、饲料、污物等。

(五)污水的消毒

兽医院、牧场、产仔舍、隔离室、病厩以及农村屠宰家畜的地方，经常有病原体污染的污水排出，如果这种污水不经处理随便外流，很容易散播疫病。常用的处理方法是化学处理法，即加入化学药品(如漂白粉或生石灰)进行消毒，消毒药的用量视污水而定(一般 1 L 污水用 2～5 g 漂白粉)，消毒后再外流。

(六)肉类加工厂、屠宰场的消毒

肉类加工厂、屠宰场、库房的消毒方法不同于畜牧场、医院或其他公共场所，因为食品或其他复制品、油脂较多，工具和场地易于沾上油污由于场地等油污较多，不但加工操作时不方便，而且消毒效果也将事倍功半。此外，毒性较强或有公害的化学药品不能长期用来消毒，因为上述药品对产品质量和工人健康均有影响，除发生烈性疫病外，一般尽量少用化学药品消毒。常用的消毒方法如下：

**1.流动蒸汽或热水喷射消毒** 利用蒸汽设备，安装安全管道，分送各车间供各项设备进行消毒。也可用82℃的热水喷射消毒。采用这些措施消毒，必须严格注意安全操作，以防发生烫伤事故。通常加工场地、设备和工具等均可用此法消毒。

**2.化学药品消毒** 定期的大消毒或发生烈性疫病后，均可采用高效药液消毒。油污严重的地方，先用热碱水冲扫洗净，而后用化学药液消毒，以增强消毒效果。常用的消毒药有漂白粉、新洁尔灭、臭药水、过氧乙酸等。

**3.刀具等消毒** 屠宰或剔骨等用的刀具、刀锉和钩子等，必须经常消毒。所有车间内设有刀具热水消毒槽，水温维持在80℃。

**4.工作衣、帽等的消毒** 主要用煮沸消毒法，必要时可加0.5%氢氧化钠。

**5.皮张的消毒** 以1%盐酸加8%食盐配成消毒液，把皮张浸泡48 h，或2%甲醛溶液浸泡数分钟，再置碱水池内中和，然后用清水洗后出厂。

**6.粪便和胃肠内容物的消毒** 方法同前所述。

（七）常用消毒药物配制的方法

**1.3%来苏儿溶液配制法** 取来苏儿5份加清水95份（最好用50～60℃温水配制），混合均匀即成。

**2.石灰乳配制法** 1 g生石灰加5 g水即为20%石灰乳。配制时最好用陶缸或木桶、木盆。首先把等量水缓慢加入石灰内，稍停，石灰变为粉状时，再加入余下的水，搅匀即成。

**3.漂白粉乳剂及澄清液的配制法**

（1）20%漂白粉乳剂。每1 000 mL水加漂白粉200 g（含有效氯25%），混匀所得混悬液即是。

（2）20%漂白粉澄清液。把20%漂白粉乳剂静置一段时间，上液即为20%澄清液，使用时可稀释成所需浓度。

**4.福尔马林溶液制法** 福尔马林为40%甲醛溶液（市售商品）。取10 mL福尔马林加90 mL水，即成10%福尔马林溶液。如需其他浓度的溶液，同样按比例加入福尔马林及水。

**5.粗制氢氧化钠溶液** 称取一定量的氢氧化钠，加入清水中（最好用60～70℃热水）搅匀溶解。如配4%氢氧化钠溶液，则取40 g氢氧化钠加1 000 mL水即成。

## 五、报告

写一份发生一般畜禽传染病时的，疫区内如何消毒的工作报告。

# 任务三　免疫接种

## 一、内容

免疫接种前的准备；免疫接种的方法；免疫接种后的护理和观察；免疫接种用生物制剂的保存、运送和用前检查；免疫接种的注意事项。

## 二、目标

结合生产实践，掌握免疫接种的方法与步骤；熟悉兽医生物制剂的使用、保存、运送和检查方法；熟练掌握各种疫苗的使用、鉴别。

## 三、材料

金属注射器(5、10、20 mL 等规格)，玻璃注射器(1、2、5 mL 等规格)，金属皮内注射器(螺口)，针头(兽用 12～14 号，人用 6～9 号，螺口皮内 19～25 号)，煮沸消毒锅，镊子，毛剪，体温计，气雾免疫器，脸盆，毛巾，纱布，脱脂棉，搪瓷盆，出诊箱，工作服，登记册，卡片，保定家畜用具，5%碘酒、70%酒精、来苏儿、新洁尔灭等消毒剂，各种疫苗和免疫血清。

## 四、方法与步骤

本次实训的内容较多，实际教授过程中可分成 3 次进行训练，可以根据情况在农牧场或养殖专业户进行。

(一)免疫接种

**1. 免疫接种前的准备**

(1)了解受免畜禽的种类、数量、年龄。计算及备妥所需疫(菌)苗的数量(比实际需要适量多些)，并检查疫(菌)苗的质量。

(2)与饲养单位协商、确定接种日期、地点、保定人员及接种头数。向饲养单位交代清楚接种后的注意事项，及可能出现的接种反应。

(3)准备足够的器材及消毒药品。

(4)接种前对畜禽进行健康检查,完全健康的畜禽可进行免疫;衰弱、妊娠后期的畜禽不能进行免疫接种。

(5)搞好接种操作人员消毒。免疫接种人员的手指甲应剪短,用消毒液洗刷后,再用75%酒精消毒全手,穿消毒工作服,再与消毒过的器械接触。

**2. 免疫接种的方法**

(1)免疫注射法。有皮下、皮内、肌肉、静脉注射等方法。

①皮下注射法:本法最为常用,如炭疽芽孢苗、破伤风类毒素、马传贫弱毒疫苗及灭活油乳苗等。接种部位:马、牛、羊在颈侧1/3处;猪在耳根后方;禽在颈背侧1/3处或胸部、大腿内侧。方法是:注射部位消毒后,右手持注射器,左手食指与拇指将皮肤提起呈三角形,沿三角形基部刺入皮下约注射针头的2/3,将左手放开后,再推动注射器活塞将疫苗徐徐注入,然后用酒精棉球按住注射部,将针头拔出。

皮下接种的优点是操作简单、吸收较皮内接种为快。但使用剂量较大,机体反应也较皮内注射大。

②皮内接种法:常用于结核、鼻疽、羊布氏杆菌病的变态反应检疫,有时也用于羊痘弱毒疫苗、炭疽芽孢苗的预防接种。接种部位:马、牛常在颈侧、眼睑部位,羊除颈侧外,可在尾根或肩胛中央部位;猪大多在耳根后,鸡在肉髯部位。方法是:用左手将皮肤夹起一皱褶或以左手绷紧固定皮肤,右手持注射器,将针头在皱褶上或皮肤上斜着使针头几乎与皮面平行轻轻刺入皮内0.5 cm左右,放松左手,左手在针头与针筒交接处固定针头,右手持注射器,徐徐注入药液。如针头确在皮内,则注射时感觉有较大的阻力,同进注射处形成一个圆丘,突起于皮肤表面。

③肌肉接种法:如猪瘟兔化弱毒疫苗、猪副伤寒弱毒菌苗、狂犬病疫苗及各种灭活油乳苗等,多用肌肉注射法。肌肉注射法选择肌肉丰满、血管少,远离神经干的部位。马、牛、猪、羊的肌肉接种,一律采用臀部或颈部两个部位,鸡可在胸部或大腿肌肉部接种。

接种部位要严格消毒,大、中家畜消毒方法为:首先剪毛,再用2%~5%碘酊棉球螺旋式由内向外消毒接种部位,最后用75%酒精棉球脱毒(接种弱毒疫苗时不能用碘酊消毒接种部位,只用75%酒精消毒,然后再接种)。

肌肉注射的方法有两种,一种方法是:左手固定注射部位皮肤,右手持注射器垂直刺入肌肉后,改用左手夹住注射器和针头尾部,右手回抽下一活塞,如无回血,即可慢慢注入药液。另一种方法是:把注射针头取下,以右手拇指、食指、中指紧持针尾,对准注射部位垂直刺入肌肉,然后接上注射器中,注入药液。

根据畜禽大小和肥瘦程度掌握刺入深度,以免刺入太深(常见于小畜禽)刺伤骨膜、血管、神经，或因刺入太浅(常见于大猪)将疫苗注入皮下脂肪而不能吸收，注射剂量应严格按照规定的剂量注入，同时避免药液外漏。

肌肉接种的优点是药液吸收快，操作简单；缺点是在一个部位不能大剂量注射，同时臀部接种如部位不当，易引起跛行。

④静脉接种法：多用于血清治疗，如破伤风抗毒素，抗炭疽血清的注射等多采用此法。接种部位：马、牛、羊在颈静脉部位，猪在耳静脉部位。

静脉接种的优点是可使用大剂量，奏效快，可以及时抢救患病畜禽。缺点是操作麻烦，如设备与技术不完备时，难以进行。此外，如用异种畜禽血清，可能引起过敏反应。

(2)滴鼻、滴眼接种法。按疫苗说明书注明的羽份和稀释方法，用蒸馏水或生理盐水进行稀释后，用干净、灭菌的吸管吸取疫苗，滴入鸡的鼻内或眼内。

(3)刺种接种法。按疫苗说明书注明的稀释方法稀释疫苗，充分摇匀，然后用接种针或蘸水笔尖取疫苗，刺种于鸡翅膀内侧无血管处皮下。

(4)经口免疫法。分饮水免疫和喂食免疫两种。前者是将疫苗混于水中，畜禽通过饮水而获得免疫，后者是将疫苗用冷的清水稀释后拌入饲料，畜禽通过消化道而获得免疫。经口免疫时，应按畜禽头数和每头畜禽平均饮水量或吃食量，准确计算需用的疫苗剂量。饲料和饮水温度要适当(一般要求 15～25℃)，酸碱度要适中。免疫前，一般应停饮或停喂半天，以保证饮喂疫苗时，每头畜禽都能饮用一定量的水或吃入一定量的料，并注意足够料位、水位，所有畜禽能同时采食或饮水。稀释疫苗，应当用冷的清水，不含任何毒剂。已经稀释好的疫苗，应迅速饮喂。鸡传染性法氏囊病弱毒疫苗、鸡新城疫弱毒疫苗，巴氏杆菌菌苗及布氏杆菌病猪 2 号弱毒菌苗等免疫可用此法。

经口免疫法具有省时、省力的优点，适于大群畜禽的免疫。其缺点是由于畜禽的饮水量或摄食量有多有少，因而进入每头畜禽体内的疫苗数量，不能像其他方法那样完全准确一致。

(5)气雾免疫法。此法是用压缩空气通过气雾发生器，将稀释疫苗喷射出去，使疫苗形成直径 10 $\mu$m 以下的雾化粒子，均匀地浮游在空气之中，通过呼吸道吸入肺内，进行免疫。目前已用于布氏杆菌病羊型 5 号弱毒菌苗和鸡新城疫弱毒疫苗等。其优点是节省人力和时间，适于大群畜禽的免疫。

气雾发生器由喷头及动力机械组成。喷头有对口式、平行式两种。压缩空气的动力可因地制宜，利用各种气泵或用电动机、柴油机带动空气压缩泵。无论何种方法做动力，都要保持每平方厘米有 2 kg 以上的压力，才能达到疫苗雾化的目的。

①室内气雾免疫法：免疫时，疫苗用量主要根据房舍的大小而定。如对羊只免

疫,可按下式计算:

$$疫苗用量 = DA \times 1\ 000/tVB$$

式中:$D$ 为免疫剂量,$A$ 为免疫室容积,$B$ 为疫苗浓度,$t$ 为免疫时间,$V$ 为常数 3~6(羊每分钟吸入空气量为 3 000~6 000 mL,故以 3~6 作为羊气雾免疫时的常数)。

疫苗用量计算好以后,用生理盐水将其稀释,装入雾化器械瓶中,即可将畜禽赶入室内,关闭门窗。操作者将喷头保持与畜禽头部同高,均匀喷射。喷射完毕后,让畜禽在室内停留 20~30 min。操作人员要注意防护,戴上大而厚的口罩。如操作人员出现发热、关节酸痛等症状,应及时就医。

②野外气雾免疫法:疫苗用量主要依据畜禽数量而定。以羊为例,如为 1 000 只,每只羊免疫剂量为 50 亿个活菌,则需 50 000 亿个,如果每瓶菌苗含活菌 4 000 亿个,则需 12.5 瓶,用 500 mL 灭菌生理盐水稀释。实际应用时,往往要比计算用量略高一些。免疫时,将畜禽群赶入四周有矮墙的围栏内,操作人员手持喷头,站在畜禽群中,喷头与畜禽头部同高,朝畜禽头部方向喷射。操作人员要随时走动,使每一畜禽都有机会吸入。如遇微风,还应注意风向,操作者站在上风,以免雾化粒子被风吹走。喷射完毕,让畜禽在圈内停留数分钟即可放出。进行野外气雾免疫时,操作者更应注意个人防护。

(三)免疫接种用生物制剂的保存、运送和用前检查

**1. 保存** 各种生物制剂应保存在低温、阴暗及干燥的场所,灭活疫苗、致弱菌苗、类毒素等应保存在 2~15℃防止冻结;弱毒疫苗,如鸡新城疫弱毒疫苗、猪瘟兔化弱毒疫苗等,应保存在 0℃以下冻结保存。

**2. 运送** 要求包装完善,防止碰坏瓶子和散播活的弱毒病原体。运输途中避免日光直接照射和高温,尽快送到保存地点或预防接种地点。弱毒疫苗应放在装有冰块的广口瓶内运送,以免降低或丧失生物制剂的性能。

**3. 用前检查** 各种生物制剂在使用前,均须详细检查,如有下列情况之一者,不得使用:

(1)没有瓶签或瓶签模糊不清或没有经过合格检查的。

(2)过期失效的。

(3)生物制剂的质量与说明书不符者,如色泽、沉淀 有变化,药品内异物,发霉,有臭味的。

(4)瓶塞不紧或玻璃破裂的。

(5)经过检查,确实不能使用的生物制剂应立即废弃、煮沸或予以深埋。

(四)接种后的护理和观察

畜禽接种疫苗后可发生暂时性的抵抗力降低现象。所以应有较好的护理和管理条件,避免一切应激因素的产生,同时必须特别注意控制家畜的使役,以免过度劳累而产生不良后果。此外,由于畜禽在接种疫苗后,有时可能会发生反应,故在接种以后,要进行认真的观察,观察期限一般为 7～10 d。如有反应,可根据情况给予适当的治疗(注射血清或对症治疗)。反应极为严重者,可予屠宰。接种后的一切反应情况应记载于专门的表册中。

(五)免疫接种时的注意事项

(1)参加免疫接种的工作人员应分工明确并紧密配合。事先指定牵出牵入畜禽的路线,注射过的畜禽立即牵出场外,以免重复与遗漏。

(2)工作人员需穿着工作服及胶鞋,必要时戴口罩。工作前后均应洗手消毒,工作中必须保持手指清洁,禁止吸烟和吃食物。

(3)注射器、针头经严格消毒后方可使用。注射时每头畜禽须调换一个针头,在针头不足时,至少应每吸液一次调换一个针头。

(4)生物药品的瓶塞上应固定一个消毒过的针头,上盖酒精棉球。吸液时必须充分振荡疫苗,使其均匀混合。

(5)针筒排出溢出的药液,应吸积于酒精棉球上,并将其收集于专用瓶内。用过的酒精、碘酊棉球应放入专用瓶内,集中处理。

(6)进行注射时应向饲养员询问每头畜禽的恶习,以保证人畜安全。

(7)免疫接种时还应认真做好登记工作。

## 五、报告

根据实训课的内容写出免疫接种的方法与步骤,制订一份免疫接种计划。

# 项目三　猪的主要疫病防治

◈知识目标：

● 能够用自己的话解释下列名词："烂肠瘟"、猪伪狂犬病、猪细小病毒病、"猪蓝耳病"、"猪乙脑"、猪传染性胃肠炎、猪流行性腹泻、"打火印"、"类丹毒"、猪链球菌病。

● 理解猪主要传染病的发生、剖检变化和诊断方法。

● 掌握猪主要传染病的特征症状和防制措施。

● 掌握猪主要寄生虫病的生活史、诊断方法和防制措施。

◈技能目标：

● 能够运用所学知识对猪主要疫病做出初步诊断并提出初步防制措施。

● 熟练掌握猪瘟、巴氏杆菌病的实验室诊断技能。

● 熟练掌握猪的各种给药方法。

## 子项目一　猪细菌性疫病的防治

### 猪大肠杆菌病

猪大肠杆菌病是由致病性大肠杆菌引起的仔猪肠道传染性传染病。常见的有三种，即生后1～7日龄以内发生的仔猪黄痢；2～3周龄发生的仔猪白痢；断乳前后发生的水肿病。猪大肠杆菌病是养猪场常发的、危害严重的一类传染病。

#### 一、仔猪黄痢

仔猪黄痢在我国较多的地区和猪场都有发生，是严重危害仔猪的传染病之一。

是由一定血清型的大肠杆菌引起的初生仔猪的一种急性、致死性传染病。多发生于1～7日龄仔猪，尤其是1～3日龄的仔猪最易发生。

**1.临床症状**　该病潜伏期短，一般在24 h左右，最急性者不见下痢，身体软弱，倒地昏迷死亡。病程稍长的病猪主要症状是拉黄痢，粪便大多呈黄色水样，内含凝乳小片，混有小气泡并带腥臭，顺肛门流下，后肢被粪液沾污。病仔猪精神沉郁，不吃奶，口渴，很快消瘦、脱水，但无呕吐现象，最后昏迷而死。

**2.剖检变化**　尸体脱水严重，表现皮肤干燥、皱缩，口腔黏膜苍白。剖检主要病变是胃肠卡他性炎症，其中以十二指肠最为严重。表现为肠道膨胀，有多量黄色液状内容物和气体，肠壁变薄、松弛、肠黏膜肿胀、充血或出血。肠系膜淋巴结充血肿大，切面多汁。胃黏膜红肿，心、肝、肾有变性，重者有出血点。

**3.病原及流行特点**　病原为致病性大肠杆菌，革兰氏染色阴性，无芽孢，一般有数根鞭毛，常无可见荚膜、两端钝圆的短杆菌。大肠杆菌的抗原构造及血清型极为复杂。抗原主要由菌体抗原（O抗原）、微荚膜抗原（K抗原）和鞭毛抗原（H抗原）组成，此外有菌毛抗原（F抗原）。O、K、H三种抗原，分别已发现至少有165、100、60种，按抗原成分不同，可将病原性大肠杆菌分为许多血清型。引起仔猪黄痢的血清型菌株多具有$K_{88}$及产肠毒素能力，均具有黏附素。其中以$O_{60}$最为常见。

病畜和带菌者是本病的主要传染源，通过粪便排出病菌，当仔畜吮乳、舐舔或饮食时，经消化道而感染。本病在世界各地均有流行，同窝仔猪发病最高可达100%，病死率高。但随着日龄的增长，发病率和病死率逐渐减少。另外，炎夏和寒冬，潮湿多雨季节发病严重，分散饲养的发病较少。

**4.诊断**　根据流行特点、临床症状和剖检变化可作出初步诊断，确诊需要进行细菌学检查。

**5.防治**　对第一胎母猪及新建设的猪场，在仔猪出生后即全窝给予抗菌药物口服，连用3 d，以防止发病。也可以采用本场淘汰母猪的全血或血清，给初生仔猪口服或注射进行预防。发病时，立即对全窝仔猪给药，常用药物有土霉素、金霉素、氟哌酸等。因致病性大肠杆菌血清型多且易产生抗药性，应做药敏试验，选出最敏感的治疗药物，方能收到好的疗效；常发地区，可用大肠杆菌$K_{88}$、$K_{99}$、987P三价灭活菌苗，或大肠杆菌$K_{88}$、$K_{99}$双价基因工程苗给产前一个月的妊娠母猪注射，使仔猪通过母乳获得被动保护，防止发病；另外，应用微生态制剂预防和治疗仔猪黄痢有较好的效果。同时要做好圈舍消毒及产房清洁卫生工作，防止产房潮湿，可减少发病。

## 二、仔猪白痢

仔猪白痢是由致病性大肠杆菌引起的2～3周龄仔猪发生的一种消化道传染病。在我国各地猪场均有不同程度的发生。临床上以排灰白色粥样稀便为主要特征,发病率高而致死率低。猪肠道菌群失调、大肠杆菌过量繁殖是本病的重要病因。

**1.临床症状** 病猪吃奶减少或不吃,有时可见吐奶。体温一般不升高,病猪突然发生腹泻,常排乳白色、灰色浆状、粥状稀粪,腥臭、黏腻。病程2～7 d,除少数发病日龄较小的仔猪易死亡外,一般病猪病症较轻,易自愈,但多反复发病。

**2.剖检变化** 一般表现为消瘦和脱水等外观变化。剖检时胃肠道呈卡他性炎症,胃内常积有多量凝乳块。肠壁薄而带半透明状,肠系膜淋巴结水肿。

**3.病原及流行特点** 病原为致病性大肠杆菌,引起仔猪白痢血清型菌株以$O_{78}$:$K_{88}$为多见。这些菌株也多见于健康猪,可能是由于菌群失调而致病。仔猪白痢多发于生后10～30 d,以10～20 d者居多,7日龄以内及30日龄以上的猪很少发病。主要经消化道而感染。本病严冬、炎热及阴雨连绵季节发生较多;气候骤变时(如下大雪、寒流等)发病数显著增加;母猪乳汁缺乏、过多、过浓,饲养管理和卫生条件不良,缺乏矿物质和维生素等问题可促进本病的发生。

**4.诊断** 根据流行特点、临床症状和剖检变化可做出初步诊断,确诊需要进行细菌学检查。

**5.防治** 治疗药物同仔猪黄痢,可用次碳酸铋、活性炭、龙胆紫等止泻收敛。最好以药敏试验为依据,选择最敏感的药物进行治疗。早期治疗和改善饲养管理条件才能获得良好的效果。如病程延长到2～3周以上,治愈后仔猪生长发育缓慢。有条件的可用本场免疫母猪菌苗进行预防。

## 三、猪水肿病

猪水肿病又名猪胃肠水肿,是由溶血性大肠杆菌毒素引起的断奶仔猪眼睑或其他部位水肿、运动共济失调,惊厥为主要特征的传染病。

**1.临床症状** 突然发病,体温在病初可能升高,很快降至常温或偏低。前后肢麻痹,共济失调,盲目行走或转圈,进而倒地抽搐,肌肉震颤,四肢划动作游泳状,在昏迷状态中死亡;各种刺激或捕捉时,触之叫声嘶哑,容易造成死亡;水肿是本病的特殊症状,眼睑或结膜水肿,重者延至颜面、颈部其他部位,严重的整个头部变"胖",病程数小时至1～2 d。

**2.剖检变化** 全身多处组织水肿,特别是头部皮下、胃壁及肠系膜的水肿是本病的特征。剖检可见上下眼睑、颜面、下颌部、头部皮下呈白色凉粉样水肿；胃壁黏膜水肿多见于胃大弯和贲门部，切面流出无色或混有血液而呈茶色的渗出液，黏膜层和肌肉层之间呈胶冻样水肿，整个肠系膜水肿，甚至出血；胃底和小肠黏膜、淋巴结等有不同程度的充血。心包、胸腔和腹腔有程度不等的积液。

**3. 病原及流行特点**　病原为致病性大肠杆菌，引起仔猪水肿常见的 OK 菌群与仔猪黄痢基本相同，以 $O_{139}$ 多见。该病多发于仔猪断奶后 1～2 周，发病率 5%～30%，病死率可达 90%以上。近年来本病又有新的流行特点：发病日龄不断增加，40～50 kg 的猪也有水肿病发生；采食量大、生长速度快的猪发病率和死亡率高。一般呈散发性；多见于春季和秋季，特别是气候突变和阴雨后多发；病的发生还与饲养方式，饲料品质好坏、品种单一及只喂给大量精饲料等因素有关。

**4. 诊断**　根据流行特点、临床症状和剖检变化可做出初步诊断，确诊需要进行细菌学检查。

**5. 防治**　加强断奶前后仔猪的饲养管理，提早训练采食、补料，使断奶后能适应独立生活；断奶不要太突然，不要突然改变饲料和饲养方法；饲养喂量逐渐增加，防止饲料中蛋白质含量过高，要适当搭配一些青绿饲料，防止饲料单一或过于浓厚，增加维生素丰富的饲料，缺硒地区每头仔猪断奶前补硒。病初投服适量缓泻盐类泻剂，促进胃肠蠕动和分泌，以排出肠内容物。可用仔猪水肿病多价蜂胶灭活疫苗进行免疫预防，仔猪于 15 日龄、30 日龄各免疫 1 次。对此病的治疗主要采用综合的对症疗法，常用磺胺间甲基嘧啶等磺胺类药物进行治疗。

# 猪沙门氏菌病

猪沙门氏菌病，又称仔猪副伤寒，是由猪霍乱沙门氏菌和猪伤寒沙门氏菌引起的仔猪传染病。急性型呈败血症变化，慢性型在大肠上发生弥漫性纤维素性坏死性肠炎，有时呈脑炎、脑膜炎、卡他性或干酪性肺炎。沙门氏菌除能引起猪的相关沙门氏菌病，也是猪肉产品的严重感染源和人类食源性中毒的主要因素，因而猪的沙门氏菌病备受关注。

## 一、临床症状

**1. 急性型**　多见于断奶仔猪。病猪体温突然升高到 41～42℃，少食，精神沉郁，怕冷，寒战；病的初期与猪瘟相似，常出现便秘，随后腹泻，粪便恶臭；耳、腹部及四肢皮肤暗红。部分仔猪还有肺炎症状，一般经 2～4 d 死亡。

**2. 慢性型**　为最常见的病型，病猪体温升高（40.5～42.5℃）或正常，精神不振，寒战，堆叠一起，眼有黏性或脓性分泌物，上下眼睑常粘着。初期有一定食欲，后期废绝。最主要的特征症状是下痢，粪便呈粥状或水样，灰白、黄绿、黄褐或污黑色，气味恶臭，有时混有血液和坏死组织，很快消瘦。严重时在吃食、躺卧、起立或行走时都可出现粪便失禁，沾污尾部及整个后躯。有的咳嗽时，稀粪呈喷射状排出。部分病猪下痢与便秘交替进行，有的还伴发肺炎，出现咳嗽和呼吸加快等症状。部分病猪皮肤出现弥漫性湿疹，特别是在腹部皮肤，有时可见绿豆大、干涸的浆性覆盖物，揭开见浅表溃疡。病程拖延 2～3 周或更长，最后极度消瘦，衰竭而死。

## 二、剖检变化

**1. 急性型(败血型)**　急性型病猪呈败血症病变，脾常肿大，质地似橡皮，色暗带蓝，切面蓝红色，脾髓质不软化。肠系膜淋巴结索状肿大，其他淋巴结也有不同程度的增大、软而红，类似大理石状。肝肾也有不同程度的肿大、充血和出血，有时肝实质可见极为细小的黄灰色坏死点。

**2. 慢性型**　慢性型病猪的盲肠、结肠呈纤维素性坏死性炎症，肠壁增厚，失去弹性，表面附着一层纤维素性伪膜，剥离后是边缘不整的红色溃疡面。肠系膜淋巴结索状肿大，髓样增生。肝脏常有散在黄灰色坏死点，胆囊黏膜坏死。肺脏肿大，呈紫红色。

## 三、病原及流行特点

引起猪沙门氏菌病的病原有猪霍乱沙门氏菌、猪伤寒沙门氏菌、鼠伤寒沙门氏菌、肠炎沙门氏菌等，其中猪霍乱和猪伤寒沙门氏菌是引起仔猪该病的主要原因。沙门氏菌是革兰氏染色阴性杆菌。一般的消毒剂和消毒方法均能达到消毒目的。

猪沙门氏菌病的暴发往往发生于精饲后的断奶仔猪，常见于 1～4 月龄，在成年猪和未断奶仔猪中并不多见，呈散发或地方流行。病猪和带菌猪的粪便污染环境、饲料和饮水而经消化道感染健康猪。病畜与健畜交配或用病公畜的精液人工授精也可发生感染。气候多变季节和阴雨天气多发，以春、冬两季常见。环境卫生不良、仔猪抵抗力差是发病的诱因。

## 四、诊断

根据流行特征、临床症状和典型病变可做出初步诊断。慢性副伤寒的发病特点、症状及病理变化都比较典型，不难做出诊断。急性副伤寒与猪瘟、胸膜肺炎放线菌很相似，诊断首先需进行细菌分离培养鉴定，但慢性病例不易分离出病原菌。

从病猪体内分离到沙门氏菌时，也要综合临床症状、病理变化及流行特点进行分析，排除混合感染，全面分析后才能确诊。

## 五、防治

**1. 预防** 本病是由于仔猪的饲养管理和卫生条件不良导致发生和传播的，因此，首先应该改善饲养管理，仔猪要提前补料，增强抵抗力。饲养用具和食槽经常清洗和消毒，圈舍要经常清洁。断乳仔猪根据体质强弱大小，分槽饲喂。给以优质多样化饲料，适当补充微量元素，在饲料改变时防止突然更换。在本病常发地区，可对 1 月龄以上的仔猪接种仔猪副伤寒弱毒冻干菌苗，免疫期 9 个月。

**2. 治疗** 发病后需要隔离病猪，治疗可用药敏试验选有效的抗菌药物如土霉素、氟苯尼考、氟哌酸和磺胺类药物等。妥善处理尸体，死猪应深埋，切不可食用，防止人发生沙门氏菌食物中毒。

# 猪巴氏杆菌病

猪巴氏杆菌病，又叫猪肺疫、猪出血性败血症，是由特定血清型的多杀性巴氏杆菌引起猪的一种急性传染病。急性病例以败血症和炎性出血为特点，病死率高；慢性病例则表现纤维素性胸膜肺炎症状，呼吸困难，皮下、关节以及各脏器的局灶性化脓性炎症，一般呈散发性。

## 一、临床症状

本病潜伏期长短不一，自然感染的猪快者为 1～3 d，慢者为 5～14 d。

**1. 急性型** 最急性者见于流行初期，病猪于头天晚吃喝如常，无明显临诊症状，次晨已死在圈内。症状明显的可见体温升高至 41℃以上，食欲废绝，精神沉郁，寒战，可视黏膜发绀，耳根、颈、腹等部皮肤出现紫红色斑。较典型的症状是急性咽喉炎，颈下咽喉部急剧肿大，呈紫红色，触诊坚硬而热痛，致使呼吸极度困难，叫声嘶哑，俗称“锁喉风”。病程稍长的主要表现为肺炎症状，初为干性短咳，后变湿性痛咳，鼻孔流出浆性或脓性分泌物，触诊胸壁有疼痛感，听诊有啰音，呼吸困难，常两前肢分开呆立，伸颈张口喘息，初便秘，后腹泻，消瘦无力。大多 1～7 d 死亡，不死者常转为慢性。病死率很高。

**2. 慢性型** 初期症状不显，继则食欲和精神不振，持续性咳嗽，呼吸困难，进行性消瘦，行走无力。有时发生慢性关节炎，关节肿胀、跛行。有的病例还发生下痢。如不加治疗，常于发病 2～3 周后衰竭而死。

## 二、剖检变化

**1. 急性型** 败血症变化，皮肤下组织、浆膜、心内膜发生出血。在咽喉部水肿，其周围组织发生出血性浆液浸润。下颌、咽及颈部淋巴结肿胀、出血，切面呈红色。病程稍长的主要表现为纤维素性胸膜肺炎变化，有各期肺炎病变和坏死灶。肺切面像大理石样。胸膜心包常有纤维素性物质附着，支气管淋巴结肿大、出血。

**2. 慢性型** 肺有多处坏死灶，内含干酪样物质。胸及心包有纤维素性絮状物附着。

## 三、病原及流行特点

猪巴氏杆菌病是由流行性多杀性巴氏杆菌引起，多杀性巴氏杆菌是一种细小、两端钝圆的球状短杆菌，多散在，新分离的细菌，具有荚膜，革兰氏染色阴性。用美蓝或瑞氏染色血片或脏器涂片，呈两极浓染。对外界抵抗力不强，加热至60℃、1%石炭酸、5%石灰乳或1%漂白粉均能在1 min内将其杀死。

多杀性巴氏杆菌对多种动物和人均具有致病性。猪以小猪和中猪的发病率较高。患病猪和带菌猪是主要的传染源。健康猪上呼吸道中常带有本菌，但多半为弱毒或无毒的类型。由于发生某种传染病、寄生虫病或气候骤变等不良因素刺激时，降低了猪体的抵抗力，病菌乘机繁殖，增强毒力，引起内源性感染。该病主要通过消化道和呼吸道传播，感染猪的飞沫或气溶胶均可传播本病，也能通过呼吸道分泌物污染过的媒介物接触而传播。

本病一年四季均可发生，尤其是仔猪及育成猪在春、秋两季更易发生，以秋末春初及气候骤变季节发生最多，是危害养猪业的常见传染病。

## 四、诊断

采取肝、脾、肺、胸腔液或腹腔液等病料，制成涂抹片，用碱性美蓝液染色后镜检，如果从各种病料涂片中均见有两极着色的小杆菌时，即可确诊。但是，如果只在肺涂片中见到少数巴氏杆菌，而在其他组织的涂片中未见巴氏杆菌时，而肺脏又无明显病变，则可能是带菌猪，不可直接判定为猪肺疫。注意与猪瘟、猪丹毒区别诊断，另外，急性咽喉炎病例要与急性炭疽区分，猪很少发生急性炭疽。

## 五、防治

**1. 预防** 本病必须贯彻“预防为主”的方针，消除降低猪体抵抗力的一切不良因素，加强饲养管理，做好兽医卫生工作，以增强猪体的抵抗力，防止发生内源性感染。每年春、秋两季定期进行预防注射，以增加猪体的特异性抵抗力。我国目前使用两种菌苗，一为猪肺疫氢氧化铝菌苗，断奶后的大小猪只一律皮下或肌肉注射 5 mL。注射后 14 d 产生免疫力，免疫期为 6 个月。口服猪肺疫弱毒冻干菌苗，按瓶签说明的头份，用水稀释后，混入饲料或饮水中喂猪，使用方便。不论大小猪，一律口服 1 头份，免疫期 6 个月。还有供注射的弱毒疫苗。

**2. 治疗**　发病时，应及时隔离患病猪，并对畜舍、饲管用具进行严格消毒，垫草烧掉或与粪便堆积发酵。磺胺类药物、喹诺酮类药物、青霉素、链霉素和四环素族抗生素都有一定疗效，也可用抗生素和磺胺类药物合用则疗效更好。有条件的可用抗猪肺疫血清在疾病早期应用，有较好的效果。

# 猪丹毒

猪丹毒是由猪丹毒杆菌引起的一种急性、热性传染病，病程多为急性败血型，或亚急性疹块型(俗称打火印)，并可转为慢性的多发性关节炎。该病流行于世界各地，对养猪业危害很大。

## 一、临床症状

潜伏期 1～7 d。根据在临床上的表现将该病划分为急性型(败血型)、亚急性型(疹块型)和慢性型。

**1. 急性型(败血型)**　最为常见，少数健壮猪无任何症状突然死亡。多数病猪以败血症为主，表现为不食，偶见呕吐，体温高达 42℃以上。精神沉郁，喜卧。强迫驱赶，则发出尖叫，步态僵硬或跛行。病初粪干，有的后期腹泻。发病 1～2 d 后，皮肤上出现形状和大小不一的红斑，以耳、腹、腿内侧皮肤多见，指压退色。病程 3～4 d，病死率 80%～90%。

**2. 亚急性型(疹块型)**　病程较缓和，其特征是皮肤表面出现疹块，俗称“打火印”。常在发病后 2～3 d 在胸、腹、背、肩、四肢等部位的皮肤出现方形、菱形或不规则的疹块。初期充血，指压退色；后期淤血，呈紫黑色。疹块发生后，体温逐渐恢复正常，数日后，病猪多自行康复。病程 1～2 周。

**3. 慢性型**　主要病状是四肢关节炎或心内膜炎。也有的两者并发，这种类型多半是急性或亚急性转化而来。患有心内膜炎病的猪，精神委靡、喜卧地、食欲时好时坏，心跳加快、呼吸促迫、并发咳嗽、体温略高，被毛无光、膘情下降，贫血下痢，最后死亡。猪丹毒关节炎，多见于四肢关节，病猪关节肿胀并热疼，常伏卧，驱赶时行动困难。

## 二、剖检变化

**1. 急性型** 主要表现为败血症变化，全身淋巴结肿胀充血，切面多汁，常见小点出血。脾脏充血性肿大，呈樱桃红色。肾脏常发生出血性肾小球肾炎变化，肿大，色暗红，称为“大红肾”。胃肠道有卡他性或出血性炎症，以胃或十二指肠较明显。心包积液，心内外膜小的点状出血。肝充血、肿大。肺淤血、水肿。

**2. 亚急性(疹块型)** 以皮肤疹块为特征变化。疹块内血管扩张，皮下组织水肿浸润，疹块中央呈苍白色。死亡病例亦有上述败血症病变。

**3. 慢性型** 关节炎型多见于四肢一个或多个关节肿胀，关节增生肥厚，不化脓，切开关节囊有浆液性纤维素性渗出物。心内膜炎型可见心脏瓣膜表面有菜花样疣状赘生物，它是由肉芽组织和纤维素性凝块组成，常见于二尖瓣。

## 三、病原及流行特点

猪丹毒杆菌是一种纤细的小杆菌，呈单在、成对或小丛状。不运动，不产生芽孢，无荚膜。革兰氏染色阳性，已确认有25个型。健康猪可以携带猪丹毒杆菌，主要存在于扁桃体和回盲瓣等处。从慢性病例的心脏瓣膜疣物中分离到的细菌，常呈不分枝的长丝状。

病猪和带菌猪是本病的传染源。本病主要发生于4～6月龄架子猪，随着年龄的增长而易感性降低。人亦能感染猪丹毒。本病主要经消化道传染给易感猪。也通过损伤皮肤及吸血昆虫传播。此外，带菌猪的抵抗力降低时，也能引起内源感染。本病一般呈散发或地方性流行，常发生于夏秋炎热季节。

## 四、诊断

可根据流行病学、临床症状及尸体检查进行综合诊断，必要时进行实验室检查。如采血直接涂片镜检、分离培养、动物试验、全血平板凝集试验等。

涂片镜检：取病死猪的肾、肝、脾、肺、心血等涂片，革兰氏染色镜检，发现有单在的、成对的、成丝状排列的细长革兰氏阳性小杆菌，无芽孢和荚膜，即可确诊。

## 五、防治

预防接种是防制本病最有效的办法。仔猪免疫因可能受到母源抗体干扰，应于断奶后进行；如在哺乳期防疫，则应于断奶后补免，以后每隔6个月免疫一次。目前国内常用弱毒疫苗GT(10)及GC。灭活苗有猪丹毒氢氧化铝甲醛菌苗，免疫期均为6个月。GC可用于注射或口服。

治疗时可用抗猪丹毒血清，病初应用，效果良好。青霉素治疗其疗效显著，当青霉素与血清同时应用，则疗效更佳。土霉素、金霉素、四环素等，对本病也有较好的治疗效果。磺胺类药物治疗无效。

# 猪传染性萎缩性鼻炎

猪传染性萎缩性鼻炎是由产毒性多杀性巴氏杆菌单独或与支气管败血波氏杆菌联合引起猪的一种慢性呼吸道传染病。其特征是生长迟缓、鼻炎、鼻甲骨萎缩和鼻变形。世界各地都有本病发生，我国自 20 世纪 70～80 年代从国外传入。

## 一、临床症状

发病初期表现采食量降低，随后出现喷嚏、咳嗽，当剧烈运动后表现更为明显，病猪从鼻腔流出透明黏液和脓性分泌物，有的病猪由于强力的喷嚏损伤了鼻黏膜，发生不同程度的鼻出血。鼻黏膜潮红而易受刺激，常表现摇头，用鼻拱地，用前肢扒鼻或擦墙角，这种鼻炎的症状在 6～8 周的仔猪中表现最明显。通常结膜发炎，眼角流泪，常在眼眶下的皮肤上形成半月形的湿润区，黏附尘土，而后变成黄、灰、黑色斑块称为“泪斑”。如在幼龄感染，则发生鼻甲骨萎缩，两侧鼻腔损害时，可见鼻短缩，鼻背部皮肤增厚，有较深的皱纹，形如狮面。一侧鼻腔损害时，则弯向患病一侧，成为歪鼻子。此外，病猪还常常继发肺炎，使病情加重，给猪的生长发育带来严重影响。

## 二、剖检变化

此病最有特征的病理变化是鼻腔的软骨和骨组织的软化和萎缩，主要是鼻甲骨萎缩，特别是鼻甲骨的下卷曲最为常见。进行病理解剖诊断时，沿两侧第一、二臼齿间的连线锯成横断面，可见鼻甲骨萎缩，卷曲变小而钝直，甚至消失，使鼻腔变成一个鼻道，鼻中隔弯曲，鼻黏膜常有黏液性或干酪样分泌物。在某些特殊情况下，有少数病仔猪伴有波氏杆菌性支气管肺炎。肺炎区主要散在于肺前叶及后叶的腹面部分，特别是肺门部附近，也可能散在于肺的背面部分。病变呈斑块状或条状发生。急性死亡病例均为红色肺炎灶。

## 三、病原及流行特点

本病病原较复杂，除了败血波氏杆菌以外，还有产毒多杀巴氏杆菌。支气管败血波氏杆菌为革兰氏染色阴性小杆菌，有运动性，不形成芽孢，为严格需氧菌。产毒性多杀性巴氏杆菌为革兰氏染色阴性，不形成芽孢，无鞭毛，不能运动，所分离的强毒菌株有荚膜，并产生毒素。两病原抵抗力都不强，一般消毒药均可杀死。

任何年龄猪群都可感染，以幼猪易感性最大，其中4周龄以内仔猪感染本病后多出现鼻甲骨严重萎缩，1月龄后感染的猪症状较轻。年龄较大的猪感染后，可能看不到明显症状，成为带菌猪。主要是通过呼吸道的飞沫传染，病猪和带菌猪通过接触传染给幼猪，无临床症状的痊愈母猪从呼吸道排菌感染仔猪。本病传播比较缓慢，主要发生于春秋两季，呈散发或地方流行性。

## 四、诊断

通常根据本病的特定的临床症状和病理变化一般均可作出正确诊断：慢性经过，体温不高；从7日龄开始，经常不断地打喷嚏，鼻子发痒，吸气困难；到2～3月龄时，鼻子向一侧斜歪，致鼻面部变形，生长缓慢甚至停滞。

但在疾病的早期，其症状和病变均不典型，则需要实验室检查才能确诊。实验室检查的方法是：先把受检猪保定好，将其鼻盘部洗净擦干，并用70%酒精棉消毒，然后用灭菌的棉棒探进鼻腔的1/2深处，轻轻转动数次；取出后立即放入盛有肉汤或生理盐水的试管内，尽快送实验室进行细菌分离培养，最后根据菌落形态、颜色、凝集反应与生化反应进行鉴定。此外，尚可应用荧光抗体技术诊断本病。

## 五、防治

**1. 加强饲养管理** 加强饲养管理，降低猪群的饲养密度、维持良好的通风条件，以减少空气中病原菌、有害气体和尘埃的浓度；应避免各种大的应激因素，如温差幅度大，冷风袭击等。

**2. 严格执行卫生防疫措施** 发现病猪应淘汰处理。对猪场全面彻底消毒，病猪迅速隔离，淘汰症状严重的病猪，进行无害化处理，并彻底消毒，空栏一个月后，重新引种。采用全进全出制度，提高母猪群的年龄，避免一次性大量引种，不从疫区引进猪只，即使从非疫区引进猪，也需隔离检疫，确定健康后，方可混群饲养。

**3. 疫苗接种** 我国已制成支气管败血波氏杆菌Ⅰ相菌油佐剂灭活菌苗，给妊娠母猪在分娩前8周和分娩前3周各皮下注射免疫1次，剂量分别为1 mL及2 mL，下一胎在分娩前4周加强免疫1次，剂量2.5 mL；对未免疫的母猪所生仔猪，在1周龄和3～4周龄分别皮下注射免疫1次，再配合滴鼻用药，可明显提高猪体的抗感染能力。此外，还用支气管败血波氏杆菌Ⅰ相菌和产毒性D型多杀性巴氏杆菌油佐剂二联灭活菌苗，妊娠母猪在分娩前4周注射免疫1次，对未免疫的母猪所生仔猪，在1、4和8周龄各注射免疫1次，可产生坚强免疫力。

**4. 药物预防** 预防性投药是控制传染性萎缩性鼻炎的有效方法，用土霉素等抗生素及磺胺类药物防治本病有效。土霉素按0.6 g/kg饲料，连喂3 d，可防止新病例出现，产前1个月、产后1～3个月长期投药，有预防效果，能提高增重率和饲料利用率，但难以消除带菌状态。本病治疗效果不佳，易复发。

# 猪链球菌病

猪链球菌病是一种人畜共患的急性、热性传染病，由C、D、E及L群链球菌引起猪的多种不同临床症状传染病的总称。急性型常为出血性败血症和脑炎，慢性型以关节炎、心内膜炎、淋巴结化脓及组织化脓等为特征。目前该病分布范围极广，世界各地均有发生。特别是猪链球菌2型导致的猪链球菌病和人感染的疫情在国内外多次暴发。

## 一、临床症状

该病的潜伏期一般为2～5 d，根据临床症状可分为四种类型，这四种类型往往混合存在或先后发生。

**1. 急性败血症型** 流行初期常有最急性型病例，病程很短，往往未见任何先兆就突然死亡，以后常出现急性型病例，体温升到40～42℃，便秘，粪便干硬，精神沉郁，减食或不食，有浆液性鼻液。呼吸增速，每分钟40～60次，间有咳嗽，呼吸有啰音。颈、腹和四肢下部皮肤发绀。尿液黄色，后肢不全麻痹或关节疼痛，难以站立，有的病猪出现神经症状，尤以小猪为多。病猪迅速消瘦、衰弱，或呈现昏迷，终因心力衰竭而死。病程2～7 d，病死率达80%～90%。

**2. 脑膜炎型** 多见于哺乳仔猪和断奶猪。体温升高，不食，便秘，有浆液性鼻液。继而出现神经症状，共济失调、尖叫、抽搐、转圈、空嚼、磨牙，直至后躯麻痹，仰卧于地，四肢做游泳状划动或者昏迷。病程1～2 d。

**3. 关节炎型** 由前两种类型转变而来。主要表现为多发性关节炎、关节肿大，关节周围肌肉肿胀，有热痛感，跛行，行走困难，甚至不能站立。严重病例后期瘫痪，同时伴有发热、减食等临床症状。病程2～3周。

**4. 淋巴结脓肿型** 多见于颌下淋巴结、咽部和颈部淋巴结发炎、肿胀，局部坚硬，温度升高，触摸有痛感，影响采食、咀嚼、吞咽和呼吸，后期脓肿成熟，皮肤坏死，破溃流出脓汁。病程3～5周，多数可痊愈。

## 二、剖检变化

**1. 败血症型** 主要剖检变化为败血病变和浆膜炎，全身淋巴结肿大、出血。鼻、喉头、气管、肺充血，常见大量泡沫。心包积液，心内膜出血。脾大呈暗红色，胃和小肠黏膜充血，有的可见肾肿大、出血，暗红色。病程稍长的可见纤维素性胸膜炎，胸、腹腔内有淡黄色或淡红色积液。

**2. 脑膜炎型** 脑膜充血、出血，脑脊髓白质、灰质有小出血点。心包、胸腔、肝脏、肠管表面有纤维素性炎。淋巴结肿大、出血。

**3. 关节炎型** 一肢或多肢关节肿大，关节腔内有黄色或淡红色黏性液体。

**4. 淋巴结脓肿型** 一般不引起猪的死亡，一些淋巴结出现绿色或黄绿色化脓灶。出现脓毒败血症时，肺可见脓肿。

## 三、病原及流行特点

链球菌是一种圆形球菌，呈链状排列，单个，大多成短链，也有的呈串珠状长链。不形成芽孢，无鞭毛，不运动，有荚膜，革兰氏阳性。一般分为三群：呈 $\beta$ 溶血的溶血性链球菌，致病性强；呈 $\alpha$ 溶血的草绿色链球菌，致病力弱，引起局部脓肿；不溶血的链球菌，一般无致病性。本菌抵抗力不强，可耐干燥数周，煮沸立即死亡，对一般消毒剂敏感。

所有年龄的猪都有易感性，但以 30～60 kg 的架子猪多发，新生仔猪、哺乳仔猪的发病率和病死率较高，偶见怀孕母猪发病，成年猪发病较少。病猪和带菌猪是主要的传染源。主要经伤口、呼吸道感染，还可经消化道感染，新生仔猪常经脐带感染。本病为地方流行性，在新疫区呈暴发性发生，多数为急性败血型，在短期内波及全群，发病率和病死率甚高。慢性型呈散发性。无明显的季节性，但以 5～11 月份多发。

## 四、诊断

本病症状和病变较复杂，易与急性猪丹毒、急性猪瘟、李氏杆菌病相混淆，因此确诊要进行实验室诊断。

**1. 镜检** 病猪的肝、脾、肺、血液、淋巴结、脑、关节囊液、腹腔、胸腔积液等均可作涂片，染色镜检，如发现单个，或双或呈短链的革兰氏阳性球菌，即可确诊，但应注意与链球菌和两极浓染的李氏杆菌相区别。

**2. 分离培养** 取上述病料接种于血液琼脂平皿，37℃培养 24～48 h，可见 $\beta$ 溶血的细小菌落，取单个的纯菌落进行生化试验和生长特性鉴定。选取菌落抹片、染色、镜检亦见上述相同细菌。

**3. 动物接种**　病料制成 5～10 倍乳剂，给家兔皮下或腹腔注射 1～2 mL，或小鼠皮下注射 0.2～0.4 mL，接种动物死亡后，从心血、脾脏抹片或分离培养，进一步确诊。

## 五、防治

**1. 预防**　猪场建筑要科学合理，空气流通。要做好猪舍卫生和消毒工作。目前已有商品猪链球菌疫苗，必要时可用。但由于链球菌血清多，疫苗效果不理想，如能分离自家菌苗，效果最佳。

**2. 治疗**　一旦发病，全群猪都要在饲料中添加敏感药物，预防继续传播造成更大的损失。有条件的要做药敏试验，选择敏感药物治疗。用大剂量青霉素，氨苄青霉素，先锋Ⅳ、Ⅴ、Ⅵ，小诺霉素和磺胺类药物早期治疗有一定的疗效。

# 猪李氏杆菌病

猪李氏杆菌病是由单核细胞增多性李氏杆菌引起的人畜共患的传染病。临床上以中枢神经系统机能障碍为特征。本病多发生在春、冬季节，死亡率较高。

## 一、临床症状

猪李氏杆菌病自然感染的潜伏期为 2～3 周。表现症状很不一致，可分为败血型、脑膜脑炎型和混合型。

**1. 败血型**　仔猪感染以败血症为主，体温显著升高达 42℃，精神沉郁，食欲减退或废绝，有的口渴、咳嗽、腹泻、皮疹、呼吸困难、耳部及腹部皮肤发绀。病程 1～3 d，病死率高。妊娠母猪常发生流产。

**2. 脑膜脑炎型**　单纯的脑膜脑炎型多发生于断奶前后的仔猪，也见于哺乳仔猪。初期表现兴奋不安，运动失调，步样踉跄，肌肉震颤，无目的地乱跑。有的病猪头颈后仰，四肢开张呈典型的观星姿势。有的后肢麻痹、拖地不能站立，严重者侧卧，抽搐，口吐白沫，四肢乱划，病猪反应性增强，给以轻微刺激就发出惊叫。病程 1～3 d，长的可达 4～9 d。幼猪病死率很高，成年猪可能耐过。

**3. 混合型**　多见于哺乳仔猪，病猪常突然发病，初期体温升高达 41～42℃，吮乳减少或不吃，粪干尿少，中后期体温降至常温或常温以下。多数病猪表现脑膜脑炎症状。

## 二、剖检变化

有败血症的特征，剖检可见肝脾肿大，肝脏有坏死灶，其次是脾、淋巴结、肺、心肌、胃肠道和脑组织可见到较小的坏死灶。流产母猪剖检可见子宫内膜炎变化，心肌和肝脏有广泛性坏死和坏死灶。有脑膜炎病变的仔猪剖检可见脑膜和脑实质炎性水肿，脑沟回充血、点状出血。脑实质软化，脑脊髓液增多、浑浊；脑干变软有化脓灶；脑软膜淤血，延脑断面灰黄色；心外膜有大片条状出血，肝脏有小坏死灶。

## 三、病原及流行特点

单核细胞增生性李氏杆菌在分类上属于李氏杆菌属。该菌是一种革兰氏染色阳性的小球杆菌，无荚膜，无芽孢，在抹片中或单个分散或两个菌体排成“V”形或互相并列。现在已知的有 13 个血清型和 11 个亚型。本菌抵抗力不强，在土壤、粪便中可存活数月。65℃经 30～40 min 才能将其灭活，巴氏消毒法和一般消毒剂可将其杀死。

家畜中以绵羊、猪最易感，牛、山羊次之，马、犬、猫发病较少，各种年龄的动物都可感染发病，以幼龄较易感，发病较急，妊娠母畜也较易感。患病和带菌动物是本病的传染源。本病的传播途径尚不完全清楚，自然感染可能是通过消化道、呼吸道、眼结膜及损伤的皮肤。污染的饲料和饮水可能是主要的传播媒介。本病通常为散发，有一定的季节性，主要发生在冬季和早春，多见于饲喂青贮饲料的反刍动物。偶尔可见地方流行性，一般只有少数发病，但病死率较高。

## 四、诊断

病原分离对李氏杆菌病的诊断特别重要。可采取病猪的血液、肝、脾、肾、脑脊髓液、脑病变组织等做触片或涂片染色、镜检。如果见到有呈“V”字形或呈“Y”字形排列或并列的革兰氏阳性小杆菌，即可做出初步诊断。必要时可再进行细菌的分离培养和动物接种试验。在类症鉴别上，猪李氏杆菌病应与猪伪狂犬病、猪传染性脑脊髓炎、猪血凝性脑脊髓炎、猪水肿病等相区别。

## 五、防治

**1. 预防** 应用本病病原菌所制菌苗进行免疫接种未获成功，故预防本病应着重加强饲养管理和检疫，不从疫区引进种猪和仔猪，搞好环境卫生，正确处理粪便，消灭猪舍附近的鼠类，被污染的水源可用漂白粉消毒，防止感染其他疾病，及时驱除寄生虫，增强猪的抵抗力。病猪尸体一律深埋或焚烧。

**2. 治疗**　早期大剂量应用磺胺类药物，或与青霉素、四环素、氟苯尼考等并用，以及用氨苄青霉素和庆大霉素混合使用，都具有良好的治疗效果。具体方法是20%磺胺嘧啶钠液 5～10 mL，肌肉注射；盐酸金霉素粉 20～50 mg/kg 体重，分 2 次灌服，庆大霉素 1～2 mg/kg 体重，每天 2 次肌肉注射；氨苄青霉素 4～11 mg/kg 体重，肌肉注射。也可肌肉注射庆增安注射液，用量为 0.1 mL/kg 体重，每天 2 次，连用 5 d。病猪高度兴奋不安时，可口服水合氯醛，50 mg/kg 体重，溶于水后用胃管投药。本菌易产生耐药性，治疗时要注意。有神经症状的乳猪，治疗难以奏效。

# 猪传染性胸膜肺炎

猪传染性胸膜肺炎是由胸膜肺炎嗜血杆菌引起的一种高度接触传染性呼吸道传染病。本病以胸膜肺炎症状和病变为特征，急性型死亡率高，慢性型常能耐过，但生长速度降低。随着集约化养猪的发展，本病呈逐年增多的趋势，并成为猪的重要传染病之一。日本、韩国、泰国、中国大陆和台湾地区等数十个国家和地区均有发生。

## 一、临床症状

**1. 急性型**　多见于断奶仔猪。病猪突然发病，体温升高至 41.5℃，初期精神沉郁，食欲废绝，咳嗽，呼吸困难，常出现心脏衰竭，短期轻度腹泻和呕吐。中后期则张口呼吸，呈犬坐姿势。口、鼻、四肢皮肤出现蓝紫色。一般发病 1 d 左右死亡，死前从口和鼻孔流出带泡沫血样渗出物，也有个别猪不见任何症状突然死亡。

**2. 慢性型**　常由急性转变而成，在慢性感染猪群中，常有大量无症状病猪。有时可见病猪体温升高至 39～40℃，有些病例无体温升高症状，间歇性咳嗽，病情缓和，增重速度下降。但有时在其他病原体感染或应激条件下，可能使症状加重甚至转为急性。

## 二、剖检变化

病变主要存在于呼吸道，特别是以局部肺炎病变为主。肺炎多为两侧性，涉及心叶、尖叶和部分隔叶，与周围健康组织界限分明，纤维素性胸膜炎很明显。

**1. 急性型**　突然死亡的猪，剖检多无明显病变。急性型剖检可见胸腔内有血样液体，呼吸道气管和支气管内充满带血色的黏液性的泡沫性渗出物，肺呈紫红色、坚实、切面似肝、间质充满血色黏液性液体，黏膜水肿、出血。全身淋巴结肿大，呈暗红色，切面呈大理石状花纹。

**2. 慢性型** 可见肺脏有大小不同的脓肿样结节，并由一层厚的结缔组织膜包裹，有黄色胶样渗出物，心包膜与心脏粘连。有些病例肺部病变消失，只残留部分病灶和胸膜粘连。

## 三、病原及流行特点

为胸膜肺炎嗜血杆菌，亦称胸膜肺炎放线杆菌。属革兰氏染色阴性、微小至中等大小的球杆状或小杆状菌。有时形成丝状，并可表现出多形性和两极着色性。有荚膜，无运动性，属兼性厌氧菌。本菌抵抗力不强，常用的消毒药均能将其杀死。

本病对不同年龄的猪均有易感性，尤以断奶猪与架子猪发病率最高。病猪和带菌猪是本病的主要传染源，尤其慢性带菌猪是重要的传染源。病菌主要存在于病猪的呼吸道中，本病主要由相互接触传播。在急性暴发期，猪传染性胸膜肺炎可通过空气跳跃式传播。集约化猪场最易接触感染，人工授精传播本病的可能性不大，但公猪的移动也能引起该病的传播。

新疫区一般传染性较高，老疫区则趋于稳定。拥挤、猪舍有害气体浓度过高、气温突变、相对湿度过高、猪的移动及并群等应激因素，都能导致该病的发生和传播。在急性暴发期，发病率可高达90%以上。

## 五、诊断

根据临床症状和剖检变化可做出初步诊断，确诊则需进行实验室检查。

**1. 细菌学诊断** 病原菌主要存在于病猪的呼吸道，如鼻腔分泌物、支气管、病变肺组织中。有时还可能存在于血液和其他脏器如扁桃体内，而从陈旧病变或鼻腔中有时很难分离出病原菌。取病猪的肺脏、心血、肝接种血琼脂平板，进行溶血试验和卫星现象试验。若不溶血，有卫星现象，判为阳性。

**2. 血清学诊断** 血清学试验主要用于筛选试验和流行病学的研究。常用补体结合试验（CFT）2-巯基乙醇凝集试验和酶联免疫吸附试验（ELISA）方法进行诊断。

**3. 鉴别诊断** 本病与猪肺疫、猪支原体肺炎的症状及病变相似，应注意区别。可进行实验室鉴别诊断。

## 六、防治

**1. 预防** 搞好猪舍日常环境卫生。坚持自繁自养，加强检疫，严格消毒，严防将带菌猪引入。由于免疫母猪通过初乳传递的母源抗体可在5～9周内保护仔猪免受感染，所以仔猪首免不应早于6～8周龄，首免后隔2周再免1次。初产的妊娠母猪产前6～7周首免，产前2～3周加强免疫1次；经产母猪每次分娩前2～3周免疫1次，种公猪在引入时或6月龄进行免疫。

**2. 治疗** 早期治疗效果较好，恩诺沙星有特效，也可以选用青霉素、氨苄青霉素及头孢(先锋)霉素等药物。另外，庆大霉素、多黏菌素、增效磺胺及四环素也有一定效果。若猪食欲正常，可采取注射与口服同时给药治疗。胸膜肺炎放线杆菌容易产生耐药性，因此在饲料中不可长期添加同一种抗生素药物。

# 猪梭菌性肠炎

猪梭菌性肠炎又称仔猪红痢、仔猪传染性坏死性肠炎，是由C型产气荚膜梭菌所引起1周龄内仔猪高度致死性的肠毒血症，尤以1～3日龄仔猪多发，且发病快、病程短、死亡率高，以血性下痢、小肠后段弥漫性出血或坏死性变化为主要特征。

## 一、临床症状

该病潜伏期较短，在出生后数小时可发病。

**1. 急性型** 仔猪在出生后当天发病，突然出现血痢，故称红痢。病猪的后躯沾满了血样稀便，衰弱无力，体温不高，出生后12～36 h死亡，死前腹部皮肤变黑。少数病猪没有出现血痢便死亡。病程稍长的仔猪排出淡红褐色水样稀便，粪中带有灰色坏死组织碎片。仔猪脱水、消瘦、衰竭，一般在3日龄时死亡。

**2. 慢性型** 病猪持续性腹泻，病初排出黄色软便，之后呈清水样，内含灰色坏死组织碎片，呈米粥样。病猪食欲不振，极度消瘦和脱水，最终因衰竭而死亡。病程为5～7 d。有的病猪呈现间歇性或持续性腹泻达1周至数周。粪便为灰黄色黏液样，在肛门周围、尾巴和后躯附近被粪便污染。病猪精神尚好，但生长停滞，数周后死亡或成为僵猪。

## 二、剖检变化

外观被毛干燥无光泽，皮下胶样浸润，胸腔、心包腔和腹腔有粉红色积液。病变主要在空肠，重者可波及回肠，病变肠段肠襞外观呈深红色，与正常段界限明显。剖检可见肠内充满暗红色血样内容物，肠黏膜广泛性出血。肠系膜淋巴结肿大，呈深红或鲜红色。病程稍长者以坏死性肠炎为特征，肠管的出血性病变不明显。坏死肠段浆膜下数量不等的小气泡。心肌苍白，心外膜有点状出血。肾呈灰白色，皮质部有小的点状出血。有的病猪膀胱黏膜还见有少量出血点。

## 三、病原及流行特点

仔猪红痢的病原为C型魏氏梭菌（又叫C型产气荚膜梭菌）革兰氏染色为阳性杆菌，菌体较大，无鞭毛，不运动，有荚膜，芽孢椭圆形，位于菌体中央或近端。C型魏氏梭菌繁殖体的抵抗力不强，一般消毒药均能杀死梭菌的繁殖体，但形成芽孢后，对热力、干燥和消毒药的抵抗力就显著增强，强力消毒液如20%漂白粉、3%～5%的氢氧化钠溶液消毒才能使其失去活力。

C型魏氏梭菌在环境中广泛存在，通常存在于土壤、尘埃、饲料、污水、粪便及人畜肠道中，一些母猪的肠道中也有，仔猪出生后很快接触被污染的环境，将本菌随奶或污染物吞入消化道，随后进入空肠，侵入绒毛上皮组织并产生毒素，组织受害充血、出血和坏死。

任何品种的猪对本病均易感，主要发生于3日龄以内的新生仔猪，且发病快，病程短。1周以上的仔猪很少发生，同一猪群不同窝的仔猪发病率往往相差很大。病死率高，一般为50%～70%，有时可高达100%。本病没有季节性，一年四季都可发生。

## 四、诊断

根据发病仔猪日龄、临床症状、病理变化可作出诊断，必要时可做细菌学检查以进一步确诊。

无菌采取空肠内容物制成涂片，革兰氏染色镜检后，可见革兰氏阳性、两端钝圆的单个或双个杆菌。取病猪空肠内容物在80℃水浴加热30 min后接种于肉肝汤培养基中，培养基试管用固体石蜡封口，置于37℃培养4 h后开始出现小气泡，18 h后产生的大量气体可将固体石蜡封口冲开。培养基呈均匀混浊，颜色由橙变黄。血平板接种，厌氧培养48 h形成纽扣状菌落及$\beta$型溶血。

## 五、防治

**1. 预防** 初产母猪在分娩前30 d和15 d，各肌肉注射仔猪红痢灭活苗5～10 mL。经产母猪如上一胎已注射过该苗，可在分娩前15 d，肌肉注射3～5 mL红痢灭活菌，对仔猪免疫保护率可达100%。母猪产前2 d注射长效抗菌剂5～10 mL，每天1次，连用2 d。仔猪出生后早期注射抗猪红痢血清，可获得充分保护。仔猪吃奶前后3 d口服氨苄青霉素片，效果也较好。

**2. 治疗** 该病发病急、病程短，用药疗效不佳，必要时可用抗生素或磺胺类药物治疗。西药以抗菌消炎、补液为主。仔猪出生后吃初乳前，早期用青霉素、链霉素各 10 万 IU/kg 体重灌服，疗效较好。强力霉素片剂，5～10 mg/kg 体重，内服，每天 2 次。针剂 2～5 mg/kg 体重，肌肉注射，每天 1～2 次，连用 2～3 d。5%葡萄糖 20 mL、庆大霉素 8 万 IU、地塞咪松 10 mL、硫酸阿托品 4 mg，混合静脉注射，每天 1 次，连用 3 d。也可采用以清泻湿热、凉血止痢为主的中药进行治疗。

# 副猪嗜血杆菌病

副猪嗜血杆菌病又称"革拉瑟氏病"，是由副猪嗜血杆菌引起的一种以猪多发性浆膜炎、关节炎、呼吸困难、高热及高死亡率为特征的传染性疾病。随着规模化、集约化养猪业的发展，副猪嗜血杆菌病由过去散发的传染病变为大面积流行，给养猪业带来了巨大的经济损失。

## 一、临床症状

病猪食欲下降，有的废食；发热，体温升高至 40～41.5℃，精神不振，反应迟钝；咳嗽，呼吸困难，腹式呼吸；体表皮肤发红，耳尖发紫，可视黏膜发绀，眼睑水肿；部分病猪行走缓慢，不愿站立，出现两侧或一侧性跛行，共济失调，有的呈划水状，腕关节、跗关节肿大。有的无明显症状突然死亡。

## 二、剖检变化

剖检特征主要表现为浆液性、纤维素性、多发性浆膜炎和多发性关节炎，胸腔内有大量的淡红色液体及纤维素性渗出物凝块。肺表面覆盖有大量的纤维素性渗出物并与胸壁粘连，多数为间质性肺炎，部分有对称性肉样变化，肺水肿、腹膜炎，常表现为化脓性或纤维性腹膜炎，腹腔积液或与内脏器官粘连；心包炎、心包积液，心包内常有奶酪样甚至豆腐渣样渗出物，使外膜与心脏粘连在一起，形成"绒毛心"，心肌有出血点；全身淋巴结肿大，呈暗红色，切面呈大理石样花纹；脾脏肿大，有出血性梗死；关节肿大，关节腔有浆液性渗出性炎症。

## 三、病原及流行特点

副猪嗜血杆菌属革兰氏阴性短小杆菌，这种细菌在环境中普遍存在，世界各地都有，甚至在健康的猪群当中也能发现。以 5～8 周龄的仔猪最易感染和发病，其他年龄段的猪及种公猪亦可感染，有的以隐性感染或慢性跛行为重，发病率一般在 10%～15%，严重时死亡率可达 50%。该病通过呼吸系统传播。特别是当猪群存在繁殖呼吸综合征、流感以及饲养环境差、断水等情况下，该病更易发生。断奶、转群、混群或运输也是常见诱因。该病的血清型较多(已知有15个血清型以上),不同的血清型对各种抗生素或磺胺类药物的敏感程度也不一样。

## 三、诊断

副猪嗜血杆菌病可以根据病史、流行病学、血清学、典型临床症状和病理变化做出初步诊断,确诊需进行细菌分离和鉴定。该菌生长时严格需要烟酰胺腺嘌呤二核苷酸(NAD或V因子),一般条件下难以分离和培养,尤其是应用抗生素治疗过病猪的病料,给本病的诊断带来困难。据报道,猪副猪嗜血杆菌的真实发病率可能为实际确诊的10倍以上。其还应与链球菌病、猪丹毒、猪传染性胸膜肺炎、猪霍乱沙门氏菌等相区别;另外,3~10周龄猪的猪鼻炎支原体多发性浆膜炎和关节炎与本病很相似,需要通过鉴别诊断加以排除。

## 五、防治

**1. 预防** 免疫接种疫苗的使用是预防副猪嗜血杆菌造成损失的最为有效的方法之一,但是由于该病血清型多,免疫前要弄清该病在主场流行的血清型,选择相对应血清型的疫苗免疫。有条件的猪场可以采集本猪场的病料做自家苗。免疫的血清型不对,不能产生针对该血清型的抗体,达不到预防该病的目的。

**2. 治疗** 猪只一旦出现严重感染,治愈的可能性很小,药物治疗的意义不大。注射给药是最好的用药途径,口服给药常效果不佳。大多数副猪嗜血杆菌也对氟喹诺酮类如诺氟沙星、氧氟沙星、环丙沙星、恩诺沙星等,以及头孢菌素、四环素、庆大霉素和增效磺胺类药物敏感,但对红霉素、氨基糖苷类、壮观霉素和洁霉素有抵抗力。

# 猪支原体肺炎

猪支原体肺炎又称猪地方流行性肺炎,俗称猪气喘病,是由猪肺炎支原体引起的猪的一种慢性呼吸道传染病。主要临床症状为咳嗽、气喘、呼吸困难,病理变化为融合性支气管肺炎,可见尖叶、心叶、中间叶和膈叶前缘呈“肉样”或“胰样”实变。

本病死亡率虽不高,但长期以来,一直被认为是最常发生、流行最广、最难净化的重要疫病之一,是当前集约化养猪业的主要呼吸系统传染病,给养猪业造成了重大经济损失。

## 一、临床症状

本病的潜伏期一般平均在4~10 d,有的可达1个月以上。大多呈慢性经过,主要的临床症状为咳嗽和气喘，体温、食欲和精神都无明显变化，随着病情的发展，其主要症状表现明显和严重。

病的早期，病猪主要症状就是咳嗽，大多为单声干咳。病猪体温、精神、食欲都无明显变化。随着病程延长，咳嗽增重，次数增多，由单声咳嗽变为连续咳嗽，干咳变为湿咳。病猪咳嗽时常站立不动，弓背、伸颈、头下垂几乎接近地面，直到呼吸道中分泌物咳出为止。病的中期，出现喘气症状，腹部随呼吸动作而有节奏的扇动，特别是在站立不动或静卧时明显，呼吸次数每分钟为 40～70 次，甚至达到 100 次左右。病的后期，呼吸急促，呼吸次数增多，病猪呈犬坐姿势，张口呼吸或将嘴支于地面而喘息，表情十分痛苦，咳嗽次数少而沉弱，似有分泌物堵塞，难以咳出。听诊肺部有干性或湿性啰音，呼吸音似拉风箱样。这时，病猪精神委顿，食欲废绝，体温可能超过 40.5℃，被毛粗乱，结膜发绀，怕冷，行走无力，最后可因衰竭而死。

## 二、剖检变化

本病的主要病变在肺脏和肺门淋巴结及纵隔淋巴结。肺的心叶、尖叶、膈叶前下缘及中间叶，发生对称性实变为主。实变区大小不一，呈淡红色或灰红色，随病程延长，病变部转为灰白色或灰黄色。初带有胶样浸润的半透明状，呈淡灰红色，界限分明，如鲜嫩肉一样，俗称“肉变”，切面压之流出黏性混浊的灰白色液体。随着病程的发展，病变部的颜色转为灰白或灰黄，硬度增强，和胰脏组织相似，有“胰变”之称。随病期延长，胶样浸润减轻，在肺膜下陷处可见粟粒大黄白色小点，切面致实、隆起，小支气管壁肥厚，从小支气管壁中，流出白色黏液或带泡沫的暗红色液体。病变部与周围组织有不同程度的淤血和水肿。肺门和纵隔淋巴结肿大，质硬，断面呈黄白色，淋巴滤泡明显增生。其他内脏一般无明显变化。

## 三、病原及流行特点

猪肺炎支原体是一种较小的、呈球状、环状、点状、杆状和两极状等多形态的微生物。病原体对外界环境及理化学因素的抵抗力不强，日光、干燥及常用的消毒液，都可在较短的时间杀灭病原。

本病只能使猪患病，任何年龄的猪都能感染发病。哺乳仔猪在患病后症状明显，死亡率高。病猪和隐性带菌猪是本病的主要传染来源，特别是隐性带菌病猪是最大的祸根。病原体存在于病猪呼吸器官内，随病猪咳嗽、气喘和喷嚏的飞沫排出体外。病猪与健康猪接触时，经呼吸道感染发病。

本病一年四季均可发生，但一般在气候多变、阴湿、寒冷的冬、春季节发病严重。新发病的疫区常呈急性暴发，老疫区呈隐性经过。猪场一旦传入本病后，很难净化。饲养管理和卫生条件不良是影响本病发生和加重病情的主要因素。

## 四、诊断

根据流行特点、临床症状、病理变化及血清学试验，可以对本病做出确诊。最常见的是呼吸道症状，急性感染要与猪流感相区别，慢性感染注意与传染性胸膜肺炎猪肺疫、猪肺丝虫病、蛔虫病等相区分。临床症状明显的病变诊断较容易，隐性患猪需进行血清学诊断或 X 射线透视来进行检查。

## 五、防治

**1. 预防** 接种疫苗是预防该病的重要措施，采用猪支原体灭活疫苗和猪肺炎支原体兔化弱毒苗进行免疫接种。由于无法预测仔猪在何时会受到感染，考虑到母源抗体对疫苗的影响，2 周龄以后的哺乳仔猪首免 1 次。种猪每年春、秋各注射疫苗 1 次，到确定留种用时再进行第 2 次免疫，育肥猪不做二免。

**2. 治疗** 抗生素类药物如泰乐菌素、林肯霉素、氯甲砜霉素、泰妙灵、四环素、土霉素、卡那霉素、金霉素及喹诺酮类药对猪肺炎支原体均有较好的治疗作用，但总的来说，抗生素不会阻止感染发生，且一旦停止用药，很快就会复发。

# 猪附红细胞体病

猪附红细胞体病是由附红细胞体寄生于红细胞表面而引起的一种危害极大的急性、热性传染病。临床上以发热、贫血、溶血性黄疸、呼吸困难和皮肤发红为特征。在世界 30 多个国家都有附红细胞体病存在。我国在 20 世纪 80 年代初发现附红细胞体病。近年来，随着养猪业的不断发展，猪附红细胞体病的发生不断增多，不仅引起猪生长缓慢，推迟出栏，种猪生产性能下降，而且还引起猪的大量死亡，给养猪业造成很大的损失。

## 一、临床症状

本病的潜伏期为 7 d。病猪体温升高达 39.5～42℃。病初精神委顿，食欲减退，颤抖转圈或不愿站立，离群卧地。出现便秘或拉稀，有时便秘和拉稀交替出现。病猪耳朵、颈下、胸前、腹下、四肢内侧等部位皮肤红紫，指压不退色，成为“红皮猪”。有的病猪两后肢发生麻痹，不能站立，卧地不起。有的病猪流涎，呼吸困难，咳嗽，眼结膜发炎。随着病情的发展，患猪主要表现贫血和黄疸。患猪尿呈黄色，大便干如栗状，表面带有黑褐色或鲜红色的血液。生长缓慢，出栏延迟。

哺乳猪和保育猪群中僵猪的比例明显升高。母猪妊娠后期容易发生流产或死胎，慢性感染母猪易衰弱、黏膜苍白、黄疸，不发情或延迟发情，屡配不孕。

## 二、剖检变化

主要剖检变化为贫血及黄疸。皮肤及黏膜苍白，血液稀薄、色淡、不易凝固，全身性黄疸，皮下组织水肿，多数有胸水和腹水。心包积水，心外膜有出血点，心肌松弛，色熟肉样，质地脆弱。肝脏肿大变性呈黄棕色，表面有黄色条纹状或灰白色坏死灶。胆囊膨胀，内部充满浓稠明胶样胆汁。脾脏肿大变软，呈暗黑色，有的脾脏有针头大至米粒大灰白（黄）色坏死结节。肾脏肿大，有微细出血点或黄色斑点，有时淋巴结水肿。

## 三、病原及流行特点

附红细胞体属原核生物，立克次氏体目，附红细胞体属，乏浆体科，单细胞原虫。其形态呈环状、哑铃状、S形、卵圆形、逗点形或杆状。无细胞壁，无明显的细胞核、细胞器，无鞭毛。对干燥和化学药品的抵抗力很低，但耐低温，在冷藏时可保存数十天，冻干保存可活几年。一般常用消毒剂均能杀死病原。

附红细胞体对宿主的选择并不严格，人、牛、猪、羊等多种动物均可感染，且感染率比较高。猪附红细胞体病可发生于各种年龄的猪，但以仔猪和长势好的架子猪死亡率较高，母猪的感染也比较严重。患病猪及隐性感染猪是重要的传染源。本病的传播途径有血源性、接触性、垂直性和媒介昆虫等传播方式，如通过摄食血液或带血的物质，舔食断尾的伤口、互相斗殴、注射针头等可以直接传播，通过蚊、疥螨、蛰蝇、虱、蠓等吸血昆虫进行传播，也可通过交配、人工授精、胎盘传播。

## 四、诊断

通过流行病学调查、临床症状及病理变化观察，可初步诊断出猪是否感染附红细胞体，确诊还需要进行实验室检验：

**1. 组织涂片镜检**　取病猪的心、肝、脾、肺、淋巴结等触片染色，镜检未发现附红细胞体，基本上能排除猪附红细胞体病。

**2. 新鲜血片镜检**　取病猪血液1滴于载玻片上，加等量生理盐水混合、加盖玻片，在高倍镜或油镜下观察，若发现猪的红细胞变形，血浆中有多量圆形、短杆形及月牙形强折光性的虫体在血浆中不停地抖动、翻转和作不规则运动，可确定为附红细胞体病。

**3. 血片染色镜检** 取病猪血液推片，姬姆萨染色镜检，如见红细胞边缘不整齐，呈菜花状、星状，虫体呈淡紫色或紫红色，折光性很强；以瑞氏染色，可见虫体呈淡蓝色，均可确定为附红细胞体病。

## 五、防治

**1. 预防** 预防该病重点是驱灭蚊、蝇，防鼠和定期驱除猪体内外的寄生虫；阉割、断尾时注意器械消毒；注射时注意更换针头，减少人为传播的机会。目前，还没有可靠的疫苗，一般采用药物预防，前期全群使用 100 mg/kg 土霉素及 200 mg/kg 金霉素拌入饲料中饲喂，连喂 2 周，或者同时对全场猪按 10 mg/kg 投服四环素类药物，连用 4 d，均可取得满意效果。另外，要注意补充右旋糖酐铁。

**2. 治疗** 发生本病，要及时将病猪与健康猪隔离，死亡猪作无害化处理。对患病猪及早治疗，常用药物有贝尼尔（血虫净）、四环素类（土霉素或四环素）、对氨基苯胂酸钠或阿散酸。但血虫净毒性较大，使用时应谨慎，尤其母猪不宜使用该药。另外，仔猪和慢性感染的猪要注意补铁，如右旋糖酐铁、硫酸亚铁，以促进机体的抵抗力和解毒能力。

### 案例分析

某养殖户饲养的 20 多头 60 kg 左右的育肥猪突然发病，全身发紫，其中 1 头猪无任何症状死亡。死猪剖检发现脾脏大、出血，胃底大片出血等病理变化。6 头猪体温突然升高至 42.5℃以上，初期精神沉郁，后期胸、背、腹、股内侧等处出现大小不一的红色斑块。粪便干硬。

## 一、诊断

**1. 问诊** 由于资金不足，猪场内未曾使用任何疫苗，并且卫生条件差，饲养管理不到位，饲料经常更换。

**2. 视诊** 剖检发现脾脏肿大、出血，胃底大片出血等败血症变化。其余病程较缓的猪初期精神沉郁，后期胸、背、腹、股内侧等处出现大小不一的红色斑块。

**3. 实验室检验** 确诊须进行细菌学检查和血清学诊断。根据病猪皮肤有大面积呈菱形、圆形、方形的紫红色淤血疹块可初步诊断为猪丹毒。

## 二、防治

(1)病猪污染的猪圈、用具等彻底消毒，粪便、垫草烧毁或堆积发酵处理；病猪尸体和解剖的内脏器官深埋或烧毁。

(2)加强饲养管理,提高猪群的自然抗病能力。对同群未发病猪只用抗生素进行紧急预防注射,连用3～5 d,每天2次。同时,立即对猪场进行一次全群大消毒,每天1次。

(3)对患病猪用青霉素进行肌肉注射,同时对体温高的猪应用安痛定和安乃近,每天2次,直到体温和食欲恢复正常。

经过上述治疗后,只有一头猪治愈,其余均死亡,其他猪未发病。由此可见,对于猪丹毒应做好预防工作才是根本。

**复习思考题**

1. 炭疽的诊断要点有哪些?为什么炭疽病死亡的尸体不允许剖检?
2. 亚急性猪丹毒有哪些特征性症状?
3. 急性败血性链球菌病的病猪主要有哪些临床症状与剖检病变?
4. 仔猪黄痢目前国内有哪些预防方法?对这些方法应如何进行评价?
5. 猪肺疫有哪些主要临床症状和剖检病变?
6. 如何防治猪气喘病?
7. 当猪场出现传染性胸膜肺炎时,应采取哪些应急措施?
8. 猪传染性萎缩性鼻炎有哪些特征性症状?
9. 试述猪附细胞体病的流行特点及防制。
10. 试述猪梭菌性肠炎的病变特点。

# 子项目二　猪病毒性疫病的防治

## 猪　瘟

猪瘟是由猪瘟病毒引起猪的一种高度接触性、热性传染病。临床以急性经过,高热稽留,死亡率高和小血管变性引起的出血、梗死和坏死等变化为特征。在所有的猪病中,猪瘟一直是世界范围内感染率和发病率最高的一种传染病,是严重威胁我国养猪业发展的头等重要疫病。当前,我国猪瘟发病状况具有一定的多样性,猪瘟流行呈现典型猪瘟和非典型猪瘟共存、持续感染与隐性感染共存、免疫耐受与带毒综合征共存。

## 一、临床症状

本病潜伏期一般为5～7 d，短的2 d，长的可达21 d。

**1. 最急性型** 多见于流行初期，发病突然，高热稽留，全身痉挛，四肢抽搐，皮肤和可视黏膜发绀，有出血斑点，很快死亡。病程不超过5 d，死亡率为90%～100%。

**2. 急性型** 病猪表现呆滞，弓背，怕冷，低头垂尾。食欲减退或废绝。体温升高达41～42℃，持续不退，脓性结膜炎，两眼有黏性或脓性分泌物。先便秘，后腹泻，粪便呈灰黄色，有时混有少量血液；全身皮肤（主要腹下、鼻端、耳和四肢内侧等少毛部位）出血，发绀非常明显。母猪流产，公猪包皮内积尿液，用手挤压可流出浑浊恶臭液体。哺乳仔猪发生急性猪瘟时，主要表现为神经症状，如磨牙、痉挛、角弓反张或倒地抽搐，最终死亡。病程1～2周，死亡率为50%～60%。

**3. 慢性型** 发病初期，病猪食欲不振，精神沉郁，体温升高，通常在40～41℃之间，并持续数周不降，便秘与腹泻交替发生，被毛粗乱，皮肤有紫瘢或坏死痂；腹部蜷缩，行走无力。妊娠母猪一般不表现症状，但病毒可通过胎盘传染给胎儿，引起死胎、早产等。病猪日渐消瘦，后期常因衰竭而死亡。病程1个月以上，死亡率为10%～30%。

**4. 温和型** 体温一般40～41℃，少数41℃以上，鼻干，口渴，减食，尿黄。便秘呈长期性，粪便混有血液、黏液或伪膜。部分病猪四肢下及腹下呈淤血瘢，为"紫瘢蹄"、"紫瘢症"；耳朵、尾巴干枯，甚至坏死脱落，称为"干耳病"、"干尾巴"。口腔咽喉、软腭、扁桃体出现坏死点或溃疡，称为"烂喉病"。发育停滞，后肢瘫痪，行站不稳，部分猪跗关节肿大。

**5. 繁殖障碍型(迟发性)** 是先天性猪瘟病毒感染的结果。母猪妊娠时感染低毒猪瘟病毒，可致流产、死胎、木乃伊胎、畸形胎、弱仔，弱仔有些可存活半年。子宫内感染的仔猪皮肤常见出血，且仔猪死亡率高。

胚胎感染低毒猪瘟病毒，如产下正常仔猪，则终身有高水平的病毒血症，而不能产生对猪瘟病毒的中和抗体，这是典型的免疫耐受现象。感染猪在出生后几个月可表现正常，随后发生轻度食欲不振、精神沉郁、结膜炎、皮炎、下痢和运动失调。病猪体温正常，大多数存活6个月以上，但最终不免死亡。

## 二、剖检变化

**1. 最急性型** 多无特征性变化，仅见浆膜、黏膜和肾脏等处有少量的点状出血，淋巴结轻度肿胀、潮红或出血病变。

**2. 急性型**　全身皮肤、浆膜、黏膜和内脏器官有不同程度的出血。全身淋巴结肿胀、充血、出血，外表呈现紫黑色，切面如大理石花纹。脾脏不肿胀，边缘常可见到紫黑色突起（出血性梗死），有时很多的梗死灶连接成带状。肾贫血，表面有密集或少量针头大出血点，如麻雀蛋模样，出血点颜色较暗，切面肾皮质和髓质均只有点状和绒状出血，肾乳头、肾盂常见有严重出血。喉头黏膜及扁桃体出血，膀胱黏膜有散在的出血点。

**3. 慢性型**　出血和梗死变化不明显，但回肠末端、盲肠和结肠常有特征性的坏死和溃疡变化，呈纽扣状。此外，肠胃的变化也很常见，表现为从肋骨、肋软骨联合到肋骨近端有半硬的骨结构形成的明显横切线。

**4. 温和型**　肾、膀胱、淋巴结等脏器少见出血；扁桃体充血、水肿、化脓性坏死、溃疡。脾梗死、胆囊肿胀，出血、溃疡，胃底有片状充血、出血。

**5. 繁殖障碍型**　经先天感染，死产胎儿全身水肿，头、肩、前肢状似水牛，胸水、腹水增多，头、四肢畸形；小脑、肺发育不全，肝有坏死灶；弱仔死亡后可见内脏器官和皮肤出血。

## 三、病原及流行特点

猪瘟病毒是黄病毒科瘟病毒属的成员之一，呈球形，有囊膜。目前，认为猪瘟病毒只有 1 个血清型，但病毒株的毒力有强、中、弱之分。猪瘟病毒对外界抵抗力较强，在尿、血液和腐败尸体中能存活 2～3 d，78℃经 1 h 才能致死，日光直射 9 h 仍不能杀死病毒，2%氢氧化钠溶液是最合适的消毒药。

不同年龄、性别、品种的猪和野猪都易感。本病一年四季均可发生，一般以春、秋多发。病猪可经排泄物、分泌物排毒，潜伏期即可排出病毒。主要经消化道和呼吸道、眼结膜和损伤的皮肤感染，蚊、蝇等作为媒介可引起本病的传播。妊娠母猪可垂直传播给下一代。

目前，我国猪瘟的流行和发病有一些变化，表现在以下三个方面：一是呈波浪式、周期性小规模发病，经过缓慢，散在发生较多；二是呈现出非典型性、隐性、温和型、慢性猪瘟及无名高热增多，症状显著减轻，具有多样型、病程长，病理变化没特征，死亡率较低，必须通过实验室诊断；三是表现母猪流产、死胎、木乃伊胎等繁殖障碍，新生仔猪发病、死亡和免疫耐受增多。新疫区发病、死亡率均很高，90%以上，老疫区则均较低，因猪群有一定的免疫性，免疫母猪新产仔猪哺乳期内很少发病。

## 四、诊断

典型的急性型猪瘟，根据临床症状、病理变化和流行特点，可作出较准确的诊断，确诊须进行实验室诊断。常用的有兔体交互免疫试验、免疫酶染色试验和免疫荧光抗体试验。此外，间接血凝试验、酶联免疫吸附试验（ELISA）、荧光抗体病毒中和试验等血清学试验和分子生物学技术也可用于本病的诊断。

## 五、防治

**1. 预防** 目前，猪瘟兔化弱毒苗在世界广泛使用，对控制和消灭猪瘟起了重要作用，它也是我国用于猪瘟预防注射的唯一疫苗，完全能够抵抗猪瘟病毒野毒的侵害，适当加大剂量还能减轻或抑制母源抗体干扰。

(1)免疫程序。猪瘟的免疫程序应根据本场及本地情况进行选择，目前普遍使用猪瘟兔化弱毒苗，推荐几种免疫程序。猪瘟清净区，种公、母猪每年春、秋各免疫1次，每头3头份。后备种公、母猪，选定后配种前免疫1次，每头3头份。仔猪20～25日龄首免，60～65日龄二免，各每次每头2头份；猪瘟污染区，种公、母猪每年春、秋各免疫1次，每头3头份。后备种公、母猪，选定后配种前免疫1次，每头3头份。经产母猪产后20天和产前30天各免疫1次，每次每头3头份。新生仔猪“超前免疫”，出生后接种每头1头份，注苗后1～2 h才准吃初乳，35～40日龄二免，每头2头份。仔猪出生后“超前免疫”，可避免母源抗体对疫苗的干扰，而达到较好的防疫效果，可考虑推广应用，但本方法在实际应用中有一定难度，在生产管理过程中应严格控制吃初乳的时间，否则难以达到理想效果。

由于猪瘟疫苗的剂量要求，特别建议在猪瘟疫区，尽可能使用单苗，而不用联苗，以免由于疫苗剂量不够，造成非典型、甚至典型猪瘟流行。

(2)免疫效果监测。应用间接血凝等简单易行的方法进行血清学监测，有助于了解是否感染了猪瘟强毒，或者掌握疫苗的保护情况。通过对仔猪母源抗体的监测，可以制定恰当的免疫时期，以防止疫苗中和母源抗体或出现空白期。猪群通常在强化免疫后15 d左右进行抗体监测，当间接血凝抗体低于1∶16者应补注疫苗，如果免疫良好则不必盲目多次免疫。

**2. 发病时的扑灭措施** 发生猪瘟时，应立即上报疫情，及时确诊，立即隔离或捕杀病猪，尸体焚烧或化制。发病地区严禁向疫区外运送活猪畜产品及饲料等，停止生猪交易市场。对污染的环境和用具可用2%～3%氢氧化钠溶液进行彻底消毒。疫区内的假定健康猪及受威胁区的易感猪，使用猪瘟兔化弱毒苗进行紧急预防接种，每头5～8头份，虽在注苗后3～5 d可能出现部分猪只死亡，但7～10 d后可平息。有条件的可在疫情控制后进行普查，淘汰隐性带毒猪，控制传染源。

# 猪繁殖与呼吸综合征

猪繁殖与呼吸综合征(PRRS)又称“猪蓝耳病”，是由猪繁殖与呼吸综合征病毒(PRRSV)引起猪的一种繁殖障碍和呼吸道症状的高度接触性传染病，以妊娠母猪表现厌食、发热和流产、早产、死胎、木乃伊胎等繁殖障碍，新生仔猪表现呼吸道症状和高死亡率为特征。该病于1987年在美国初次被发现，目前在许多国家已成为一种地方流行性传染病，对世界的养猪业构成了严重的威胁。我国1996年报道本病，近年来该病的危害有越来越严重的趋势。

## 一、临床症状

发病猪临床表现有差异，这与猪的饲养管理、机体免疫状况、病毒的毒力强弱及有无继发感染等因素密切相关。

**1. 种母猪**　主要表现为精神沉郁，食欲减退或废绝。咳嗽、不同程度的呼吸困难。间情期延长或不孕。妊娠母猪发生早产、晚期流产、产死胎、产弱仔、胎儿木乃伊化等。有的母猪表现暂时性的体温升高(39.6～40℃)，少数母猪表现产后缺乳、胎衣滞留及阴道分泌物增多等现象。

**2. 仔猪**　新生仔猪表现呼吸困难、不吮奶、运动失调及轻瘫、颤抖(俗称跳跳症)等症状。产后一周内死亡率明显增高(40%～80%)。一月龄仔猪为最易感猪，出现典型临床症状：病猪体温上升到40℃以上，呼吸困难，腹式呼吸明显。食欲减退或废绝、腹泻、被毛粗乱、肌肉震颤、共济失调、后躯瘫痪、双耳发凉、耳尖发绀。个别病猪腹侧及外阴皮肤出现蓝紫色斑块。死亡率可高达80%～100%。耐过猪，生长发育受阻，变为僵猪。

**3. 育肥猪**　发病率较低，2%～10%。呈现亚临床症状。病猪表现厌食、轻度呼吸困难、咳嗽。个别猪出现耳尖发蓝。

**4. 种公猪**　病猪全身症状不明显，常见病猪精液稀薄、精子数量减少，活力下降。有的表现厌食，呼吸加快，渐进性消瘦，后肢无力等。

多数公猪、母猪、肥猪在病的后期，常见双耳、腹侧、肢端及外阴等处皮肤发绀和体表淋巴结红紫。

## 二、剖检变化

最常见的是局限性间质性肺炎，随着感染时间延长，可波及肺的各个肺叶。在死胎和弱仔的病理变化为头部水肿，下颌淋巴结和肠淋巴结及扁桃体也有水肿及弥散性出血，腹腔积液，肺尖叶或心叶、膈叶有暗红色肉变区，心外膜点状出血，肠系膜充血，胃底出血及黏膜脱落，肾表面点状出血明显，脑软膜轻度淤血。

## 三、病原及流行特点

猪繁殖与呼吸综合征病毒属于动脉炎病毒科成员，呈球形，二十面体对称，该病毒为有囊膜的 RNA 病毒。分两个亚群，A 亚群为欧洲原型，B 亚群为美国原型。该病毒在 37℃经 48 h、56℃经 45 min 即被完全灭活；对低温不敏感，在－70℃至少可保存 1 年。对消毒剂抵抗力不强，对乙醚和氯仿敏感。

猪是猪繁殖与呼吸综合征病毒的唯一自然宿主，各年龄和种类的猪均可感染，但以妊娠母猪和一月龄内的仔猪最易感。病猪和带毒猪是本病的主要传染源。可通过粪、尿、鼻腔分泌物等排出病毒，感染健康猪。本病主要通过呼吸道、消化道及通过公猪的精液经生殖道进行传播。

本病的发生在新疫区常呈地方性流行，老疫区则多为散发。在猪群内，该病毒存在持续性感染的现象。病毒在猪群间传播速度极快，在 2～3 个月内一个猪群的 95％以上均变为血清学抗体阳性，并在其体内保持 16 个月以上。由于不同毒株的毒力和致病性不同，猪抵抗力不同，以及细菌或病毒的混合感染等多种因素的影响，发病后的严重程度也不同。近几年 PRRS 有一些新的流行特点，感染后的临床表现出现多样化，混合感染也日趋严重，PRRSV 的毒力有增强的趋势。2006 年夏秋季节，我国南方部分地区发生猪“高热病”疫情。对猪“高热病”病因进行调查分析。通过对分离到的病毒采用全基因序列分析、回归本动物感染试验等技术手段，迅速锁定了新的变异猪蓝耳病病毒，最终确定变异猪蓝耳病。

## 四、诊断

根据临床症状、病理变化和流行特点，可作出较准确的诊断，确诊须进行实验室诊断。荷兰专家对临床诊断本病提出三项指标：怀孕母猪在感染后 14 d 内流产和早产超过 8％；死胎超过 20％；仔猪出生后第 1 周死亡率超过 25％以上，应怀疑似 PRRSV。

实验室诊断可用抗体检测、病毒分离与鉴定进行确诊。注意鉴别继发感染，病猪常继发链球菌、副嗜血杆病、胸膜肺炎、淋巴结水肿、附红体、弓形体等病。

## 五、防治

**1. 预防**　胎盘传播是本病的重要传播途径，所以应坚持自繁自养，严禁从疫区引进种猪，引进的种猪要隔离观察 2 周以上，确保安全后方可入群。采取全进全出的饲养方式。定期对种母猪、种公猪进行本病的血清学监测，及时淘汰可疑病猪。

最近，国内外已试制了多种疫苗，但免疫效果欠佳，对灭活苗的安全性仍存在一定的争议，对疫苗的免疫效果也意见不统一。但本病具有传播途径多、传播速度快和可于猪群中长期持续感染等多种特点，使用疫苗免疫是控制本病的有效途径。当前，灭活疫苗是预防本病的首选疫苗，适合种猪和健康猪使用。对于正在流行或流行过本病的商品猪场可用弱毒疫苗紧急预防接种或免疫预防。后备母猪在配种前进行 2 次免疫，首免在配种前 2 个月，间隔 1 个月进行二免。小猪在母源抗体消失前首免，母源抗体消失后进行再次免疫。公猪和妊娠母猪不能接种弱毒疫苗。

我国研制出了高致病性猪蓝耳病灭活疫苗，并已投入使用。为做好高致病性猪蓝耳病防控工作，农业部采取了一系列措施，及时制定并下发了《高致病性猪蓝耳病防治技术规范》和《猪病免疫推荐方案》，指导切实落实各项防控措施。

发病后要加强消毒工作，对空圈及猪舍周围环境用 2%热氢氧化钠溶液彻底消毒，对圈舍内外及猪体用百毒杀、过氧乙酸、复合酚等消毒剂，每隔 3 d 进行 1 次大面积喷雾消毒。

**2. 治疗**　用四环素类及磺胺类药物治疗，防止继发感染；给体弱病猪补充足够的蛋白质和高能量饲料，对腹泻病猪用口服补液法补充电解质；对发生早产、流产症状的母猪可在肌注黄体酮的同时，配合中药(黄芩 10～15 g，白术 10 g，砂仁 5～10 g)煎水内服，以利母猪安胎保胎；用阿司匹林给临产前的妊娠母猪喂饲，以减轻发热，延长妊娠期，减少流产。

# 猪细小病毒感染

猪细小病毒病是由猪细小病毒感染而引起的胚胎感染及死亡，而母猪不表现明显症状的繁殖障碍性疾病，主要表现为初产母猪不孕、流产、产木乃伊胎和死产、新生胎儿死亡以及病毒血症。该病毒在世界范围猪群内广泛存在，并多呈地方性流行，严重影响着养猪业的发展。

## 一、临床症状

母猪繁殖障碍，母猪在不同妊娠期感染细小病毒可分别造成死胎、木乃伊胎及弱仔、流产等症状，而母猪本身无明显症状。当怀孕早期感染时(1 个月内)可引起胎儿死亡而减少产仔总数，在怀孕 1～2 个月感染时，木乃伊胎随活胎正常产出，怀孕 70 d 感染的母猪常出现流产，怀孕 70 d 以后感染能正常产出，但仔猪可带毒。一般情况下，细小病毒对公猪的受精率或性欲无影响。

## 二、剖检变化

母猪流产时，肉眼可见母猪有轻度子宫内膜炎症，胎盘部分钙化，胎儿在子宫内有被溶解和被吸收的现象。大多数死胎、死仔或弱仔皮下充血或水肿，胸腔、腹腔积有淡红或淡黄色渗出液。弱仔出生后 0.5 h 先后在耳尖、颈、胸、腹部及四肢上端内侧出现淤血、出血斑，半日内全身皮肤变紫而死亡。

## 三、病原及流行特点

猪细小病毒属细小病毒科细小病毒属。本病毒对外界抵抗力极强，在 80℃经 5 min 加热才可使病毒失去血凝活性和感染性。对乙醚、氯仿等脂溶剂有抵抗力。2%氢氧化钠溶液 5 min 可杀死该病毒。

猪是本病的唯一易感动物，不同年龄、性别的家猪和野猪都可感染。但只有母猪表现繁殖障碍。病猪、带毒猪及污染的精液等是本病的主要传染源。可经胎盘垂直感染和交配感染，公猪、育肥猪、母猪主要通过被污染的饲料、环境，经呼吸道、消化道感染。本病主要发生于春秋产仔季节。常见于初产母猪，一般呈地方性流行或散发。一旦发生本病，猪场可能连续几年不断地出现母猪繁殖障碍。母猪妊娠期感染，其胚胎死亡率可达 80%～100%。

## 四、诊断

若发生流产、死胎、胎儿发育异常等现象，而母猪本身和同一场内的公猪没有明显的临床症状，应考虑到本病的可能性。但最后确诊必须依靠实验室诊断。可取妊娠 70 d 前流产的木乃伊化胎儿、胎儿肺送实验室进行诊断。妊娠 70 d 后的木乃伊化胎儿、死产仔猪和初生仔猪则不宜送检，因其中可能含有干扰检验的抗体。检验方法可进行病毒的细胞培养和鉴定、血凝试验、荧光抗体染色试验、酶标试验、血清中和试验等，最新的方法有放射免疫测定、单克隆抗体诊断法等。

本病诊断时应与猪布鲁氏菌病、猪日本乙型脑炎、猪繁殖与呼吸综合征、猪伪狂犬病等传染病相区别。

## 五、防治

对本病尚无有效的治疗方法，必须采取综合防制措施。

对猪进行免疫接种，有良好的预防效果。目前使用的疫苗主要有灭活疫苗和弱毒疫苗。其中以灭活疫苗多用，灭活疫苗包括氢氧化铝灭活疫苗和油乳剂灭活疫苗。疫苗接种可在母猪配种前的 1～2 个月内进行，重点放在后备母猪的免疫接种，使之产生免疫力。

将初产母猪配种时间推迟到 9 月龄，对于预防初产母猪的繁殖障碍有一定作用。猪群发病后应对其排泄物、分泌物和产出的胎儿及其污染的场所和环境等进行合理的处理。消毒可选用福尔马林、氨水和氧化剂类消毒剂等进行。

# 猪口蹄疫

口蹄疫俗称“口疮”、“蹄癀”，是由口蹄疫病毒引起偶蹄动物的一种急性、热性、高度接触性传染病，以口腔黏膜、蹄部及乳房皮肤发生水疱和溃烂(烂瘢)为特征。本病具有强烈的传染性，一旦发病传播速度很快，易造成大流行，不易控制和消灭。《2010 年国家动物疫病强制免疫计划》中将口蹄疫列为猪的三大强制免疫疫病(口蹄疫、高致病性猪蓝耳病、猪瘟)之首，要求对所有猪进行 O 型口蹄疫强制免疫。

## 一、临床症状

潜伏期通常为 2～3 d，长的可达 7～10 d。成年猪和仔猪的临床症状不同，成年猪主要表现为发生水疱和跛行，而仔猪常因心肌炎而猝死。

**1. 成年猪**　患病猪体温可超过 41℃。精神沉郁、食欲不振、战栗、喜俯卧、蹄发热，冠状沟能见到苍白的区域。到第 4～6 d，病猪很快在蹄冠、蹄叉、蹄踵、鼻镜、鼻孔周围、乳头等部位出现大小不等的水疱，水疱内充满淡黄色或无色的清亮浆液。经 12～36 h，水疱快速溃烂，局部为一个无皮露肉的红色糜烂面，以后病变部位逐渐结痂。由于蹄部疼痛、不敢踏地而表现跛行或前肢跪地爬行。若无并发感染，恢复较快，通常 2 周内损伤愈合，即可痊愈。如有细菌继发感染发生化脓与坏死，由于蹄部异常疼痛，经常长期俯卧不起，严重者蹄壳边缘溃裂，常致蹄壳脱落，俗称“脱靴”。哺乳母猪乳房有时可见明显的水疱或结痂，可能引起产奶量下降。妊娠母猪因高烧可发生流产。在新区，成年猪发病率几乎 100%，死亡率一般为 4%左右，能造成严重的减食掉膘、生长停滞、肥育期延长。

**2. 仔猪**　仔猪患口蹄疫的临床表现与成年猪有很大不同。仔猪被感染后呈最急性经过而不形成水疱，出现高热(41～42℃)、极度衰弱，在水疱形成以前由于病毒诱导急性心肌炎(心肌梗死和坏死)而莫名其妙地突然死亡。多数不表现任何明显的临床症状，少数猪后躯瘫痪、不能吃奶而饿死，或表现急性下痢。在新疫区仔猪死亡率高，2 周龄以下达 100%，2 周龄以上为 40%～80%。

牛、羊口蹄疫的临床表现与猪大体相同，病牛以口腔和蹄部水疱为主要特征，母牛乳房也常见到烂瘢，哺乳犊牛患病时，水疱症状不明显，主要表现为出血性肠炎和心肌麻痹，死亡率很高。绵羊水疱多发于蹄部，山羊多发生于口腔，羔羊呈急性经过。

## 二、剖检变化

除口腔、蹄部的水疱和烂瘢外，在咽喉、气管、支气管和前胃黏膜有可能发生圆形烂瘢和溃疡，哺乳仔猪感染口蹄疫可引起心肌炎，心包膜有弥散性及点状出血，剖检可见心肌表面有病灶性变化，出现灰白色或淡黄色条纹，形色酷似虎皮，故称“虎斑心”，心肌松软似煮熟样。

## 三、病原及流行特点

引起猪口蹄疫的是口蹄疫病毒，该病毒是已知最小的动物 RNA 病毒。目前，已知全世界有 A、O、C、SAT1、SAT2、SAT3(即南非 1、2、3 型)以及 Asia(亚洲型)等 7 个血清型。各型间几乎没有交叉免疫性，但各型在发病症状方面却没有什么不同。每个血清型又包含若干个亚型(据最新报道，口蹄疫的亚型已经增加至 70 多个)。口蹄疫病毒对外界环境抵抗力很强，在自然情况下，含病毒的组织和污染的垫草、饲料、土壤及粪便中可保持传染性达数周至数月之久，在低温下存活时间更久。病毒对温热和紫外线特别敏感，在直射日光下 30 min、煮沸 3 min、37℃ 48 h 均可死亡。该病毒对酸和碱很敏感，1%～2%甲醛、2%氢氧化钠都是有效而常用的消毒剂。

口蹄疫能侵害多种(33 种)动物，以偶蹄兽最易感染。最易感的是牛，而骆驼、绵羊、山羊、猪又次之。一般情况下，幼龄动物比老龄动物更易感，病死率也较高。猪场口蹄疫的流行，病猪和带毒猪是该病的传染源，病猪的口水、眼、鼻分泌物、粪便、尿、血液、精液、水疱液以及呼出的气体等都可排出大量病毒。病毒主要通过呼吸道、消化道、损伤的皮肤黏膜及生殖道感染。

该病的发病率在新流行区可达 100%，老疫区也在 50%以上。良性经过时的死亡率为 2%，但幼猪恶性口蹄疫死亡率可达 30～50%。本病一年四季均可发生，一般春季多发，夏季较少发生。口蹄疫暴发流行具有周期性特点，在疫区一般每隔 1～2 年或 3～5 年流行一次。

## 四、诊断

本病多侵害偶蹄动物，传播迅速，呈流行性或大流行性发生，多为良性经过。患病动物的口腔和蹄部有水疱和烂瘢，死后剖检可见虎斑心病变等特点，可做出初步诊断。确诊需要进行实验室诊断。酶联免疫吸附试验(ELISA)反应灵敏、特异性强、操作快捷，可直接鉴定病毒的亚型，并能同时检测水疱性口炎病毒和猪水疱病病毒，广泛用于动物口蹄疫的监测。猪口蹄疫与水疱性口炎、猪水疱病、猪水疱性疹等疫病的临诊症状相似，应注意进行鉴别(表 3-1)。

**表 3-1　猪口蹄疫、猪传染性水疱病、猪水疱性疹和水疱性口炎等四种水疱性传染病的鉴别诊断**

| 鉴别点 | | 猪口蹄疫 | 猪水疱病 | 猪水疱疹 | 水疱性口炎 |
|---|---|---|---|---|---|
| 病原 | | 口蹄疫病毒 | 猪水疱病病毒 | 猪水疱疹病毒 | 水疱性口炎病毒 |
| 易感动物 | | 偶蹄兽 | 猪 | 猪 | 牛、猪、马等 |
| 流行形式 | | 流行性 | 流行性 | 地方流行性或散发 | 散发 |
| 病死率 | | 成年猪低，仔猪高 | 一般不死 | 一般不死 | 一般不死 |
| 水疱的部位 | | 蹄部多，口腔少 | 蹄部多，口腔少 | 蹄部、口腔都有 | 口腔多，蹄部无 |
| 动物接种 | 猪唇皮内 | + | + | + | + |
| | 牛舌皮内 | + | − | − | + |
| | 马舌皮内 | − | − | +/− | + |
| | 绵羊舌皮内 | + | − | − | +/− |
| | 豚鼠足踵 | + | − | − | + |
| | 2 日龄小鼠腹腔或皮下 | + | − | − | + |
| | 9 日小鼠腹腔或皮下 | + | + | − | − |
| 抗酸试验 | | 对 pH5.0 敏感 | 对 pH5.0 耐受 | | |

注：+表示阳性；−表示阴性；+/−表示不规则或轻度反应。

## 五、防治

有口蹄疫感染的国家和地区可对易感动物每年接种疫苗 1～2 次。我国对口蹄疫实行强制免疫，免疫密度必须达到 100%。平时要做好口蹄疫的免疫接种工作，选择与流行毒株相同血清型的口蹄疫疫苗用于牲畜的预防接种。目前，用于预防口蹄疫的疫苗有弱毒苗和灭活苗。弱毒苗有 A 型、O 型弱毒苗和 A－O 双价弱毒苗，对牛、羊均安全有效，但对猪有致病力。猪可肌肉注射 O 型口蹄疫 BEI(二乙烯亚胺)灭活油佐剂苗，免疫期可达 6 个月。仔猪、羔羊在 28～35 日龄时进行初免；犊牛在 90 日龄时进行初免，间隔 1 个月进行一次强化免疫，以后每隔 6 个月免疫一次；种公猪每年接种 2 次，妊娠母猪分娩前 1 个月接种，母牛分娩前 2 个月接种一次，母羊分娩前 4 周接种一次。牛、羊使用 O 型-亚洲 I 型口蹄疫二价灭活疫苗进行免疫，猪使用 O 型口蹄疫灭活疫苗进行免疫。

发生口蹄疫时，应立即上报疫情，及时采取病料，迅速送检确诊定型，划定并封锁疫点、疫区，捕杀患病动物及同群动物，尸体焚烧或化制。对污染的环境和用具进行彻底消毒。疫区内的假定健康动物及受威胁区的易感动物应进行紧急免疫接种。待最后1头病畜消灭之后，3个月内不再出现新的病例，报上级机关批准，经终末大消毒后解除封锁。

# 猪传染性胃肠炎

猪传染性胃肠炎是由猪传染性胃肠炎病毒引起猪的一种急性、高度接触性胃肠道传染病，以呕吐、严重腹泻和脱水为特征。该病于1945年在美国首次发现，我国1956年发生，近年来呈上升趋势，而且与猪流行性腹泻的混合感染率也在逐年上升，对养猪业的危害相当严重。

## 一、临床症状

本病潜伏期短，一般为12～18 h，长的可达2～3 d。

仔猪突然发病，首先呕吐，继而发生急剧水样腹泻，粪便呈黄绿或白色，常夹有未消化凝乳块，有恶臭味。病猪明显脱水、消瘦、极度口渴，少部分重症患猪卧地不起。10日龄以内的仔猪多在2～7 d内死亡。日龄越小，病程越短，死亡率越高，有时死亡率可达100%。病愈仔猪发育不良，成为僵猪。

断奶猪、肥育猪和母猪的症状轻重不一，通常只有一至数天出现食欲不振或废绝，个别病猪出现呕吐，水样腹泻呈喷射状，水泻物为灰色或褐色，含有少量未消化的食物，5～8 d后停止腹泻，很少死亡。

## 二、剖检变化

剖检可见病猪尸体消瘦，脱水明显。胃中充满乳凝块，胃黏膜轻度充血和出血。肠内充满灰白色或黄绿色泡沫状液体，小肠壁变薄，弹性降低，肠管扩张呈半透明状。在低倍显微镜下观察小肠黏膜，可见小肠黏膜绒毛萎缩，空肠和回肠绒毛长度和隐窝深度之比，正常猪为7∶1，而病猪则为1∶1。

## 三、病原及流行特点

猪传染性胃肠炎病毒属于冠状病毒科冠状病毒属，有囊膜，形态多样，呈圆形、椭圆形和多边形等。本病毒主要存在于空肠、十二指肠及回肠的黏膜。病毒对热和紫外线敏感，56℃经45 min，65℃经10 min死亡，在阳光下暴晒6 h即被灭活，紫外线能使该病毒迅速死亡。病毒对乙醚、氢氧化钠、石炭酸、甲醛、氯仿等消毒药敏感。

本病仅发生于猪，不同年龄、性别、品种的猪均可感染发病。在新疫区，最初感染时几乎所有的猪都发病，10 日龄以内的仔猪死亡率较高；5 周龄以上的猪很少死亡；母猪及成年猪症状轻，多可自然康复。病猪和带毒猪是主要传染源，它们从粪便、呕吐物、鼻液以及呼出气体中排出病毒，污染饲料、饮水、空气及用具等传染给易感猪。本病以消化道和呼吸道为主要的传播方式。本病冬季多发，每年的 12 月至次年的 3 月发病最多。在新疫区呈流行性发生，传播迅速，使各年龄组的猪群发病。在老疫区则呈地方流行性或散发性发生，发病率低。

## 四、诊断

根据以上流行病学、症状和病变进行综合判定可以作出初步诊断，确诊必须进行实验室诊断。

**1. 病毒分离与鉴定**　取病猪的肛拭、粪、肠内容物或空肠、回肠段为病料，经口感染 5 日龄仔猪，盲传 2 代以上，分离病毒。用标准抗猪传染性胃肠炎病毒的血清做中和试验进行鉴定。

**2. 荧光抗体检查**　取腹泻早期病猪空肠和回肠的刮削物作涂片或以这段肠管作冰冻切片，进行直接或间接荧光染色，在荧光显微镜下检查，见上皮细胞及肠绒毛细胞质内呈现荧光者为阳性。此法快速，可在 2～3 h 内作出诊断。

**3. 鉴别诊断**　本病诊断时应与症状相似的其他传染病如仔猪黄痢、仔猪白痢、猪流行性腹泻和轮状病毒感染等相区别。

## 五、防治

**1. 预防**　平时要加强饲养管理，搞好猪舍卫生和消毒工作，并经常保持猪舍的温暖干燥。常用的消毒剂有 1%～2%氢氧化钠、1%石炭酸、10%～20%新鲜石灰乳、10%～20%热草木灰水。用传染性胃肠炎弱毒疫苗对母猪进行免疫接种。母猪分娩前 5 周口服 1 头份，分娩前 2 周口服 1 头份，同时肌肉注射 1 头份。

**2. 治疗**

(1)补充体液，以防脱水和酸中毒。让仔猪自由饮服下列配方溶液：氯化钠 3.5 g，氯化钾 1.5 g，碳酸氢钠 2.5 g，葡萄糖 20 g，水 1 000 mL。另外，还可于腹腔注射一定量的 5%葡萄糖盐水加灭菌碳酸氢钠。

(2)使用抗病毒药物。可肌肉注射病毒灵、病毒唑、双黄连等。

(3)血清疗法。用猪传染性胃肠炎高免血清，按每千克体重 0.5 mL 肌肉注射，每天 1 次，连用 3 d。

# 猪流行性腹泻

猪流行性腹泻是猪流行性腹泻病毒引起的猪的一种急性接触性肠道传染病，以呕吐、腹泻和脱水为基本特征。其临床症状和病理变化与猪传染性胃肠炎极为相似，20世纪80年代初在我国陆续发生，近年来流行区域有逐渐扩大的趋势。

## 一、临床症状

主要的临床症状为水样腹泻，或者在腹泻之间有呕吐。呕吐多发生于吃食和吃奶后，症状的轻重随猪年龄的大小而有差异，年龄越小，症状越重；体温稍高或正常，精神、食欲不佳。1周以内仔猪发生腹泻后，2～4 d脱水死亡；断奶仔猪、育肥猪的症状较轻，精神沉郁、食欲不佳、腹泻，腹泻可持续4～7 d，逐渐恢复正常。成年猪仅发生厌食和呕吐。

## 二、剖检变化

病死猪消瘦、脱水，皮下干燥，哺乳仔猪胃内有大量黄白色乳凝块，胃壁变薄，小肠扩张，肠内充满黄色液体，肠系膜充血，小肠绒毛缩短，肠系膜淋巴结水肿。

## 三、病原及流行特点

猪流行性腹泻病毒属于冠状病毒科冠状病毒。病毒对外界环境和消毒药的抵抗力不强，一般消毒药都可将其杀灭。

本病仅发生于猪，各种年龄的猪都能感染发病，哺乳仔猪、断奶仔猪和育肥猪感染发病率100%，成年母猪为15%～90%。病猪和带毒猪是主要传染源，病毒存在于肠绒毛上皮和肠系膜淋巴结中，从粪便、呕吐物、乳汁、鼻分泌物以及呼出气体排泄病毒，污染周围环境、饲料、饮水及用具等，主要通过消化道传染给易感猪。

## 四、诊断

本病的流行病学、临床症状、病理变化基本上与猪传染性胃肠炎相似，只是病死率比猪传染性胃肠炎稍低，在猪群中传播速度也比较缓慢一些。根据上述特点可做出初步诊断。确诊要依靠实验室诊断。常用免疫荧光染色和酶联免疫吸附试验(ELISA)。

## 五、防治

**1. 预防**　目前常用的疫苗有轮状病毒、流行性腹泻二联苗，流行性腹泻、传染性胃肠炎、轮状病毒三联苗。于每年的10月中旬左右，仔猪、架子猪和育肥猪每头注射1头份，生产母猪每头注射2头份。对于正在发病的猪群于母猪产前20～30 d注射3头份。同时注意加强管理和消毒工作。

**2. 治疗**　本病无特效药治疗，通常应用对症疗法，可参考猪传染性胃肠炎的治疗方法。

# 猪圆环病毒病

猪圆环病毒病作为一种新的病毒病在许多国家广泛流行，目前，将圆环病毒分为不致病的圆环病毒Ⅰ型(PCV-1)和致病的圆环病毒Ⅱ型(PCV-2)。猪圆环病毒Ⅱ型可引起断奶仔猪多系统衰竭综合征、猪间质性肺炎、猪皮炎肾病综合征以及母猪繁殖障碍等，这些病总称为猪圆环病毒病。该病出现严重的免疫抑制，从而容易导致继发或并发其他传染病，发病率高，传播迅速，已成为影响养猪业的重要疾病。我国2002年证实猪群中存在本病。

## 一、临床症状

猪圆环病毒感染主要引起断奶仔猪多系统衰竭综合征和仔猪先天性震颤。

**1. 断奶仔猪多系统衰竭综合征**　通常发生于5～12周龄的仔猪，断奶可能是重要的应激因素，典型病状包括进行性消瘦、皮肤苍白、呼吸困难、厌食、腹泻、精神沉郁、行动迟缓、被毛蓬乱，有20％的猪出现贫血黄疸症状，具有诊断意义，但慢性病例难于察觉。在通风不良、过分拥挤、空气污浊、混养以及感染其他病原等因素时，病情明显加重，一般病死率为10％～30％。

**2. 仔猪先天性震颤**　又名抖抖病，其临床症状的变化性很大，震颤程度不等，同窝仔猪的发病数量也不定，通常表现为双侧性震颤。当仔猪休息或睡眠时可得到缓和，但受到寒冷或噪声等外界刺激时，震颤可重新激发或加重。1周龄内出现严重震颤的仔猪往往由于不能得到哺乳而死亡，1周龄以上的仔猪常常能耐过，也有震颤症状延至生长期或育肥期。

## 二、剖检变化

仔猪先天性震颤尚未见剖检病变。发生断奶仔猪多系统衰竭综合征时，典型病例死亡的猪尸体消瘦，有不同程度的贫血和黄疸。剖检可见间质性肺炎和黏液性支气管炎变化。肺脏肿胀，间质增宽，质地坚硬似橡皮样，其上面散在有大小不等的褐色实变区(间质性肺炎)。肝变硬、发暗。肾脏水肿，呈灰白色，皮质部有白色病灶。脾脏轻度肿胀。胃黏膜水肿，有大片溃疡形成。盲肠和结肠黏膜出血。全身淋巴结肿大4～5倍，切面呈灰黄色。特别是腹股沟、肺门和肠系膜与颌下淋巴结病变明显。

## 三、病原及流行特点

猪圆环病毒为无囊膜的二十面体，单股环状DNA病毒。目前，将圆环病毒分为不致病的圆环病毒Ⅰ型(PCV-1)和致病的圆环病毒Ⅱ型(PCV-2)。猪圆环病毒Ⅱ型对猪有致病性，可引起猪发病。病毒主要存在于淋巴结、骨髓、血液中。该病毒对外界抵抗力较强，在pH3的环境中很长时间不被灭活，对氯仿不敏感，70℃时可存活15 min。

圆环病毒的天宿主是猪，各种年龄、不同性别的猪均可感染该病毒，但不一定都能表现出明显的临床症状，哺乳仔猪和育成猪最易感且临床症状明显。病猪和带毒猪为本病的主要传染源，病毒存在于病猪的呼吸道、肺脏、脾和淋巴结中，从鼻液和粪便中排出，可经口腔、呼吸道进行水平传播，也可经胎盘垂直传播。

本病的发生无季节性。因圆环病毒可破坏猪的免疫系统，使猪免疫力下降，产生免疫抑制，因此感染圆环病毒的猪易继发或并发猪繁殖与呼吸综合征、猪伪狂犬病、猪细小病毒病、猪链球菌病、猪附红细胞体病、副猪嗜血杆菌病等。本病的发生及危害程度与猪群的饲养管理及环境卫生等密切相关，各种环境因素如拥挤、空气污浊、气候变化、饲料更换等应激因素会削弱机体的抗病能力，继发其他传染病而加重病情，造成不同程度的经济损失。

## 四、诊断

根据本病的流行特点，结合本病的临床症状、剖解变化和病理变化一般可以作出诊断，确诊需要进行实验室诊断。常用的实验室诊断方法有免疫荧光技术、聚合酶链反应(PCR)技术和酶联免疫吸附试验(ELISA)等。检测抗体的方法主要是酶联免疫吸附试验(ELISA)。

## 五、防治

目前还没有控制和消灭猪圆环病毒感染的有效措施，也没有切实可行的疫苗预防猪圆环病毒感染。只能用一般防治措施来预防本病。应用酶联免疫吸附试验

(ELISA)与聚合酶链反应(PCR)技术对购入种猪进行检疫,隔离饲养1个月,健者方可进入猪场生产区;猪舍要清洁卫生,保温,通风良好,降低氨气及有害气体的浓度;饲养密度要适中,不同日龄的猪应分群饲养,不要混养;减少各种应激因素,创造一个良好的饲养环境。生产中应用3%的氢氧化钠溶液、0.3%的过氧乙酸溶液及0.5%的强力消毒灵和抗毒威消毒效果良好。

如应用支原净、卡那霉素、强力霉素、庆大霉素、磺胺嘧啶钠、抗病毒药等治疗,同时肌注维生素 $B_{12}$、维生素C及肌肝和静注葡萄糖注射液等有一定的治疗效果。

# 猪日本乙型脑炎

猪日本乙型脑炎又称猪流行性乙型脑炎,简称乙脑,是由日本乙型脑炎病毒引起的一种急性人兽共患的蚊媒介传染病。猪感染后以高热、母猪流产、死胎和公猪睾丸炎为主要特征。该病于1934年在日本首次发现,我国1939年分离到乙脑病毒。由于本病疫区范围广,危害大,被世界卫生组织列为需要重点控制的传染病。

## 一、临床症状

潜伏期一般为3～4 d。猪的发病年龄与性成熟有关,大多在6月龄左右发病。常突然发病,病猪体温升高到41℃左右,呈稽留热,短的持续几天,长的可达十多天。病猪精神沉郁,食欲减退,口渴,结膜潮红,喜卧地。心跳增加,每分钟达110～120次。有时可见猪流鼻涕,能听到鼻塞音,尿色深黄,粪便干结附有白色黏液。有些病猪后肢轻度麻痹或关节肿胀疼痛而表现跛行。最后身躯麻痹而死。

妊娠母猪的主要症状是发生流产或早产,初产母猪多发,第二胎后较少发生。胎儿多是死胎或木乃伊胎,或仔猪生后几天内发生痉挛而死亡。母猪流产后,其临床症状很快减轻,体温恢复常温,食欲也渐趋正常。母猪流产后不影响下一次配种。

公猪除上述一般症状外,常发生单侧或两侧睾丸发炎肿大,局部发热,有痛感,数天后睾丸肿胀消退,逐渐萎缩变硬,丧失配种能力。

## 二、剖检变化

流产胎儿常见脑水肿,脑膜和脊髓充血,皮下水肿,心、肝、脾、肾肿胀并有小出血点。病死猪脑膜及脊髓膜显著充血,肝大,有界限不清的小坏死灶。肾稍肿大,也有坏死灶。母猪子宫内膜充血、出血,黏膜上有黏稠的分泌物,黏膜下水肿,胎盘炎性浸润。公猪睾丸肿大,切面充血、出血,有的公猪睾丸萎缩,与阴囊鞘膜粘连。

## 三、病原及流行特点

日本乙型脑炎病毒属黄病毒科、黄病毒属，呈球形，有囊膜。该病毒主要存在于中枢神经系统、脑脊液、血液和死胎仔猪的脑组织。病毒对热和阳光的抵抗力不强，56℃经 60 min、100℃经 2 min 即可灭活，常用的消毒药如 2%氢氧化钠、5%的来苏儿可将其杀死。

流行性乙型脑炎是一种人畜共患的自然疫源性疾病，在自然情况下，家畜中马、骡、驴、猪、牛、羊、鸡、鸭、犬、猫及野鸟都能感染本病。马最容易发病，猪、人次之，其他畜禽多为隐性感染。患病动物和隐性感染动物在病毒血症期间可作为本病的传染源。本病主要通过蚊虫的叮咬，经皮肤感染。感染的公猪精液也可作为媒介感染母猪，妊娠母猪感染后可通过胎盘侵害胎儿。

由于本病主要通过蚊虫的叮咬进行传播，所以乙脑的流行呈明显的季节性，多发生于夏秋蚊虫滋生季节。本病呈散发流行，并多为隐性感染。在自然条件下，常呈现每 4～5 年流行一次的周期性倾向。

## 四、诊断

根据临床症状、病理变化等可作出初步诊断。确诊需要进行实验室诊断。可用病毒分离鉴定和血清学试验（补体结合试验、反向间接血凝试验、荧光抗体试验等）对该病做出确诊。

## 五、防治

**1. 预防**　消灭蚊虫和预防接种是预防本病的重要措施。在蚊虫活动季节应注意饲养场的环境卫生，铲除蚊虫滋生地，定期用药捕杀蚊、蝇，有条件的门窗加纱布阻挡。由于乙脑病毒能在蚊虫体内繁殖，并可越冬，经卵传递，成为次年感染动物的来源，所以冬季还应设法消灭越冬蚊虫。在蚊虫活动前 1～2 个月，对后备和生产种公猪及种母猪用乙型脑炎弱毒疫苗或油乳剂灭活疫苗进行免疫接种，第一年以 2 周的间隔时间注射 2 次，以后每年注射 1 次。

**2. 治疗**　病猪一般无特效疗法，用抗菌类药物防止继发感染可提高自愈率。但在治疗的同时要做好工作人员的防护工作。

# 猪伪狂犬病

猪伪狂犬病是由伪狂犬病病毒所引起猪的一种发病急、传播迅速的烈性传染病。猪的感染因年龄不同症状有所区别，小猪以中枢神经症状为特征，呈现非化脓性脑炎；断奶猪及育肥猪以呼吸系统症状为主；妊娠母猪表现流产、死胎、木乃伊胎。2周龄以内小猪感染致死率可达100%。该病已成为造成规模化猪场猪繁殖障碍的一大疫病。

## 一、临床症状

本病潜伏期一般为3～6 d，少数可达10 d。本病的临床症状随猪只的年龄不同而有较大差异。

新生仔猪及4周龄以内仔猪，常突然发病，体温升至41℃以上，病猪精神委顿、厌食、有呕吐或腹泻；呼吸困难，呈腹式呼吸；随后可见兴奋不安、运动失调、全身肌肉痉挛或倒地抽搐；有时呈不自主地前冲、后退或转圈运动；最后衰竭死亡，病程1～2 d，死亡率很高，死亡率可达100%。

4月龄左右的猪，多表现轻微发热、流鼻液、咳嗽、呼吸困难，有的出现腹泻，几天可恢复。也有部分出现神经症状而死亡。病死率也低，病程4～8 d。

妊娠母猪主要表现为繁殖障碍，母猪于受胎40 d后感染时，常有流产、死胎及延迟分娩等现象。妊娠后期感染的则产出木乃伊胎，也有活产胎儿，但胎儿常出生后不久出现典型的神经症状，表现为呕吐、腹泻，痉挛，角弓反张，多在2～3 d死亡。母猪流产前后，大多无明显的临床症状。

成年猪一般呈隐性感染，有些表现呼吸系统的症状，呈卡他性炎，发热、咳嗽，鼻腔流出分泌物，精神委顿等一般症状。很少出现神经症状。

## 二、剖检变化

一般无特征性病变。有的病死猪可见呼吸系统的病变和明显的非化脓性脑炎变化。流产、死产胎儿大小较一致，有不同程度的软化现象，胸腔、腹腔及心包腔有多量棕褐色潴留液，肾及心肌出血，肝、脾有灰白色坏死点。流产母猪可能有轻度子宫内膜炎。公猪可能表现为阴囊水肿和渗出性鞘膜炎。

## 三、病原及流行特点

伪狂犬病病毒是一种疱疹病毒，呈椭圆或圆形外观，有囊膜；该病毒是疱疹病毒中抵抗力较强的一种。腐败条件下，病料中的病毒经11 d失去感染力。病毒对热的抵抗力较强，80℃经3 min灭活。该病毒对乙醚、氯仿等脂溶剂，福尔马林和紫外线照射等敏感。一般的消毒剂都可杀灭病毒。

猪最易感，其他动物如牛、羊、犬、猫、兔、鼠等也可自然感染。人类对本病有抵抗力。病猪、带毒猪是本病的重要传染来源，也有人认为被污染的圈舍和鼠类在疾病的传播中起着重要作用。本病可通过消化道、呼吸道、伤口及配种等途径传播。另外，母猪感染后，可通过胎盘传递给子代，造成母猪流产、死胎和仔猪死亡。

本病一年四季都可发生，但以冬春寒冷季节和产仔旺季多发，这是因为低温有利于病毒的存活。据不完全统计，我国已有20多个省、市流行过本病，近几年猪伪狂犬病在我国许多省(市)种猪场呈暴发流行趋势。

## 四、诊断

根据本病的流行病学、临床症状和病理变化可对猪伪狂犬病作出初步诊断。确诊本病必须进行实验室诊断。可用动物接种试验、免疫荧光抗体检查、病毒分离鉴定进行确诊。此外，检查血清抗体可用中和试验、间接血凝抑制试验、琼脂扩散试验、补体结合试验、酶联免疫吸附试验(ELISA)等。其中，血清中和试验较为敏感、准确。

## 五、防治

**1. 搞好以灭鼠为主的兽医卫生措施** 鼠是伪狂犬病病毒的携带者，可通过污染饮水、饲料及猪舍用具而使猪感染，因此，消灭饲养场的鼠类对控制本病有重要意义。同时，由于猪是本病的重要带毒者，因此，引进种猪时要严格隔离检疫，防止引进带毒猪。做好猪场和猪舍的经常性卫生消毒，粪尿做发酵处理。

**2. 坚持疫苗免疫接种，提高猪群的免疫接种密度** 目前，用于猪伪狂犬病的免疫预防用疫苗有两种，一种是全病毒灭活疫苗，另一种是基因缺失疫苗。商品猪场可使用全病毒灭活疫苗，而种猪场为了便于此病的净化和监测，最好使用基因缺失疫苗。种猪第一次免疫后，间隔4～6周加强免疫1次，以后每隔半年免疫1次，产仔前一个月加强免疫1次，经过前面规则免疫后的种猪所产仔猪，其母源抗体可以维持到60日龄左右，因此后备种猪可在60～70日龄首免。间隔4～6周加强免疫1次作为基础免疫，以后按种猪免疫程序进行免疫，育肥猪是经过前述规则免疫后所产的仔猪，应在60～70日龄用基因缺失疫苗免疫1次，间隔4～6周后加强免疫1次，直到出栏。如果是没有规则免疫母猪所产的仔猪，可提前到断奶时注射1次，间隔4～6周后加强免疫1次，直到出栏。但一般无本病的猪场禁用疫苗。

**3. 紧急免疫接种和抗血清的应用** 对发病种猪用灭活疫苗作紧急免疫接种，第一次免疫后，间隔4～6周加强免疫1次，以后按种猪免疫程序进行免疫，对正在发病的猪场，疑似的健康仔猪用疫苗作超前免疫，即滴鼻或肌肉注射1头份剂量。作紧急免疫接种可收到很好的效果。同时对所有其他种猪用灭活疫苗注射。对于感染发病的猪，可在早期应用抗猪伪狂犬病病毒高免血清经腹腔注射 30 mL 以上，对断奶仔猪有较好的疗效，如果病猪已出现神经症状则效果不理想。防止继发感染可用磺胺类药物。

**4. 定期监测，搞好种猪群的净化**　种猪场、育肥猪场要对该病定期进行监测，种猪场每年监测两次，商品猪场每年一次，淘汰阳性猪。

**案例分析**

2008 年 11 月，某乡一养猪场发生一起仔猪发热，精神沉郁，厌食喜卧，运步无力，结膜发炎，耳、四肢、腹下皮肤有出血点，大部分病猪表现先便秘后腹泻。猪场先后请了几位当地兽医进行诊治，均未见效，已死亡 5 头。来到兽医院要求去诊治。

## 一、诊断

**1. 问诊**　该场仔猪购回之后，进行了猪瘟、猪丹毒、猪肺疫、猪副伤寒疫苗免疫。刚发病时，曾用庆大霉素、青霉素、安乃近进行了治疗，不见好转。

**2. 视诊**　经临床检查，仔猪体温升高到 40～42℃，精神沉郁，厌食，弓背卧地，挤堆寒颤，结膜发炎，许多仔猪表现腹泻，个别猪呕吐，全身衰弱，后躯无力，步态不稳，两耳、四肢、腹下皮肤有出血点。到达猪场时仍有 18 头有症状，且其中 2 头已濒临死亡，濒死猪消瘦。该场环境较差，通风不良，卫生条件不好。这两天，昼夜温差变化较大。

**3. 剖检**　对濒死病猪进行剖检可见喉头和会厌软骨有少量针尖状出血点；膀胱黏膜出血，心肌变软，心外膜出血。脾脏边缘梗死，严重者连成紫黑色条状突出于表面；肾呈土黄色，表面有明显的针尖状出血点，切开后肾盂、肾乳头出血；腹股沟、肠系膜淋巴结肿大、充血，呈暗红色，切面多汁，呈大理石花纹样出血。

**4. 实验室检验**　猪扁桃体冷冻切片，再进行猪瘟荧光抗体标记镜检，结果阳性。或进行血液涂片镜检可辅助诊断。对健康仔猪进行了猪瘟抗体检测，抗体水平很低。

因此，根据实验室检查，症状和剖检变化、实验室检查结果，结合流行病学等情况，诊断为非典型猪瘟。

## 二、防治

(1)采用紧急预防注射措施。对其余健康仔猪用猪瘟疫苗按 4 头份/头的剂量进行紧急免疫接种。

(2)对有症状猪施行严格隔离,症状重的及早淘汰处理,淘汰了6头症状较重的仔猪。并对症状较轻的猪用长效土霉素加氟苯尼考注射液,深部肌肉注射,一天注射1次,连用3 d。

(3)对污染的猪舍全面消毒,用2%~3%氢氧化钠进行喷洒消毒,每天1次。

(4)在饲料中添加氟苯尼考粉加土霉素拌料饲喂,加强圈舍日常卫生管理,加强灭蚊、蝇等措施,阻断蚊、蝇、蜱、虱等传播媒介与猪体接触。

经过上述预防和治疗措施的处理,又有4头仔猪发病,其余仔猪状况良好,发病猪又有6头由于病症较重淘汰,1头突然死亡,其余9头恢复正常。虽然仔猪在引进后注射了猪瘟疫苗,但由于环境卫生状况差,气温变化较大,疫苗接种操作不当或剂量不准等原因是诱发本疾病的主要原因,建议猪场在兽医技术人员的指导下加强饲养管理及进行免疫预防接种,发生疾病时,及时找兽医技术人员进行咨询诊治。

### 复习思考题

1. 简述口蹄疫的预防及扑灭措施。
2. 试述猪瘟的主要临床症状。其病理变化与仔猪副伤寒有什么不同点?
3. 近年来,国内外都报道一种所谓温和型猪瘟,它具有哪些主要特点?
4. 猪伪狂犬病具有哪些临床特征? 如何防制?
5. 试述猪细小病毒病的临床特征。
6. 试述猪繁殖与呼吸综合征的临床特征与防治措施。
7. 猪日本乙型脑炎具有哪些临床特征,如何防制?
8. 猪流行性腹泻病猪有哪些主要剖检变化?
9. 猪圆环病毒感染具有哪些临床特征,如何防制?
10. 列举三种引起猪腹泻的传染病,并进行鉴别诊断。

# 子项目三　猪寄生虫病的防治

## 猪弓形虫病

猪弓形虫病是由龚地弓形虫寄生于动物和人有核细胞中引起的一种原虫病,又称弓形体病。许多畜禽如猪、牛、猫、犬、羊、马、骆驼、家兔、鸡、鸭等都可以感染弓形虫且出现病症，是一种重要的人畜共患病。主要特征为多呈隐性感染，引起神经、呼吸和消化道系统症状。我国猪弓形虫病分布十分广泛，全国各地均有报道。

## 一、病原及生活史

**1.病原**　病原体为龚地弓形虫，只此1种，但有不同的虫株。全部发育过程有5个阶段，即5种虫型：

(1)速殖子。又称滋养体。以二分裂法增殖。呈月牙形或香蕉形。平均大小为(4～7) μm×(2～4) μm。经姬姆萨氏或瑞氏染色后，胞浆呈淡蓝色，有颗粒，核呈红色，位于钝圆一端。速殖子主要出现在急性病例。有时多个速殖子集聚在宿主细胞内，被宿主细胞膜所形成的假囊包围。

(2)包囊。又称组织囊。见于慢性病例的多种组织。包囊呈卵圆形，有较厚的囊壁，包囊可随虫体的繁殖而增大至1倍。囊内的虫体以缓慢的方式增殖，称为慢殖子，由数十个至数千个。在机体免疫力低下时，包囊可破裂，慢殖子从包囊中逸出，重新侵入新的细胞内形成新的包囊。此时可引起宿主发病。包囊是弓形虫在中间宿主体内的最终形式，可存在数月甚至终生。

(3)裂殖体。见于终末宿主肠上皮细胞内。呈圆形，内含4～20个裂殖子。游离的裂殖子前尖后钝。

(4)配子体。见于终末宿主。裂殖子经过数代裂殖生殖后变为配子体，大配子体形成1个大配子，小配子体形成若干小配子，大、小配子结合形成合子，最后发育为卵囊。

(5)卵囊。在终末宿主小肠绒毛上皮细胞内产生。随终末宿主粪便排出的卵囊为圆形。孢子化后为近圆形。含有2个椭圆形孢子囊，每个孢子囊内有4个子孢子。

**2.生活史**　弓形虫的生活史较复杂，终末宿主为山猫属和猪属动物，中间宿主有200多种哺乳动物和鸟类，终末宿主同时也可是中间宿主。弓形虫全部发育过程需要两种宿主。在中间宿主和终末宿主组织细胞内进行无性繁殖，称为肠外期发育；在终末宿主体内进行有性繁殖，称为肠内期发育。

终末宿主(猫)吃入速殖子、包囊、慢殖子、卵囊、孢子囊等各阶段虫体均可感染。一部分虫体进入肠外期发育，另一部分虫体进入肠上皮细胞进行数代裂殖生殖后，再进行配子生殖，最后形成合子和卵囊，卵囊随猫的粪便排出体外。卵囊在外界进行孢子化发育，成为孢子化卵囊即具有感染力。猫从感染到排出卵囊需3～5 d，高峰期在5～8 d，卵囊在外界完成孢子化需1～5 d。

中间宿主吃入速殖子、包囊、慢殖子、孢子化卵囊、孢子囊等各阶段虫体或经胎盘均可感染。子孢子通过淋巴和血液循环进入有核细胞,以内二分裂增殖,形成速殖子和假囊,引起急性发病。当宿主产生免疫力时,虫体繁殖受到抑制,在组织中形成包囊,并可长期生存。

患病或带虫的中间宿主和终末宿主均为感染来源。中间宿主种类很多,包括肉食兽、啮齿动物、猪、草食兽、灵长类、人、其他哺乳动物、鸟类和一些节肢动物。主要经消化道感染,也可通过呼吸道、损伤的皮肤和黏膜及眼感染,母体血液中的速殖子可通过胎盘进入胎儿,使胎儿发生生前感染。

## 二、症状及剖检变化

急性型病猪突然废食,体温升高至41℃以上,稽留高热持续7～10 d。呼吸急促,呈腹式或犬坐式呼吸,流涕,咳嗽,眼内出现浆液性或脓性分泌物。常出现便秘,呈粒状粪便,外附黏液,有的患猪在发病后期拉稀,尿呈橘黄色。少数发生呕吐。患猪精神沉郁,显著衰弱。数日后出现神经症状,后肢麻痹。随着病情的发展,在耳翼、鼻端、下肢、股内侧、下腹等处出现紫红斑或点状出血,体表淋巴结肿胀。有的病猪在耳壳上形成痂皮,耳尖发生干性坏死。最后因呼吸极度困难和体温急剧下降而死亡。孕猪常发生流产或死胎。有的发生视网膜脉络膜炎,甚至失明。有的病猪耐过急性期而转为慢性,外观症状消失,仅厌食和精神稍差,最后变为僵猪。

急性病例多见于年幼动物,剖检可见淋巴结、肝、肺和心脏等器官肿大,有许多出血点和坏死灶。肾脏黄褐色,常见针尖大出血点或坏死灶。肠道重度充血,肠黏膜可见坏死灶,腹腔积液。慢性病例多见内脏器官水肿,并有散在的坏死灶。

## 三、诊断

主要靠要检出虫体,还可用血清学诊断。病原检查急性病例可用肺、淋巴结和腹水做成涂片,用姬姆萨氏或瑞氏染色法染色,检查有无滋养体。血清学诊断主要有染料试验、间接血凝试验、间接免疫荧光抗体试验、酶联免疫吸附试验等。

## 四、防治

**1.预防** 猫舍应及时清扫,并定期用55℃以上热水或0.5%氨水消毒;定期对种猪场的猪群进行流行病学监测,对血清学阳性猪只及时隔离饲养或有计划淘汰,以消除感染源,病愈后的猪不能作为种猪;畜舍内应严禁养猫,并防止猫进入厩舍,严防猫粪污染饲料和饮水;密切接触家畜的人,如屠宰场、肉类加工厂、畜牧场的工作人员应定期做血清学检查;禁食生肉、半生肉、生乳及生蛋,切生、熟肉的用具应严格分用、分放，接触生肉、尸体后应严格消毒；儿童不要逗猫、狗，孕妇更不要与猫、狗接触；可利用疫苗预防，弓形虫的弱毒株的最大缺点是在免疫动物体内残留包囊，这种包囊可在机体免疫力低下时活化而成为潜在的感染源。

**2. 治疗**　磺胺类药物和抗菌增效剂联合作用的疗效较好，但应注意在发病初期及时用药；否则，虽可使临床症状消失，但不能抑制虫体进入组织形成包囊，使病人或病畜成为带虫者。用药或注射后 1～3 d 体温即可逐渐恢复正常，一般需连用 3～4 d。对于孕妇应首选螺旋霉素。

# 姜片吸虫病

姜片吸虫病是由片形科姜片属的布氏姜片吸虫（简称姜片虫）寄生于猪和人的小肠内引起的一种肠道寄生虫病。临床表现为腹痛、腹泻、营养不良和发育障碍。

## 一、病原及生活史

**1. 病原**　姜片吸虫雌雄同体，新鲜时呈肉红色，肥厚不透明，背腹扁平，前端稍尖，后端钝圆，经福尔马林固定后呈灰白色，形似斜切的姜片，故称姜片吸虫。成虫体长 20～27 mm，宽 8～12 mm，厚 0.5～3 mm。有口、腹吸盘各一个，腹吸盘为口吸盘的 4～6 倍大，位于虫体的前方，靠近口吸盘。

虫卵为长椭圆形或卵圆形，卵壳很薄，有卵盖，呈淡黄色或棕色，虫卵较大，为 (130～175) $\mu$m× (85～97) $\mu$m。卵内含有 1 个未分裂的胚细胞和 30～50 个卵黄细胞，胚细胞常位于卵盖的一端，卵黄细胞分布均匀。

**2. 生活史**　成虫寄生在猪或人的十二指肠内，虫卵随粪便排出，落入水中，逸出毛蚴，毛蚴侵入扁卷螺体后，发育为胞蚴、母雷蚴、子雷蚴和尾蚴。尾蚴从扁卷螺体内逸出，很快地附在水浮莲、日本水仙、满江红、浮萍、无根萍等各种水生植物的茎和叶上发育形成囊蚴。猪吞吃含有囊蚴的水生植物或成熟的尾蚴而遭到感染。由毛蚴侵入螺体至尾蚴逸出，在水生植物上形成囊蚴，平均需要 50 d。囊蚴进入猪体内发育至成虫，需 2～3 个月。虫体在猪体内的寿命为 9～13 个月。在人体内的寿命可达 4 年以上。

病猪和病人是主要传染源。猪生食了菱角、浮萍、水浮莲等水生植物或饮用了含囊蚴的生水而感染。人常因生食菱角等水生植物而感染。猪和人易感染，狗和野兔也可感染。姜片吸虫病主要发生于以水生饲料喂猪的地区，多发于夏季。

## 二、症状及剖检变化

病猪表现为精神沉郁,目光呆滞,流涎,眼结膜苍白。食欲减退,消化不良,但有时有饥饿感。腹泻,每日数次、量多、粪便稀薄有恶臭,混有黏液和未消化的食物。幼猪发育不良,被毛稀疏无光泽。

姜片吸虫的口吸盘和腹吸盘发达,可给吸着部位带来机械性损伤,引起肠炎。剖检可见肠黏膜点状出血和水肿,全身贫血、消瘦和营养不良。感染强度高时可导致机械性阻塞,甚至引起肠破裂或肠套叠而死亡。

## 三、诊断

根据流行病学、临床症状和病理变化,对病猪做粪便检查,应用直接涂片法和反复沉淀法查出虫卵便可确诊。

## 四、防治

加强粪便管理、切断传播途径,管理好传染源、保护易感动物。加强卫生宣传教育,普及防病知识,提倡不食生果品、不喝生水,青饲料经发酵、加热等处理后方可喂猪。目前比较常用而且疗效较好的治疗药物有吡喹酮、硫双二氯酚(别丁)、敌百虫和硝硫氰胺。

# 猪旋毛虫病

旋毛虫病是由毛形科毛形属的旋毛虫寄生于多种动物和人引起的疾病。成虫寄生于哺乳动物小肠,幼虫寄生于肌肉组织,是重要的人畜共患病,可致人死亡,也是一种自然疫源性疾病。

## 一、病原及生活史

旋毛虫成虫寄生于宿主的小肠,幼虫寄生于同一宿主体的肌肉。当人或动物吃了含有旋毛虫幼虫包囊的肉后,包囊被消化,幼虫逸出钻入十二指肠和空肠的黏膜内,经 1.5～3.0 d 即发育成成虫。成虫为白色、前细后粗的小线虫,肉眼勉强可以看到。旋毛虫成虫细小,雌雄异体,雄虫长 1.4～1.6 mm,雌虫长 3～4 mm。前部较细,为食道部,后部较粗,包含着肠管和生殖器官。雌雄交配后,雄虫死亡,雌虫钻入肠腺或黏膜下淋巴间隙中产出幼虫,故为胎生。大部分幼虫经肠系膜淋巴结到达胸导管,随前腔静脉流入心脏,然后随血流散布到全身。旋毛虫幼虫最适宜的寄生部位是横纹肌，幼虫在活动量较大的肋间肌、膈肌、舌肌和咬肌中较多。幼虫形成包囊，包囊呈圆形或椭圆形，眼观呈白色针尖状，包囊壁由紧贴在一起的两层构成；包囊内含有囊液和1～2条卷曲的幼虫，个别可达6～7条。一般认为感染后3周开始形成包囊，5～6周甚至9周才完成。包囊在数月至1～2年内开始钙化，钙化包囊的幼虫仍能存活数年。

本病主要经口感染，已知有100多种动物在自然条件下可以感染旋毛虫病，包括肉食兽、杂食兽、啮齿类和人，其中哺乳动物至少有65种，家畜中主要见于猪和犬。我国云南、西藏、河南、湖北、黑龙江、吉林、辽宁、福建、贵州、甘肃等省（自治区）都有本病流行的报道。旋毛虫幼虫的寿命很长，有在人体中经31年还保持感染力的报道。在猪体中，经11年还保持有感染力。

## 二、症状与剖检变化

幼虫移行时引起肌炎、血管炎和胰腺炎，在肌肉定居后引起肌细胞萎缩、肌纤维结缔组织增生。成虫可引起肠黏膜出血、发炎和绒毛坏死。猪感染旋毛虫时常不显病状，严重感染时，初期食欲不振、呕吐和腹泻；随后出现肌肉疼痛、步伐僵硬，呼吸和吞咽障碍，有时眼睑、四肢水肿，很少死亡，病状可自行恢复。

人的旋毛虫病症状明显，成虫侵入肠黏膜时引起肠炎，严重时会出现带血性腹泻。幼虫进入肌肉，特征为急性肌炎，发热和肌肉疼痛；同时出现吞咽、咀嚼障碍，行走和呼吸困难；眼睑水肿，食欲不振，极度消瘦。严重感染时多因呼吸肌麻痹、心肌及其他脏器的病变和毒素的刺激而引起死亡。

## 三、诊断

生前诊断困难，可采用间接血凝试验和酶联免疫吸附试验等免疫学方法。目前国内已有快速诊断试剂盒。死后诊断可用肌肉压片法和消化法检查幼虫。

肌肉活组织检查可于感染后第4周取三角肌或腓肠肌（肌痛最显著的部位）一小片，置两玻璃片中压成薄片，低倍显微镜下观察，可见蜷曲活动的幼虫。但肌肉活检受摘取组织局限性的影响，在感染早期及轻度感染者不易检出幼虫。血液检查早期移行期白细胞总数增多，但外周血液中嗜酸粒细胞显著增多是人体旋毛虫病最常见的指征之一。

## 四、防治

普及预防旋毛虫病的知识，加强肉品卫生检验，不仅要检验猪肉，还应检验狗肉及其他兽肉。切断一切传染途径，防止人和猪交叉感染。猪要圈养，以免到处乱跑，吃到含旋毛虫幼虫的动物尸体、粪便及昆虫等；猪场注意灭鼠，加强对饲料的保管，防止受其污染，减少感染源。

对旋毛虫病患猪可用丙硫苯咪唑 300 mg/kg 混入饲料，连续饲喂 10 d。也可用甲苯咪唑口服驱虫。

# 猪细颈囊尾蚴病

猪细颈囊尾蚴病是由泡状带绦虫的中绦期幼虫（细颈囊尾蚴）引起的，俗称“水铃铛”。寄生于猪、绵羊、山羊、黄牛等家畜及野生动物的肝脏浆膜、大网膜及肠系膜等处，严重感染时还可进入胸腔，寄生于肺部。成虫为泡状带绦虫，寄生于犬、狼等食肉动物的小肠。细颈囊尾蚴病呈世界性分布，我国各地普遍流行，尤其是猪，感染率为 50%左右，个别地区高达 70%，且大小猪只都可感染，除影响仔猪的生长发育和增重外，严重时可引起仔猪死亡。主要特征为幼虫移行时引起出血性肝炎、腹痛。

## 一、病原及生活史

细颈囊尾蚴呈乳白色、囊泡状，大小不等，可达鸡蛋大或更大，囊内含透明液体和一乳白色结节，如将结节内凹部翻转出来，则可见一细长的颈部和游离端的头节，故称细颈囊尾蚴。

泡状带绦虫呈乳白色或淡黄色，体长可达 5 m，头节稍宽于颈节，顶突上有 26～46 个小钩，排成两圈；前部的节片宽而短，向后逐渐加长，孕节的长度大于宽度。虫卵近似椭圆形，内含六钩蚴。

成虫寄生于犬、狼等食肉动物的小肠中，孕卵节片随粪便排出体外，散出虫卵，污染草地、饲料和饮水，猪、羊等动物采食到虫卵而感染，在其消化道内六钩蚴逸出，钻入肠壁，随血液到达肝实质，再由肝实质移行到肝脏表面，进入腹腔，附在肠系膜、大网膜等处，2～3 个月后发育成细颈囊尾蚴。含有细颈囊尾蚴的脏器被狗等终末宿主吞食后，细颈囊尾蚴在其小肠内翻出头节，附着在肠壁上，经约 51 d 发育为成虫，成虫在犬的小肠可生存一年之久。

本病分布广泛，凡有狗分布的地方，一般都有牲畜感染细颈囊尾蚴，以猪的感染最为普遍。细颈囊尾蚴对幼畜致病力强，尤以仔猪、羔羊与犊牛为甚。

## 二、症状与剖检变化

多呈慢性经过，早期，大猪一般无明显症状。仔猪可能出现急性出血性肝炎和腹膜炎症状，体温升高，腹部因腹水或腹腔内出血而增大，可能于急性期死亡；耐过者多数仅表现虚弱，消瘦，生长发育受阻。

急性病例，六钩蚴由肝实质向肝包膜移行时，可造成孔道，引起急性出血性肝炎，肝脏肿大，肝表面有小结节和出血点，实质有虫体移行的虫道。初期虫道内充满血液，以后变为黄灰色。当大部分幼虫最后到达大网膜、肠系膜或其他浆膜发育时，其致病力减弱，有时可引起局限性或弥散性腹膜炎。严重感染时，细颈囊尾蚴还能侵入胸腔、肺实质及其他脏器，引起胸膜炎或肺炎。有时腹腔内有大量带血色的渗出液和幼虫。

慢性病例，肝脏局部组织色泽变淡、萎缩，肝浆膜层发生纤维素性炎症，形成所谓“绒毛肝”。肠系膜、大网膜和肝脏表面有大小不等的水铃铛。

## 三、诊断

生前诊断比较困难，可用血清学方法诊断；剖检时发现虫体即可确诊。

## 四、防治

吡喹酮和丙硫咪唑等对细颈囊尾蚴有一定的杀灭作用。预防主要是防止犬进入猪舍内散布虫卵，污染饲料和饮水；勿用猪、羊屠宰的废弃物喂犬。用吡喹酮或氯硝柳胺喂服犬，进行定期驱虫。

# 猪囊尾蚴病

猪囊尾蚴病又称囊虫病，是由带科带属的猪带绦虫的幼虫寄生于猪或人体内而引起的疾病，患此病的猪肉，俗称“豆猪肉”或“米猪肉”。猪囊尾蚴寄生在猪的横纹肌和人的肌肉、脑、皮下组织、眼、心、舌、肺等处，成虫寄生于人的小肠，是重要的人畜共患病。

## 一、病原及生活史

**1. 病原** 猪囊尾蚴，亦称猪囊虫，俗称“痘”、“米糁子”。呈椭圆形，白色半透明的囊泡，囊内充满液体。大小为(6～10) mm×5 mm，囊壁上有1个内嵌的头节。

猪带绦虫，亦称有钩绦虫、链状带绦虫、猪肉绦虫。呈乳白色，扁平带状，2～5 m，全虫由700～1 000个节片组成。头节小呈球形，其上有4个吸盘，顶突上有2排小钩。劲节细小，成节长宽几乎相等，孕卵节片则长度大于宽度。每个节片内有1组生殖系统，睾丸为泡状，生殖孔略突出，在体节两侧不规则地交互开口。孕卵节片内子宫由主干分出 7～13 对侧枝。每一个孕节含虫卵 3 万～5 万个。孕节单个或成段脱落。

虫卵呈圆形，浅褐色，两层卵壳，外层薄且易脱落，内层较厚，有辐射状的条纹，称胚膜，卵内含六钩蚴。虫卵大小为 31～43 μm。

**2. 生活史** 猪带绦虫寄生于人的小肠中，其孕卵节片不断脱落，随粪便排出体外，孕卵节片在直肠或外界由于机械作用破裂而散出虫卵。猪吞食孕卵节片或虫卵而感染。节片或虫卵经消化液的作用而破裂，六钩蚴借助小钩作用钻入肠黏膜的血管或淋巴管内，随血流带到猪体的各部组织中，主要是横纹肌内，发育为成熟的猪囊尾蚴。人吃入含有猪囊尾蚴的病肉而感染。猪囊尾蚴在人的胃液和胆汁的作用下，于小肠内翻出头节，用其小钩和吸盘固着于肠黏膜上发育为成虫。一般只寄生 1 条，偶有数条。发育时间在猪体内的虫卵发育为囊尾蚴需 2 个月；在人小肠的幼虫发育为成虫需 2～3 个月。

猪吃人绦虫患者的粪便或被粪便污染的饲料和饮水而感染。人患绦虫病是由于吃入患猪囊尾蚴病的病猪肉。人感染囊尾蚴的原因有两个：一是猪带绦虫的虫卵污染人的手、蔬菜等食物，被误食后而受感染；二是猪带绦虫的患者发生肠逆蠕动时，脱落的孕节随肠内容物逆行到胃内，卵膜被消化，逸出的六钩蚴返回肠道钻入肠壁血管，移行至全身各处而发生自身感染，多见于肌肉、皮下组织和脑、眼等部位。

## 二、症状与剖检变化

猪囊尾蚴多寄生在活动性较大的肌肉中，如咬肌、心肌、舌肌、肋间肌、腰肌、肩胛外侧肌、股内侧肌等，严重时可见于眼球和脑内。轻度感染时症状不明显。严重感染时，体形可能改变，肩胛肌肉表现严重水肿、增宽，后肢部肌肉水肿隆起，外观呈哑铃状或狮子形。走路时四肢僵硬，左右摇摆。叫声嘶哑，呼吸困难，睡觉打呼噜。重度感染时，触摸舌根或舌腹面可发现囊虫引起的结节。

人患猪带绦虫病时，表现肠炎、腹痛、肠痉挛，虫体夺取大量营养。虫体分泌物和代谢物等毒性物质被吸收后，可引起胃肠机能失调和神经症状。猪囊尾蚴寄生于脑时，多数患者有癫痫发作，头痛、眩晕、恶心、呕吐、记忆力减退和消失，严重者可致死亡。寄生在眼时可导致视力减弱，甚至失明。寄生于皮下或肌肉组织时肌肉酸痛无力。

## 三、诊断

通过病猪表现打呼噜、叫声嘶哑，体形呈哑铃形或狮体形，眼结膜和舌根部有豆状肿胀可作初步诊断。一般需要宰后发现虫体方可确诊。

## 四、防治

在实际生产中，对猪囊尾蚴病的治疗意义不大。人驱虫后应检查排出的虫体有无头节，如无头节则虫体还会生长。为了预防该病，应加强肉品卫生检验，定点屠宰，病肉化制处理；对人群普查和驱虫治疗，排出的虫体和粪便深埋或烧毁；加强人粪管理和改善猪的饲养管理方法，做到粪便入厕，猪圈养，切断感染途径；加强宣传教育，提高人们对猪囊尾蚴病的危害性和感染途径与方式的认识，提高防病能力；注意个人卫生，不吃生的或不熟的猪肉。

# 猪蛔虫病

猪蛔虫病是由蛔虫科蛔虫属的猪蛔虫寄生于猪小肠引起的一种线虫病，呈世界性流行，集约化养猪场和散养猪均广泛发生。主要特征为仔猪生长发育不良，重者停滞，形成“僵猪”，甚至造成死亡。

## 一、病原及生活史

**1. 病原**　猪蛔虫是寄生于猪小肠中的一种大型线虫。新鲜虫体为淡红色或淡黄色，呈中间稍粗、两端较细的圆柱形。头端有 3 个唇片，一片背唇较大，两片腹唇较小，排列成“品”字形。体表具有厚的角质层。雄虫长 15～25 cm，尾端向腹面弯曲，形似鱼钩。雌虫长 20～40 cm，虫体较直，尾端稍钝。

虫卵近似圆形，黄褐色，卵壳厚，由 4 层组成，最外层为呈波浪形的蛋白质膜。虫卵大小为 60 μm。未受精卵较狭长，多数没有蛋白质膜，或有而甚薄，且不规则，内容物为很多似油滴状的卵黄颗粒和空泡。

**2. 生活史**　寄生在猪小肠中的雌虫产卵，每条雌虫每天平均可产卵 10 万～20 万个，每条雌虫一生可产卵 3 000 万个。虫卵随粪便排出，在适宜的外界环境下，经 11～12 d 发育成含有感染性幼虫的卵，这种虫卵随同饲料或饮水被猪吞食后，在小肠中孵出幼虫，幼虫进入肠壁的血管，随血流到肝脏和肺脏。幼虫由肺毛细血管进入肺泡，在这里度过一定的发育阶段，此后再沿支气管、气管上行，后随黏液进入会厌，经食管而至小肠发育为成虫。从感染时起到再次回到小肠发育为成虫，共需 2～2.5 个月。虫体以黏膜表层物质及肠内容物为食。在猪体内寄生 7～10 个月后，即随粪便排出。

本病流行广泛，仔猪多见，尤其以 3～6 月龄的仔猪感染严重，成年猪多为带虫者，主要是因为蛔虫的生活史简单，虫体繁殖力强，产卵数多，虫卵对外界抵抗力强。本病的发生与环境卫生和饲养管理方式密切相关，在饲养管理不良，卫生条件差，特别是饲料中缺乏维生素和矿物质时易感。

## 二、症状与剖检变化

猪蛔虫幼虫和成虫阶段引起的症状和病变各不相同。

幼虫移行至肝脏时，引起肝组织出血、变性和坏死，形成云雾状的蛔虫斑。移行至肺时，引起蛔虫性肺炎。临床表现为咳嗽、呼吸增快、体温升高、食欲减退和精神沉郁。幼虫移行时还引起嗜酸性粒细胞增多，出现荨麻疹和某些神经症状。

成虫寄生在小肠时机械性地刺激肠黏膜，引起腹痛。蛔虫数量多时常凝集成团，堵塞肠道，导致肠破裂。有时蛔虫可进入胆管，造成胆管堵塞，引起黄疸等。成虫能分泌毒素，作用于中枢神经和血管，引起一系列神经症状。成虫夺取宿主大量的营养，使仔猪发育不良，生长受阻，被毛粗乱，形成“僵猪”，严重者导致死亡。

## 三、诊断

根据流行病学、临床症状、粪便检查和剖检等综合判定。粪便检查采用直接涂片法或漂浮法。剖检发现虫体即可确诊。幼虫移行出现肺炎时，用抗生素治疗无效，可为诊断提供参考。

## 四、防治

**1. 预防**　预防可采取如下措施。

(1)定期驱虫。在规模化猪场，首先要对全群猪驱虫；以后公猪每年驱虫 2 次；母猪产前 1～2 周驱虫 1 次；仔猪转入新圈时驱虫 1 次；新引进的猪需驱虫后再和其他猪并群。产房和猪舍在进猪前应彻底清洗和消毒。母猪转入产房前要用肥皂清洗全身。在散养的育肥猪场，对断奶仔猪进行第一次驱虫，4～6 周后再驱一次虫。在广大农村散养的猪群，建议在 3 月龄和 5 月龄各驱虫一次。驱虫时应首选阿维菌素类药物。

(2)保持猪舍、饲料和饮水的清洁卫生。

(3)猪粪和垫草应在固定地点堆集发酵，利用发酵的温度杀灭虫卵。已有报道猪蛔虫幼虫可引起人的内脏幼虫移行症，因此杀灭虫卵对公共卫生也具有重要意义。

**2. 治疗**　可使用下列药物驱虫，均有很好的治疗效果。

(1)甲苯咪唑 每千克体重 10～20 mg，混在饲料中喂服。

(2)氟苯咪唑 每千克体重 30 mg,混在饲料中喂服。

(3)左咪唑 每千克体重 10 mg,混在饲料中喂服。

(4)丙硫咪唑 每千克体重 10～20 mg,混在饲料中喂服。

(5)伊维菌素 每千克体重 0.3 mg,皮下注射或口服。

# 猪肺线虫病

猪肺线虫病,又称猪后圆线虫病或寄生性支气管肺炎,主要是由长刺猪肺线虫寄生于支气管而引起的。分布于全国各地,多见于华东、华南和东北各地,呈地方性流行。主要危害仔猪和肥育猪,引起支气管炎和支气管肺炎,严重时可引起大批死亡。

## 一、病原及生活史

本病的病原体主要为长刺后圆线虫,其次为短阴后圆线虫和萨氏后圆线虫。长刺后圆虫的虫体呈细丝状(又称肺丝虫),乳白色或灰白色,口囊小,口缘有一对三叶侧唇。雄虫长 12～26 mm,交合刺 2 根,丝状,末端有小钩;雌虫长达 20～51 mm,尾端稍弯向腹面,阴门前角皮膨大,呈半球形。

猪肺线虫的中间宿主为蚯蚓。雌虫在支气管内产卵,卵随痰转移至口腔咽下,随着粪便到外界。虫卵在润湿的土地中可吸水而膨胀破裂,孵化出第一期幼虫。第一期幼虫或虫卵(第一期幼虫在其体内孵化)被蚯蚓吞食后,在其体内经 2 次蜕化变为感染性幼虫。猪吞食了此种蚯蚓而被感染,也有的蚯蚓在损伤或死之后,在其体内的幼虫逸出,进入土壤,猪吞食了这种污染了幼虫的泥土也可被感染。感染性幼虫进入猪体后,侵入肠壁,钻到肠系膜淋巴结中发育,又经 2 次蜕皮后,循淋巴系统进入心脏、肺脏。在肺实质、小支气管及支气管内成熟。

肺线虫的虫卵和第一期幼虫对外界的抵抗力较强,在外界可生存 6 个月以上。感染性幼虫可在蚯蚓体内长期保持感染性。本病分布很广,猪的发病季节与蚯蚓的活动季节是一致的,一般在夏季多发。后圆线虫主要感染 6～12 月龄的散养猪。

## 二、症状与剖检变化

轻度感染猪只不表现明显症状,但影响生长。重度感染时,食欲减退,消瘦,贫血,发育不良,被毛干燥无光;阵发性咳嗽,特别是早晚运动后或遇冷空气刺激时表现剧烈,鼻孔流出脓性黏稠分泌物,严重病例呈现呼吸困难;有的病猪发生呕吐和腹泻;在胸下,四肢和眼睑部出现水肿,最后因极度衰竭而死亡。

## 三、诊断

根据流行病学、临诊症状、粪便检查和剖检等综合判定。粪便检查用漂浮法。

## 四、防治

治疗可用丙硫咪唑、苯硫咪唑或伊维菌素等药物驱虫。对出现肺炎的猪，应采用抗生素治疗，防止继发感染。在流行地区，每年春秋两季各驱虫一次；猪实行圈养，防止采食蚯蚓；及时清除粪便，进行生物热发酵。

# 猪毛首线虫病

猪毛首线虫病是由毛首科的猪毛首线虫寄生在猪大肠（主要是盲肠）内引起的一种线虫病。猪毛首线虫形似马鞭，故又称鞭虫。主要特征为严重感染时引起贫血、顽固性下痢。本病分布很广，对仔猪危害较大，严重时可引起大批死亡。

## 一、病原及生活史

猪毛首线虫呈乳白色，体前部呈细长线状，内为食管，约占虫体全长的 2/3；体后部（体部）较粗短，内有肠管及生殖器官。雄虫后部呈螺旋状弯曲，体长为 20～52 mm，尾部钝圆，有一根交合刺藏在具有很多小刺的刺鞘内。雌虫体长为 39～53 mm，体后部较粗直（图 3-1）。虫卵为黄褐色，呈腰鼓状，两端有塞状构造，壳厚、光滑。

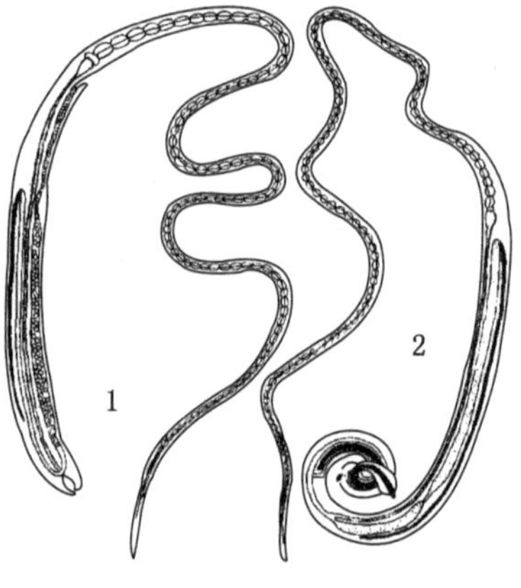

**图 3-1　毛首线虫**

1.雌虫　2.雄虫

雌虫在猪的肠道内产卵，虫卵随粪便排出体外，在适宜的环境中，经 15～30 d，虫卵内的幼虫可发育到感染期。猪吞食了感染性虫卵，其中的幼虫在猪肠腔里逸出，钻入并固着在大肠黏膜上，经 1 个月左右，便发育为成虫。

猪鞭虫主要感染仔猪，而成猪很少发生感染。本病多为夏季感染，秋、冬季出现临床症状。据研究，猪的鞭虫病可使人发病，故本病有一定的公共卫生学意义。

## 二、症状与剖检变化

轻度感染的猪不显症状。严重感染时，虫体布满盲肠黏膜吸血而损伤肠黏膜，引起盲肠和结肠黏膜出现出血性坏死、水肿和溃疡，形成结节，此时才表现症状，引起顽固性下痢，粪中带血和脱落的黏膜，贫血、消瘦、生长缓慢等。主要是重度感染者可致慢性失血，容易继发细菌及结肠小袋虫感染。严重时可引起断奶期仔猪死亡。

## 三、诊断

根据流行病学、临诊症状、粪便检查和剖检等综合判定。粪便检查用漂浮法。

## 四、防治

平时要保持环境卫生。定期给猪舍消毒，更换垫草，减少虫卵污染的机会；粪便要勤清扫并发酵进行无害化处理；从外地引进猪时，应进行本病虫卵的检查，确定无本病时方可放入猪舍。对本病常发地区，每年春秋应给猪群两次驱虫，并对猪舍周围的表层土进行换新或用生石灰进行彻底消毒。另外，加强饲养管理，提高猪体的抵抗力也是预防本病的重要措施。用于本病的治疗药物较多，其中羟嘧啶为驱鞭虫的特效药。

# 猪胃线虫病

猪胃线虫病是由似蛔科似蛔属、泡首属、西蒙属及颚口科颚口属的多种线虫寄生于猪胃内所引起疾病的总称。主要特征为急、慢性胃炎及继发的代谢紊乱，营养不良。本病主要发生于我国南方某些地区的散养猪。

## 一、病原及生活史

**1. 病原**　圆形似蛔线虫：属于似蛔属。虫体咽壁上有 3 或 4 叠的螺旋形角质厚纹，在虫体一侧有 1 个颈翼膜。雄虫长 10～15 mm，有 4 对肛前乳突和 1 对肛后乳突，均不对称，交合刺大小和形状均不相同。雌虫长 16～22 mm，阴门位于虫体中部稍前方。虫卵呈椭圆形，淡黄色，卵壳厚，内含幼虫。

六翼泡首线虫：属于泡首属。虫体前部（咽区）角皮略微膨大，其后每侧有 3 个颈翼膜，颈乳突的位置不对称，口小，无齿。雄虫长 61 mm，尾翼膜窄且对称，有肛前乳突和肛后乳突各 4 对，交合刺不等长。雌虫长 13～22 mm，阴门位于虫体中部后方。

奇异西蒙线虫:属于西蒙属。雌雄异形。虫体有1对颈翼,口腔有背齿和腹齿各1个。雄虫长12～15 mm,尾部呈螺旋状蜷曲,游离于胃腔或部分埋入胃黏膜中。孕卵雌虫长15 mm,后部呈球形,嵌于胃壁中的囊内,前部纤细突出于胃腔。

棘颚口线虫:属于颚口属。活体呈淡红色,表皮菲薄。头端呈球形膨大,其上有11列横列的小刺;全身均有小刺排成环,体前部的刺较大,呈三角形,排列较稀疏,体后部的刺较细,排列较密。雄虫长15～25 mm,有1对不等长的交合刺。雌虫长22～45 mm。

**2. 生活史** 似蛔科线虫的中间宿主为食粪甲虫,颚口科线虫的中间宿主为剑水蚤,鱼类、蛙或爬行动物可作为贮藏宿主。虫卵随猪的粪便排至外界,被中间宿主吞食后发育为感染性幼虫。猪采食中间宿主而感染,幼虫钻入胃黏膜内发育为成虫。当含有感染性幼虫的中间宿主被不适宜的宿主采食后,幼虫可在其体内形成包囊,猪也可因采食这些宿主而感染。

圆形似蛔线虫在中间宿主体内的幼虫发育为感染性幼虫需20 d,六翼泡首线虫需36 d,颚口线虫需7～17 d。在猪体内的感染性幼虫发育为成虫约需6个月。本病主要发生于南方的散养猪。

## 二、症状与剖检变化

轻度感染时症状不明显。严重感染时,病猪呈慢性或急性胃炎症状,表现为食欲不振,渴欲增加,重者呕吐,营养障碍,生长发育受阻,消瘦甚至死亡。

成虫以其头部深入胃壁中,形成空腔,内含淡红色液体,周围组织红肿、发炎,黏膜显著肥厚,可形成局灶性溃疡。

## 三、诊断

根据流行病学、临床症状、粪便检查和剖检综合诊断。

## 四、防治

每日清扫粪便,并堆集发酵,定期驱虫,防止猪吃到中间宿主和贮藏宿主。治疗用敌百虫按100 mg/kg体重用量,一次内服。丙硫咪唑驱泡首线虫按5 mg/kg体重用量,驱似蛔线虫按60 mg/kg体重用量,驱颚口线虫按20 mg/kg体重,均为一次经口给予。

# 猪棘头虫病

猪棘头虫病是由棘头动物门少棘科巨吻属的蛭形巨吻棘头虫寄生于猪小肠引起的疾病。主要特征为下痢，血便，腹痛。

## 一、病原及生活史

巨吻棘头虫是一种大型虫体，呈灰白色或淡红色。雄虫长 7～15 cm，雌虫长 30～80 cm。前端粗大，后端较细，体表环状皱纹。身体的前端有一个棒状的可伸缩的吻突，吻突上有许多向后弯曲的小钩。寄生时，吻突插入黏膜，甚至穿透黏膜层。虫卵呈椭圆形，暗棕色，卵壳上布满着斑点状的小穴，颇似桃核。虫卵大小为 (89～100) μm×(42～56) μm。

当虫卵随粪便排出后，被中间宿主——金龟子的幼虫(蛴螬)吞食，在其体内发育为感染幼虫。猪在拱土时吞食含有感染幼虫的蛴螬或金龟子时即遭感染。自幼虫侵入猪体到发育为成虫约需 3～4 个月。虫体可在猪体内寄生 10～24 个月。雌虫在小肠中产卵，每条雌虫每天可排卵 25 万个以上，并持续排卵 10 个月。虫卵的抵抗力很强，在高温、低湿及干燥的气候条件下均可长时间存活。

本病主要感染 8～10 月龄猪，在流行严重的地区感染率可高达 60%～80%。常呈地方性流行。本病的感染季节与中间宿主金龟子的活动季节是一致的，因此春夏季为猪棘头虫病的感染季节。放牧猪比舍饲猪感染率高，后备猪较仔猪感染率高。

## 二、症状与剖检变化

轻度感染(虫体数量少于 15 条)时不显症状。重度感染时可见消化障碍、腹痛、食欲减退、下痢和血便等症状。猪只生长发育停滞、消瘦和贫血。当患猪由于肠穿孔而继发腹膜炎时体温上升、不食，可卧地抽搐而死。

剖检可见消瘦、黏膜苍白。在空肠和回肠的浆膜上有灰黄色或暗红色的小结节，其周围有红色充血带。肠黏膜发炎。严重的可见到肠壁穿孔，吻突穿过肠壁，咬着在附近的浆膜上，并引起粘连。肠壁增厚，有溃疡病灶。严重感染时，肠道塞满虫体，有时因肠破裂而死亡。

## 三、诊断

结合流行病学和临床症状，以直接涂片法或沉淀法检查粪便中的虫卵确诊。在实际工作中有时将棘头虫误认为猪蛔虫。两者的区别是：蛔虫体表光滑，游离在肠腔中，虫体多时常聚集成团；而棘头虫体表有环状皱纹，以吻突深深地固着在肠壁上，不聚集成团。

## 四、防治

病猪粪便应堆集发酵，以杀灭虫卵。在疾病流行地区，严格控制放牧，尽量减少食入金龟子等甲虫的机会。在猪场以外的适宜地点设置诱虫灯，以捕杀金龟子。治疗用左咪唑、氯硝柳胺、硝硫氰醚或丙硫咪唑驱虫。

# 猪疥螨病

猪疥螨病是由疥螨科的猪疥螨寄生于猪的皮肤内所引起的一种慢性皮肤病。病猪表现为皮肤发炎、剧痒、脱毛、高度传染性等，俗称“猪癞”。猪疥螨病是猪的一种常见多发病，对小猪的危害很大，不及时治疗可引起死亡。

## 一、病原及生活史

疥螨虫体呈微黄色，大小为 0.2～0.5 mm。呈龟形，背面隆起，腹面扁平；口器呈蹄铁形，为咀嚼式；肢粗而短，第 3、4 对不突出体缘。雄虫的第 1、2、4 对肢末端有吸盘，第 3 对肢末端有刚毛。雌虫第 1、2 对肢端有吸盘，第 3、4 对肢端有刚毛。吸盘柄长，不分节。

疥螨的发育过程属于不完全变态，其发育过程有卵、幼虫、若虫和成虫四个阶段。雄螨有一个若虫期，雌螨有两个若虫期。第 2 期雌若螨与雄螨交配后，雌若螨蜕皮变为成雌螨，成雌螨在宿主表皮内挖掘隧道，以角质层组织和渗出的淋巴液为食，并在此产卵。雌虫一生可产卵 40～50 个，卵孵化出幼虫，幼虫蜕皮变为若虫，再蜕皮变为成虫。疥螨完成一代发育需 8～22 d，平均为 15 d，雄虫交配后死亡。雌虫产卵期为 4～5 周，产完卵后的寿命为 4～5 周。

猪疥螨病是一种接触性传染病。传播方式通过直接接触或通过被污染的物品及工作人员间接接触传播。动物舍潮湿，饲养密度过大，皮肤卫生状况不良是本病的发病诱因。尤其在秋末以后，毛长而密，阳光直射动物时间减少，皮温恒定，湿度增高，有利于疥螨的生长繁殖。夏季少发。

## 二、症状与剖检变化

5 月龄以下的幼猪多发。初期从眼周、颊部和耳根开始，以后蔓延到背部、体侧和股内侧。主要表现为剧烈瘙痒，病猪到处摩擦或以肢蹄搔擦患部，数日后，患部皮肤上出现针头大小的结节，之后形成水疱或脓疮。水疱或脓疮破溃后，结成痂皮。重者患部脱毛、皮肤肥厚，形成皱褶和龟裂。

## 三、诊断

根据流行病学、临床症状和实验室检查即可确诊。

实验室检查方法是在患部与健康部交界处采集病料，用手术刀刮取痂皮，直到稍微出血。将病料装入试管内，加入10%苛性钠（或苛性钾）溶液，煮沸，待毛、痂皮等固体物大部分被溶解后，静置20 min，由管底吸取沉渣，滴在载玻片上，低倍显微镜检查，发现疥螨的幼虫、若虫和虫卵及成虫即可确诊。

## 四、防治

新引进的猪只应仔细检查，经鉴定无病时，方可合群饲养。输出猪时，也应做预防处理，以免向外传播病原。保持猪舍的透光、干燥和通风。猪舍和用具要勤消毒。猪群不可过于拥挤，并定期消毒猪栏。病猪应及时进行隔离治疗，病猪舍的用具未经消毒不得带入健康猪舍内。

治疗猪疥螨病可将1%～2%敌百虫喷洒猪体或洗擦患部，间隔10～14 d再用一次，效果更好。伊维菌素或爱比菌素注射液，按0.3 mg/kg体重，皮下或浅层肌肉注射。多拉菌素（通灭），按0.03 mL/kg体重，肌肉注射。一次治疗虫卵不易杀死，需待数日后幼虫孵出时再治疗一次，效果更好。

### 案例分析

某大型商品猪场从2008年7月份开始，饲养员在清洁卫生时经常发现猪粪便中带有粉红稍带黄白色，体表光滑，形似蚯蚓，前后两头稍尖的圆柱状虫体；同时生长育成猪群中出现消瘦贫血、被毛粗糙、粪便带血、生长发育受阻的僵猪，晚上和中午安静时段，猪舍值班人员经常听到生长育成猪舍猪磨牙的声音。该场兽医使用左旋咪唑对种猪群进行驱虫，效果理想。

诊断：该猪场粪便中发现的虫体即为猪蛔虫，本病主要经口感染，引起猪只生长发育受阻等。可用左旋咪唑等进行治疗。本病重在预防，应定期驱虫，保持猪舍、饲料和饮水的清洁卫生。猪粪和垫草应在固定地点堆集发酵，利用发酵的温度杀灭虫卵。

### 复习思考题

1. 猪弓形虫病有哪些主要临床症状？应该如何进行综合防治？

2. 试述猪棘头虫的形态构造特点及发育过程。
3. 简述猪囊尾蚴病的病原特征和发育过程，以及怎样进行诊断和预防该病。
4. 简述猪蛔虫病的病原体形态特征、发育特性、治疗和防治措施。
5. 姜片吸虫要经历哪几个发育阶段？
6. 试述旋毛虫的生活史。
7. 如何诊断猪的疥螨病？怎样进行防治？

# 任务一　巴氏杆菌病的实验室诊断

## 一、内容

巴氏杆菌病的病理剖检；巴氏杆菌病的细菌学诊断。

## 二、目标

掌握巴氏杆菌病的病理剖检变化；初步掌握巴氏杆菌病的诊断方法。

## 三、材料

外科刀、外科剪、镊子、玻片、5 mL 玻璃注射器、组织研磨器、酒精灯、酒精棉球、消毒的平皿及试管、瑞氏和美蓝染色液、显微镜、擦镜纸、香柏油、鲜血琼脂、血清琼脂、小鼠等。

## 四、方法与步骤

**1. 巴氏杆菌病的病理剖检**　根据具体情况，选择猪肺疫、禽霍乱或兔出血性败血症等病例或尸体，应用病理剖检技术进行剖检，详细观察其病理变化。家畜的主要病变是黏膜、浆膜和内脏器官出血、水肿，胸膜肺炎，皮下胶样浸润。家禽的主要病变是黏膜、浆膜出血，胸腹腔和肠浆膜以及心包腔有纤维素性炎症，肝脏上有密布灰白色坏死灶，慢性者有脓性干酪性关节炎。

**2. 检查材料**　取新鲜的实质器官(肝、脾、肾等)、心血(焊封于毛细管内)，另做心血和实质器官的涂片数张；小动物或家禽可取完整的尸体。

**3. 镜检**　将病料触片染色(美蓝或瑞氏染色等)镜检时，多杀性巴氏杆菌呈卵圆形，有明显的两极性染色。血片用瑞氏染色时，两极性细菌呈蓝色或淡青色，红细胞染成淡红色(家禽红细胞含有紫色的核)。

**4. 培养**　将病料分别接种于鲜血琼脂、血清琼脂，在37℃中培养。多杀性巴氏杆菌在鲜血琼脂上呈较平坦、半透明的露滴样菌落，不溶血。在血清琼脂上生长丰盛，于45°角折射光线下检查，可见有不同色泽的荧光。如Fg型菌落呈现蓝绿色而带金光，边缘有狭窄的红黄光带；Fo型菌落较大，呈现橘红带金光，边缘有乳白色光带。分离细菌后，在观察其形态、染色特性的同时做生化试验。

**5. 动物试验**　将病料研磨成糊状，用灭菌生理盐水稀释成1∶(5～10)乳剂，接种于实验动物皮下或肌肉内，剂量为0.2～0.5 mL。猪、牛、羊等家畜的病料可用小鼠或家兔；家禽的病料用鸽、鸡、或小鼠。实验动物如于接种后18～24 h死亡，则采取心血及实质器官做触片染色镜检和接种培养基进行分离培养。根据病原菌的形态、染色、培养、生化等特性加以鉴定。在采取材料做培养、镜检完毕后，还需对实验动物尸体剖检进行病理观察。在接种局部可见到肌肉及皮下组织发生水肿；胸腔和心包有浆液性纤维素性渗出物；心外膜有多数出血点；肝脏淤血(如用鸡接种，可见有密布的小点坏死灶)。

由于巴氏杆菌带菌者多，且巴氏杆菌病常发于其他传染病之后，所以不能以单纯检出巴氏杆菌而诊断为巴氏杆菌病，必须结合临诊和病理剖检，才能作出正确判断。

## 五、报告

结合剖检，根据细菌检查结果，写一份巴氏杆菌病诊断报告。

# 任务二　猪瘟的实验室诊断

## 一、内容

猪瘟兔体交互免疫试验；猪瘟荧光抗体试验。

## 二、目标

学会猪瘟兔体交互免疫试验诊断法；初步掌握猪瘟荧光抗体试验诊断法。

## 三、材料

荧光显微镜、冰冻切片机、煮沸消毒锅、染色缸、注射器(1 mL、5～10 mL)、注射针头、肛门体温计、灭菌乳钵、剪刀、镊子、兔笼等器材；0.01 mol pH7.2磷酸盐缓冲液(PBS)、伊文思蓝溶液、丙酮、青霉素、链霉素、生理盐水、猪瘟荧光抗体、猪瘟兔化弱毒苗等药品。1.5 kg 以上健康家兔;疑似猪瘟病料等。

## 四、方法与步骤

**1.兔体交互免疫试验** 选择健壮、体重 1.5 kg 以上、未做过猪瘟试验的家兔 4 只,分成 2 组,试验前连续测温 3 d,每天 3 次,间隔 8 h,体温正常者才可用。将可疑病猪的淋巴结及脾脏做成 1∶10 悬液(每毫升悬液加青霉素、链霉素各 1 000 IU 处理),给试验组家兔每只 5 mL 肌注。如用血液须加抗凝剂,每头接种 2 mL。对照组不注射。注射后对实验组和对照组兔测温,每 6 h 一次,连续 3 d(应无体温反应)。7 以后,用 1∶20 稀释的猪瘟兔化弱毒疫苗同时给试验组与对照组家兔耳静脉各注射 1 mL。24 h 后,每隔 6 h 测温一次,连续测温 3 d。

判定标准:因一般猪瘟病毒不能使兔发生热反应,但可使之产生免疫力,而猪瘟兔化弱毒则能使家兔发生热反应。据此原理,如试验组接种病料后无热反应,后来接种猪瘟兔化弱毒也不发生热反应,对照组有热反应,则为猪瘟。如试验组接种病料后有热反应,后来接种猪瘟兔化弱毒不发生热反应,则表明病料中含有猪瘟兔化弱毒。如试验组接种病料后无热反应,后来接种猪瘟兔化弱毒发生热反应;或接种病料后有热反应,后来对猪瘟兔化弱毒又发生热反应;则都不是猪瘟。

**2.荧光抗体诊断法**

(1)扁桃体冰冻切片或组织压片的制备。采取活体或新鲜尸体的扁桃体,按常规方法用冰冻切片机制成切片,吹干后在预冷的纯丙酮中于 4℃固定 15 min,取出风干。制作压片时,首先切取病猪的扁桃体、淋巴结、脾或其他组织一小块,用滤纸吸去外面的液体,取干净载玻片一块,稍微烘热,将组织小块的切面触压玻片,做成压印片,置室温内干燥。

(2)染色。用 1/40 000 伊文思蓝溶液将荧光抗体作 8 倍稀释,将稀释的荧光抗体滴加到标本片上,于 37℃温箱内放置 30～40 min。再用 0.01 mol,pH7.2 PBS 充分漂洗,分别于 2 min、5 min、8 min 更换 PBS,最后蒸馏水漂洗 2 次,风扇吹干,滴加缓冲甘油数滴,加盖玻片封片,用荧光显微镜检查。

(3)镜检。在腺窝(隐窝)上皮细胞内可见到明显的猪瘟病毒感染的特异性荧光。在 100 倍放大观察时能清楚地看到腺窝的横断面,上皮细胞部分呈现新鲜的黄绿色,腺腔呈红色,其他组织呈淡棕色或黑绿色。高倍放大观察时细胞核呈黑色圆形或椭圆形,细胞质呈明亮的黄绿色。

## 五、报告

写出一份根据猪瘟流行病学、临诊病状和剖检变化作出初诊及利用实验室诊断作出确诊的报告。

# 任务三　猪链球菌病的诊断

## 一、内容

猪链球菌分离培养及药敏实验。

## 二、目标

学会猪链球菌分离培养、生化试验和药敏分析试验。

## 三、材料

发病猪场的疑似链球菌病料。

## 四、方法与步骤

**1. 镜检**　无菌采取新病死猪的颌下淋巴结、肝、脾、脑、关节液涂片，染色，镜检，可见革兰氏阳性双球菌或短链状。

**2. 分离培养**　将病料接种于培养基中 37℃培养 24 h，可见鲜血琼脂平板上形成大量圆形、不透明、表面光滑、隆起、灰白色、直径为 1～2 mm 的小菌落，菌落周围形成 2～4 mm 宽、界限分明、透明无色的 $\beta$ 溶血环。在普通平板和麦康凯培养基上单个菌落均表现生长贫瘠。10%鸡血清肉汤中培养 48 h 后，可见管底形成絮状沉淀，上液澄清，无菌膜和菌环。染色后镜检，发现大量的革兰氏阳性、单在、呈双或链状。

**3. 生化实验**　取上述分离菌分别接种于蔗糖、山梨醇、葡萄糖、甘露糖、乳糖、马尿酸钠及淀粉培养基，37℃培养 24 h 后，观察其利用情况，并记录结果。

**4. 致病性实验**　将分离的链球菌肉汤培养物腹腔注射 5 只健康小白鼠，0.15 mL/只；另外 5 只作对照，注射同剂量的生理盐水。结果：注射肉汤培养物的小白鼠第 4 天开始死亡，皮肤发绀。剖检：肝、脾、肺、心有出血点，呈败血症；注射部位有直径 0.9～1.1 cm 的脓肿，脓汁呈黄绿色。而对照组至实验结束均未见死亡。从死亡小白鼠的肝脏分离到革兰氏阳性、单在、呈双或链状排列的球菌。试验表明，分离的菌株对小白鼠有致病性。

**5. 药敏试验** 采用纸片扩散法，用无菌棉签蘸取分离菌的血清肉汤培养物，均匀涂布于鲜血琼脂平板，先在琼脂平板上向一个方向均匀涂布，然后将平板每转动60°涂布一次，共涂三次，最后沿平板边缘涂布一圈，加盖后放置5 min，待平板稍干后，用无菌镊子将各种药敏纸片分别平贴在培养基表面，并轻压使其紧贴平板表面，每个平板贴4张药敏纸片，两纸片相距25 mm，纸片与平板边缘不小于15 mm，贴好纸片的平板于37℃培养24 h，按抑菌圈直径大小和各抗菌药的具体标准评定敏感性。

## 五、报告

结合剖检，根据细菌检查结果，写一份链球菌菌病诊断报告。

# 任务四　口蹄疫的检验技术

## 一、内容

乳鼠接种试验；血清中和试验；琼脂扩散试验。

## 二、目标

学会口蹄疫的乳鼠接种试验、血清中和试验、琼脂扩散试验的方法以及猪口蹄疫和猪水疱病的鉴别诊断方法。

## 三、材料

1 mL灭菌注射器及注射针头、灭菌吸管及试管、灭菌剪刀、镊子、橡胶手套、平皿、吸管、金属打孔器、VIA抗原、口蹄疫A、O、C和Asia型鼠化毒及标准阳性血清、猪水疱病病毒及标准阳性血清、Tris——盐酸缓冲液（Tris2.42 g，NaCl 3.8 g，$NaN_3$ 0.2 g，去离子水加至100 mL，用HCl调pH至7.6）、pH 7.6 0.1 M PBS液、琼脂糖、1～2日龄和7～9日龄乳鼠、待检血清、被检病料（病猪水疱皮、水疱液）。

## 四、方法与步骤

（一）乳鼠接种试验

**1. 被检病毒液的制备** 将病猪的水疱皮先用灭菌的生理盐水或磷酸盐缓冲液冲洗两次，并用灭菌滤纸吸去水分称重，剪碎，研磨，然后用每毫升加有青霉素、链霉素 1 000 IU 的灭菌生理盐水或无菌磷酸盐缓冲液做成 10 倍稀释乳剂，在 4～10℃冰箱中作用 2～4 h 或 37℃温箱中作用 1 h，备用。

**2. 乳鼠接种病毒液**　选择营养良好，并有母鼠哺乳的 2 日龄和 7 日龄乳鼠各 4～8 只，分为两组，分别于其背部皮下各注射被检病毒液 0.1 mL，待全部注射完毕后放回母鼠。注射时须用镊子夹着小鼠的背部皮肤提出，不要用手接触，以免吃奶小鼠体表因染上人体气味而被母鼠吃掉，如果手碰摸了小鼠，可在注射后于它的体表擦少许乙醚以除去气味。为了避免母鼠吃掉小鼠，可在注射前提出母鼠置于另一容器内，待全部注射后再放回母鼠。

**3. 结果判定**　注射后观察 7 d，乳鼠如发病多在 24～96 h 死亡，如 2 日龄和 7～9 日龄乳鼠均死亡，即可认为是口蹄疫；如 2 日龄乳鼠发病，而 7～9 日龄乳鼠仍健活，即可认为是猪水疱病。

（二）血清中和试验

血清中和试验的原理是病毒或毒素与相应抗体结合后，能使其失去对易感动物的致病力或对细胞的感染力，称为中和试验，中和试验不仅可在易感实验动物体内进行，也可在细胞培养或鸡胚中进行。

**1. 用已知血清鉴定未知病毒**

（1）被检病毒液的制备。按乳鼠接种试验中的方法将病料用生理盐水或磷酸盐缓冲液制成 1∶(5～10)的稀释液，于 4℃冰箱浸出 24 h 或室温 1～2 h 后，以 3 000 r/min 离心，取上清液即为被检病毒液。

（2）乳鼠注射血清。选用 5 窝 2～3 日龄的乳鼠，每窝 10 只有一只母鼠哺乳，分别皮下注射已知的猪水疱病血清和用生理盐水进行 1∶(3～5)稀释的口蹄疫 A、O、C、Asia 型血清各 0.1 mL，每种血清注射一窝，只注 7 只，留 3 只不注射作病毒对照用。

（3）接种病毒液（攻毒）。注射血清 6～24 h 后，接种被检病毒液，每窝中只给注射过血清的 7 只乳鼠中的 5 只接种，每只皮下注射 0.1 mL，余下 2 只作血清健康对照，3 只未注射血清的乳鼠也同时皮下接种病毒液 0.1 mL。

（4）观察与判定。接种病毒后，每天观察 2～3 次，连续观察 6～7 d，如注射猪水疱病血清的乳鼠被保护，血清对照鼠均健活，病毒对照鼠及其他各组鼠均发病死亡，则被检病毒为猪水疱病病毒，而不是口蹄疫病毒，口蹄疫各型病毒的判定以此类推。

**2. 用已知病毒鉴定未知血清**

（1）被检血清的处理。将被检血清每毫升加青霉素、链霉素各 1 000 IU 在室温处理 1 h。

（2）乳鼠注射被检血清。用 5 窝 1～2 日龄乳鼠，每窝 10 只由一只母鼠哺乳，取以上被检血清对乳鼠各皮下注射 0.1 mL，每窝只注 7 只，留 3 只作病毒对照。

(3)攻已知病毒。注射血清后 6～24 h，用已知的猪水疱病及猪口蹄疫 A、O、C、Asia 型病毒进行接种，每一种病毒接种一窝乳鼠，只给注射过血清的 7 只乳鼠中的 5 只接种，留 2 只作血清健康对照。未注射血清的 3 只乳鼠也同时接种病毒。已知病毒在接种前用生理盐水作 100～1 000 倍稀释后，每只小鼠皮下注射 0.1 mL。

(4)观察与判定。攻毒后观察 6～7 d，每天观察 2～3 次。如果攻水疱病病毒的乳鼠被保护，血清对照乳鼠均健活，而猪水疱病毒对照鼠及攻各型口蹄疫病毒的乳鼠均发病死亡，则被检血清为猪水疱病血清，而不是口蹄疫血清。如为某型口蹄疫，则以此类推。

(三)口蹄疫病毒感染相关抗原琼脂扩散试验

本方法用于检测被检动物血清中是否含有口蹄疫病毒感染相关(VIA)抗体(口蹄疫多型抗体)，以证实被检动物是否感染过口蹄疫病毒。本试验适用于易感动物的检疫、疫情监测和流行病学调查。操作方法如下：

**1. 血清处理**　被检血清和阳性血清均以 56℃灭活 30 min。

**2. 琼脂糖平板的制备**　取琼脂糖 1 g，Tris——盐酸缓冲液 100 mL，装入三角瓶中，于沸水中加热或高压，将琼脂糖彻底融化。然后吸取 7 mL 琼脂液加到平皿里，制成 3 mm 厚的琼脂板。待琼脂完全凝固后，加盖置于湿盒中，贮藏在 4℃冰箱中备用。

**3. 打孔**　将模板放在琼脂板上，用打孔器通过模板的孔在琼脂板上打孔，并挑出孔中的琼脂块。

**4. 加样**　中心孔加 VIA 抗原，1 和 4 孔加 FMD 阳性高免兔血清，2、3、5、6 孔加被检血清。

**5. 扩散**　将加样的琼脂平皿置于湿盒里，于室温(20～22℃)任其自然扩散。

**6. 观察**　于 24 h 时进行第一次观察，72 h 时作第二次观察，168 h 时作最后观察。观察时，可借助灯光或自然光源，特别是弱反应须借助于强光源才能看清沉淀线。

**7. 结果判定**　当 1 和 4 孔标准阳性血清与抗原中心孔之间形成沉淀线时，若被检血清孔与中心孔之间也出现沉淀线，并与阳性沉淀线末端相融合，则被检血清判为阳性；被检血清孔与中心孔之间虽不出现沉淀线，但阳性沉淀线的末端向内弯向被检血清孔，则被检血清判为弱阳性；如被检血清孔与中心孔之间不出现沉淀线，且阳性沉淀线直向被检血清孔，则被检血清判为阴性。

## 五、报告

按训练课的实际情况，记录操作方法及实验结果。

# 项目四　家禽的主要疫病防治

◈**知识目标：**

- 能够用自己的话解释下列名词：禽流感、新城疫、马立克氏病、传染性法氏囊病、禽脑脊髓炎、鸡传染性支气管炎、鸡传染性喉气管炎、鸡产蛋下降综合征。
- 掌握家禽主要传染病及寄生虫病的症状及病理变化。
- 掌握防治家禽主要传染病及寄生虫病的防治。

◈**技能目标：**

- 掌握并熟练应用家禽主要疫病的诊断技术。
- 能够根据家禽疫病的发病情况采取相应防制措施。

## 子项目一　禽细菌性疫病的防治

### 禽大肠杆菌病

禽大肠杆菌病是由致病性大肠杆菌引起的各种禽类急性或慢性的细菌性传染病，包括急性败血症、气囊炎、肝周炎、心包炎、卵黄性腹膜炎、输卵管炎、滑膜炎、眼炎、关节炎、脐炎、肉芽肿以及肺炎等，最常见的是急性败血症和卵黄性腹膜炎。

#### 一、临床症状

由致病性大肠杆菌引起的疾病在临诊上的表现极其多样化，以下两种较为多见：

**1. 急性败血型**　病鸡不显症状而突然死亡或症状不明显。部分病鸡离群呆立，或挤堆，羽毛松乱，食欲减退或废绝，排黄白色稀粪，肛门周围羽毛污染。发病率和死亡率都较高。这是目前危害最大的一个病型。

**2. 卵黄性腹膜炎**　又称“蛋子瘟”，多见于产蛋中后期，是笼养蛋鸡的一种重要疾病。病鸡的输卵管常因感染大肠杆菌而产生炎症，炎症产物使输卵管伞部粘连，漏斗部的喇叭口在排卵时不能打开，卵泡因此不能进入输卵管而跌入腹腔而引发本病。而且由此引起的广泛腹膜炎产生的大量毒素可引起发病母鸡死亡，给鸡场造成重大经济损失。

## 二、剖检变化

**1. 急性败血型** 特征性病变是纤维素性浆膜炎，心包膜混浊增厚，附着多量绒毛状脓样渗出物。气囊混浊增厚，有干酪样物附着。常见肝被膜炎，肝脏肿胀，肝被膜白浊增厚且有纤维素性附着物，有时有白色坏死斑。急性死亡的鸡有肌肉褪色的情况，在胸肌可见鱼肉样肌肉。多发性纤维素性浆膜炎还依次在腺胃、小肠、肠系膜等部位发生。

**2. 卵黄性腹膜炎** 病母鸡外观腹部膨胀、重坠，剖检可见腹腔积有大量卵黄，输卵管膨大，管内有条索状干酪样物，干酪样物中有许多坏死组织。腹腔液增多、混浊，腹膜有灰白色渗出物。肠道或脏器间相互粘连。

## 三、病原及流行特点

病原为致病性大肠杆菌，是中等大小的杆菌，有鞭毛，无芽孢，一般无可见荚膜，革兰氏染色阴性。常用的化学消毒药数分钟内可将其杀死。根据大肠杆菌 O 抗原、K 抗原和 H 抗原的不同，本菌可分成不同的血清型。引起禽大肠杆菌病的菌型，常见的有 $O_{85}$、$O_{19}$、$O_{16}$、$O_{119}$ 及 $O_{86}$ 等。

各种品种以及不同日龄的禽类都可感染发病。幼雏和中雏发生较多，发病较早的为 4～10 日龄，通常以 1 月龄前后的雏鸡发病较多。主要传染源是病鸡和带菌鸡。本病主要经消化道、呼吸道、经蛋及交配传播。当环境卫生和饲养管理不良、气候变化或鸡群存在传染性法氏囊病、包涵体肝炎时，易引起本病的大群暴发。

## 四、诊断

本病缺乏特征性症状，根据临床有呼吸、下痢症状，有的病鸡急性死亡，剖检有纤维素性浆膜炎作出初步诊断。确诊则依靠实验室检验，常用的有病原分离鉴定、染色镜检、生化试验、致病性试验等。

本病常与其他疾病并发，同时支原体、葡萄球菌、链球菌、沙门氏菌等也可引起关节炎，巴氏杆菌、葡萄球菌及链球菌等也可引起急性败血症，应注意鉴别。此外，鸭大肠杆菌病还应注意与鸭疫巴氏杆菌病相区别。

## 五、防治

大肠杆菌是环境性疾病，搞好环境卫生，加强饲养管理是预防本病的关键措施。特别要注意下列几方面：检查水源有否被大肠杆菌污染，如有则应彻底更换；注意育雏期保温及饲养密度；禽舍及用具经常清洁和消毒；种鸡场应及时集蛋，每天收蛋 4 次，脏蛋应用清洁细沙擦拭。

一般认为使用菌苗预防是经济、有效和安全的方法，但应在对当地或养殖场内致病性大肠杆菌血清型监测的基础上，选择合适的疫苗进行免疫。

选用抗生素、磺胺类药物及时治疗。为了防止耐药菌株的存在和出现，应以药敏试验结果选择药物。一般用四环素族药物按 0.02%～0.06%拌料，连喂 3～4 d；敌菌净按 0.02%饮水；呋喃唑酮按 0.02%～0.04%拌料，连喂 7～10 d。病鸡可直接注射庆大霉素 5 000 IU/羽，卡那霉素 3 000 IU/羽饮水或注射，每日 2 次，连用 3 d。也可用链霉素、壮观霉素等。

# 禽沙门氏菌病

禽沙门氏菌病是由沙门氏菌属中的一种或多种沙门氏菌引起禽类的急性或慢性传染病。在临床上将鸡白痢沙门氏菌引起沙门氏菌病称为鸡白痢；鸡伤寒沙门氏菌引起的称禽伤寒；而由其他有鞭毛能运动沙门氏菌引起的称为禽副伤寒。引起禽副伤寒的沙门氏菌也能广泛地感染各种动物和人，因此禽副伤寒在公共卫生上有着十分重要的意义。

## 一、临床症状

**1. 鸡白痢** 本病在雏鸡和成年鸡中临床表现有明显差异。出壳后感染的雏鸡，7～10 日龄开始出现症状，到 2～3 周时达到高峰。病雏呈最急性者无任何症状而突然死亡。急性者出现精神委顿，不愿走动，拥挤在一起，食欲减少或停食，之后下痢，排白色糊状稀粪，因粪便干结封住肛门而影响排便，另外由于肛门周围发炎常引起疼痛性尖叫，最后因呼吸困难和心衰而死亡。有的出现失明，有的因关节炎呈跛行。耐过的雏鸡发育不良，成为隐性感染鸡。成年鸡无临诊表现，只是产蛋量和受精率降低，极少数鸡发生腹泻，有的发生卵黄性腹膜炎，出现“垂腹”现象。

**2. 禽伤寒** 潜伏期一般为 4～5 d，多呈散发。雏鸡和雏鸭症状与鸡白痢相似，年龄较大的鸡和成年鸡突然发病，停食，排黄绿色稀便，体温升高，冠与肉髯苍白或皱缩，突然死亡，病死率 10%～50%或更高。

**3. 禽副伤寒** 雏禽的症状与鸡白痢相似，在出壳后 2 周内发病，6～10 d 时达到高峰，呈地方流行性。表现为精神委顿，闭眼，嗜睡，翅膀下垂，拒食，饮水增加，下痢，肛门周围污染粪便。经带菌蛋感染或在孵化器内感染本菌者常呈败血经过，往往无任何症状突然死亡。中雏主要表现水样腹泻，很少死亡。成年禽一般无症状，呈隐性感染，成为带菌者。雏鸭表现颤抖，喘息及眼睑水肿，常突然倒地死亡。

## 二、剖检变化

**1. 鸡白痢** 急性死亡的病雏病理变化不明显。病程稍长者，在心肌、肺、盲肠、大肠及肌胃中有灰白色坏死灶或结节。盲肠中有干酪样物堵塞肠腔，有时混有血液。胆囊肿大，输尿管因充满尿酸盐而扩张，常有腹膜炎。稍大的病雏肺有灰黄色结节和灰色肝变，肝明显肿大，可达正常的 2～3 倍，呈暗红色至深紫色，其表面有小红点或大小不等的坏死结节，质地极脆，易内出血，故常见腹腔内有大量血水和血凝块。成年母鸡卵泡变形、变色、呈囊状，有腹膜炎，引起广泛的腹腔脏器粘连，常有心包炎。

**2. 禽伤寒** 雏鸡（鸭）病理变化与鸡白痢相似。成年鸡最急性病理变化轻微或无任何肉眼可见病理变化；急性者常见肝、脾、肾充血肿大；亚急性和慢性者肝大，呈淡绿色、棕色或青铜色，肝和心肌有灰白色粟粒大小的坏死结节。成年鸡卵巢和腹膜炎病理变化同鸡白痢。

**3. 禽副伤寒** 最急性死亡的雏鸡无可见病理变化。急性者肝、脾充血，有条纹状或点状出血和坏死灶，肺和肾出血，心包有心包炎，常有出血性肠炎。雏鸭肝大，有坏死灶。成年鸡肝、脾、肾充血肿胀，肠有出血性坏死性肠炎，还有心包炎和腹膜炎。产蛋鸡输卵管坏死、增生，卵巢坏死、化脓。

## 三、病原及流行特点

**1. 病原** 禽沙门氏菌病有多种病原体。

(1)鸡白痢。病原为鸡白痢沙门氏菌，属沙门氏菌属，是革兰氏染色阴性小杆菌，菌体两端钝圆，不形成荚膜和芽孢，无鞭毛，不能运动。在麦康凯鉴别培养基上生长良好，24 h 后可见细小、透明、圆形和光滑的菌落，培养基不变色，大肠杆菌则为红色菌落，并可抑制革兰氏染色阳性细菌的生长，故可用于分离培养和鉴别。

(2)禽伤寒。病原为禽伤寒沙门氏菌，是革兰氏染色阴性杆菌，不产生芽孢，无荚膜，不能运动，在四硫磺酸肉汤等选择性培养基上生长良好。

(3)禽副伤寒。病原主要是以鼠伤寒沙门氏菌、肠炎沙门氏菌为主，属沙门氏菌属，革兰氏染色阴性，不产生芽孢，菌体带有周鞭毛，能运动。

**2. 流行特点** 鸡白痢以 2～3 周龄以内雏鸡最易发病，呈流行性。成年鸡感染呈慢性或隐性感染。近年来，育成鸡发病也日趋严重。禽伤寒主要发生于成年鸡，也有 6 个月龄以下的中雏发病。禽副伤寒对各种家禽和野禽均易感，家禽中鸡和火鸡最常见。2 周龄以内雏鸡最易发病呈流行性，成年鸡感染呈隐性带菌。发病后耐过的鸡长期带菌。一个鸡场一旦传入本病后，将会连绵不断地在鸡场中长期蔓延，难以根除。另外，禽副伤寒沙门氏菌能广泛地感染人类和各种动物。

本病可以经卵垂直传播，雏鸡患鸡白痢耐过或成年鸡感染白痢后，多成为慢性和隐性带菌，感染母鸡产的蛋成为带菌蛋，带菌蛋经孵化，鸡白痢沙门氏菌在蛋内繁殖，使鸡胚死亡，孵化率降低。部分未死的鸡胚被孵出，孵出的幼雏多于 1 周内发病或死亡。而孵出的幼雏粪便内带有大量病菌，通过粪便及污染饲料、饮水、垫草传染给同群饲养的健康雏鸡。雏鸡出壳后经消化道传播，呼吸道和眼结膜也可传播。

## 四、诊断

根据流行病学、症状和病理变化，特别是肝的坏死灶可作出初步诊断，但确诊还需做病原分离和鉴定。

**1. 病原学检查** 病原分离常取肝、心血、肺、卵黄囊、肠和胆汁等病料制成乳剂，取其上清液或液体样品接种普通琼脂培养基或麦康凯琼脂培养基，培养 24 h 后可见细小、透明、圆形和光滑的菌落，培养基不变色，也可用含有亚硫酸钠的琼脂培养基进行分离培养。然后再做生化鉴定，也可以用核酸探针技术和聚合酶链反应（PCR）技术进行病原学检查。

**2. 血清学反应** 全血玻板快速凝集反应是最常用的方法。

## 五、防治

**1. 预防** 防制禽沙门氏菌病的原则是杜绝病原菌的传入，清除群内带菌鸡，同时严格执行卫生、消毒和隔离制度。第一，通过严格的卫生检疫和检验措施，防止饲料、饮水和环境污染。第二，健康鸡群应定期通过全血平板凝集反应进行全面检疫，淘汰阳性鸡和可疑鸡，建立健康种鸡群。第三，坚持种蛋孵化前的消毒工作，杀灭环境中的病原菌。第四，加强禽群的饲养管理，保持育雏室、养禽舍及运动场的清洁、干燥，加强日常的消毒工作。

**2. 治疗** 使用药物治疗时应注意耐药性菌株的出现，最好经药敏试验选择对本病原菌敏感的药物。磺胺类药物可选用磺胺嘧啶、磺胺甲基嘧啶和磺胺二甲基嘧啶，呋喃类药物可选用呋喃唑酮，抗菌素选用土霉素、四环素、庆大霉素、卡那霉素，喹诺酮类可用诺氟沙星，拌入饲料中喂服或加入饮水中饮用。近年来，国内使用活菌制剂预防雏鸡白痢，均取得了较好的效果。

# 禽巴氏杆菌病

禽巴氏杆菌病又名出血性败血症、禽霍乱，是由多杀性巴氏杆菌引起多种禽类发病的一种传染病。该病的特征是急性者表现为败血症和炎性出血等变化，慢性者则表现为皮下、关节以及各脏器的局灶性化脓性炎症。本病分布于世界各地。

## 一、临床症状

本病自然感染潜伏期为 2～9 d，根据病程长短，一般分为最急性、急性和慢性三种。

**1. 急性型** 最急性者见于流行初期，尤其是高产母禽和营养状况良好者常无明显症状，突然倒地，双翼扑动几下就死亡。大多数病例为急性经过，主要表现为体温升高到 43～44℃，精神委顿，羽毛松乱，缩颈闭眼，翅膀下垂，不愿运动，离群呆立。呼吸困难，鼻和口中流出混有泡沫的黏液，冠髯发绀呈蓝紫色。常有剧烈腹泻，粪便灰黄色或绿色，泄殖腔周围羽毛污秽。肉髯水肿、发热和疼痛。发病禽群产蛋量减少或停止，最后衰竭而死，病程 1～3 d。

**2. 慢性型** 多发于流行后期或由急性病例转来，由毒力较弱的菌株引起。病鸡精神不振，食欲减退；冠和肉髯肿胀、苍白，随后干酪样化，甚至坏死脱落；关节肿胀、跛行，并有慢性肺炎和胃肠炎症状。病程可达 1 个月以上，生长发育和产蛋长期不能恢复。

## 二、剖检变化

**1. 急性型** 一般可见皮下组织、腹部脂肪和肠系膜常见大小不等出血点。心包变厚，心包积有淡黄色液体并混有纤维素。心外膜、心冠脂肪有出血点。肝脏病理变化具有特征性，表现为肿大、质脆，呈棕红色、棕黄色或紫红色，表面广泛分布针尖大小、灰白色或灰黄色、边缘整齐、大小一致的坏死点。肠道尤其是十二指肠黏膜红肿，呈暗红色，有弥漫性出血或溃疡，肠内容物含有血液。

**2. 慢性型** 可见鼻腔、气管、支气管有多量黏性分泌物。肺质地变硬。肉髯肿大，内有干酪样渗出物。关节肿大、变形，有炎性渗出物和干酪样坏死。产蛋母鸡还可见到卵巢出血，卵黄破裂，腹腔内脏表面上附有卵黄样物质。

## 三、病原及流行特点

多杀性巴氏杆菌属于巴氏杆菌属，为两端钝圆、中央微凸的革兰阴性短杆菌，多单个存在。不形成芽孢，无鞭毛，新分离的强毒菌株具有荚膜。病料涂片用瑞氏、姬姆萨或美蓝染色呈明显的两极浓染，但其培养物的两极着色现象不明显。

本菌对多种动物和人均有致病性。禽类以鸡、火鸡和鸭最易感，鹅、鸽较低。患病动物和带菌动物为主要传染源，健康动物上呼吸道也可能带菌。本病主要经过消化道和呼吸道传染，也可经皮肤、黏膜的损伤和吸血昆虫叮咬感染；健康带菌者在机体抵抗力降低时可发生内源性传染。

本病一年四季均可发生，但以冷热交替、气候剧变、闷热、潮湿、多雨时期发生较多。一些诱发因素如营养不良、寄生虫感染、长途运输、饲养管理条件不良等可促进本病发生。一般为散发，有时可呈地方流行性。

## 四、诊断

根据流行病学特点、临床症状和病理剖检变化作出初步诊断，但确诊需要通过实验室方法进行。病料涂片镜检可采取急性病例的心、肝、脾或体腔渗出物以及其他病型的病变部位、渗出物、脓汁等作病料涂片，经瑞氏或姬姆萨染色镜检，可见两极染色的卵圆形杆菌。

## 五、防治

平时的预防措施主要应包括加强饲养管理，注意通风换气和防暑防寒，避免过度拥挤，减少或消除降低机体抗病能力的因素，并定期进行禽舍及运动场消毒，杀灭环境中可能存在的病原体。坚持全进全出的饲养制度。每年定期预防接种禽霍乱氢氧化甲醛菌苗或禽霍乱弱毒菌苗。

常用的治疗药物有青霉素、链霉素、磺胺类、四环素类等多种抗菌药物，也可选用高免或康复动物的抗血清。周围的假定健康动物应及时进行紧急预防接种或药物预防，但应注意弱毒菌苗紧急预防接种时，被接种动物接种前后至少 1 周内不得使用抗菌药物。

# 鸡传染性鼻炎

鸡传染性鼻炎是由副鸡嗜血杆菌引起的一种鸡的急性上呼吸道传染病，主要特征是流鼻涕、打喷嚏、面部肿胀、结膜发炎、鼻腔和窦腔黏膜发炎，产蛋下降。本病主要侵害育成鸡和产蛋鸡，严重影响鸡群生长发育和产蛋，常造成严重的经济损失。

## 一、临床症状

本病的潜伏期较短，只有 1～3 d，因此在鸡群中传播很快，几天之内可席卷全群。病鸡明显的变化是颜面肿胀、肉垂水肿，鼻腔有浆液性或黏液性分泌物。其次可见结膜炎和窦炎。病初眼结膜发红、肿胀、流泪、眼睑水肿、打喷嚏、流浆液性鼻涕，后转为黏液性。鸡群中不时发出快而短促的“库、库”声。由于炎性分泌物的不断增加和积蓄，病鸡眶下窦、鼻窦肿胀、隆起，上下眼睑粘连，闭合。病情严重或炎症蔓延至下呼吸道时，可见病鸡摇头、张口呼吸、有呼吸道啰音。未开产鸡表现发育不良，开产鸡群产蛋明显下降(10%～40%)，产蛋下降程度与发病后采取的治疗措施有关。病程一般 1～2 周，若无继发感染则很少引起死亡。若继发感染其他病，则病情加重，病程延长，死亡增多。

## 二、剖检变化

主要病理变化在鼻腔、鼻窦和眼睛。鼻腔、鼻窦黏膜有急性卡他性炎症，黏膜充血肿胀，被覆有黏液。病程较长者鼻腔、鼻窦内有鲜亮、淡黄色干酪样物。结膜充血肿胀，眼睑及脸部水肿，结膜囊内可见干酪样分泌物。有些急性病例可见口腔、喉头或气管有浆液或黏液性分泌物，另外可见气囊炎、肺炎和卵泡萎缩变性、坏死。当有支原体继发或合并感染时，上述病变更明显。

## 三、病原及流行特点

**1. 病原**　副鸡嗜血杆菌属于巴氏杆菌科、嗜血杆菌属的成员。革兰染色阴性，为球杆状或多形性，有时呈丝状，无鞭毛，不能运动，不形成芽孢。本菌为兼性厌氧，主要存在于病鸡或带菌鸡的鼻腔、鼻窦、眶下窦及气管等器官黏膜和分泌物中，对外界环境的抵抗力较弱，在宿主体外很快失去活力，对各种消毒药物和消毒方法均敏感。

**2. 流行特点**　本病自然感染主要发生于鸡。各种年龄的鸡均可感染，4 周龄以上鸡最易感，发病较为严重，成年鸡感染后潜伏期短而病程长。病鸡和健康带菌鸡是本病在鸡群中长期流行的重要原因。可通过污染的饮水、饲料等经消化道传播，也可通过空气经呼吸道传播。

本病一年四季均可发生，但秋、冬季节多见。除气候外，饲养管理条件、鸡群年龄等因素也与本病的发生和严重程度有关。

## 四、诊断

单纯感染本病时，根据其流行特点和临床症状，不难作出初步诊断，若要确诊或有混合感染和继发感染时则要进行实验室诊断。

常用的血清学诊断方法是平板和试管凝集试验，主要用于检测抗体，包括自然感染产生的抗体和菌苗免疫产生的抗体。此外，还可用琼脂扩散试验、间接血凝试验、荧光抗体技术、补体结合试验及酶联免疫吸附试验（ELISA）等进行实验室诊断。

## 五、防治

为预防本病，平时应注意加强饲养管理，搞好卫生消毒，包括带鸡消毒。防止鸡群密度过大，不同年龄的鸡应隔离饲养。季节变化时，应防止寒冷与潮湿，防止维生素 A 缺乏。免疫接种目前主要使用灭活菌苗，国内预防鸡传染性鼻炎以 A 型单价灭活苗为主，但鉴于我国也存在由 C 型菌引起的感染，为了能更全面、更有效地预防和控制本病的发生和流行，已有学者开展了 A、C 二价疫苗的研究。常规的免疫程序为 4～6 周龄时皮下注射 0.3 mL，开产前 1 个月皮下注射 0.5 mL 加强免疫，保护期可达 9 个月以上。

多种抗生素和磺胺类药物都可用于治疗本病，但应注意本细菌易产生耐药性，治疗中断后容易复发。常用药物包括磺胺二甲基嘧啶，也可用壮观霉素、泰乐菌素、红霉素、恩诺沙星等，一般一个疗程 5～7 d，连用 2～3 个疗程。同时还应做好隔离、消毒工作，以尽快控制疫情。

# 鸡毒支原体感染

鸡毒支原体感染又称鸡败血支原体感染或慢性呼吸道病（CRD），在火鸡中则称为传染性窦炎，是由禽毒支原体引起的鸡和火鸡等多种禽类的慢性呼吸道病。临床上以上呼吸道症状为主，其主要特征为咳嗽、流鼻液、呼吸道啰音，严重时呼吸困难和张口呼吸。火鸡发生鼻窦炎时主要表现为眶下窦肿胀。疾病发展缓慢，病程长，成年鸡多为隐性感染，可在鸡群长期存在和蔓延。本病分布于世界各国，是危害养鸡业的重要传染病之一。

## 一、临床症状

人工感染潜伏期为 4～21 d。

幼龄鸡发病，症状比较典型，表现为浆液或浆液黏液性鼻液，鼻孔堵塞、频频摇头、喷嚏、咳嗽，还见有窦炎、结膜炎和气囊炎。当炎症蔓延至下呼吸道时，喘气和咳嗽更为显著，并有呼吸啰音。病鸡食欲不振，生长停滞。后期因鼻腔和眶下窦中蓄积渗出物而引起眼睑肿胀。病鸡的发育受到不同程度的抑制。肉用鸡由于生长发育缓慢或停顿、逐渐消瘦而等级下降，经济损失显著。成年母鸡产蛋下降并维持在较低水平上，受精率和孵化率下降，死胚和弱胚增多，且弱雏的气囊炎发生率高。成年鸡很少死亡，幼鸡如无并发症，病死率也较低。产蛋鸡感染后，如继发大肠杆菌，还出现厌食和腹泻，死淘率增高。

## 二、剖检变化

主要出现在呼吸道，有时也出现在输卵管。轻微的不易察觉，鼻孔、鼻窦、气管和肺中出现比较多的黏性液体或者卡他性分泌物，气管壁略水肿。随着感染的发展，气囊逐渐浑浊，气囊壁上出现干酪状渗出物，开始时如珠状，严重时成堆成块。眶下窦出现炎症，在火鸡眶下窦呈现黏性和干酪状渗出物。有时出现心包炎和肝周炎变化，此时经常可以分离到大肠埃希氏杆菌。出现关节症状时，关节周围组织出现水肿，关节液增多，开始时清亮而后混浊，最后呈奶油状稠度。

## 三、病原及流行特点

鸡毒支原体属于支原体目支原体科支原体属。具有一般支原体形态特征，革兰氏染色阴性。对环境抵抗力低弱，在 20℃的鸡粪内可生存 1～3 d。在卵黄内 37℃时可生存 18 周。

鸡和火鸡对本病有易感性，4～8 周龄鸡和火鸡最敏感，纯种鸡比杂种鸡易感。病鸡和隐形感染鸡是本病的传染源。本病的传播有垂直和水平传播两种方式。病原体可通过飞沫经呼吸道传播，也可以通过饮水、饲料、用具传播。另外，配种时也可传播。

本病在鸡群中传播较为缓慢，但在新发病的鸡群中传播较快。本病易复发，常与其他疾病如传染性鼻炎、大肠杆菌病、传染性支气管炎等并发或继发感染。鸡群密度过大、拥挤、鸡舍寒冷、潮湿、通风不好，维生素 A 缺乏，疫苗免疫接种等，均可诱导本病发生。

## 四、诊断

根据流行病学、临床症状和病理变化，可作出初步诊断，但进一步确诊须进行病原分离鉴定和血清学检查。做病原分离时，可取气管和气囊的渗出物制成悬液，直接接种支原体肉汤或琼脂培养基；血清学方法主要以血清平板凝集试验最常用。

## 五、防治

**1. 预防** 免疫接种是减少支原体感染的一种有效方法。国内外使用的疫苗主要有弱毒疫苗和灭活疫苗。弱毒疫苗即可用于尚未感染的健康雏鸡，也可用于已感染的鸡群。灭活苗以油佐剂灭活苗效果较好，多用于蛋鸡和种鸡。免疫后可有效地防止本病的发生和种蛋的垂直传播，并减少诱发其他疾病的机会，增加产蛋量。

**2. 药物治疗** 鸡群一旦出现该病，可选泰妙菌素、泰乐菌素、红霉素、强力霉素、链霉素和氧氟沙星等抗生素进行治疗。该病临诊症状消失后极容易复发，且禽败血霉形体易产生耐药性，所以治疗时最好采取交替用药的方法。

# 禽曲霉菌病

禽曲霉菌病又称曲霉菌性肺炎或育雏室肺炎，是真菌中的曲霉菌引起的多种禽类(鸡、火鸡、鸭、鹅)的一种真菌性疾病。其病变特征是肺和气囊发生广泛的炎症和小结节。常见于幼禽，呈急性暴发。成年禽则为散发。发病率和病死率都很高，可以引起大批死亡，使养禽业遭受重大损失。本病流行的地区广泛，我国也广泛存在。

## 一、临床症状

自然感染的潜伏期一般为 2～7 d，根据临床症状和病程可分为急性型和慢性型。

**1. 急性型** 主要见于1月龄的雏禽。病禽初期表现为精神不振，食欲减少，继之出现口渴，频频饮水，羽毛粗乱，两翼下垂，喜立于墙角或蹲于僻静处。病程稍长者，表现呼吸困难，伸颈张口呼吸。呼吸状态的变化是本病的特征，当肺部结节密集或气管炎性渗出物增多充塞时，出现伸脖张口吸气，时常发出啰音及哨音，有时摇头连续打喷嚏，接着出现腹式呼吸，两翼扇动，尾巴上下摆动，颈向上前方一伸一缩，口黏膜和面部发绀，最后窒息而死。鸭、鹅的症状不如鸡明显。患眼曲霉菌病的雏禽，初期结膜充血肿胀，继之眼睑肿胀，常在一侧眼的瞬膜下出现黄色干酪样小球，使眼睑鼓起，或在角膜中央出现溃疡。鸡患皮肤烟曲霉菌病时，患部呈黑褐色坏死。通常在出现症状后 2～7 d 死亡。很少有康复者。

**2. 慢性型** 幼禽表现生长缓慢，发育不良，羽毛蓬乱无光，不喜运动，闭目呆立，眼窝下陷，步行不稳，喜立一隅或热源处，有的口腔黏膜出现溃疡，逐渐消瘦而死亡。成禽多数表现为慢性型的症状，母禽则停止产卵或产卵量减少，病程可延至数周。

## 二、剖检变化

病变主要表现在肺和气囊。典型病例均可在肺脏表面散在或密集针头大、小米大、绿豆大乃至豌豆大灰白色或淡黄色结节，易于从周围组织剥离。结节柔软有弹性，切开见有层次的结构，中心为干酪样坏死组织，内含大量菌丝体，外层为类似肉芽组织的炎性反应层。气囊壁增厚，气囊内常含有灰白色或黄白色的炎性渗出液或脓汁，继之变成凝乳块样，最后形成大小不等的干酪块。慢性病例，干酪样结节更大，数量更多，气囊壁变厚呈皮革样，并融合形成更大的淡黄色大块干酪样病灶。随着病程的延长，曲霉菌在干酪样及增厚的囊壁上形成分生孢子，此时可见气囊壁上形成圆形隆起的灰绿色霉菌斑，呈绒球状。

## 三、病原及流行特点

**1. 病原** 该病主要病原体为半知菌纲曲霉菌属中的烟曲霉，其次为黄曲霉，此外，黑曲霉、构巢曲霉、土曲霉等也有不同程度的致病性，偶尔也可从病灶中分离出青霉、木霉、头孢霉、毛霉、白曲霉等菌体。曲霉菌的气生菌丝一端膨大形成顶囊，上有放射状排列小梗，并分别产生许多分生孢子，形如葵花状。致病性曲霉菌对自然条件变化的适应能力很强，一般自然条件的冷、热、干、湿均不能破坏孢子的生活能力。120℃干热 60 min 才能使其培养物失去发芽的能力，煮沸 5 min 才能杀死，一般消毒剂须经 1～3 h 才可灭活。

**2. 流行特点** 各种禽类都有易感性，以幼禽(4～12 日龄)的易感性最高，常为急性和群发性，成年禽为慢性和散发。哺乳动物如马、牛、绵羊、山羊、猪和人也可感染，但为数甚少。曲霉菌的孢子广泛分布于自然界中，发霉的饲料或垫料等都可能存在，与环境因素密切相关，具有一定的自然疫源性。禽类常因接触发霉饲料和垫料经呼吸道或消化道而感染。曲霉菌孢子易穿过蛋壳而引起死胚，或出壳后不久出现症状。孵化室严重污染时新生雏可受到感染，几天后大多数出现症状，一个月基本停止死亡。阴暗潮湿鸡舍和不洁的育雏器及其他用具、梅雨季节、空气污浊等均能使曲霉菌增殖而引起本病发生。

## 四、诊断

根据流行病学、临床症状和病理剖检可作出初步诊断，确诊则需微生物学检查。

**1.霉菌孢子检查**　采取病灶部位的霉菌结节或霉菌斑置于载玻片上，加 20% 氢氧化钾溶液 1～2 滴，用针划破病料，加盖玻片后镜检可见大量霉菌孢子，并见有多个菌丝形成的菌丝团，分隔的菌丝排列成放射状，在病变组织切片中找到本菌即可确诊。

**2.霉菌分离培养**　曲霉菌比较容易分离培养，可将病料接种沙氏培养基、察氏培养基和马铃薯葡萄糖琼脂等，每天观察培养物，并在光学显微镜下进行检查，根据其形态特征和生长特性可对所分离的菌株进行鉴定。由于霉菌的分布广泛，霉菌培养结果阳性时应综合临床症状和病理变化再作出诊断结论。

## 五、防治

预防本病的关键是不使用发霉的垫料和饲料，垫料要经常翻晒，妥善保存，尤其是阴雨季节，防止霉菌生长繁殖。种蛋、孵化器及孵化厅均按卫生要求进行严格消毒。育雏室应注意通风换气和卫生消毒，保持室内干燥、清洁。

发现疫情时应迅速查明原因并立即排除，同时进行环境、用具等的消毒。本病目前尚无特效的治疗方法。据报道用制霉菌素防治本病有一定效果，剂量为每 100 只雏鸡一次用 50 万 IU，每日 2 次，连用 2～4 d。用 0.05% 的硫酸铜溶液或 0.5%～1% 碘化钾溶液饮水，连用 3～5 d 也有一定疗效。

### 案例分析

2008 年 5 月，某市某鸡场饲养的 7 000 只 12 月龄的蛋鸡陆续发病，病初食欲减退，产蛋率急剧下降，发病 4～5 d 后开始有不同程度的死亡，病情持续 1 个月左右，100 余只鸡死亡，鸡群产蛋率由 80% 下降到 30% 左右，曾用过青霉素、氟哌酸、病毒灵等药，但效果不明显。

## 一、诊断

**1.问诊**　整个鸡群精神不振，病情继续发展，鸡群产蛋率每天下降 1%～3% 不等，病鸡产软壳蛋、畸形蛋的比例增加，病鸡腹部膨大，站立时呈企鹅样，鸡冠发白，后期病鸡消瘦，最终衰竭死亡。

**2.视诊**　剖检病鸡肝脏呈土黄色，心脏包膜外有一层纤维素膜，卵巢处有一个比拳头稍大的包块，腹腔内有黄色腥臭液体和破碎的卵黄黏稠物，卵泡变形、变性、变色，其他脏器无明显变化。

**3. 实验室诊断**

(1)细菌培养。将病鸡的心、肝、脾、肾分别接种在普通琼脂、麦康凯琼脂培养基上，置于37℃恒温箱内培养24 h后，在普通琼脂培养基上生长有许多边缘整齐、光滑、隆起的菌落；在麦康凯琼脂培养基上，有许多边缘整齐、光滑、隆起的红色菌落。

(2)镜检。从麦康凯琼脂培养基上挑取单个的菌落用革兰氏染色后，在油镜下观察：有许多短杆状、单个散落的红色细菌。

(3)药敏实验。用药敏纸片做药敏试验，在37℃恒温箱内培养24 h后观察，丁胺卡那、庆大霉素高敏。

(4)生化试验。根据发病情况、临床症状、剖检变化、实验室诊断确诊该鸡场病鸡为由大肠杆菌引起的蛋鸡卵黄性腹膜炎病。

## 二、防治

(1)用高敏药物对症治疗。每次将庆大霉素1 g混入10～20 kg水中自由饮水，预防量减半，水温应在10℃左右，连用3～5 d。

(2)加强饲养管理。对圈舍进行通风消毒，圈舍温度应保持在23～28℃，湿度应保持在60％～70％ 。

(3)在饲料中加入优质多维，优质多维的量比通常用量多40％～60％，有利于提高鸡的抵抗力。

经过5 d的合理治疗，鸡群的疫情得到了良好的控制。

### 复习思考题

1. 禽大肠杆菌病有哪些临床类型？各有什么症状？
2. 如何进行沙门氏菌病的治疗？
3. 如何进行鸡传染性鼻炎的防治？
4. 鸡毒支原体感染典型病理变化有哪些？怎样防治鸡支原体感染？
5. 鸡曲霉菌病典型病理变化有哪些？

# 子项目二　禽病毒性疫病的防治

## 禽　痘

禽痘是由禽痘病毒引起的一种禽类的接触性传染病，其特征是在无毛或少毛的皮肤上发生痘疹，或在口腔、咽喉部黏膜形成纤维素性坏死性假膜，又名禽白喉。

### 一、症状及剖检变化

鸡痘潜伏期为4～8 d。根据发病部位不同，可分为皮肤型、黏膜型及混合型。

**1. 皮肤型**　在鸡冠、眼睑、喙角、耳球、腿、脚、泄殖腔以及翅内侧形成特异的痘疹。起初为细薄的灰色麸皮样覆盖物，迅速形成结节。结节增大相互融合，形成粗糙、坚硬、凸凹不平的褐色痂块，眼部出现痘疹时致使鸡眼难睁。幼龄鸡精神委顿，食欲减退，体重减轻。蛋鸡产蛋减少或停止。

**2. 黏膜型(白喉型)**　多发于幼雏和中雏。病初呈鼻炎症状，鼻炎出现后2～3 d，口腔、咽喉等处黏膜发生痘疹，初为圆形黄色斑点，逐渐扩大融合成一层黄白色的假膜(故称白喉型)，随后变厚而成棕色痂块，痂块不易脱落，强行撕脱则引起出血。如痘疹蔓延至喉部，病鸡出现吞咽困难，严重时窒息死亡；如痘疹发生在眼及眶下窦，则眼睑肿胀，结膜上有多量脓性或纤维素性渗出物，甚至引起角膜炎而失明。

**3. 混合型**　皮肤、黏膜均受侵害，发生痘疹。

### 二、病原及流行特点

病原体为禽痘病毒，病毒可在感染细胞的胞浆中增殖并形成包涵体。病毒大量存在于病禽的皮肤和黏膜病灶中，病毒对外界自然因素抵抗力相当强。鸡不分性别、年龄和品种都可以感染，以雏鸡和中雏鸡最易感，常引起大批死亡。其次是火鸡。鸭、鹅也可发病，但症状轻微。主要通过接触传播，也可经损伤的皮肤、黏膜传染。吸血昆虫如蚊、刺蝇、蚤等也可传播本病。饲养密度过大，通风不良，体表寄生虫寄生，饲养管理条件差，可使病情加重。如有葡萄球菌病、传染性鼻炎、慢性呼吸道病混合感染，可造成大批死亡。本病一年四季均可发生，以春秋两季和蚊子活跃的季节最易流行。大中型鸡场流行较为严重。

## 三、诊断

皮肤型鸡痘，根据临诊症状可以确诊。黏膜型的鸡痘，可采取病料（痘痂或假膜）做成1∶5的悬浮液，通过划破冠、肉髯或皮下注射等途径接种易感鸡，如有痘病毒存在，被接种鸡在5～7 d内出现典型的皮肤痘疹。此外，也可进行包涵体检查或用血清学方法进行诊断。

## 四、防治

平时加强饲养管理，做好卫生消毒和定期预防接种工作。我国目前使用鸡痘鹌鹑化弱毒苗，100倍稀释后，在翅膀内侧无血管三角区内皮下刺种，1月龄以上鸡刺种2针；20日龄鸡刺种1针。200倍稀释后，6日龄以上鸡刺种1针。引进家禽应隔离观察，确认健康方可混群。发病时，应立即隔离病鸡，轻者治疗，重者淘汰。对其他鸡进行紧急免疫接种。尸体深埋或焚烧。污染场所要严格消毒。存在于皮肤病灶中的病毒对外界环境的抵抗力很强，因此隔离的病鸡在完全康复后2个月方可合群。

# 禽流感

禽流感（AI）是禽流行性感冒的简称，又称真性鸡瘟或欧洲鸡瘟，它是一种由A型流感病毒的一种亚型引起的传染病，临床上以急性败血性死亡到无症状带毒等多种病征为特点。高致病性禽流感被国际兽疫局定为A类传染病，我国也将其列入一类动物疫病。本病在我国的有些省市的一定范围内暴发，给我国养禽业带来极大的威胁，加强该病的防治已刻不容缓。

## 一、临床症状

**1. 急性禽流感**　多见于高致病性禽流感（如$H_5$、$H_7$亚型引起），特点是潜伏期短（潜伏期几小时到数天，最长可达21 d），发病急剧，发病率和死亡率均高。禽群突然暴发，常无明显症状而突然死亡。病程稍长时，病禽体温升高达43℃以上，精神高度沉郁，食欲废绝，羽毛松乱；有咳嗽、啰音和呼吸困难，甚至可闻尖叫声；鸡冠、肉髯、眼睑水肿，鸡冠、肉髯发绀，或呈紫黑色，或见有坏死；眼结膜发炎，眼、鼻腔有较多浆液性或黏液性或粘脓性分泌物；病鸡腿部鳞片有红色或紫黑色出血；病禽有下痢，排出黄绿色稀便；产蛋鸡产蛋量明显下降，甚至停产；有的病鸡可见神经症状，共济失调，不能走动和站立。

**2. 亚急性禽流感** 多见于致病力较低的 $H_9N_2$ 等血清亚型引起的禽流感。该型的特点是潜伏期长，发病比较缓和，病程稍长，发病率和死亡率较低，主要引起产蛋鸡发病，青年鸡和雏鸡发病较少，一旦发病，疫区很难根除。

病鸡精神不振，采食量明显减少，饮水增加，羽毛松乱、缩颈，呆立，从鼻腔流出分泌物，鼻窦肿胀。眼结膜发红，流出分泌物。头部肿胀、变大，鸡冠、肉髯淤血，重者呈紫黑色，肉髯可变厚、变硬，触之有热感。腿部毛少处可见出血斑。呼吸道症状一般较轻。有的病鸡表现为咳嗽，有呼吸音，有的呼吸困难，伸颈张嘴，发出呼吸尖叫声。病鸡腹泻，排出水样稀粪，带有未完全消化的饲料，有的排出黄色、绿色或浅绿色稀粪。

患病鸡群产蛋量下降，产蛋下降的幅度与持续时间各个鸡群不完全相同，一般来说，产蛋下降 20%～35%，甚至 60%，同时可见软壳蛋、退色蛋、沙皮蛋、畸形蛋等明显增多。一般 7～10 d 后下降到最低点，在此水平停留 2 周左右才缓慢回升。鸡群感染的毒株为低毒力的、曾经用过禽流感疫苗、饲养管理条件较好、及时进行了对症治疗等，其产蛋下降幅度较小，产蛋恢复也较快，有的鸡群甚至可恢复到发病时的产蛋水平。

**3. 慢性型禽流感** 在实际中，可以见到禽流感发生后，病势缓和，病情逐步发展、蔓延，先发病的鸡群已经恢复，而未发病的鸡群才开始发病，一般症状不明显，仅表现轻微的呼吸道病状，采食稍见减少，消化道症状也不明显，产蛋鸡的产蛋率下降 10%以内，软皮蛋、畸形蛋也不多，退色蛋、沙壳蛋相对多些。这些临床表现与慢性呼吸道症状相似，当采用慢性呼吸道的防治办法不能收到效果时，应重视是否有慢性禽流感的可能。

## 二、剖检变化

高致病性禽流感的主要特征是暴发时的突然死亡和高死亡率，可能见不到明显的病变。急性死亡鸡眼、鼻有分泌物，鸡冠及肉髯发紫或见水肿，有的可见颜面、头部肿大。鼻窦内充满黏液，或见眶下窦内积有黏液或干酪样物，喉头、气管黏膜充血、出血，在黏膜表面有多量黏性分泌物。肺淤血。气囊膜增厚，内有纤维素性或干酪样物。消化道病变比较明显，口腔内有黏液，嗉囊内积有酸臭的液体；腺胃乳头出血，有脓性分泌物，腺胃与食道、腺胃与肌胃交界处有带状出血；肌胃角质膜下出血；十二指肠及小肠黏膜红肿，有程度不等的出血点或出血斑；盲肠扁桃体肿大、出血；直肠黏膜及泄殖腔出血。生殖道病变也较明显，卵泡充血、出血，呈紫红、紫黑色，有的卵泡变形、破裂，卵黄液流入腹腔，形成卵黄性腹膜炎；卵巢和输卵管充血、出血，管腔内有黄白色黏性或脓性分泌物，间或见纤维素性及干酪样物。肝脏肿大，有出血点，可见灰黄色坏死点、血肿；心包膜增厚，冠状沟及心外膜出血，心肌条状或点状坏死；皮下、内脏浆膜、腹部脂肪及心冠状沟脂肪可见出血点；胰腺出血，出现淡黄色斑点状坏死点；肾脏肿大，肾小管中含有尿酸盐沉积。

## 三、病原及流行特点

禽流感病毒（AIV）属正粘病毒科流感病毒属 A 的成员。病毒呈球形、杆状或长丝状及多形性，为有囊膜的 RNA 病毒。流感病毒分为 A、B、C 三型。A 型可感染猪、马、禽类和人，貂、海豹、鲸等动物也可感染。B 型在自然情况下仅感染人。C 型感染儿童。流感病毒对干燥和低温的抵抗力强，在－70℃时稳定，冻干可保存数年。60℃、20 min 可使病毒灭活，一般消毒剂对病毒均有作用，对碘蒸气和碘溶液特别敏感。

家禽流感的传染来源较多，可来自感染或发病的家禽、其他种类的家禽，来自外来捕获的鸟、野生鸟类、移徙的水禽及其他动物，其中病禽是主要传染源。病毒通过病禽的分泌物、排泄物和尸体等污染饲料、饮水及其他物体，经呼吸道、消化道、伤口和眼结膜等引起传染。此外人员和车辆的来往也是不可忽视的因素。病禽的种蛋可以带毒，并能经卵垂直传播。

本病多发生于天气骤变的晚秋、早春以及寒冷的冬季。各种应激因素和内外寄生虫侵袭可促进本病的发生和流行。本病发病率高而死亡率低，但鸡受到强毒（仅见于 A 型病毒的 $H_5$ 和 $H_7$ 亚型）感染时，病死率很高。

## 四、诊断

根据流行特点、临诊症状和剖检变化可作出初步诊断，确诊需进行实验室诊断。

**1. 病原学诊断** 病毒的分离和血清学试验：用灭菌的棉花拭子擦拭鼻咽部分泌物，接种于 9～11 日龄的鸡胚，培养至 5 d，收获尿囊液做血凝试验和血凝抑制试验。亚型和毒力鉴定需送国家级参考实验室。

**2. 鉴别诊断** 本病易与新城疫、传染性喉气管炎、产蛋下降综合征及传染性支气管炎等相混淆，应注意鉴别诊断，禽流感（AI）与新城疫、传染性喉气管炎鉴别诊断。

## 五、防治

当前预防禽流感应采取严格的生物安全措施，严格检疫，彻底消毒，杜绝病原传入。候鸟可传播本病，当发现有鸟死亡时，应就地烧毁。针对该病的疫苗研究虽然取得了很大进展，但由于禽流感病毒抗原复杂且易变异，亚型多且各亚型之间缺乏明显的交叉免疫，所以疫苗应用非常困难。目前我国已有不同类型的禽流感疫苗研制成功和应用，如 $H_5N_1$ 亚型重组禽流感病毒灭活疫苗、$H_5$ 亚型禽流感重组鸡痘病毒载体活疫苗、禽流感灭活疫苗（$H_5$ 亚型，$N_{28}$ 株），都能彻底切断高致病性禽流感的传播。另外，发生高致病性禽流感时应按国家有关规定采取相应的上报疫情、隔离、封锁及扑杀等措施。

# 新城疫

新城疫（ND）也称亚洲鸡瘟，俗称鸡瘟，是由新城疫病毒引起多种禽类发病的一种急性高度接触性传染病，常呈败血症经过。主要特征为呼吸困难、下痢、神经机能紊乱、黏膜和浆膜显著出血。该病被国际兽疫局定为A类传染病，我国也将其列入一类动物疫病。

## 一、临床症状

本病潜伏期一般为3～5 d，根据临诊表现和病程的长短，可分为最急性、急性、亚急性或慢性三种类型。

**1. 最急性型** 突然发病，常无特征症状而迅速死亡，多见于流行初期和雏鸡。

**2. 急性型** 病初体温升高达43～44℃，食欲减退或停食，有渴感，精神委靡，不愿走动，垂头缩颈或翅膀下垂，眼半开或全闭，似昏睡状，鸡冠及肉髯呈暗红色或暗紫色，母鸡产蛋停止或产软壳蛋。随后出现比较典型的症状，病鸡咳嗽，呼吸困难，有黏液性鼻漏，伸颈张口呼吸，并发出“咯咯”的喘鸣声或尖锐的叫声。嗉囊内充满液状内容物，倒提时常有大量酸臭液体从口角流出。拉稀，粪便呈黄绿色或黄白色，有时混有少量血液，后期排出蛋清样的排泄物。有的病鸡还出现神经症状，如翅、腿麻痹等，最后体温下降，昏迷死亡。病程2～5 d，1月龄的小鸡病程较短，症状不明显，病死率高。

**3. 亚急性或慢性型** 初期症状与急性相似，但同时出现神经症状，患鸡翅腿麻痹，跛行或站立不稳，头颈向后或向一侧扭转，常伏地旋转，反复发作，瘫痪或半瘫痪，10～20 d死亡。此型常发生于流行后期的成年鸡，病死率较低。产蛋鸡常表现产蛋下降。个别患鸡可以康复，部分不死的病鸡遗留特有的神经症状，表现腿翅麻痹或头颈歪斜。有的鸡状似健康，但若受惊扰刺激或抢食时，突然后仰倒地，全身抽搐就地旋转，数分钟后恢复正常。

免疫鸡群发生新城疫，仅表现呼吸道和神经病状，其发病率和病死率较低，称作"非典型新城疫"。

## 二、剖检变化

本病表现为败血症变化，尤以消化道的变化最为明显，即消化道黏膜的弥漫性出血和溃疡。腺胃黏膜出血，大多限于腺胃乳头突起和乳头间，在腺胃与食道或腺胃与肌胃的交界处常呈带状或不规则的出血斑，近食道的腺胃黏膜的出血斑点常形成溃疡。肌胃角质层下的肌肉有出血点，从小肠到盲肠和直肠黏膜有大小不等数量不一的出血点。小肠肠黏膜红肿，有小点状或麸皮样坏死灶，有些大似枣核状，单个，突出于肠表面，黄褐色，脱落后成溃疡。这种局灶性溃疡在肠浆膜面可以清楚见到，呈紫红色。盲肠与直肠黏膜皱褶常呈条纹状出血，在盲肠基部的扁桃体呈紫红色肿大、出血或坏死。

鼻腔及喉头充满污灰色黏液，黏膜充血或有小点出血，偶有纤维素性坏死点。气管内集有大量黏液，黏膜充血或出血。肺淤血或水肿。心冠脂肪、心内外膜有小点出血。产蛋鸡卵黄膜充血或出血，甚至卵黄破裂流入腹腔。

非典型新城疫仅见黏膜卡他性炎症，喉头和气管黏膜充血，腺胃乳头出血少见，直肠黏膜、泄殖腔和盲肠扁桃体多见出血。

## 三、病原及流行特点

**1.病原** 新城疫病毒(NDV)属于副粘病毒副粘病毒属，为单股 RNA，至今认为该病毒只有 1 个血清型，分为几种类型：①嗜内脏速发型，引起各种年龄的鸡急性致死性感染，消化道出血明显。②嗜神经速发型，感染各种年龄鸡，以神经症状为特征。③中发型，感染后仅引起幼禽死亡。④缓发型，表现轻微或不明显的呼吸道感染，可作弱毒苗。⑤无症状型，主要为肠道感染。

鸡新城疫病毒对外界环境抵抗力较强，对热和光等物理因素的抵抗力较其他病毒稍强，在 pH 2～12 的环境下 1 h 不被破坏。加热至 60℃经 30 min，或煮沸 1 min 可死亡；在直射阳光下，病毒经 30 min 死亡；病毒对消毒药的抵抗力较弱，如 2%～3%的氢氧化钠溶液、4%～5%甲醛及甲醛蒸汽、1%来苏儿、5%漂白粉溶液、3%～5%碘酊及 70%酒精等均可在数分钟内杀死病毒。

**2.流行特点** 鸡、火鸡、鸽子、鹌鹑及野鸡对本病都有易感性，以鸡最易感。各种年龄的鸡中以幼雏和中雏易感性最高。鸭、鹅对本病有抵抗力，但可从体内分离到 NDV。哺乳动物对本病有很强的抵抗力，但人可感染，表现为结膜炎或类似流感临诊症状。

本病主要传染源是病鸡和带毒鸡。感染鸡可通过口鼻分泌物、粪便、蛋等排出病毒。带有病毒的飞沫和灰尘，对本病也有一定的传播作用。非易感的野禽、外寄生虫、人、畜均可机械地传播本病毒。本病的传染主要是通过病鸡与健康鸡的直接接触。主要是经呼吸道和消化道感染。此外，亦可经眼黏膜、伤口和交配感染。本病一年四季均可发生，但以春、秋两季较多。近年来免疫鸡群常因免疫失败而发生非典型新城疫。

## 四、诊断

根据流行病学、病状和病变进行综合分析，可作出初步诊断，确诊需进行病原学和血清学诊断，特别是免疫鸡群或雏鸡群发病时，因缺乏典型病变，更需进行实验室检查才能确诊。

**1. 病原学检查**　采取病死鸡的脾、脑、肺等病料混合磨碎，经除菌处理后，通过尿囊腔接种于 9～11 日龄 SPF 鸡胚，取 24 h 后死亡的鸡胚尿囊液进行红细胞凝集试验（HA）和红细胞凝集抑制试验（HI），进行病毒鉴定。

**2. 血清学诊断**　常用的方法有 HA 和 HI、病毒中和试验、ELISA、免疫组化、荧光抗体等。

**3. 鉴别诊断**　根据我国目前的情况，本病应注意与禽霍乱、传染性支气管炎和禽流感相区别，特别要与禽流感区别。禽流感病禽呼吸困难和神经症状不如新城疫明显，嗉囊没有大量积液，常见皮下水肿和黄色胶样浸润，黏膜、浆膜和脂肪出血比新城疫广泛、明显。禽霍乱鸡、鸭、鹅都可发病，但无神经症状，肝脏有灰白色坏死点，心血涂片或肝触片染色可见两极浓染额巴氏杆菌，抗生素应用有效。

## 五、防制

目前对于本病尚无有效的治疗方法，加之发生后传播迅速、病死率高，往往给鸡群以毁灭性的打击，因此预防是本病防制工作的重点。

**1. 一般措施**　建立和健全并执行严格的卫生防疫制度，防止一切带毒动物（特别是鸟类）和污染物品进入鸡群；进出的人员和车辆应严格消毒；饲料来源要安全；不从疫区引进种蛋和苗鸡；新购进的鸡须接种新城疫疫苗，并隔离观察 2 周以上，证明健康者方可合群。

**2. 预防接种**　合理做好预防接种，增强鸡的特异免疫力，对此应注意以下几个问题：

（1）正确选择疫苗。目前我国使用的鸡新城疫活疫苗有五种，即Ⅰ系苗（或称 Mukteswar 株）、Ⅱ系苗（或称 $HB_1$ 株）、Ⅲ系苗（或称 F 株）、Ⅳ系苗（或称 Lasota 株）、$V_4$ 弱毒苗。

Ⅰ系苗为中等毒力的活苗，用于经 2 次弱毒力的疫苗免疫后的鸡或 2 月龄以上的鸡，多采用肌肉注射或刺种的方法接种。幼龄鸡使用后会引起较重的接种反应或发病。Ⅰ系苗产生免疫力快(3～4 d)，免疫期长(6 个月以上)。Ⅱ、Ⅲ、Ⅳ系苗都属于弱毒力的活苗，最常用的是Ⅳ系及其克隆株，大小鸡均可使用，多采用滴鼻、点眼等方法接种。对于大群雏鸡可用Ⅲ系或Ⅳ系苗做饮水免疫，要求倍量使用或复饮一次，如做气雾免疫，最好在 2 月龄以后采用，以减少诱发呼吸道传染病。$V_4$ 弱毒苗为嗜肠道型且耐热性较好，适用于热带地区的农村养鸡，多采用饮水免疫，与Ⅳ系苗联合使用效果较好。

(2)母源抗体对免疫应答的影响。母鸡经过鸡新城疫苗接种后，可将其抗体通过卵黄传递给雏鸡，雏鸡在 3 日龄抗体滴度最高，以后逐渐下降，每日大约下降 13%。具有母源抗体的雏鸡既有一定的免疫力，抵抗强毒的侵袭，又对疫苗的接种有干扰作用，因此有人主张在 7 日龄做第一次疫苗接种，在 25～30 日龄时做第二次接种，或在第一次免疫同时接种灭活苗。

(3)建立免疫监测。根据 HI 抗体水平确定初免和再次免疫时间。如果 HI 效价高于 5 $\log_2$ 时，进行首免几乎不产生免疫应答，因此可以以 4 $\log_2$ 作为免疫接种的界线。为此要定期对免疫鸡群抽样采血做 HI 试验，既可以作为制定程序的理论依据，又可以了解疫苗免疫接种的效果。

(4)免疫抑制。疫苗免疫接种后，抗体产生受到抑制，其保护能力受到影响。如感染传染性法氏囊病毒、传染性贫血病毒、网状内皮增生症病毒等均会导致免疫抑制，传染性支气管炎疫苗与新城疫疫苗同时使用也会干扰新城疫的免疫。营养缺乏、应激均会导致 ND 免疫抑制，因此在进行 ND 疫苗免疫接种时，应注意其他病的防疫工作及饲养管理。

**3. 发生新城疫时防制** 鸡群一旦发病，应封锁鸡场，紧急消毒，分群隔离，将病鸡和接触过病鸡的可疑鸡分群，对全场鸡群用Ⅰ系或Ⅳ系苗进行紧急接种。在病初用 ND 高免血清进行紧急注射，也能减少死亡。同时做好病鸡和死亡鸡的无害化处理，当疫区最后一个病例处理后 2 周，经严格的终末消毒后，方可解除封锁。

## 马立克氏病

鸡马立克氏病(MD)是由鸡马立克氏病病毒引起的鸡的一种高度接触传染、最常见的一种鸡淋巴组织增生性传染病，以外周神经、性腺、虹膜、各种脏器、肌肉和皮肤的单核细胞浸润为特征。本病呈世界性分布。

## 一、临床症状

本病是一种慢性肿瘤性疾病，潜伏期长。根据病变发生的部位和临床症状，本病可以分为四种类型，即神经型(古典型)、内脏型(急性型)、皮肤型和眼型。

**1. 神经型**　又称为“古典型”，主要侵害外周神经。由于被侵害神经部位的不同，则症状亦异。当坐骨神经丛或坐骨神经受害，表现运动失调和步态异常，富有特征性的姿势是病鸡的一只脚伸向前方，另一只伸向后方，似“劈叉”姿势；或横卧、麻痹等不正常姿势，这是由于肢腿发生单侧性不全麻痹或麻痹的结果所致。当臂神经丛或翅神经发生病变时的特征是翅膀下垂，俗称“穿大褂”。当支配颈部肌肉的神经受到损害，病鸡即发生头下垂和可能出现头颈歪斜。颈部迷走神经受到侵害时，可引起嗉囊发生麻痹或扩张，俗称“大嗉子”以及无声的张口呼吸。

**2. 内脏型**　又称为“急性型”，该型多呈急性暴发，病性急骤，开始时以大批鸡精神委顿，食欲不振，羽毛散乱，行走缓慢，常缩颈呆立于墙角为特征。几天后部分病鸡出现共济失调、脸色苍白及下痢，随后出现单侧或双侧肢体麻痹。部分病鸡死亡而无特征临诊症状。很多病鸡表现脱水、消瘦和昏迷。这种病例常见于50～70日龄的鸡，对肉鸡威胁严重。

**3. 皮肤型**　较少见。大多见于大腿、颈、翅膀、背部或尾部皮肤上，毛囊肿大，皮肤变厚，形成小结节及瘤状物。多在宰后的退毛鸡身上才发现。

**4. 眼型**　少见。表现单眼或双眼视力丧失，虹膜色素消退，呈同心的环状或斑点状，以至弥漫性的清蓝色或淡灰色的浑浊，俗称“鱼眼”、“灰眼”、“珍珠眼”或“白眼病”。瞳孔收缩，边缘不整齐，似锯齿状，逐渐失去对光调节的能力。严重时，整个瞳孔最后缩至针头大的小孔，病鸡视力减退或消失。

## 二、剖检变化

**1. 神经型**　最常见病变是周围神经，以腹腔神经丛、坐骨神经、臂神经及迷走神经为常见。病变的神经肿大，比正常增粗2～3倍，甚至更多，表面光亮，失去原有的银白色条纹外观，而呈灰白或黄白色，有的呈水肿样，有的可见到明显结节状，神经变成粗细不匀。这些变化是由于神经组织中有大量淋巴细胞浸润和水肿所致。病变的神经大多数是一侧性的，与对侧神经对比时，有助于诊断。

**2. 内脏型**　鸡病，肿瘤可出现在各个器官，如肝、肾、心、肺、卵巢、睾丸、腺胃等器官，可见到大小不等的单个或多个灰白色肿瘤。最常见的是性腺器官、肝、肾、脾肿大，比正常增大数倍，肝、肾肿瘤由小米粒大到核桃大小，粗糙，颗粒状，质坚实，常突出于脏器表面，亦有肿瘤组织浸润在实质中，切面平整，呈油脂状。卵巢肿瘤如菜花状，表面光亮，淡灰色，有的如脑样，大如核桃。睾丸肿大，可达正常的10倍，重者可被肿瘤代替。腺胃肿大2～3倍，浆膜下有灰白色块，变硬，乳头变大而突起，顶端溃烂。心脏肿瘤呈灰白色，小如米粒，大如玉米粒，单个或多个结节状，突出心外膜，质韧。法氏囊常萎缩，不形成肿瘤，这与淋巴细胞性白血病不同。

**3. 皮肤型** 皮肤的病变多发生在毛囊部，呈孤立或融合的白色隆起结节，严重时似疥癣样，表面为淡褐色结痂，不形成肿瘤，这不同于淋巴细胞性白血病。

**4. 眼型** 主要见于虹膜内有大量淋巴细胞浸润。

## 三、病原及流行特点

**1. 病原** 马立克氏病病毒(MDV)为疱疹病毒科 $\alpha$-疱疹病毒，线状双股DNA，是一种细胞结合性病毒。MDV有三个血清型：①致瘤的MDV；②不致瘤的MDV；③火鸡疱疹病毒(HVT)。羽囊上皮细胞中的病毒粒子有囊膜，随角化细胞脱落，成为传染性很强的细胞游离病毒。对外界环境有很强的抵抗力，污染的垫料和羽屑在室温下其传染性可保持4～8个月，但常用化学消毒剂可使病毒失活，5%福尔马林或熏蒸的甲醛蒸气、2%氢氧化钠、3%来苏儿、0.2%过氧乙酸等常用消毒剂可在10 min内杀灭病毒。

**2. 流行特点** 鸡是最重要的自然宿主，不同品种或品系的鸡均能感染MDV，但对发生的MD的抵抗力差异很大。自然感染最早发病于3～4周龄的雏鸡，但一般多发生于2～5月龄的小鸡。本病的主要传染源是病鸡和带毒鸡。在羽囊上皮细胞复制的传染性病毒，随羽毛、皮屑排出，而经空气传播。很多外表健康鸡可长期持续带毒排毒。鸡群所感染的MDV的毒力对发病率和死亡率影响很大。病毒随疫苗的使用出现毒力不断增强的趋势，应激等环境因素也可影响MD的发病率。

## 四、诊断

神经型马立克氏病，可根据病鸡显现的特征性的劈叉、麻痹症状和病理变化即可确定诊断。症状轻微而不能确定的病变，需同其他疾病加以鉴别。

本病的确诊断是分离并鉴定本病毒。采取病鸡与症状有关的某些周围神经和内脏的病变材料做组织切片检查。如果有条件也可以用细胞培养、雏鸡接种及用荧光抗体法做诊断。羽囊琼脂扩散沉淀试验的方法比较简单，我国许多化验室都可进行，它是用马立克氏病高免血清或自然康复鸡血清来检查病鸡的羽毛囊中有否病毒(抗原)存在，以确定诊断。

## 五、防制

疫苗接种是防制本病的关键,以防止出雏室和育雏室早期感染为中心的综合性防治措施,对提高免疫效果和减少损失亦起重要作用。我国生产有两种疫苗,一种是火鸡疱疹病毒冻干苗,另一种是马立克氏病冷冻苗。火鸡疱疹病毒(HVT)冻干菌,使用于各品种的1日龄雏鸡,注射10～14 d后可产生免疫力,免疫期一年以上。鸡马立克氏病冷冻苗注射8 d后产生免疫力,免疫期一年以上。冷冻疫苗,在－196℃液氮中保存,使用时按要求取出后,迅速放在38℃水中融化后按要求注射。我国还生产有二联或三联苗,按疱疹病毒血清型配苗,可根据各地的疫情选用。影响疫苗的免疫效果因素很多,如母源抗体干扰、早期感染、应激、免疫抑制病等。针对每个环节,必须制定相应措施,才能有效提高疫苗保护率。

发生马立克氏病的鸡场或鸡群,对病鸡必须检出淘汰,特别是种鸡场,严格做好检疫工作,发现病鸡立即隔离或淘汰,以消除传染来源。严重感染的种鸡群或商品鸡群,除淘汰更新外,养鸡的环境及饲养全过程,均应严格消毒。

# 传染性法氏囊病

传染性法氏囊病(IBD)是由传染性法氏囊病病毒引起雏鸡的一种急性、高度接触性传染病。以腹泻、颤抖、极度虚弱、法氏囊、腿肌和胸肌、腺胃和肌胃交界处出血为特征。雏鸡感染后发病率高、病程短、死亡率高,导致免疫抑制,并可诱发多种疫病或使多种疫苗免疫失败。

## 一、临床症状

本病潜伏期为2～3 d,最初发现有鸡自啄泄殖腔。病鸡羽毛松乱,采食减少,畏寒,常聚堆。随后出现腹泻,排出白色黏稠和水样稀粪,泄殖腔周围的羽毛被粪便污染。在后期体温低于正常,严重脱水,极度虚弱,最后死亡。由IBDV的亚型毒株或变异株感染的鸡,表现为亚临诊病状,炎症反应弱,法氏囊萎缩,死亡率低,但免疫抑制严重,造成更大危害。

## 二、剖检变化

病死鸡脱水,腿部和胸部肌肉出血,法氏囊内黏液增多,法氏囊水肿和出血,体积增大,重量增加,比正常值重2倍,5 d后法氏囊开始萎缩,切开后黏膜皱褶多混浊不清,黏膜表面有点状出血或弥漫性出血。严重时,法氏囊内有干酪样渗出物,肾脏尿酸盐潴留而苍白肿胀，腺胃和肌胃交界处有条状出血。若为超强毒毒株感染，则出血程度更为严重。

## 三、病原及流行特点

**1. 病原** 传染性法氏囊病病毒（IBDV），属于双股双节 RNA 病毒科双股双节 RNA 病毒属。目前已知 IBDV 有两个血清型，即血清Ⅰ型（鸡源性毒株）和血清Ⅱ型（火鸡源性毒株）。血清Ⅰ型毒株中可分为 6 个亚型（包括变异株），这些亚型毒株在抗原性上存在明显的差别，这种毒株之间抗原差异性可能是免疫失败的原因之一。病毒在外界环境中极为稳定，能够在鸡舍内长期存在，且特别耐热。

**2. 流行特点** 自然感染仅发生于鸡，各种品种的鸡都能感染，主要发生于 2～15 周龄的鸡，3～6 周龄的鸡最易感，成年鸡一般呈隐性经过。病鸡是主要传染源，其粪便中含有大量的病毒，可污染饲料、饮水、垫料、用具、人员等，通过直接和间接接触传播。主要通过消化道感染，也可经呼吸道感染。

本病往往突然发生，传染性强，传播迅速，通常在感染后第 3 天开始死亡，5～7 d 达到高峰，以后很快停息，表现为高峰死亡和迅速康复的曲线。本病常与大肠杆菌、新城疫、鸡支原体病混合感染。

## 四、诊断

根据本病流行病学和病变特征就可作出诊断。由 IBDV 变异株感染的鸡，只有通过法氏囊的病理组织学观察和病毒分离才能作出诊断。病毒分离鉴定、血清学试验和易感鸡接种是确诊本病的主要方法。

**1. 病毒分离鉴定** 取病死鸡的法氏囊和脾，磨碎后无菌处理，经绒毛尿囊腔接种 9～12 日龄 SPF 鸡胚。感染鸡胚 3～5 d 死亡，可见胚胎全身水肿、出血。用中和试验鉴定分离出 IBDV。

**2. 琼脂扩散试验** 常用于 IBD 诊断。应用此法还可进行流行病学调查和检测疫苗免疫后的 IBD 抗体，但是不能区分血清型差异，不能查出群特异性抗原。

**3. 易感鸡感染试验** 取病死鸡的典型病变的法氏囊，磨碎制成悬液，经滴鼻和口服感染 21～25 日龄易感鸡，在感染后 48～72 h 出现病状，死后剖检法氏囊有特征性的病变。

## 五、防治

鸡感染 IBDV 后，或用疫苗免疫后，都能刺激机体产生免疫应答，体液免疫是该病保护性免疫应答的主要机制。目前发现应用血清Ⅰ型的疫苗毒株，对雏鸡免疫后所产生的免疫应答不能抵抗亚型或变异毒株的感染。为此，防制本病不能仅用疫苗，需采取综合措施。

**1. 严格执行兽医卫生措施**　病毒在外界环境中极为稳定，能在鸡舍内长期存活。因此，应注意对环境的消毒，特别是育雏室。用有效消毒药对环境、鸡舍、用具、笼具进行喷洒，经 4～6 h 后，进行彻底清扫和冲洗，重复 2～3 次消毒后再引进雏鸡，以防 IBDV 的早期感染。

**2. 提高种鸡的母源抗体水平**　种鸡群在 18～20 周龄和 40～42 周龄经 2 次接种 IBD 油佐剂灭活苗后，可产生高水平的抗体并传递给子代，使雏鸡获得较整齐和较高母源抗体，在 2～3 周龄内得到较好的保护，防止雏鸡早期感染。

**3. 雏鸡的免疫接种**　目前我国常用的活苗一是弱毒苗，对法氏囊无任何损害，受母源抗体干扰严重，免疫保护率较低；二是中等毒力疫苗，接种后对法氏囊有轻度损伤，对血清Ⅰ型强毒的保护率高，一般推荐在 14～18 日龄进行免疫。灭活苗是由鸡胚细胞毒、鸡胚毒、病死鸡的法氏囊组织制备的。变异株病毒制成弱毒疫苗或灭活苗，既可预防变异株引起的感染，又可对血清Ⅰ型 IBDV 产生保护性免疫应答。

**4. 发病时的防治**　除对鸡舍和环境进行严格消毒外，发病早期用 IBD 高免血清或康复血清进行注射，也可用高免鸡所产蛋制备卵黄抗体进行注射，对鸡群有较好的疗效。治愈后应对鸡群进行主动免疫。

# 禽脑脊髓炎

禽脑脊髓炎又称流行性震颤（AE），是由禽脑脊髓炎病毒引起的鸡的一种急性、高度接触性传染病。该病主要侵害雏鸡中枢神经系统，其主要特征为共济失调，头颈肌肉震颤和两肢轻瘫及不完全麻痹，母鸡产蛋量急速下降。本病世界各地均有发生，虽然大多数鸡群最终感染病毒，但临床的发生率较低。

## 一、临床症状

本病潜伏期经胚胎感染为 1～7 d，通过接触传播至少为 11 d。发病通常在 1～2 周龄，发病初期表现为精神不振、嗜睡、头颈震颤、站立不稳、运动失调，行步时两翅开张以保持平衡，或以肘和胫爬行，仍能自行采食，饮欲正常，最后由于瘫痪、不能采食和饮水而体重减轻，衰竭死亡。有些病雏常发生晶状体浑浊或瞳孔反射消失。2～3 周龄后感染很少出现症状。

病程一般为 7 d 左右，长的可达 1 个月。成年鸡感染可发生轻微腹泻，产蛋率下降10%～20%，种蛋孵化率也明显低下，3周后恢复正常。

## 二、剖检变化

禽脑脊髓炎唯一的眼观变化是病雏肌胃有带白色的区域，是由浸润的淋巴细胞团块所致，但该变化易被忽略。严重病例可见肝脏脂肪变性、脾肿大和轻度的肠炎。

## 三、病原及流行特点

禽脑脊髓炎病毒，属小RNA病毒科中的肠道病毒，无囊膜。病毒抗原集中存在于鸡胚的胃肠道(腺胃、肌胃、肠道)肌层中，这些器官的组织匀浆是琼脂扩散试验的最佳抗原。该病毒对环境的抵抗力很强。

本病自然感染于鸡、野鸟、鹌鹑和火鸡。各年龄的鸡均有易感性，但3周龄以内的雏鸡易感性最高。病禽及带毒禽是本病的主要传染源。病毒污染的饲料、饮水和垫草等污染物是主要的传播媒介，通过消化道传播，也可通过尘埃经呼吸道、伤口传播，也能垂直传播。本病一年四季均可发生，雏鸡的发病率一般为40%～60%，死亡率为10%～25%。

## 四、诊断

根据本病的特有流行特点和临诊病状可作出初步诊断。在鉴别诊断时需与新城疫、维生素E缺乏症、雏鸡佝偻病和马立克氏病相区别。通过病毒分离、组织学检查、血清学检查可以确诊。

取脑、胰或十二指肠等进行病毒分离，接种来自易感鸡群5～7日龄鸡胚卵黄囊，待孵化出壳后观察10 d是否出现症状。有症状时取病鸡脑、胰和腺胃检查显微变化或用荧光抗体法检查病毒抗原。另外也可通过病毒中和试验、间接荧光抗体法、琼脂扩散试验、酶联免疫吸附试验(ELISA)和被动血凝试验来检测血清抗体，以确定是否感染。

## 五、防治

急性型病鸡尚无有效疗法。首先是不从有该病的地区引进种鸡、种蛋，防止本病的传入；其次是种鸡群在开产前4周接种疫苗，保证其在性成熟后不被感染，以防止病毒通过蛋源垂直传播。母源抗体也可保护雏鸡在2～3周龄内不受禽脑脊髓炎病毒的接触感染。大多数鸡群都用鸡胚繁殖的活疫苗通过饮水和喷雾等自然途径免疫，也可用灭活油剂苗注射免疫。病愈雏鸡生长发育受到影响，应将其淘汰。

# 鸡传染性支气管炎

鸡传染性支气管炎(IB)是由鸡传染性支气管炎病毒(IBV)引起的鸡的一种急性、高度接触传染性的呼吸道传染病。其特征是病鸡咳嗽、喷嚏和气管发生啰音。在雏鸡还可出现流鼻涕,蛋鸡产蛋量减少和质量低劣,肾型传支表现为肾炎综合征和尿酸盐沉积。该病目前呈世界性分布。我国大部分地区有本病蔓延。

## 一、临床症状

**1. 呼吸型** 本病潜伏期为 36 h 或更长。突然出现呼吸病状,并迅速波及全群为本病特征。4 周龄以下鸡常表现伸颈、张口呼吸、喷嚏、咳嗽、啰音,病鸡全身衰弱,精神不振,食欲减少,羽毛松乱,昏睡、翅下垂。个别鸡鼻窦肿胀,流黏性鼻涕,眼泪多,逐渐消瘦,康复鸡发育不良。5～6 周龄以上鸡,症状是啰音、气喘和微咳,同时伴有减食、沉郁或下痢症状。成年鸡出现轻微的呼吸道症状,产蛋鸡产蛋量下降,并产软壳蛋、畸形蛋或粗壳蛋。蛋的质量变差,如蛋白稀薄呈水样,蛋黄和蛋白分离以及蛋白黏附于壳膜表面等。

**2. 肾型** 肾型毒株感染鸡,呼吸道症状轻微或不出现,或呼吸症状消失后,病鸡沉郁、持续排白色或水样稀粪、迅速消瘦、饮水量增加。

**3. 腺胃型** 主要由于接种生物制品引起,发病率为 30%～50%,病死率为 30%左右,病鸡临诊表现为发育停滞,腹泻,消瘦。

## 二、剖检变化

**1. 呼吸型** 主要病变是气管、支气管、鼻腔和窦内有浆液性、卡他性和干酪样渗出物。气囊混浊或含有黄色干酪样渗出物。在死亡鸡的后段气管或支气管中可能有一种干酪性的栓子。在大的支气管周围可见到小灶性肺炎。产蛋母鸡的腹腔内可发现液状的卵黄物质,卵泡充血、出血、变形。有的输卵管发育异常,致使成熟期不能正常产蛋。

**2. 肾型** 肾肿大出血,多数呈斑驳状的“花斑肾”,肾小管和输尿管因尿酸盐沉积而扩张。在严重病例,白色尿酸盐沉积可见于其他组织器官表面。

**3. 腺胃型** 腺胃显著肿大、胃壁增厚、胃黏膜水肿、充血、出血、坏死,肠道内黏液分泌增多,法氏囊、脾脏等免疫器官萎缩。

## 三、病原及流行特点

**1. 病原** 鸡传染性支气管炎病毒(IBV),属于冠状病毒科冠状病毒属中的一个代表种。多数呈圆形,单股 RNA,有囊膜。病毒主要存在于病鸡呼吸道渗出物中,肝、脾、肾和法氏囊中也能发现病毒。多数病毒株在 56℃,15 min 灭活,－20℃能保存 7 年之久。病毒对一般消毒剂敏感,如用 0.01%高锰酸钾 3 min 内死亡。病毒在室温中能抵抗 1%盐酸 (pH 2)、1%石炭酸和 1%氢氧化钠(pH 12) 1 h,鸡新城疫、传染性喉气管炎和鸡痘病毒在室温中不能耐受 pH 2 环境,这在鉴别上有一定意义。

**2. 流行特点** 本病仅发生于鸡,但小雉可感染发病,其他家禽均不感染。各种年龄的鸡都可发病,但雏鸡最为严重。有母源抗体的雏鸡有一定的抵抗力(约 4 周)。本病传染源是病鸡和带毒鸡。本病的主要传播方式是病鸡从呼吸道排病毒,经空气飞沫传染给易感鸡。此外,通过饲料、饮水等,也可经消化道传染。

本病无季节性,传染迅速,几乎在同一时间内有接触史的易感鸡都发病。过热、严寒、拥挤、通风不良以及维生素、矿物质和其他营养缺乏以及疫苗接种等均可促进本病的发生。

## 四、诊断

肾型传支一般易作出现场诊断,确诊需进行实验室检验。

**1. 病毒分离** 无菌采取数只急性期的病鸡气管渗出物和肺组织,制成悬浮液经尿囊腔接种于 10～11 日龄的鸡胚,初代接种的鸡胚,孵化至 19 d,可使少数鸡胚发育受阻,而多数鸡胚能存活,这是本病毒的特征。若在鸡胚中连续传代几次,则可使鸡呈现规律性死亡,并出现蜷曲、僵化、侏儒等特征性的病变。收集尿囊液再经气管内接种易感鸡,如有本病毒存在,则被接种的鸡在 18～36 h 后可出现病状,发生气管啰音。也可将尿囊液经 1%胰蛋白酶 37℃作用 4 h,再做血凝及血凝抑制试验进行初步鉴定。

**2. 干扰试验** IBV 在鸡胚内可干扰 NDV-$B_1$ 株(即Ⅱ系苗)血凝素的产生,因此可利用这种方法对 IBV 进行诊断:取 9～11 日龄鸡胚 10 枚,分为两组,一组先尿囊接种被检 IBV 鸡胚液;另一组作对照。10～18 h 后两组同时尿囊内接种 NDV-$B_1$,孵化 36～48 h 后,置鸡胚于 4℃ 8 h,取鸡胚液作 HA。如果为 IBV,则试验组鸡胚液有 50%以上 HA 滴度在 1∶20 以下,对照组 90%以上鸡胚液 HA 滴度在 1∶40 以上。

**3. 血清学诊断** 本病的血清学检验方法有病毒中和试验、琼脂扩散试验、血凝抑制试验、酶联免疫吸附试验等。

## 五、防治

**1. 预防** 常用 $M_{41}$ 型的弱毒苗如 $H_{120}$、$H_{52}$ 及其灭活油剂苗。一般认为 $M_{41}$ 型对其他型病毒株有交叉免疫作用。$H_{120}$ 毒力较弱，对雏鸡安全；$H_{52}$ 毒力较强，适用于 20 日龄以上鸡；油苗各种日龄均可使用。一般免疫程序为 5～7 日龄首免用 $H_{120}$；25～30 日龄二免用 $H_{52}$；种鸡于 120～140 日龄用油苗作三免。使用弱毒苗应与 NDV 弱毒苗同时或间隔 10 d 再进行 NDV 弱毒苗免疫，以免发生干扰作用。弱毒苗可采用点眼(鼻)、饮水和气雾免疫，油苗可皮下注射。对肾型 IB，弱毒苗有 $M_a$-5，1 日龄及 15 日龄各免疫一次，方法同上。除此之外还有多价(2～3 个型毒株)灭活油剂苗，按 0.2～0.3 mL/雏、0.5 mL/成鸡皮下注射。

**2. 治疗** 本病尚无特效疗法，应用干扰素、免疫球蛋白、免疫核糖核酸等生化药品和中药有一定治疗效果。发病鸡群应注意改善饲养管理条件，降低鸡群密度，加强鸡舍消毒，增加多维素饲用量。为了补充钠、钾损失和消除肾脏炎症，可以给予复方口服补液盐，有继发感染可使用抗生素等。

# 鸡传染性喉气管炎

鸡传染性喉气管炎是由传染性喉气管炎病毒引起的鸡的一种急性接触性呼吸道传染病，以呼吸困难、咳嗽、咳出含有血液的渗出物、喉和气管黏膜肿胀、出血并形成糜烂、坏死和大面积出血为特征。该病在世界很多国家和地区均有发生或流行，死亡率较高，是当前严重威胁养鸡业的重要呼吸道传染病之一。

## 一、临床症状

本病潜伏期为 6～12 d，急性病例的特征症状是鼻孔有分泌物和呼吸时发出湿性啰音，继而咳嗽和喘气。严重病例，呈现明显的呼吸困难，咳出带血的黏液，有时死于窒息。检查口腔时，可见喉部黏膜上有淡黄色凝固物附着，不易擦去。病鸡迅速消瘦，鸡冠发紫，有时排绿色稀粪，衰竭死亡。

发病比较缓和的鸡群其病状为生长迟缓，产蛋量下降，流泪，结膜炎，眶下窦肿胀，发病率仅为 2%～5%，病鸡多死于窒息。

## 二、剖检变化

主要病变为喉和气管黏膜肿胀、充血、出血、甚至坏死。气管内有血凝块、黏液、淡黄色干酪样渗出物，可能会将气管完全堵塞。炎症也可扩散至支气管、肺和气囊或眶下窦。比较缓和的病例，仅见结膜和窦内上皮水肿及充血。

## 三、病原及流行特点

**1. 病原**　传染性喉气管炎病毒(ILTV)属于疱疹病毒科疱疹病毒属，双股DNA，有囊膜。病毒大量存在于病鸡的气管组织及其渗出物中，肝、脾和血液中含量少。病毒的抵抗力弱，对一般消毒剂都敏感，如3%来苏儿或1%氢氧化钠溶液1 min即可杀死，低温冻干后在冰箱中可存活10年。

**2. 流行特点**　本病主要侵害鸡，不同年龄的鸡均易感，但以成年鸡的症状最具特征。野鸡、孔雀、幼火鸡也可感染，传染源主要是病鸡和带毒鸡。病毒存在于气管和上呼吸道分泌物中，通过咳出血液和黏液经呼吸道传播。康复鸡可带毒长达2年，接种活苗的鸡可在较长时间排毒，若与易感鸡长时间接触，可使后者感染发病。本病在易感鸡群内传播迅速，感染率可达90%，病死率为5%～70%不等。

## 四、诊断

根据特征性病状和典型的病变，结合流行病学即可作出初步诊断。在症状、病变不典型时，与传染性支气管炎、鸡支原体感染、禽流感等病不易区别，须进行实验室鉴别诊断。常用的有鸡胚接种、包涵体检查及中和试验，另外还有血清学诊断和分子生物学诊断等方法。

## 五、防治

坚持严格隔离、消毒、免疫措施是防止本病流行的有效方法。因此，易感鸡不与病愈鸡接触，新购进鸡群可放入少数易感鸡混合饲养，观察2周易感鸡不发病，此时方可与原来鸡合群。疫区和发生过该病的地区免疫是一种行之有效的措施。目前有几种疫苗可用于免疫接种。一是弱毒疫苗，经点眼、滴鼻免疫，一般较安全，但未发生锅盖并的鸡场尽量不要应用。另一种是强毒苗，可涂擦于泄殖腔黏膜，4～5 d后，黏膜出现水肿和出血性炎症，表示接种有效，但排毒的危险性很大。灭活疫苗的免疫效果一般不理想。

治疗时应用干扰素、免疫球蛋白、免疫核糖核酸等生化药品和中药有一定治疗效果，临床一般选用对症治疗方案，中西结合，可改善患病鸡呼吸道症状。

# 鸡病毒性关节炎

鸡病毒性关节炎又称病毒性腱鞘炎(VA),是由禽呼肠孤病毒引起的鸡的一种传染病。以跗、趾关节肿大、跛行、瘫痪、腱鞘、滑膜、心肌发炎为特征。

## 一、临床症状

本病潜伏期自然感染为28～150 d。呈慢性经过,主要造成生长不良。雏鸡感染后,病鸡精神沉郁、食欲不振、生长迟缓。随后出现跛行,跗、趾关节肿胀,多见一侧跛行或单腿跳动。后期出现一侧或两侧腓肠肌肌腱断裂,足、趾关节扭转弯曲,严重时出现瘫痪。少数病鸡逐渐衰竭而死。

本病感染率高达95%～100%,病死率不超过6%,大多数鸡受感染后,不出现任何症状呈隐性经过,偶有少数鸡只发生跟腱断裂。成年种鸡群或蛋鸡群受感染后,产蛋鸡群的产蛋量可下降10%～15%。

## 二、剖检变化

急性病例的病变主要表现在患肢的跗关节,关节周围肿胀,切开皮肤可见到关节上部腓肠肌肌腱水肿,关节腔充满淡红色透明黏液,趾屈腱和腓肠肌肌腱周围水肿。大雏或成鸡易发生腓肠肌肌腱断裂。由于腱断裂,局部组织可见到明显的血液浸润。慢性经过的鸡(主要是成鸡)关节腔内渗出物较少,腓肠肌肌腱增厚、硬化、纤维化并与周围组织粘着,关节硬固,不能将附关节伸直到正常状态。

## 三、病原及流行特点

禽呼肠孤病毒属于呼肠病毒科正呼肠病毒属,采用中和试验方可区分出11个血清型。病毒对环境因素的抵抗力较强。卵黄囊中的病毒能耐60℃,8～10 h。对过氧化氢、2%来苏儿、乙醚、氯仿和酸具有抵抗力。但70%乙醇、0.5%有机碘可使其灭活。

本病仅见于鸡,多在4～7周龄发病。肉鸡比蛋鸡易感。传染源主要是病鸡和带毒鸡。病毒可长期存在于带毒鸡的盲肠扁桃体和跗关节内,特别是幼龄受到感染的鸡常是同舍感染的主要来源。本病在鸡群中既能经水平传播,又能经垂直传播。病毒主要通过粪便排出体外,污染饲料、饮水、垫料和周围环境,经呼吸道和消化道感染易感雏鸡。本病一年四季均可发生,没有明显季节性。本病感染率高,可达100%,病死率低,通常低于6%。

## 四、诊断

根据本病的流行病学、临床症状和病理变化可作出初步诊断。确诊需经实验室诊断，实验室诊断可采用琼脂扩散试验、免疫荧光抗体试验、病毒分离和鉴定等方法诊断。

## 五、防治

免疫接种是预防本病的主要方法。肉鸡可在开产前 2～3 周注射油乳剂灭活苗，产生的抗体可通过卵传递给雏鸡，一般可使雏鸡在 3 周内不受感染。此外，雏鸡也可在 1～7 日龄和 4 周龄时各接种一次弱毒苗，在开产前再注射一次油乳剂灭活苗。

病毒性关节炎尚无有效的治疗方法。若发现病情，可将病鸡进行集中隔离饲养，症状严重的应淘汰，以免扩大感染面，同时做好兽医卫生工作。在换群的间歇期，对鸡舍进行彻底清扫和严格消毒，以免下一次进雏后再次感染本病。

# 鸡传染性贫血

鸡传染性贫血(CIA)是由鸡传染性贫血病毒引起的鸡的以再生障碍性贫血和全身淋巴组织萎缩为特征的传染病。该病可以造成免疫抑制，是危害养鸡生产的很大的传染病之一。

## 一、临床症状

本病潜伏期为 8～12 d。临床特征主要是贫血。病鸡表现沉郁、衰弱、羽毛粗乱、消瘦和体重减轻。一般发病后的第 2 天，病鸡开始出现死亡，病死高峰发生在临床症状出现后的 5～6 d，其后逐渐下降，再过 5～6 d 恢复正常。濒死鸡可能有腹泻，常有局部皮肤病变，见于翅膀，也可出现于头、尾、胸、腹侧、腿和爪部，表现为出血、坏死。继发感染其他细菌后，可成为坏疽性皮炎。血稀如水，血凝时间延长，血细胞比容值可下降到 20％以下，重者甚至可下降到 10％以下，红、白细胞数显著减少。发病率和病死率变化较大，在自然感染情况下，发病率一般为 20％～60％，病死率为 5％～10％，但有时也可高达 60％。

## 二、剖检变化

病鸡主要表现为全身贫血，消瘦，肌肉与内脏器官苍白、贫血；肝脏和肾脏肿大，褪色或呈淡黄色；血液稀薄，凝血时间延长。骨髓萎缩是在病鸡所见到的最具特征性病变，大腿骨的骨髓呈脂肪色、淡黄色或粉红色。在有些病例，骨髓的颜色呈暗红色。胸腺萎缩是最常见的病变，呈深红褐色，可能导致其完全退化，随着病鸡的生长，抵抗力的提高，胸腺萎缩比骨髓病变更容易观察到。法氏囊萎缩不很明显，有的病例法氏囊体积缩小，许多病例的法氏囊的外壁呈半透明状态，以至于可见到内部的皱襞。有时可见到腺胃黏膜出血和皮下与肌肉出血，严重贫血鸡可见肌胃黏膜糜烂或溃疡。

## 三、病原及流行特点

鸡传染性贫血病毒（CIAV）属圆环病毒科、圆环病毒科属。呈球形，无囊膜，无血凝性。只有一个血清型，不同病毒株毒力有一定差异，但抗原性无差别。CIAV对乙醚和氯仿有抵抗力。100℃经 15 min 可使其灭活。对酸稳定，在 pH 3 经 3 h 仍然稳定。福尔马林和含氯制剂可用于消毒。

鸡是本病毒唯一的宿主，所有年龄的鸡都可感染，自然发病多见于 2～4 周龄，1～7 日龄的雏鸡最易感，随日龄的增长易感性降低，主要传染源是病鸡。垂直传播是本病主要的传播方式，母鸡感染后 3～14 d 内种蛋带毒，带毒的鸡胚出壳后 10～15 d 发病并死亡。也可通过消化道及呼吸道水平传播，但通常只产生抗体反应，不引起临床发病。

## 四、诊断

根据临诊症状和病理变化一般可作出初步诊断。但本病所出现的精神沉郁、发育不良和贫血等症状并不是其特有的，有多种原因可以引起类似症状。尤其要注意与原虫病、黄曲霉毒素中毒及服用过量磺胺等相区别，因为这些病均能导致再生障碍性贫血，引起出血综合征和免疫抑制。此外，本病常与其他传染病混合感染或继发感染，容易混淆。因此，为了确诊，还需进行病毒分离或血清学试验。

感染鸡的所有组织和粪便中均含有病毒，常用肝脏悬液加等量氯仿处理后接种 1 日龄 SPF 雏鸡，或接种鸡胚卵黄囊进行病毒分离培养。接种雏鸡经 14～16 d 后进行检查，如发现雏鸡红细胞压积下降，股骨骨髓变为黄白色及胸腺萎缩等典型病变，即可确诊。

## 五、防治

强化鸡群的免疫监测工作，并根据监测结果及时进行免疫接种。经常发生本病的地方和鸡场，应采用弱毒冻干苗免疫 12～16 周龄鸡，接种后 6 周产生免疫力，并将持续到60～65周龄鸡，接种后6周内产的蛋不可作种用，不可在3～4周龄免疫鸡，以防经种蛋传播本病。当在后备鸡中检测到本病毒抗体，就没有必要再免疫了。

本病尚无有效治疗方法。由于本病的主要危害是引起免疫抑制，导致其他传染病的混合或继发感染。因此，在发病后用广谱抗菌药物预防继发感染，在一定的程度上可以降低经济损失。

# 鸡产蛋下降综合征

鸡产蛋下降综合征（$EDS_{76}$）是由禽腺病毒引起鸡以产蛋下降为特征的一种传染病。其主要表现为鸡群产蛋骤然下降，软壳蛋和畸形蛋增加，褐色蛋蛋壳颜色变淡。

## 一、临床症状

本病人工感染的潜伏期为7～9 d，有时延至17 d。被感染鸡群没有明显的临床症状，往往在26～32周龄产蛋鸡突然出现群体性产蛋下降，产蛋率可比正常下降20%～30%，甚至50%。与此同时，产出薄壳蛋、软壳蛋、无壳蛋、小蛋、畸形蛋，蛋壳表面粗糙或蛋端呈细颗粒状如砂纸样，蛋黄色淡，蛋清稀薄如水，有时蛋清中混有血液或异物等，异常蛋可占产蛋量的15%以上，蛋的破损率可达40%左右。病鸡所产种蛋的受精率和孵化率一般不受影响，弱雏数可能增加。病程一般可持续4～10周，以后可逐渐恢复到正常。发病鸡群中，部分病鸡出现精神不振、鸡冠发白、羽毛蓬乱、食欲减退和下痢等症状。

## 二、剖检变化

本病无特征性眼观病变。剖检产软壳蛋的病鸡，可见卵巢萎缩或充血，卵泡充血、变性或发育不全；输卵管轻度萎缩，黏膜有炎症，有时输卵管内有卵黄样凝块和少量黏液。有时肠道有轻度卡他性炎症，肝、脾、肾可能轻度肿大。

## 三、病原及流行特点

产蛋下降综合征病毒属于禽腺病毒（Ⅲ群），无囊膜，为双股DNA型，目前已知只有一个血清型。病毒对乙醚、氯仿不敏感，对pH适应谱广，0.3%福尔马林48 h可使病毒完全灭活。

本病除鸡易感外，自然宿主为鸭、鹅和野鸭。产褐壳蛋母鸡最易感。本病主要侵害 26～32 周龄鸡，35 周龄以上较少发病。幼龄鸡感染后不表现病状，血清中也查不出抗体，在性成熟而开始产蛋后，血清才转为阳性。本病传染源主要是病鸡与带毒鸡。本病传播方式主要是垂直传播，水平传播也是很重要的方式，因为从鸡的输卵管、泄殖腔、粪便、肠内容物都分离到病毒，它可向外排毒经水平传播给易感鸡。鸡感染产蛋下降综合征病毒后，在性成熟前不表现致病性，在产蛋初期由于应激反应，致使病毒活化而发病。

## 四、诊断

根据流行病学特征和症状可作出诊断，进一步确诊需进行实验室诊断。

**1. 病原分离和鉴定** 取病鸡的输卵管、泄殖腔、肠内容物和粪便作病料，经无菌处理后，以尿囊腔接种 10～12 日龄鸭胚(无腺病毒抗体)。首次分离时鸭胚死亡不多，随着传代次数增加，鸭胚死亡数增多。病料也可以接种于鸭胚和鸡胚成纤维细胞。分离的病毒发现有血凝现象，再用已知抗 $EDS_{76}$ 病毒血清，进行 HI 试验或中和试验进行鉴定。

**2. 血清学试验** 鸡感染产蛋下降综合征病毒后，能产生高效价抗体。HI 试验是常用的诊断方法之一，如果鸡群 HI 效价在 1∶8 以上，证明此鸡群已感染。此外还可采用中和试验，酶联免疫吸附试验(ELISA)，荧光抗体和双向免疫扩散试验等方法诊断本病。

## 五、防制

主要采取综合防制措施。本病主要是经胚垂直传播，所以应从非疫区鸡群中引种，引进种鸡要严格隔离饲养，产蛋后经 HI 试验监测，确认 HI 抗体阴性者，才能留作种鸡用。严格执行兽医卫生措施，加强鸡场和孵化室消毒工作，在日粮配合中，必须注意氨基酸、维生素的平衡。油佐剂灭活苗对鸡免疫接种起到良好的保护作用。鸡在 110～130 日龄进行免疫接种，免疫后 HI 抗体效价可达 8～9 $\log_2$，免疫后 7～10 d 可测到抗体，免疫期为 10～12 个月。

# 禽白血病

禽白血病(AL)是一类 ALV 相关的反转录病毒引起的禽类的多种肿瘤性传染病的总称，在自然条件下以淋巴白血病最为常见，其他如成红细胞白血病、成髓细胞白血病、髓细胞瘤、纤维瘤和纤维肉瘤等。大多数鸡群均感染该病毒，但出现临诊症状的病鸡数量较少。

## 一、临床症状

淋巴白血病的潜伏期长，自然病例可见于 14 周龄后的任何时间，但通常以性成熟时发病率最高。病鸡鸡冠苍白、皱缩，间或发绀、食欲不振、消瘦和衰弱。腹部增大，可触摸到肿大的肝脏、法氏囊和肾。蛋鸡和种鸡的产蛋性能受到严重影响，性成熟迟，蛋小而壳薄，受精率和孵化率低。肉鸡的生长速度亦受影响。

## 二、剖检变化

病理变化常见于肝、法氏囊和脾，几乎都有眼观肿瘤，肾、肺、性腺、心、骨髓和肠系膜也可受害。肿瘤大小不一，可呈结节状、粟粒状或弥漫状。亚群病毒主要侵害肉用型鸡，引起髓样细胞瘤，一般于 9～20 周龄发病，早至 4～5 周龄。肿瘤常发生于肝、脾、胸腺。

## 三、病原及流行特点

禽白血病病毒(ALV)，属反转录病毒科，禽 C 型反转录病毒群，单股 RNA。本群病毒分为 A～J 共 10 个亚群，其中以 A～E 及 J 亚群比较常见，A、B 和 J 亚群的病毒是现场常见的外源病毒，C 和 D 亚群病毒在现场很少发现，而 E 亚群病毒则包括无所不在的内源性白血病病毒，无致病力。白血病病毒对脂溶剂和去污剂敏感，对热的抵抗力弱。

鸡是自然宿主，不同品种或品系的鸡对病毒感染和肿瘤发生的抵抗力差异很大，J 亚群病毒仅侵害肉用型鸡，传染源主要是病鸡和带毒鸡。外源性白血病病毒的传播途径主要是通过蛋从母鸡到子代的垂直传播和通过直接或间接接触的水平传播，主要以垂直传播为主。内源性白血病病毒通常通过公鸡和母鸡的生殖细胞遗传传递，内源病毒无致瘤性或致瘤性很弱。先天感染的胚胎对病毒发生免疫耐受，出壳后成为有病毒血症而无抗体鸡，血液和组织含毒量很高，到成年时母鸡把病毒传给子代有相当高的比例。出生后最初几周感染病毒，白血病发病率高。感染的时间后移，则白血病发病率迅速下降。

## 四、诊断

主要根据流行病学和病理学检查建立临诊诊断。注意与马立克氏病进行鉴别诊断。

病毒分离鉴定和血清学检查在日常诊断中很少使用，但它们是建立无白血病种鸡群所不可缺少的。病毒分离材料为血浆、血清和肿瘤，新蛋的蛋清、10日龄鸡胚和粪便也可含有病毒。检测特异性抗体的样品以血清和卵黄为好，检测方法有间接免疫酶试验、酶联免疫吸附试验(ELISA)和间接免疫荧光技术。

## 五、防制

由于本病的垂直传播性，先天感染的免疫耐受鸡是重要的传染源，所以疫苗免疫对防制的意义不大，目前也没可用的疫苗。减少种鸡群的感染率和建立无白血病的种鸡群是防制本病最有效的措施。通常的做法是通过母鸡检测和淘汰以减少感染，在多数情况下均能奏效。

# 鸡包涵体肝炎

鸡包涵体肝炎(IBH)是由禽腺病毒引起的鸡的一种急性传染病，以病鸡死亡突然增多，严重贫血、黄疸、肝脏重大出血和坏死灶，可见肝细胞核内有包涵体，又称贫血综合征。

## 一、临床症状

经自然感染的鸡潜伏期为1～2 d，初期不见任何症状死亡，2～3 d后少数病鸡精神沉郁、嗜睡、肉髯褪色、皮肤呈黄色，皮下有出血，偶尔有水样稀粪，3～5 d达死亡高峰，死亡率达10%，持续3～5 d后逐渐停止。

不满5周龄的鸡感染时，一般到8周龄时即可痊愈。发病率可高达100%，而死亡率为2%～10%，鸡群如果有其他传染源污染时如“传染性支气管炎”、“慢性呼吸道病”、大肠杆菌病、沙门氏菌病等，死亡率有时可达30%～40%。感染本病的1日龄雏鸡呈现严重贫血症状。

## 二、剖检变化

主要表现为肝脏肿大，呈土黄色，质脆，表面有不同程度的出血斑点，有时可见大小不等的坏死灶。一些病例可见到骨髓病变，股骨骨髓出血呈桃红色，同时，胸肌和腿肌苍白并有出血斑点，皮下组织、脂肪组织和肠浆膜、黏膜可见明显出血。此外，还常见法氏囊萎缩，胸腺水肿，脾和肾脏肿大，脾呈土黄色，易碎。

## 三、病原及流行特点

鸡腺病毒属于腺病毒科Ⅰ型群禽腺病毒，迄今证明至少有9～11个血清型，各血清型的病毒粒子均能侵害肝脏，该病毒对热稳定，对紫外线、阳光及一般消毒药品均有一定抵抗力。甲醛、100％乙醇、酒精和碘的混合剂对其有灭活作用。只有鸡易感，肉鸡多发。

多发生在3～7周龄的肉鸡，蛋鸡也偶有发生。病鸡、带毒鸡。病毒通过粪便、气管和鼻排出病毒而感染健康鸡。本病主要经呼吸道、消化道及眼结膜感染，也可通过种蛋传染给下一代。感染本病的种母鸡，种蛋孵化率，下降和雏鸡死亡率增高，发生过传染性法氏囊病的鸡易发本病，以春夏两季发生较多，病愈鸡能获终身免疫。

## 四、诊断

根据肝脏大、褪色、充血出血及肌肉出血病变及肝印片用苏木紫伊红染色，肝细胞核内包涵体存在可以诊断，另一种方法是用病料接种本动物也可以确诊。

**1.荧光抗体试验**　本病的血清学诊断应用荧光抗体法最为适宜。其中直接法用来检测抗原，一般用肾脏，鸡在感染病毒后1～7 d在细尿管上皮细胞的胞质中可检出荧光抗原，间质则检不出。出现CPF的肌酸激酶细胞、卵黄囊接种发生死亡的鸡胚等均可检出荧光抗原。间接法可检出感染鸡血清中的抗体。一般的方法是采发病期和恢复期双份血清作对比检查。

**2.其他血清学诊断方法**　可用琼脂扩散沉淀试验、中和试验或免疫荧光抗体技术等方法。

## 五、防治

目前对鸡包涵体肝炎尚无有效疗法，也无良好疫苗用于预防。多数鸡感染本病后，不出现症状，因此，应注意卫生管理，预防其他传染病尤其是法氏囊病的混合感染。发生本病的鸡场，在饲料中加入复合维生素和微量元素。

# 鸭　瘟

鸭瘟(DP)又名鸭病毒性肠炎，是鸭瘟病毒引起鸭、鹅等雁形目禽类的一种急性、败血性及高度致死性的病毒性传染病。在临床上以发病快、传播迅速、发病率和病死率高，部分病鸭流泪、肿头、下痢、食道黏膜出血及坏死，肝脏出血或坏死等为主要特征。

## 一、临床症状

本病自然感染的潜伏期一般为 3～5 d。患病鸭特征性的临床病状为高热稽留(43℃以上),眼周围羽毛沾湿,流泪,部分鸭头颈部肿胀(俗称“大头瘟”),病鸭精神委顿、多蹲伏,不愿下水,食欲减退或废绝、渴欲增强、口流黄色液体、鼻腔流出分泌物、呼吸困难。严重下痢,排青绿色或灰白色粪便。外翻泄殖腔黏膜时,可见表面有黄绿色假膜、不易剥离。本病病程一般为 2～5 d,慢性病例可拖至 1 周以上,导致生长发育迟缓。

自然或人工感染鸭瘟的病鹅主要表现体温升高(42.5～43℃)、精神委顿、流泪、两脚发软、排灰白色或青绿色稀粪,个别病鹅还表现出神经症状,头颈扭曲和不随意旋转。

## 二、剖检变化

剖检可见喉头、食道及泄殖腔黏膜出血,出现灰黄色或黄绿色伪膜性溃疡,尤其是食道常可见纵行排列的灰黄色假膜覆盖或出血斑点。心冠脂肪、肝脏、脾脏、肠道、法氏囊、脑膜等组织器官出血或充血,尤其是肝脏和肠道病变具有诊断意义。肝脏除出血外还有多量大小不一的不规则的灰白色或灰黄色坏死点或坏死灶,少数坏死点中心有小出血点或其外围有出血带。肠道,以十二指肠和直肠出血最为严重,肠道淋巴结集处肿胀,呈环状出血。产蛋母鸭发生鸭瘟时除以上剖检病变外,还可见卵巢充血、出血,卵泡膜出血,有时卵泡破裂而引起腹膜炎,输卵管黏膜充血、出血。雏鸭感染鸭瘟时,其剖检病变与成年鸭基本相同,但法氏囊病变更为明显,表现为明显出血,黏膜表面有针尖大小的坏死灶并附有白色干酪样渗出物。喉头、食道和泄殖腔等黏膜的病变较轻微,但肝脏出血点和腺胃出血带较为明显。2 月龄以下鸭肠道浆膜面常见 4 条环状出血带。

鹅感染鸭瘟的病变与鸭相似,主要表现在肝脏和消化器官,肝脏以出血和坏死为特征,消化道表现为充血、出血和伪膜性坏死。

## 三、病原及流行特点

鸭瘟病毒,又称鸭疱疹病毒Ⅰ型,系疱疹病毒科的成员,具有疱疹病毒的典型形态结构,有囊膜,病毒粒子呈球形或椭圆形。鸭瘟病毒具有广泛的组织嗜性,在病(死)鸭,脏器、血液、分泌物及排泄物中均含有病毒,但以肝、脾、脑、食道、泄殖腔的含毒量最高。病毒对外界的抵抗力不强,对乙醚、氯仿和常用的消毒剂敏感。

不同品种、日龄的鸭均可感染该病，以番鸭、麻鸭、绵鸭、绍兴鸭等易感性较高。在自然感染病例中，以1月龄以上成年鸭多见，发病率可高达100%，病死率达95%以上。传染源主要是病鸭、病愈不久的带毒鸭及潜伏期的感染鸭。传播途径主要是消化道，其他还可以通过交配、眼结膜和呼吸道而传染，吸血昆虫也可能成为本病的传播媒介。本病一年四季均可发生，但在我国南方和北方的发病差异很大，南方发病多，且主要见于春夏两季及运销旺季，而北方少见发病，偶见于秋季，与饲养密度、数量、饲养方式等因素有关。

## 四、诊断

根据该病的流行病学特点(传播迅速、高发病率、高病死率、鸭鹅均可感染发病等)，特征性临床症状(高热稽留、流泪、严重下痢及部分病鸭头颈肿胀)和有诊断意义的剖检病变(食道和泄殖腔等处黏膜特征性灰黄色假膜、肝脏及肠道等出血以及肝的坏死点或坏死灶等)，一般较易作出初步诊断，确诊有赖于进行实验室检查。

## 五、防治

由于鸭瘟的传播速度快，致死率高，一旦传入鸭群可造成巨大的经济损失，因此对该病的防治应给予足够的重视。在该病的非疫区，应加强本地良种繁育体系建设，尽量减少从外地，尤其是从疫区引种的机会，防止该病的引入。受威胁地区除应加强检疫、消毒等兽医卫生措施外，易感鸭群应及时进行鸭瘟疫苗的免疫接种。在疫区，除对所有鸭群进行免疫接种外，发生鸭瘟时要采取严格的封锁和隔离措施，及时扑杀销毁发病鸭群，病鸭污染的场地、水域和工具等进行彻底消毒，疫点周围受威胁的鸭群立即接种鸭瘟高免血清或鸭瘟弱毒疫苗，防止该病扩散传播。

疫苗免疫接种是预防和控制鸭瘟的主要措施，目前国内应用的疫苗主要是鸭瘟病毒弱毒苗。种用鸭或蛋用鸭于30日龄左右首免，以后每隔4～5个月加强免疫1次。3月龄以上鸭免疫1次即可，免疫有效期可达1年。但应注意免疫接种安排在开产前20 d左右或停蛋期或低产蛋率期间。对于肉用鸭，于7日龄左右首免，20～25日龄时二免。

发病时可在初期肌肉注射鸭瘟高免血清，成鸭配合聚肌胞，可收到较好效果。

# 小鹅瘟

小鹅瘟(GP)又称鹅细小病毒感染，是由鹅细小病毒引起雏鹅和雏番鸭的一种急性或亚急性的败血性传染病。本病主要侵害4～20日龄的雏鹅，以传播快、高发病率与高病死率、严重下痢、渗出性肠炎、肠道内形成腊肠样栓子为特征，是当前危害养鹅业的最严重的传染病之一。

## 一、临床症状

2周龄内雏鹅潜伏期均为2～3 d;2周龄以上雏鸭潜伏期为4～7 d。

**1.最急性型** 常发生于1周龄内的雏鹅或雏番鸭，发病、死亡突然，传播迅速，发病率为100%，病死率高达95%以上。雏鹅表现精神沉郁后数小时内即出现衰弱、倒地、两腿划动并迅速死亡。死亡雏鹅喙端、爪尖发绀。

**2.急性型** 常发生于1～2周龄内的雏鹅，患病雏鹅症状明显，表现为全身委顿、食欲减退或废绝，喜蹲伏，渴欲增强，严重下痢，排灰白色或青绿色稀粪，粪中带有纤维碎片或未消化的饲料，临死前头多触地、两腿麻痹或抽搐。病程2 d左右。

**3.亚急性型** 多发生于2周龄以上的雏鹅，常见于流行后期。患病雏鹅以精神沉郁、拉稀和消瘦为主要症状。少数幸存者在一段时间内生长不良。病程一般为3～7 d，甚至更长。部分病鹅可以自然康复。

## 二、剖检变化

本病的剖检病变以消化道炎症为主，最急性型一般只有小肠前段黏膜肿胀、充血，表现为急性卡他性炎症。胆囊肿大、胆汁稀薄。其他脏器无明显病变。急性型和亚急性型常有典型的肉眼病变，尤其是肠道的病变具有特征性。小肠的中、后段显著膨大，呈淡灰白色，形如香肠样，触之坚实较硬。剖开膨大部肠道可见肠黏膜坏死脱落，与凝固的纤维素性渗出物形成栓子或包裹在肠内容物表面堵塞肠道。心脏变圆、心肌松软，肝脏肿大、淤血，胰腺充血，脾脏淤血或充血。

## 三、病原及流行特点

鹅细小病毒系细小病毒科细小病毒属的成员。病毒粒子呈球形或六角形，无囊膜、核酸为单链DNA。迄今国内外分离到的鹅细小病毒毒株抗原性几乎相同，均为同一个血清型。本病毒对外界环境的抵抗力强，−20℃冰冻状态下可存活两年以上，56℃能存活3 h，对乙醚、氯仿等有机溶剂不敏感，对2%～5%氢氧化钠、10%～20%石灰乳敏感。

自然条件下，只有雏鹅和雏番鸭对本病易感。多发于1月龄内的雏鹅，7日龄以内的雏鹅发病率常达70%～95%，甚至于100%;10日龄以上的雏鹅发病，死亡率一般不超过60%，1月龄以上的发病较少。病鹅和带毒鹅是本病重要的传染源，通过直接或间接接触而迅速传播。大龄鹅作为带毒者并通过蛋把病毒传给孵化器中的易感雏鹅。本病一年四季均可流行发生，南方多发生于春夏两季，北方地区多见于夏季和早秋发病。本病的发生及流行具有一定的周期性，一般为1～2年。

## 四、诊断

根据本病特有的流行病学表现，结合症状和特征性病变，可作出初步诊断。确诊需进行病毒分离鉴定或特异抗体检查。

**1. 病毒分离鉴定** 可取病雏的脑、脾或肝的匀浆上清液，接种鹅胚或原代细胞培养。鹅胚接种含毒材料后，可在5～7 d内死亡，主要变化为胚体皮肤充血、出血及水肿，心肌变性呈灰白色，肝脏变性或有坏死灶。死亡鹅胚或细胞培养中的病毒可用免疫荧光抗体或中和试验进一步证实。

**2. 血清学检查** 血清中特异抗体检查的方法有中和试验、琼脂扩散试验及ELISA试验。

**3. 鉴别诊断** 临床上应与小鹅流感相区别。小鹅流感主要以呼吸系统疾患为特征，病变常限于气管、支气管、喉头及鼻腔内有半透明渗出物，肠道内无渗出性肠炎变化。

## 五、防治

除遵循一般性措施外，本病的预防主要在两方面，一是孵坊中的一切用具和种蛋彻底消毒，刚出壳的雏鹅不要与新引进的种蛋和成年鹅接触，以免感染。二是做好雏鹅的预防，对未免疫种鹅所产蛋孵出的雏鹅于出壳后1日龄注射小鹅瘟弱毒疫苗，且隔离饲养到7日龄；而免疫种鹅所产蛋孵出的雏鹅一般于7～10日龄时需注射小鹅瘟高免血清或高免蛋黄，每只皮下或肌肉注射0.5～1.0 mL。雏鹅群一旦发生本病，应迅速将病雏鹅挑出淘汰且对整群鹅尽早注射小鹅瘟高免血清或高免蛋黄，每羽1.0～1.5 mL，必要时隔2～3 d后需再注射1次，治愈率一般为50%～80%不等。

### 案例分析

2010年2月，河南某养鸡场，从外地购进海兰褐商品蛋鸡2 000羽，从175日龄开始个别鸡出现呼吸道症状。发病后该养殖户曾按慢呼疾病治疗，效果不明显，至200日龄呼吸道症状加重。

## 一、诊断

**1. 问诊** 多数病鸡在早上开灯时咳嗽，甩鼻现象严重，夜间关灯后能听到约

1/3 的鸡有呼噜声，产蛋率仍保持在 95%～96%，少数病鸡精神沉郁，口腔内有大量黏液，鼻孔有干酪样鼻液，食欲减退，喜卧不愿走动，个别鸡排黄白色或蛋清样稀便。

**2. 视诊**　剖检可见气管内有黏性分泌物，气管环充血、出血，鼻腔内有大量鼻液，盲肠扁桃体肿胀，出血明显，直肠有大量针尖状出血点，泄殖腔出血，卵巢出血、坏死，卵泡易破裂，部分病鸡子宫内仍有鸡蛋存在。

**3. 诊断与鉴别诊断**

1)根据流行病学、发病情况、剖检变化，确诊该病例为非典型新城疫继发大肠杆菌病。

2)本病应注意与传染性支气管炎、禽流感、慢性呼吸道病及传染性鼻炎相区别。

传染性鼻炎：主要发生于育成鸡和产蛋鸡。该病传播速度快，流鼻液，有稀薄甚至脓性鼻液，甩头，咳嗽，脸部呈单侧性浮肿，消化系统无明显病理变化。

禽流感：病鸡肿头、眼、脸周围浮肿，鸡冠和肉髯肿胀，出血和坏死。

传染性支气管炎：一般可引起 1～4 周龄的鸡死亡，引起产蛋率下降，产畸形蛋，蛋清稀薄如水。

慢性呼吸道病：眼流泪，流出泡沫样液体。打喷嚏、咳嗽，呼吸啰音。眼睑肿胀。

## 二、防治

对全群鸡用新城疫Ⅳ系疫苗（每瓶 1 000 羽，共 6 瓶），进行逐个滴鼻，并用动物专用活性转移因子、左旋咪唑，饮水连用 3 d，并配合白头翁、黄连、黄柏、秦皮、克林霉素、肠黏膜修复等药物拌料饲喂。

在采取上述措施以后，第 3 天鸡病情得到控制，到第 6 天回访，病鸡咳嗽，呼噜、甩鼻症状消失，病鸡食欲大增，精神恢复正常，粪便正常。

### 复习思考题

1. 如何防制高致病性禽流感？
2. 鸡新城疫的特征症状有哪些？
3. 如何防制鸡新城疫？
4. 鸡马立克氏病在临床症状上有哪几个类型？各类型的主要症状是什么？
5. 如何防制鸡传染性法氏囊病？
6. 如何防制鸡传染性喉气管炎？传染性支气管炎的特征是什么？

7. 如何防治鸡产蛋下降综合征？
8. 鸭感染鸭瘟的主要临床症状有哪些？
9. 怎样防治小鹅瘟？

# 子项目三　禽寄生虫病的防治

## 鸡球虫病

鸡球虫病是由艾美耳科、艾美耳属的球虫寄生于鸡的肠上皮细胞内所引起的一种原虫病。本病在我国分布广，发生普遍，以3～6周龄的幼鸡最易感染，发病率高达70%左右，死亡率20%～50%不等，对雏鸡危害最大。患鸡多愈后生长缓慢，经济效益差。

### 一、病原及生活史

病原为艾美耳球虫，我国已报道的有7种，即柔嫩艾美耳球虫、毒害艾美耳球虫、堆型艾美耳球虫、巨型艾美耳球虫、哈氏艾美耳球虫、和缓艾美耳球虫和早熟艾美耳球虫。前两种的致病力较强，其余的几种依次减弱。柔嫩艾美耳球虫寄生在盲肠黏膜内，称盲肠球虫。毒害艾美耳球虫寄生在小肠段黏膜内，称小肠球虫。球虫卵的形态呈卵圆形、圆形或椭圆形。

鸡球虫的发育要经过3个阶段：无性生殖和有性生殖阶段是在肠黏膜上皮细胞内进行的；孢子生殖阶段是在体外形成孢子囊和孢子，而成为感染性球虫卵。

鸡球虫的感染过程是：从粪便排出的卵囊，在适合的温度和湿度下，经1～2 d发育成感染性卵囊。这种卵囊被鸡吃了以后，子孢子游离出来，钻入肠上皮细胞内发育成裂殖子（无性生殖）、配子、合子（有性生殖）。合子周围形成一层被膜，被排出体外。鸡球虫在肠上皮细胞内不断进行有性和无性生殖，使上皮细胞遭受到严重破坏，遂引起发病。

球虫只感染鸡而不感染其他家禽。所有日龄和品种的鸡对球虫都有易感性。1日龄雏鸡对本病也敏感，但有母源抗体保护，所以10日龄以内很少发病。15～50日龄发病率和死亡率都很高，成年鸡对球虫也是很敏感的。球虫的卵囊抵抗力非常强，在土壤中可以保持生活期达4～9个月，当气温在22～30℃时一般只需要

18～26 h，就可能成为感染性卵囊。卵囊对高温和干燥的抵抗力较弱。病鸡是主要传染源。凡被带虫鸡污染过的饲料、饮水、土壤或用具等，都有卵囊存在。鸡感染球虫的途径主要是吃了感染性卵囊。人及其衣服、用具等可以机械性传播。苍蝇、甲虫、蟑螂、鼠类和野鸟都可成为机械传播媒介。外界环境和饲养管理对球虫病的发生有重大影响。天气潮湿多雨，雏鸡过于拥挤，运动场积水，饲料中缺乏维生素 A、维生素 K，以及日粮配合不当等，都是本病流行的诱因。

## 二、症状

患球虫病的鸡，其症状和病程常因病鸡的感染程度、球虫的种类及饲养管理条件而异。

**1. 急性型**　多见于雏鸡，病程数天至 2～3 周，病初病鸡精神委顿、嗜睡、被毛松乱、闭目缩头、呆立吊翅、喜欢拥挤在一起，食欲减退而饮欲增加，粪便增多变稀，肛周羽毛因排泄物污染粘连。随病情的发展，病鸡翅膀轻瘫，运动失调，食欲废绝，粪如水样并带有血液，重者全为血粪。病鸡消瘦，可视黏膜、冠、髯苍白。病末期有精神症状，昏迷，两脚外翻、僵直或痉挛。雏鸡病死率可达 50%，严重者可达 80%以上。死亡鸡泄殖腔周围常沾污有血迹。

**2. 慢性型**　多见于 4～6 月龄的鸡和成年鸡。病鸡无明显症状，表现为厌食、少动、消瘦、生长缓慢、脚翅轻瘫，偶有间歇性下痢，病程长短不一。成年鸡主要表现为体重增长慢或减轻，产蛋减少。也有些成年鸡为无症状型带虫者。

## 三、剖检变化

球虫病变一般集中在肠管，其他器官无太大变化。不同种类的球虫侵害所造成的病变程度和部位亦不同。

**1. 柔嫩艾美耳球虫**　主要侵害盲肠，表现为盲肠两侧明显肿胀(较正常的肿大 3～5 倍)，肠道黏膜出血呈棕红色或暗红色盲肠，肠黏膜脱落，肠内有凝血块或黄白色干酪样坏死物。稍后死亡的病例，盲肠质地较正常坚实，肠腔内充满由血凝块、坏死物质及炎性渗出物凝固形成的栓子，称为肠芯，盲肠壁增厚，有坏死溃疡病灶。

**2. 巨型和毒害艾美耳球虫**　侵害小肠中段，表现为肠管扩张，肠壁松弛增厚，有严重的坏死灶，肠黏膜有少量小出血点和白色斑点相间，肠腔有凝血，浆膜淡红色。

其他种类的球虫主要侵害小肠，造成不同程度的病理变化。

## 四、诊断

可用饱和盐水漂浮法或直接涂片法检查粪便中的球虫卵囊。可取病鸡的少量粪便或病变部位的刮取物，放于载玻片上，与甘油水溶液（等量混合液）1～2 滴混合均匀，加盖玻片镜检。可根据卵囊特征作出初步诊断。但由于鸡的带虫现象极为普遍，因此，不能只根据粪便和肠黏膜刮取物中发现卵囊，就确定为球虫病。正确的诊断必须根据临诊症状、流行病学资料、病理变化、病原学检查等多方面因素加以综合判断。

## 五、防治

**1. 预防** 鸡球虫病的防治重点在于预防，包括药物预防、免疫预防及加强饲养管理等。

(1)药物预防。应采用轮换用药和穿梭用药方案，合理使用抗球虫药。用于预防鸡球虫病药物有：

氨丙啉、球虫净或球痢灵：均可按 0.013%浓度混入饲料。预防从 15 日龄开始，连续用药 30～45 d。

马杜霉素：按 0.000 5%混入饲料；休药期，肉鸡 5 d。

莫能菌素：按 0.01%～0.012%混入饲料；休药期，肉鸡 5 d。

盐霉素：又名优素精，按 0.006%混入饲料，休药期，肉鸡 5 d。

(2)免疫预防。现已研制了数种球虫疫苗，一类是直接利用野外分离的未致弱的或活卵囊制成的活毒苗，另一类是经人工致弱的虫株活卵囊制成的活弱毒苗。球虫苗通过饲料或饮水免疫 1～10 日龄的雏鸡，现主要用于种鸡和后备母鸡，已取得了较好的预防效果。

(3)加强饲养管理。搞好鸡舍卫生，保持鸡舍干燥；控制垫料温度，保持鸡舍通风良好；做好消毒灭源工作，有效杀灭球虫卵囊，减少甚至消灭传染源；选择最佳的饲养方式，从而抑制球虫的传播，降低感染率。增加或补充饲料中维生素 A 和维生素 K 的含量；死鸡和淘汰鸡应妥善处理。

**2. 治疗** 治疗球虫病的药物较多，由于球虫对药物极易产生耐药性，所以抗球虫药的选择不能全凭以往的经验，必须选用对当地虫株最敏感的药物来防治。可以选用如下几种：

(1)氨丙啉、球虫净或球痢灵：均可按 0.013%～0.024%混入饮水。连用 3 d。

(2)氯苯胍：按 30%～60%的浓度混入饲料中，连喂 1 周。

(3)金霉素：每只雏鸡每天服用 6～8 mg，或按 0.08%的浓度混入饲料中，连喂

3～4 d。

(4)妥曲珠利:又名百球清,2.5%溶液,按0.002 5%混入饮水,连用3 d。

# 鸡住白细胞虫病

鸡住白细胞虫病俗称鸡白冠病,是由鸡住白细胞原虫寄生于鸡的白细胞(主要是单核细胞)和红细胞内引起的一种血液原虫病。临床上以贫血为主要特征。该病在我国南方地区相当普遍,北方地区也常有本病发生。常呈地方性流行、季节性流行。

## 一、病原及生活史

本病的病原是属于疟原虫科、白细胞原虫属的原虫。其特征是雌雄配子体寄生在白细胞内。鸡住白细胞原虫有5种,在我国寄生于鸡的住白细胞原虫为卡氏住白细胞虫和沙氏住白细胞虫两种,其中以卡氏住白细胞虫致病力最强、危害最为严重,常引起鸡的大批死亡。

该原虫在生长繁殖过程中,以鸡为中间宿主。据报道,卡氏住白细胞虫的传播媒介为荒州库蠓、环斑库蠓和尖喙库蠓等;沙氏住白细胞的传播媒介为蚋。当带有住白细胞虫的库蠓或蚋叮咬鸡体吸血时,虫体随库蠓或蚋的唾液注入鸡体内。病原体在鸡的肝、脾、肺、心、肾、脑、脊髓及淋巴结内进行无性繁殖,最终在血细胞内形成大、小配子体。当吸血昆虫蚋或蠓吸食病鸡血液时,配子体进入它们的体内进行有性生殖,最终形成子孢子,子孢子聚集在库蠓或蚋的唾液腺内,再去叮咬其他健康鸡时,鸡发生感染。

本病的流行与吸血媒介昆虫库蠓或蚋的活动密切相关,有明显的季节性,夏秋季节多发。南方地区自3月份就有零星发病,4～10月份为发病高峰。北方地区一般在7～9月份发生流行。各种日龄的鸡均易感,3～6周龄的雏鸡发病率较高,死亡率可达10%～30% ,大鸡的死亡率达到5%～10%,出现贫血,产蛋率明显下降。感染过的大鸡有一定的免疫力,一般不表现症状。

## 二、症状及剖检变化

雏鸡症状明显。病畜体温升高,食欲不振,精神沉郁,流涎、下痢,粪便呈青绿色。病鸡贫血严重,鸡冠和肉垂苍白,有的可在鸡冠上出现圆形出血点,所以本病亦称为“白冠病”。严重者因咯血、出血、呼吸困难而突然死亡,死前口流鲜血。青年鸡和成年鸡一般死亡率不高,主要表现为发育迟缓,鸡体消瘦,冠苍白,贫血,拉水样白色或绿色稀便，产蛋率下降。

剖检可见口流鲜血，口腔内积存血液凝块，鸡冠苍白，血液稀薄。全身皮下出血，肌肉特别是胸肌和腿部肌肉散在明显的点状或斑块状出血。肝脏肿大，在肝脏的表面有散在的出血斑点。肾脏周围常有大片出血，严重者大部分或整个肾脏被血凝块覆盖。双侧肺脏充满血液，心脏、脾脏、胰脏、腺胃也有出血。肠黏膜呈弥漫性出血，在肠系膜、体腔脂肪表面、肌肉、肝脏、胰脏的表面有针尖大至粟粒大与周围组织有明显界限的灰白色小结节，这种小结节是住白细胞虫的裂殖体在肌肉或组织内增殖形成的集落。

## 三、诊断

根据流行病学、临诊症状、病理剖检做出初步确诊。病原学诊断可用血片检查法，以消毒的注射针头，从鸡的翅下小静脉或鸡冠采血 1 滴，涂成薄片，或是制作脏器的触片，再用瑞氏或姬姆萨氏染色法染色，置高倍镜下观察。可见大量未成熟的红细胞；在血浆中或红细胞的胞浆中，可发现虫体配子体和裂殖体，呈圆点状或"八字形"分瓣状，姬姆萨氏染色呈蓝色。

## 四、防治

**1. 预防**　对本病尚无特效药物，防治的重点在于预防。

在本病流行季节，用 0.1%除虫菊酯或 6%～7%马拉硫磷等喷洒，杀灭库蠓或蚋等昆虫。或安装细孔的纱门、纱窗防止库蠓或蚋进入鸡舍。

在本病流行季节到来之前或流行期间，可实行药物预防。

(1)磺胺二甲氧嘧啶。25～75 mg/kg 混于饲料或饮水。

(2)磺胺间甲氧嘧啶。50 mg/kg 混于饲料或饮水。

(3)乙胺嘧啶(息疟定)。1 mg/kg 混于饲料中。

(4)磺胺喹恶啉。50 mg/kg 混于饲料或饮水。

**2. 治疗**

(1)磺胺二甲氧嘧啶。500 mg/kg 饮水 2 d，然后再用 300 mg/kg 饮水 2 d。

(2)磺胺间甲氧嘧啶。300 mg/kg 饮水 3 d，然后再用 150 mg/kg 饮水 2 d。

(3)乙胺嘧啶(息疟定)。4 mg/kg，配合磺胺二甲氧嘧啶 40 mg/kg，混于饲料中连续服用 1 周后改用预防剂量。

# 鸡绦虫病

鸡绦虫病是由赖利属的多种绦虫寄生于鸡的十二指肠中引起的，常见的赖利绦虫有棘沟赖利绦虫、四角赖利绦虫和有轮赖利绦虫等三种。各种年龄的鸡均能感染，其他如火鸡、雉鸡、珠鸡、孔雀等也可感染，17～40 日龄的雏鸡易感性最强，病死率也最高。

## 一、病原及生活史

棘沟赖利绦虫和四角赖利绦虫是大型绦虫，两者外形和大小很相似，长 25 cm，宽 1～4 mm。棘沟赖利绦虫头节上的吸盘呈圆形，上有 8～10 列小钩，顶突较大，上有钩 2 列，中间宿主是蚂蚁。四角赖利绦虫，头节上的吸盘呈卵圆形，上有 8～10 列小钩，颈节比较细长，顶突比较小，上有 1～3 列钩，中间宿主是蚂蚁或家蝇。有轮赖利绦虫较短小，头节上的吸盘呈圆形，无钩，顶突宽大肥厚，形似轮状，突出子虫体前端，中间宿主是甲虫。棘沟赖利绦虫和四角赖利绦虫的虫卵包在卵囊中，每个卵囊内含 6～12 个虫卵。有轮赖利绦虫的虫卵也包在卵囊中，每个卵囊内含 1 个虫卵。虫卵在中间宿主体内发育为似囊尾蚴，含似囊尾蚴的中间宿主被鸡啄食后，在鸡体内约经 20 d 发育为成虫。

各种年龄的鸡均能感染本病，但以 25～40 日龄的雏鸡易感性最强，发病率和病死率高。被鸡粪污染的鸡舍和运动场常是绦虫病的传染来源，因此，散养的鸡群容易感染。孕卵节片在外界抵抗力不强，只能存活几天。但在中间宿主体内存活时间较长，如在蛞蝓体内可存活 1 年。

## 二、症状及剖检变化

病鸡精神不振，早期食欲增加，当自体出现中毒时，食欲减退，但饮欲增加，消瘦、贫血、羽毛松乱，排白色带有黏液和泡沫的稀粪，混有白色绦虫节片，若寄生绦虫量多时，可使肠管堵塞，肠内容物通过受阻，造成肠管破裂和引起腹膜炎。轻度感染造成雏鸡发育受阻，严重感染时，部分病例常有进行性麻痹，从两脚开始，逐渐波及全身，即出现瘫鸡，有时部分病例经过一段时间后鸡体中毒症状解除后不治自愈，但影响将来的生产性能。成鸡感染本病一般不显症状，但影响免疫疫苗抗体的产生，严重时，产蛋量下降或产蛋率上下浮动，个别严重病例出现腹腔积水(即水档鸡)和神经症状(即瘫鸡)，常因急发感染细菌或病毒病而衰竭死亡。

病鸡尸体消瘦，小肠黏膜增厚，有时肠黏膜上有出血点，肠道有炎症，肠道有灰黄色的结节，中央凹陷，其内可找到虫体或黄褐色干酪样栓塞物。病鸡脾脏肿大，呈土黄色，往往出现脂肪变性，易碎，部分病例腹腔充满腹水；部分病例肠道生成类似于结核病的灰黄色小结节；因长期处于自体中毒而出现营养衰竭和抗体产生抑制现象，成鸡往往还表现卵泡变性坏死等类似于新城疫的病理现象。

## 三、诊断

根据流行病学、临诊症状、病理剖检和病原学检查进行确诊。结合症状同时发现鸡粪中白色小米粒样的孕卵节片来诊断。对可疑鸡群，可挑取典型症状鸡或病死鸡进行剖检诊断，看是否有绦虫寄生。

## 四、防治

**1. 预防**　经常清扫鸡舍，及时清除鸡粪，做好防蝇灭虫工作；幼鸡与成鸡分开饲养，最后采用全进全出制；流行季节里在饲料中长期添加环丙氨嗪，制止和控制中间宿主的孳生；定期进行药物驱虫。

**2. 治疗**　当鸡发生绦虫病时，必须立即对全群进行驱虫。常用的驱虫药有以下几种：

(1)硫氯酚(别丁)。每公斤体重 150～200 mg，混入饲料中喂服。

(2)氯硝柳胺(灭绦灵)。每公斤体重 150～200 mg，混入饲料中喂服。

(3)吡喹酮。每公斤体重 10～15 mg。

(4)丙硫苯咪唑。每公斤体重 10～20 mg，混入饲料中喂服。

(5)溴氢酸槟榔素。每公斤体重 1～1.5 mg，饮水，给药前绝食 16～20 h。

# 鸡蛔虫病

鸡蛔虫病是由禽蛔科、禽蛔属的鸡蛔虫寄生于鸡小肠内引起的一种常见寄生虫病。本病遍及全国各地，是一种常见寄生虫病。在地面大群饲养的情况下，常感染严重，影响雏鸡的生长发育，甚至导致大批死亡，造成严重损失。除鸡外，鸡蛔虫还可感染鹅、鸭，以及火鸡、鹌鹑，鹧鸪等禽类。

## 一、病原及生活史

鸡蛔虫是寄生在鸡体内最大的一种线虫，呈淡黄白色，头端有三个唇片。雄虫长 26～70 mm，尾端向腹面弯曲，有尾翼和尾乳突，一个圆形或椭圆形的泄殖腔前吸盘，两根交合刺近等长。雌虫长 65～110 mm，阴门开口于虫体中部，尾端钝直。

虫卵呈深灰色，椭圆形，卵壳厚，表面光滑或不光滑，新排出虫卵内含一个椭圆形胚细胞。虫卵大小为(7～90)μm×(47～51)μm。

雌虫在鸡的小肠内产卵，随鸡粪排到体外。虫卵抗逆力很强，在适宜条件下，约经10 d发育为含感染性幼虫的虫卵，在土壤内生存6个月仍具感染能力。鸡因吞食了被感染性虫卵污染的饲料或饮水而感染。幼虫在鸡胃内脱掉卵壳进入小肠，钻入肠黏膜内，经血液循环和一段时间后返回肠腔发育为成虫，此过程约需35～50 d。除小肠外，在鸡的腺胃和肌胃内，有时也有大量虫体寄生。3～4月龄以内的雏鸡最易感染和发病。

## 二、症状及剖检变化

雏鸡和3月龄以下的青年鸡被寄生时，蛔虫的数量往往较多，初期症状也不明显，随后逐渐表现为生长发育不良，精神沉郁，行动迟缓，食欲不振，下痢，有时粪中混有带血黏液，羽毛松乱，消瘦、贫血，黏膜和鸡冠苍白，最终可因衰弱而死亡。严重感染者可造成肠堵塞导致死亡。成年鸡一般不表现症状，但严重感染时表现为腹泻、贫血和产蛋量下降等。

剖检可见病尸明显贫血、消瘦，肠黏膜充血，肿胀，发炎和出血，肠壁上有颗粒状化脓灶或结节。严重感染时可见大量虫体聚集，相互缠结，引起肠阻塞，剪开肠管可见有多量蛔虫拧集在一起呈绳状。

## 三、诊断

根据临床症状、病理剖检和寄生虫检查而确诊。采用水洗沉淀法或饱和盐水漂浮法检查粪便中的虫卵，或剖检时在小肠内发现大量虫体可确诊。

## 四、防治

**1. 预防** 加强环境卫生管理，勤换垫草，粪便及时处理清除。蛔虫病流行的鸡场，每年应进行2次定期驱虫，雏鸡于孵化后2个月左右驱虫一次，当年秋末进行第二次驱虫；成年鸡第一次驱虫安排在10～11月份，第二次驱虫放在春秋产蛋季节前一个月进行。病鸡随时进行治疗性驱虫。

**2. 治疗** 治疗可选用下列药物：

(1)枸橼酸哌哔嗪(驱蛔灵)。每千克体重2.0 mg，拌料1次内服，或配成0.1%～0.2%水溶液饮服。

(2)左旋咪唑。每千克体重25～40 mg，混料1次内服。

(3)噻苯唑。每千克体重500 mg，混料1次内服。

(4)亚砜咪唑。每千克体重 5 mg,混料 1 次内服。

(5)酚塞嗪(硫化二苯胺)。每千克体重 0.5～1.0 g,每只鸡总量不得超过 2 g,混料 1 次内服。

# 鸡羽虱

羽虱是寄生在家禽身体表面的一种昆虫。也是家禽的一种最普通的外寄生虫,种类很多,已经发现的就有 40 种之多,各种羽虱都有严格的宿主。同一鸡体上常可寄生数种羽虱,各有特定的附着部位,或附于羽毛上,或附于绒毛上,其形体很小,不到 1 mm,大的一般体长也仅有 5～6 mm,呈淡黄色或灰色。体型扁平,分头、胸、腹三部分,头部比胸部宽,咀嚼式口器,胸部有 3 对足,无翅。羽虱全部生活史都在家禽身上进行,取食家禽身上的羽毛或皮肤鳞屑而生活,一般不吸血。离开了家禽身体,无法独立生活,很快就死亡。

## 一、病原及生活史

鸡虱是永久性寄生虫,在鸡的羽毛间生存繁殖,不会主动离开鸡体。常见的鸡羽虱主要有头虱、羽干虱和大体虱三种。头虱主要寄生在鸡的颈、头部,对幼鸡的侵害最为严重;羽干虱主要寄生在羽毛的羽干上;鸡大体虱主要寄生在鸡的肛门下面,有时在翅膀下部和背、胸部也有发现。

鸡羽虱的发育过程包括卵、若虫和成虫三个阶段,全部在鸡体上进行。雌虱产的卵常集合成块,粘在羽毛的基部,经 5～8 d 孵化出若虫,外形和成虫相似,经 2～3 周,蜕皮 3～5 次发育为成虫,即能产卵,其寿命为几个月。

羽虱通过直接接触或间接接触传播,一年四季均可产卵繁殖,尤其冬季繁殖量最大。鸡生虱时由于痛痒刺激,经常抖毛,会使一些鸡虱散落到体外,散落的鸡虱会钻进另一些鸡的羽毛中重新安身,也可能被某些媒介带至其他鸡群而使其他鸡群感染鸡虱。如果没有这些机会,鸡虱在地面、垫料、鸡粪等环境中因得不到食物,经过几天就会死亡。

## 二、症状及剖检变化

病鸡奇痒不安,会蹦跳飞跃,常啄自身羽毛与皮肉,导致羽毛脱落,皮肤损伤,食欲下降与渐进消瘦和贫血,精神委靡不振,营养缺乏,进而出现贫血症状甚至死亡。雏鸡长鸡虱会影响生长发育;产蛋鸡长鸡虱则产蛋率下降。

## 三、诊断

在禽体表发现虱或虱卵即可确诊。

## 四、防治

**1. 预防** 对鸡舍内卫生死角彻底打扫，清除出陈旧干粪、垃圾杂物，能烧的烧掉，其余用杀虫药液充分喷淋，堆到远处。

**2. 防治** 杀虫可选用以下药物：

用5%溴氰菊酯乳油（敌杀死），预防浓度为30 ppm，治疗浓度为50～80 ppm，进行药浴或喷洒。杀灭菊酯，市售商品为20%乳油，使用时加水稀释即可（不可使用50℃以上热水）。鸡体灭虱浓度为4～5 ppm，使用时以微温（12℃）水稀释乳油后喷洒，涂擦或药浴。鸡舍灭虫可按0.03～0.05 mL/$m^3$ 计量，喷雾后密闭4 h。

地面平养的鸡群，可设一沙浴池，每50 kg细沙内加入硫黄粉5 kg，充分混匀，铺成10～20 cm厚，让鸡自行沙浴。

### 案例分析

某市王某饲养的3 000只海蓝灰高峰期蛋鸡，近日每天早晨发现1～2只体况基本正常的鸡只死于笼中，自己按经验判断为大肠杆菌病，给鸡群投用治疗大肠杆菌病的药物，3 d后的早晨又发现5只鸡死亡。

## 一、诊断

**1. 问诊** 鸡群精神状态基本正常；个别鸡只鸡冠发白，稍萎缩，有此症状的鸡肛门处羽毛往往湿污；粪便较稀，其中黑酱色稀粪较多，粪便中夹杂有西瓜瓤样红色粪便。

**2. 视诊** 对病死鸡进行剖检，共剖检5只。病变主要发生在小肠后部，外观小肠呈黄白色或红褐色且明显膨胀、粗大，部分鸡只肠壁外观有红色或灰白色小斑点；肠壁显著增厚，内容物为黄白色豆腐渣样或红褐色、混有血液的坏死物质。其他内脏无明显肉眼可见病变。

根据流行病学、发病情况、病理变化，可初步诊断为鸡坏死性肠炎与小肠球虫病的混合感染。

## 二、防治

**1. 预防** 改善饲养管理条件，搞好禽舍的清洁卫生，尽量保持鸡舍干燥，勤清粪、勤消毒，不使用发霉变质饲料，注意对球虫病的防治。对发病鸡舍选择具有强杀菌能力的消毒剂，如含氯消毒剂、含碘消毒剂等具有较好的消毒效果，定期对饮水器进行冲洗消毒。

**2. 治疗** 因鸡群是高峰期蛋鸡，所以选择含地克珠利成分的球虫药，以避免对产蛋造成影响，同时使用乙酰甲喹成分的肠炎药物，配合鱼肝油进行治疗，连用5 d。用药3 d时停止死亡，5 d后痊愈。鸡冠逐渐饱满、红润，产蛋率有所上升，且未再复发。

未开产的鸡群可使用磺胺类球虫药和硫酸新霉素进行治疗，效果也很好。

### 复习思考题

1. 如何防治鸡球虫病？
2. 如何进行鸡羽虱的治疗？
3. 如何进行鸡蛔虫病的防治？
4. 鸡住白细胞虫病临床有何症状？

# 任务一　禽流感琼脂扩散实验

## 一、内容

鸡禽流感病琼脂扩散实验。

## 二、目标

掌握鸡禽流感病琼脂扩散操作技术。

## 三、材料

酒精灯、平皿、打孔器、小试管、微量移液器等器材。硫柳汞溶液，琼脂板，禽流感琼脂凝胶免疫扩散抗原、标准阴性和阳性血清。

## 四、材料与方法

**1. 材料准备**

(1) 硫柳汞溶液(pH 7.2)，0.01mol/L PBS溶液，配制方法见附录A。

(2)琼脂板。制备方法见附录B。

(3)禽流感琼脂凝胶免疫扩散抗原、标准阴性和阳性血清。

**2. 操作方法**

(1) 打孔。在制备的琼脂板上按7孔一组的梅花形打孔(中间1孔,周围6孔,如图4-1),孔径约5 mm,孔距2～5 mm,将孔中的琼脂用8号针头斜面向上从右侧边缘插入,轻轻向左侧方向将琼脂挑出,勿伤边缘或使琼脂层脱离皿底。

(2)封底。用酒精灯轻烤平皿底部至琼脂刚刚要融化为止,封闭孔的底部,以防侧漏。

(3)加样。用微量移液器或带有6～7号针头的0.25 mL注射器,吸取抗原悬液滴入中间孔(图4-1中⑦号),标准阳性血清分别加入外周的①和④孔中,被检血清按编号顺序分别加入另外4个外周孔(图4-1中的②,③,⑤,⑥号孔)。每孔均以加满不溢出为度,每加一个样品应换一个滴头。

(4)作用。加样完毕后,静止5～10 min,然后将平皿轻轻倒置放入湿盒内,37℃温箱中作用,分别在24 h,48 h和72 h观察并记录结果。

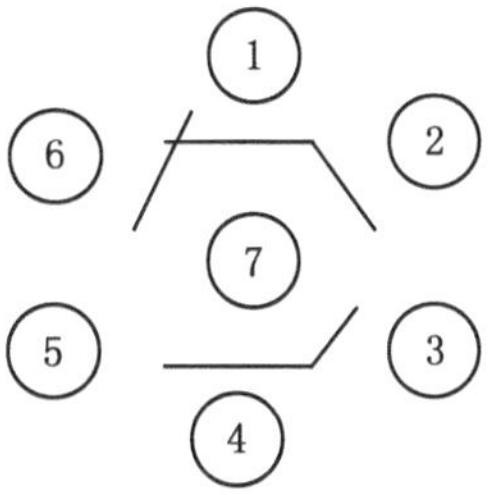


**图4-1　AGP试验结果**

**3. 结果判定**

(1)判定方法。将琼脂板置日光灯或侧强光下观察,若标准阳性血清(图4-1的①和④号孔)与抗原孔之间出现一条清晰的白色沉淀线,则试验成立。

(2)判定标准。若被检血清(如图4-1中的②号)孔与中心抗原孔之间出现清晰致密的沉淀线,且该线与抗原与标准阳性血清之间沉淀线的末端相吻合,则被检血清判为阳性。

被检血清(如图4-1中的③号)与中心孔之间虽不出现沉淀线,但标准阳性血清(如图4-1中④)的沉淀线一端向被检血清孔内侧弯曲,则此孔的被检样品判为弱阳性(凡弱阳性者应重复试验,仍为弱阳性者,判为阳性)。

若被检血清(如图4-1中的⑤号孔)孔与中心孔之间不出现沉淀线,且标准阳性血清沉淀线直向被检血清孔,则被检血清判为阴性。

被检血清孔(图 4-1 中的⑥号孔)与中心抗原孔之间沉淀线粗而混浊或标准阳性血清与抗原孔之间的沉淀线交叉并直伸,被检血清孔为非特异反应,应重做,若仍出现非特异反应则判为阴性。

## 五、报告

根据实训课实际情况,写出鸡禽流感病诊断方法及诊断结果报告。

### 附录 A　AGP 试验用溶液的配制

**1. 1%硫柳汞溶液的配制**

硫柳汞　　　　1.0 g

加蒸馏水至　　100 mL

溶解后,置 100 mL 瓶中盖塞存放备用。

**2. pH 7.2 的 0.01 mol/L PBS 的配制**

(1)配制 25×PB。称量 2.74 g 磷酸氢二钠和 0.79 g 二水磷酸二氢钠加蒸馏水至 100 mL。

(2)配制 1×PBS。量取 40 mL 25×PB,加入 8.5 g 氯化钠,加蒸馏水至 1 000 mL。

(3)用氢氧化钠或盐酸调 pH 至 7.2。

(4)灭菌或过滤。

(5)PBS 一经使用,于 4℃保存不超过 3 周。

### 附录 B　琼脂板的制备

称量琼脂糖 1.0 g,加入 100 mL 的 pH 7.2 的 0.01 mol/L PBS 液,在水浴中煮沸使之充分融化,加入 8 g 氯化钠,充分溶解后加入 1%硫柳汞溶液 1 mL,冷却至 45～50℃时,将直径为 90 mm 的洁净干热灭菌平皿置于平台上,每个平皿加入 18～20 mL,加盖待凝固后,把平皿倒置以防水分蒸发,放普通冰箱中保存备用(时间不超过 2 周)。

# 任务二　鸡新城疫的诊断

## 一、内容

鸡新城疫的实验室诊断。

## 二、目标

学会鸡新城疫实验室检查中常用的诊断技术。

## 三、材料

恒温培养箱、微量振荡器、离心机、离心管、微量加样器、96孔V型反应板、注射器(1 mL、5 mL)、针头、试管、吸管等仪器;pH 7.2磷酸盐缓冲盐水、0.5%鸡红细胞悬液、灭菌生理盐水、青霉素、链霉素、鸡新城疫病毒尿囊液、标准阳性血清等药品。

## 四、方法与步骤

(1)病毒的分离培养。活禽用气管拭子和泄殖腔拭子(或粪);死禽以脑为主,也可用心、肝、脾、肺、肾、气囊等。样品用灭菌生理盐水制成1∶5悬液;拭子浸入2～3 mL灭菌生理盐水中,反复挤压至无水滴出,弃之。溶液中加青霉素、链霉素各10 000 IU。泄殖腔拭子(粪)样品,青霉素、链霉素量提高5倍。然后调pH至7.0～7.4,37℃作用1 h,再1 000 r/min离心10 min,取上清0.1 mL经尿囊腔接种9～10日龄SPF鸡胚。直立孵化3～7 d。孵化期间,每日照蛋两次,观察胚胎存活情况,取接种24 h以后死亡的鸡胚,置4℃冰箱内4 h或过夜,次日取出收集尿囊液,并观察病变。尿囊液应清朗,胚体无腐败,头、翅和趾出血明显。收集尿囊液作血凝试验,并与标准阳性血清作血凝抑制试验,确定有无新城疫病毒繁殖。

(2)鸡新城疫血凝及血凝抑制试验。本法确检鸡新城疫有两种情况,一是检查病原,一是检查抗体。检查病原时,取疑似病料接种鸡胚的尿囊液,进行血凝试验检测其血凝性,如凝集再用鸡新城疫阳性血清进行血凝抑制试验可达确检。检查抗体时,需采取鸡群疑似新城疫急性期和康复后期的双份血清,即间隔10 d的双份血清,用血凝抑制试验,证实抗体滴度增高可达确检。

①试验准备

制备pH 7.0～7.2磷酸盐缓冲盐水:氯化钠170.0 g,磷酸二氢钾13.6 g,氢氧化钠3.0 g,蒸馏水1 000.0 mL。高压灭菌,4℃保存,使用时作20倍稀释。

0.5%鸡红细胞悬液制备:从健康公鸡翅静脉采血,加入含有抗凝剂(3.8%柠檬酸钠)的试管内,用20倍的磷酸缓冲盐水洗涤3～4次,每次以2 000 r/min离心3～4 min,最后一次5 min。直至上清液完全透明。弃去上清液,并彻底洗去血浆和白细胞,最后取红细胞用磷酸盐缓冲液配成0.5%红细胞悬液。

被检血清:采取被检鸡新鲜血液,分离血清。万只以上的抽样率不少于

0.1%～0.2%，鸡群小的抽样率为5%。每只鸡采血量不少于1 mL(大鸡翅下静脉、小鸡心脏采血)。分离的血清要透明、微黄色，混浊、溶血或有异味的不可用于实验。

标准96孔反应板的准备：须注意将每个孔穴刷净，置2%盐酸中浸泡14 min，长流水漂洗数小时，然后再用蒸馏水冲洗5～8次，放30℃温箱中干燥(切勿放烘干箱内干烤)。

②操作方法

微量血凝(HA)试验：用微量加样器向反应板的1～12孔各加0.05 mL磷酸盐缓冲液。以另一微量加样器吸取0.05 mL抗原加在第一孔，混匀后，向第二孔移入0.05 mL，同法混匀，如此进行对倍梯度稀释至11孔，混匀后弃去0.05 mL，第12孔不加血球作对照。用另一微量加样器吸取0.5%红细胞悬液向各孔加入0.05 mL。加样完毕，将反应板置于微型振荡器上振荡1～2 min或手持反应板绕圆圈混匀，在18～20℃静置30～40 min或37℃温箱中作用15～30 min取出，根据血凝图像判定结果。

以出现完全凝集的病毒最大稀释度为该病毒的血凝滴度或称血凝价。如表4-1中表示为$2^7$($128^x$)，而进行HI时应用4个血凝单位的病毒浓度，即4单位病毒的应稀释倍数为128÷4=32。

**表4-1 NDV-HA微量法**

| 孔号 | 1 | 2 | 3 | 4 | 5 | 6 | 7 | 8 | 9 | 10 | 11 | 12 |
|---|---|---|---|---|---|---|---|---|---|---|---|---|
| 病毒稀释倍数 | $2^1$ | $2^2$ | $2^3$ | $2^4$ | $2^5$ | $2^6$ | $2^7$ | $2^8$ | $2^9$ | $2^{10}$ | $2^{11}$ | 红细胞对照 |
| 稀释液/mL | 0.05 | 0.05 | 0.05 | 0.05 | 0.05 | 0.05 | 0.05 | 0.05 | 0.05 | 0.05 | 0.05 | 0.05 |
| 病毒/mL | 0.05 | 0.05 | 0.05 | 0.05 | 0.05 | 0.05 | 0.05 | 0.05 | 0.05 | 0.05 | 0.05 | 弃去0.05 |
| 0.5%鸡红细胞/mL | 0.05 | 0.05 | 0.05 | 0.05 | 0.05 | 0.05 | 0.05 | 0.05 | 0.05 | 0.05 | 0.05 | 0.05 |
| 振荡1～2 min后，放室温下静止30～40 min或置37℃温箱中作用15～30 min后观察 | | | | | | | | | | | | |
| 判定(例) | # | # | # | # | # | # | # | ++ | ++ | — | — | — |
| 注明 | "#"100%凝集"++"50%凝集"—"为不凝集 | | | | | | | | | | | |

微量血凝抑制(HI)试验：操作方法同上，操作术式按表4-2进行。

在对照管出现正确结果的情况下，能完全抑制红细胞凝集的血清最大稀释度为该血清的血凝抑制滴度或抗体的血凝抑制效价。一般用对数$\log_2 x$表示($x$为被检血清稀释倍数)，如表4-2中表示的血清血凝抑制滴度为$\log_2 2^6$，可表示为

表 4-2　NDV-HI 微量法

| 孔号 | 1 | 2 | 3 | 4 | 5 | 6 | 7 | 8 | 9 | 10 | 11 | 12 |
|---|---|---|---|---|---|---|---|---|---|---|---|---|
| 被检血清稀释倍数 | $2^1$ | $2^2$ | $2^3$ | $2^4$ | $2^5$ | $2^6$ | $2^7$ | $2^8$ | $2^9$ | $2^{10}$ | 病毒对照 | 血细胞对照 |
| 稀释液/mL | 0.05 | 0.05 | 0.05 | 0.05 | 0.05 | 0.05 | 0.05 | 0.05 | 0.05 | 0.05 | 0.05 | 0.05 |
| 被检血清/mL | 0.05 | 0.05 | 0.05 | 0.05 | 0.05 | 0.05 | 0.05 | 0.05 | 0.05 | 0.05 | 0.05 | 弃去 0.05 |
| 4 单位病毒/mL | 0.05 | 0.05 | 0.05 | 0.05 | 0.05 | 0.05 | 0.05 | 0.05 | 0.05 | 0.05 | 0.05 | |
| 感作 | 置室温(18～20℃)下作用 20 min 或置 37℃温箱中作用 5～10 min | | | | | | | | | | | |
| 0.5%鸡红细胞/mL | 0.05 | 0.05 | 0.05 | 0.05 | 0.05 | 0.05 | 0.05 | 0.05 | 0.05 | 0.05 | 0.05 | 0.05 |
| 感作 | 在微型振荡器上振荡 1 min 后，室温下静止 30～40 min 或置 37℃温箱中作用 15～30 min 后观察 | | | | | | | | | | | |
| 判定(例) | − | − | − | − | − | − | ± | ± | + | + | + | − |

$6\log_2$。用此方法对鸡群进行检疫时，若有 10%以上的鸡出现 $11\log_2$ 以上的高血凝抑制滴度，说明鸡群已受新城疫强毒感染。若监测鸡群的免疫水平，则血凝抑制滴度在 $4\log_2$ 的鸡群保护率为 50%左右；在 $4\log_2$ 以上的保护率达 90%～100%；在 $4\log_2$ 以下的非免疫鸡群保护率为 9%，免疫过的鸡群约为 43%。鸡群的血凝抑制滴度以抽检样品（一般每群随机抽检 20～30 只）的血凝抑制滴度的几何平均值表示，如平均水平在 $4\log_2$ 以上，表示该鸡群为免疫鸡群。

## 五、报告

根据训练课实际情况，写出鸡新城疫实验室诊断报告。

# 任务三　鸡马立克氏病的诊断

## 一、内容

鸡马立克氏病琼脂扩散反应。

## 二、目标

掌握鸡马立克氏病琼脂扩散诊断。

## 三、材料

外科剪子、镊子、搪瓷盘、平皿、打孔器、小试管、玻璃棒、刻度吸管、滴管等器材。含8%氯化钠 pH 7.2～7.4 的磷酸盐缓冲液、优质琼脂粉、马立克琼脂扩散抗原和阳性血清等药品。被检鸡。

## 四、方法与步骤

(1)试验准备。制备琼脂平板：制底膜，用蒸馏水配制 0.3%的稀琼脂溶液，水浴加温使其充分溶化后，加入平皿，每个直径 8.5 cm 的普通培养皿，约加 3 mL 琼脂液，置 37℃温箱中，充分干燥备用；铺琼脂，用含 8%氯化钠的磷酸盐缓冲液(0.01 mol/L，pH 7.4)，配制 0.8%的琼脂溶液(内含 1/10 000 硫柳汞)，水浴加温使其充分溶化后，用脱脂棉滤过，稍凉(60～70℃)后加盖在上述备用培养皿上。每个培养皿约加 20 mL，平置，在室温下凝固，然后放入普通冰箱中，保存备用(精制琼脂粉制作时，无须过滤)。打孔，按备好的图形打孔。一般由 1 个中心孔和 6 个周边孔组成。中心孔直径 4 mm，孔距 3 mm。

(2)操作方法。检疫操作法有以下两种。

①用已知标准阳性血清检测病毒抗原：从被检鸡的腋下、大腿部拔 1 根新近长出的嫩毛或拔下带血的毛根，剪下毛根尖端下段 5～7 mm，直接插在已打好的孔内(也可直接插在中央孔周围，而周围不必打孔)，每鸡 1 根羽毛，用 1 个孔；用 1 滴管向中央孔滴加标准阳性血清，以加满为度；将加样完毕的琼脂平板加盖后，在室温下静置片刻，待样品稍扩散而液面下陷后，再平放于带盖的湿盒内，置 37℃温箱中，于 12～24 h 内观察并记录结果。如果在插毛根的孔与血清孔之间出现白色沉淀线(单条的或多条的)，证明被检毛根内含马立克氏病病毒抗原。

②用标准抗原检测抗体(被检鸡血清)：用滴管向周边 2～6 孔内分别加被检血清，每加 1 份血清前必须将滴管充分洗净、拭干；用另一支滴管向中心孔滴加标准抗原；再用一支滴管向第一周边孔内滴加标准阳性血清；均应以加满而不溢出为度。其余步骤同前。如果被检血清与标准抗原之间形成清晰的白色沉淀线，并与标准阳性血清的沉淀线相互融合，则判为阳性反应；如标准阳性血清所形成的沉淀线末端弯向被检血清孔内，则该被检血清判为弱阳性。

## 五、报告

根据实训课实际情况，写出鸡马立克氏病诊断方法及诊断结果报告。

# 任务四 鸡传染性法氏囊炎的诊断

## 一、内容

鸡传染性法氏囊病的实验室诊断。

## 二、目标

掌握鸡传染性法氏囊病实验室检查中常用的诊断技术。

## 三、材料

外科剪子、镊子、搪瓷盘、平皿、打孔器、小试管、玻璃棒、移液器、吸头等器材。含8%氯化钠pH7.2～7.4的磷酸盐缓冲液、优质琼脂粉、鸡传染性法氏囊标准阳性血清。被检鸡。

## 四、方法与步骤

**1.琼脂凝胶沉淀试验**

本法是检测血清中特异性抗体或法氏囊组织中病毒抗原的最常用诊断方法。

(1)病料采集。采集发病早期的血液样本，3周后再采血样，并分离血清。为了检出法氏囊中的抗原，无菌采取10只鸡左右的法氏囊，用组织搅拌器制成匀浆，以3 000 r/min离心10 min，取上清液备用。

(2)IBD的标准阳性血清和阴性血清。

(3)琼脂板制备。取1 g优质琼脂溶化于含有0.1%石炭酸的8%氯化钠溶液100 mL，经多层纱布脱脂棉过滤，置冰箱备用。有时放在水溶液内并趁热浇在玻片上，每片4 mL厚2.5～3 mm。也可以吸15 mL倒入90 mm平皿内。

(4)打孔和加样。事先制好打孔的图案(中央1个孔和外周6个孔)，放在琼脂板下面，用批孔器打孔，并剔去孔内琼脂。孔径为6 mm，孔距为3 mm。检测IBDV的抗体时，中央孔加已知的IBDV的抗原，若测法氏囊中的病毒抗原，中央孔加已知标准阳性血清。现以检测抗原为例进行加样。中央孔加IBD的阳性血清，1、4孔加入已知抗原，2、3、5、6孔加入被检抗原，添加至孔满为止，将平皿倒置放在湿盒内，置37℃温箱内经24～48 h观察结果。

(5)结果判定。在标准阳性血清与被检的抗原孔之间，有明显沉淀线者判为阳性，相反，不出现沉淀线者判为阴性。标准阳性血清和已知抗原孔之间一定要出现明显沉淀线，本试验方可确认。

**2. 免疫荧光抗体检查**

(1)荧光抗体。市售。

(2)被检材料。采取病死鸡的法氏囊、盲肠扁桃体、肾和脾，用冰冻切片制片后，用丙酮固定 10 min。

(3)染色方法。在切片上滴加 IBD 的荧光抗体，置湿盒内在 37℃感作 30 min 后取出，先用 pH7.2PBS 液冲洗，继而用蒸馏水冲洗，自然干燥后滴加甘油缓冲液封片(甘油 9 份，pH 7.2PBS 1 份)镜检。

(4)结果判定。镜检时见片上有特异性的荧光细胞时判为阳性，不出现荧光或出现非特异性荧光则判为阴性。

(5)注意事项。滴加标记荧光抗体于已知阳性标本上，应呈现明显的特异荧光。滴加标记荧光抗体于已知阴性标本片上，应不出现特异荧光。本法在感染 12 h 就可在法氏囊和盲肠扁桃体检出。

**3. 病毒中和试验** 可用细胞培养或幼龄鸡进行，它比琼脂凝胶沉淀试验检测抗体更敏感，对估价疫苗的免疫应答是有用的。

(1)细胞培养中和试验。在微量滴定板的每孔中，加入 0.5 mL 含 $100TCID_{50}$ 的病毒稀释液。被检血清经 56℃灭能 30 min，然后以滴定板上的病毒稀释液将被检血清作连续倍比稀释。滴定板在室温放 30 min 后，每孔加入 0.2 mL 制备好的鸡胚细胞悬液，置 37℃培养 4～5 d，每天在倒置显微镜观察细胞病变产生的情况，并以不出现细胞病变的最终稀释度的倒数(log2)判定终点。

(2)中和试验。将被检血清在 56℃灭能 30 min。取 1 mL 被检血清与 1 mL 已知阳性 IBD 抗原(可用细胞培养育，1 mL 含 $200TCID_{50}/0.05$ mL，或用清亮的 10%法氏囊匀浆)，置 37℃孵育 30～60 min。将上述混合物滴入 7 只易感鸡眼内(易感鸡不含有 IBD 抗体)，每只鸡滴 0.5 mL，3 d 后将鸡宰杀，检查其法氏囊有无病变。同时设立 IBD 阳性血清和阴性血清作对照。若被检血清采于非免疫鸡群，其阳性血清和被检血清鸡的法氏囊无病变，而阴性血清对照鸡的法氏囊出现病变时，表明被检血清的鸡已感染 IBDV；如果被检血清采于免疫鸡群，出现这种情况，说明 IBD 疫苗免疫应答较好。相反，阳性血清鸡的法氏囊无病变，而阴性血清和被检血清鸡的法氏囊出现病变，表明 IBD 疫苗免疫应答差。

**4. 间接 ELISA 检测 IBDV 抗体**

(1)抗原色被。IBDV 抗原用 0.05 mol/L pH 9.6 碳酸盐缓冲液稀释至 5 μg/mL，每孔加 100 μL，置 37℃温箱，再置 4℃冰箱过夜。取出后倾去包被液，用 PBS-T 冲洗液洗涤 3 次，每次 3～5 min。加含 10%BSA 的 PBS-T 封闭液，每孔加

100 μL，置 37℃ 1 h，倾去封闭液，同前洗涤。色被好的抗原板用塑料封装，放在－20℃冰箱保存。

(2)加被检血清。用血清稀释液按 1∶400 稀释，加入 ELISA 反应板中，每孔加 100 μL。A1 孔加稀释液，A2、A3 孔加阴性血清，A4、A5 孔加阳性血清。阳性和阴性血清不稀释，加入量同被检血清。然后将反应板放在湿盒中，置 37℃ 1 h。

(3)冲洗。倾去反应板中液体，用冲洗液洗涤 3 次，每次 3～5 min。

(4)加兔抗鸡 IgG 酶标记抗体。取酶标记抗体 1 mL 加 00 mL 酶标稀释液混匀后，再加 100 mL 灭菌甘油即成 10X 兔抗鸡 IgG 酶标记抗体，用安瓿分装每支 1 mL(可放－20℃保存)。用时取出 1 支加入 9 mL 稀释液，每孔加入 100 μL，置 37℃ 1 h。

(5)冲洗。方法同(3)。

(6)加底物液。将底物液甲液加入乙液中，再加入 30%过氧化氢液 10 μL，混匀后立即加至反应板上，每孔 100 μL，37℃避光作用 20 min。

(7)加终止液。每孔加入 50 μL。

(8)用酶标测定仪在波长 492 nm 下，测定每孔降解物的吸收值。测定时 A1 孔调零。

结果判定：被检血清两孔 OD 值平均值与阴性血清两孔 OD 值平均值之比，若被检血清 OD 值≥2 则判为阳性。

试验溶液配制：

(1)冲洗液 0.01 mol pH7.4PBS 液配制：取 $KH_2PO_4$ 1 g，$Na_2HPO_4 \cdot 12H_2O$ 14.5 g；KCl 1.0 g，NaCl 42 g，无离子水加至 250 mL 溶解。

(2)酶标抗体和血清稀释液配制：0.01 mol pH 7.4PBS 250 mL，吐温 20 2.5 mL，硫柳汞 0.1 g。混匀后，按每瓶 10 mL 分装，室温保存。

(3)封闭液配制。取(2)液 250 mL，BSAlg 混匀按每瓶 10 mL 分装，－20℃保存。

(4)底物液配制：甲液：取 $Na_2HPO_4 \cdot 12H_2O$ 35.8 g，加无离子水 1 000 mL 按每瓶 6 mL 分装，室温保存。

乙液：取柠檬酸 21 g，加无离子水 1 000 mL，再加邻苯二胺 1.2 g，按每瓶 3 mL 分装，－20℃避光保存。

(5)终止液 2 mol/L 硫酸：取浓 $H_2SO_4$(纯度 95%～98%)4 mL 加入 32 mL 无离子水中混匀即成。

# 任务五　鸡球虫病实验室诊断

## 一、内容

鸡球虫病实验室诊断。

## 二、目标

1. 熟悉球虫卵囊的形态特征。
2. 掌握分离球虫卵囊的方法。
3. 熟悉鸡球虫粪便记分方法。

## 三、材料

**1. 仪器设备**　生物显微镜（具备10倍目镜和低倍、高倍物镜及油镜）；目镜测微尺和物镜测微尺；盖玻片、载玻片、牙签、洗瓶、平皿；剪刀及手术刀；离心管；血细胞计数板。

**2. 实验材料**　感染球虫的患鸡，常见的球虫卵囊，蔗糖、食盐、硫酸镁、铬硫酸、重铬酸钾等。

## 四、方法与步骤

（一）鸡球虫的形态观察

鸡球虫，报道的有9个种，属艾美耳属，世界公认的有7个种。

(1)柔嫩艾美耳球虫（*E. tenella*）。寄生于盲肠，多为宽卵圆形，少数为椭圆形，原生质呈淡褐色，卵囊壁为淡黄绿色。其卵囊平均大小为22 μm×19 μm，形状指数为1.16，裂殖体很大，直径可达54 μm，第一代裂殖体包含的裂殖子可达900个，第二代为350个，最短孢子化时间为18 h，最短潜隐期为115 h。

(2)毒害艾美耳球虫（*E. necatrix*）。其第一、二代裂殖生殖在鸡小肠，第三代裂殖生殖和配子生殖在盲肠。卵囊呈卵圆形，大小为（13.2～22.7）μm×（11.3～18.3）μm，囊壁无色、光滑。具极粒，孢子囊呈卵圆形，有斯氏体，无残体。

(3)堆型艾美耳球虫（*E. acervulina*）。寄生于十二指肠。卵囊呈卵圆形，大小为（17.7～20.2）μm×（13.7～16.3）μm。光滑，卵囊壁淡黄绿色。孢子囊呈卵圆形，有斯氏体，具极粒，无残体。

(4)布氏艾美耳球虫（*E. brunetti*）。寄生于小肠后段、直肠和盲肠近端区。卵囊平均大小为 18.8 μm×24.6 μm，是鸡球虫中仅次于巨型艾美耳球虫的第二大型卵囊。形状指数为 1.31。有一极粒，无残体和卵膜孔。裂殖体直径为 30 μm。孢子化时间为 18 h，潜隐期为 120 h。

(5)巨型艾美耳球虫(*E. maxima*)。寄生于小肠中段。卵囊很大，是鸡球虫中最大型的卵囊，最大的卵囊达到 42.5～29.8 μm。卵囊呈卵圆形，一端钝圆，一端较窄，黄褐色，囊壁浅黄色。其形状指数为 1.47。最大的裂殖体直径为 9.4 μm。

(6)和缓艾美耳球虫(*E. mitis*)。寄生于鸡小肠前段。卵囊较小，近球形，卵囊壁为淡黄绿色，有一极粒，无卵膜孔，也无残体。卵囊平均大小为 15.6 μm×14.2 μm，最短孢子化时间为 15 h。

(7)早熟艾美耳球虫(*E. praecox*)。寄生于小肠上段 1/3 处。卵囊呈卵圆形或椭圆形，平均大小为 21.3 μm×17.1 μm，形状指数为 1.24，囊壁光滑，呈淡黄绿色，原生质无色，无卵膜孔和残体，具极粒。孢子囊无残体。

(二)卵囊的分离

卵囊存在于宿主粪便和组织中，分离粪便中的卵囊较多采用饱和食盐(或硫酸镁、蔗糖等)溶液漂浮法和离心法；分离组织中的卵囊一般采用铬硫酸分离法和蛋白酶消化法。单卵囊分离法是指从混合虫种的卵囊中分离出单个卵囊，以备进一步扩增所需的“克隆”卵囊。

尽管有许多分离卵囊的方法，但其基本原理是一样的，即根据卵囊与杂质比重的不同。对于组织中的卵囊，尚需借助消化液或酸的作用，破坏组织中的细胞，以利卵囊的提纯。

漂浮法，可用很多种溶液和很多种方法，其关键是溶液的比重要适当(一般 1.2 左右)；再者，溶液对卵囊的活性没有不良影响。这里介绍几种常用方法：

**1. 糖溶液漂浮法**

(1) 糖溶液的制备。称 500 g 糖和 6.5 g 石炭酸(或 6～7 mL 石炭酸溶液)溶于 320 mL 蒸馏水中即可。此法配制的溶液也常称为 Sheather 氏糖溶液。

(2)卵囊的分离。

a. 在一容器里将粪便和 2 倍于粪便体积的自来水(或生理盐水，或食用专用洗剂如 0.5%莱喷液等)混成均匀的悬浮液。

b. 将粪便混悬液经两层粗棉布(或先经 50 目后经 100～200 目网筛)滤到第二个容器中，再与等量 Sheather 氏糖溶液混合，而后将混合液注入离心管中。

c. 离心(3 000 r/min，3 min)。

d. 用直径略小于离心管口径的捞网(20～50 目)捞取表层浮液，抖落于另一盛水容器中。水的多少视卵囊的多少而定，卵囊多带进的糖溶液也多，应多加水稀释。

e.离心(3 000 r/min,3 min),沉淀物即为所需卵囊。

**2.饱和食盐溶液漂浮法**

(1)饱和食盐溶液的配制。在1 000 mL开水中加食盐380 g,充分搅拌,比重约为1.18。

(2)卵囊的分离。

a.将粪便和5倍于粪便体积的生理盐水搅成混悬液。

b.将粪便混悬液经两层粗棉布(或先经50目后经100～200目网筛)滤过到第二个容器中,并将第二个容器中的滤过液倒入离心管中。

c.离心(3 000 r/min,3 min),弃去上清液。

d.向沉淀中加入10倍的饱和盐水(先加少许,充分混匀后再加其余的)充分混匀。

e.离心(3 000 r/mmin,3 min)。

f.同糖溶液漂浮法,捞取表层浮液,离心取沉淀。

(三)鸡球虫感染的粪便记分

在实验室感染中,粪便记分和病变记分的方法可用于对球虫感染程度的判断。划分在0～+4内,0分表示粪便正常,+4分表示最严重的腹泻,带有黏液或血液。粪便记分尚未有完整的记分标准系统,索勋(1997)提出,粪便记分反映群体感染球虫后有多少个体表现出粪便性状不正常。

对于不具明显拉血的球虫感染,诸如堆型、巨型、布氏、早熟与和缓艾美耳球虫的感染,对给定12～24h时间范围内,0分表示100%粪便正常,+1分表示25%的粪便不正常,+2分表示50%的粪便不正常,+3分表示75%的粪便不正常,+4分表示100%的粪便不正常。

对于有明显拉血的球虫感染,诸如柔嫩和毒害艾美耳球虫的感染,对给定12～24 h时间范围内,0分表示100%的粪便不带血,+1分表示25%的粪便带血,+2分表示50%的粪便带血,+3分表示75%的粪便带血,+4分表示100%的粪便带血。

## 五、报告

1.绘制艾美耳属球虫的卵囊形态图,并标出其结构特征。

2.阐述一种分离卵囊的方法,并说明该方法的优、缺点。

# 项目五　牛羊的主要疫病防治

◆**知识目标：**

- 能够用自己的话解释下列名词：炭疽、结核、羊梭菌性疾病、牛海绵状脑病。
- 理解牛羊主要疫病的发生、剖检变化和诊断方法。
- 掌握牛羊主要疫病的临床症状和防制措施。

◆**技能目标：**

- 能够对牛羊主要疫病进行实验室诊断。
- 会对牛羊主要传染病提出防制方法。
- 熟练牛结核病检疫的方法及判定标准。

## 子项目一　牛羊细菌性疫病的防治

### 炭　疽

炭疽是由炭疽杆菌引起的多种家畜、野生动物和人类共患的一种急性、热性、败血性传染病。在世界各国几乎都有分布，我国近年不断有该病发生，对养殖业生产和一些从事家畜生产与产品加工的人员身体健康造成了严重影响。

#### 一、临床症状

**1. 急性型**　最急性者突然发病，全身战栗，呼吸困难，可视黏膜发绀，行走摇晃，迅速倒地，昏迷而死。死后天然孔出血(有时带有泡沫)，血液凝固不良，尸僵不全。病程数小时。病程稍长的体温升高到 40～42℃。沉郁，不食，寒战，呼吸困难，黏膜发绀，并有小点出血。初便秘，后腹泻带血，有时腹痛。尿暗红，有时带血。病程 1～2 d。

**2. 亚急性型**　症状与急性型相似，病畜多在颈胸、腹、口腔等处出现局限性水肿，初有热痛，后期中心坏死形成炭疽痈。病程2～5 d。

马、牛、羊症状与上相似。猪败血型少见，多为咽炎型，及少量的肠型。

## 二、剖检变化

怀疑为炭疽的病畜尸体在一般情况下，禁止剖检。必须进行剖检时，应在专门的剖检室进行，或离开生产场地，准备足够的消毒药剂，人员应有安全的防护装备。

急性死亡多无明显变化。常表现败血症的病理变化，尸僵不全，天孔流出带泡沫的血液，血液黏稠，颜色为黑紫色呈煤焦油样，不易凝固。黏膜呈暗紫色，有出血点，剥开皮肤可见皮下、肌肉及浆膜有红色或黄色胶样浸润，并有数量不等的出血点。脾脏高度肿大，比正常大3～5倍，包膜紧张，切面脾髓软如泥状，黑红色，用刀可大量刮下。淋巴结肿大，出血。肺充血、水肿。心、肝、肾也有变性。胃肠有出血性炎症。慢性炭疽常见于肠、咽及肺等局部形成坏疽样病理变化，病灶周围呈胶冻样浸润。

## 三、病原及流行特点

**1. 病原**　炭疽是由炭疽杆菌引起的。该菌为革兰氏染色阳性大杆菌，菌体两端平直，呈竹节状，无鞭毛；本菌在病畜体内和未剖开的尸体中不形成芽孢，但暴露于充足氧气和适当温度下能在菌体中央处形成芽孢。细菌的繁殖体对外界的抵抗力不强，一旦形成芽孢则表现出较强的抵抗力。

**2. 流行特点**　本病的传染源主要是病畜和带菌尸体。病畜的排泄物、分泌物和尸体中的病原体一旦形成芽孢污染环境，可在土壤中长期存活而成为长久的疫源地，随时可以传播给易感家畜；各种家畜、野生动物和人都有不同程度的易染性，不分年龄大小。草食动物对炭疽杆菌最易感，其次是肉食动物。人主要通过污染炭疽杆菌的畜产品而感染；本病可以通过消化道、呼吸道及伤口感染，主要是经采食受污染的饲料、饲草及饮水或饲喂带菌的肉类而感染；本病多为散发，偶呈地方流行性，一年四季都可发生，洪水及干旱季节多发。

## 四、诊断

炭疽病畜的发作很急，死亡较快，根据临诊症状诊断比较困难，确诊要靠实验室诊断。

**1. 细菌学诊断**　根据症状、病变诊断可疑炭疽时，应慎重剖检。方法是取死畜耳静脉或四肢末梢的浅表血管采取血液涂片，用姬姆萨或瑞氏染色液染色，用显微镜检查，可以看到单个或短链有荚膜的两端平截竹节状大杆菌，即可初步诊断。腐败病料不适于镜检。

**2. 动物感染试验** 将病料用无菌生理盐水稀释 5～10 倍，对小白鼠皮下注射 0.1～0.2 mL，或豚鼠 0.2～0.5 mL，经 2～3 d 死亡。死亡动物的脏器、血液等抹片，经瑞氏染色镜检，可见多量有荚膜成短链的炭疽杆菌。也可用病料进行培养及炭疽沉淀反应检查。

**3. 炭疽沉淀反应(Ascoli 氏反应)** 取病死动物的组织数克，剪碎或捣烂，加 5～10 倍生理盐水，煮沸 10～15 min，冷后过滤或离心沉淀，用毛细吸管吸取上清液，沿管壁慢慢加入已装有炭疽素血清（成品）的细玻璃管内，形成整齐的两层液面，在两液的接触面出现白色的沉淀环判为阳性（反应在 1～2 min 内出现，最好在 10～15 min 内观察）。这个反应特异性高、迅速，检出率高，即使腐败的炭疽材料，仍可出现阳性反应。这种方法对在基层及时确诊本病有现实意义。

## 五、防治

确认炭疽后立即上报有关单位，并封锁现场，用 20％漂白粉对受污染的场地进行彻底消毒。

**1. 预防** 对炭疽常发地区或威胁地区的家畜，每年定期进行预防注射，是预防本病的根本措施。目前常用的疫苗有以下两种：一是无毒炭疽芽孢苗，一岁以上马、牛皮下注射 1 mL；一岁以下马、牛 0.5 mL；绵羊、猪皮下注射 0.5 mL（对山羊不要应用）。注后 14 d 产生免疫力，免疫期为 1 年。二是Ⅱ号炭疽芽孢苗，各种家畜均皮下注射 1 mL，注射后 14 d 产生免疫力，免疫期为 1 年。不满一个月的幼年动物，临产前 2 个月的母畜，瘦弱、发热及其他患病家畜不宜注射。应用时应严格执行兽医卫生制度。

**2. 治疗** 抗炭疽血清是治疗炭疽的特效药，病初应用可获良好效果。牛一次量为 100～300 mL，大猪为 50～100 mL，绵羊、山羊为 30～80 mL。可一半静脉注射，一半皮下注射。必要时可在 12 h 或 24 h 重复注射 1 次。为避免过敏反应，最好使用同种动物的抗炭疽血清。如用异种动物的血清，应先皮下注射 0.5～1 mL，观察 0.5 h 后无特殊反应再注射全量。

抗生素和磺胺类药物治疗有效，以青霉素疗效最高，牛每次为 300 万～400 万 IU，肌内注射每日 2 次，连用 2～3 d。绵羊、山羊、猪每次肌肉注射 40～80 万 IU，每日注射 2 次，连续 2～3 d。土霉素 1～2 g，静脉注射或肌肉注射。或青霉素与土霉素、四环素同时使用。链霉素也有效。

磺胺噻唑、磺胺二甲基嘧啶等，每千克体重可用 0.1～0.2 g，分 6 次口服，间隔 4 h，连续 3～5 d。或用 10％～20％磺胺嘧啶钠或磺胺噻唑钠溶液，马、牛为 100～

150 mL 静脉注射或肌肉注射，每日 2 次。青霉素与磺胺合用，疗效更好。

肠炭疽还需配合口服克辽林（臭药水），每日 3 次，马、牛每次为 15～20 mL，羊、猪每次为 2～5 mL。

# 牛大肠杆菌病

牛大肠杆菌病是由致病性大肠杆菌所引起，又名大肠杆菌性腹泻，或称犊牛白痢。主要侵害犊牛。青年牛也可发生，常以急性型肠毒血症的形式出现。

## 一、临床症状

潜伏期一般为 1～7 d。常发生 3 日龄以内的初生犊牛，突然死亡或腹泻。有的病例初期体温可升高 40℃以上。主要症状为精神沉郁，全身无力、虚弱、不吃奶、腹泻呈淡黄色，水样带血丝，腥臭味，眼窝下陷，眼闭合，耳鼻发凉，卧地不起，呼吸微弱。有的病例主要症状为腹泻，排淡黄色，灰白色粥样或稀汤样粪便，内有未消化的凝乳块，腥臭味，肛门失禁，肛门周围污浊，里急后重，脱水，酸中毒，有的出现神经症状，沉郁或兴奋，病犊高度衰竭，体温下降，有的持续性痉挛或昏迷、死亡。病死率可达 100%。妊娠母畜感染本病后，发生大批流产和死胎。

## 二、剖检变化

急性死亡病例剖检时常无明显的病理变化。病症较长的出现下痢的犊牛，主要是可见胃黏膜充血、水肿，覆有胶状黏液，皱褶部有出血。小肠黏膜充血、出血，上皮脱落，肠内容物混有血液和气泡，肠系膜淋巴结肿大，心内膜、肝、肾苍白，有时有出血点，胆囊充满黏稠暗绿色胆汁。病程长的病例有肺炎及关节炎病变。

## 三、病原及流行特点

本病的病原为多种血清型的致病性大肠杆菌。本病主要感染 1 周龄以内的幼畜，偶尔 1～2 年青年牛亦可发生；传染源主要是带菌动物，病畜的排泄物、分泌物和被污染的饲料、饮水都含有大量的病原体。主要通过消化道、呼吸道及伤口感染。气候多变、饲养管理不善、舍内潮湿、卫生不良及犊牛生后未及时吮食初乳等应激条件下，均可促进发病。

## 四、诊断

根据症状、病理变化、流行病学材料及细菌学检查等进行综合诊断。确诊需采取肠系膜淋巴结、肝、脾及肠内容物中分离出大肠杆菌，并进一步鉴定分离出的大肠杆菌的血清型，综合判定。应当注意，在正常动物的消化道中存在大肠杆菌，而且在动物死亡后又容易侵入组织，故从动物组织，尤其是从肠内容物中分离出大肠杆菌，是不能做出确诊的。

诊断本病应与牛沙门菌病、犊牛梭菌性肠炎、牛轮状病毒病、牛球虫病加以鉴别。

## 五、防治

**1. 预防** 孕牛要供给足够的蛋白质饲料和维生素、矿物质，舍饲牛要有适当的运动，在怀孕后期给母牛注射当地菌株所制成的疫苗；保持厩舍干燥、清洁卫生。分娩前要将母牛的乳房洗净，避免犊牛饥饱不均。力争在产后 6 h 内使犊牛吃入足够的初乳是预防本病最有效的措施。初生犊牛注射或口服疫苗，或给初生犊牛注射大肠杆菌高免血清等，有一定的预防效果。

**2. 治疗** 本病的治疗原则应是抑菌消炎防止败血症，补液补碱以防脱水和酸中毒，同时调解胃肠机能。

(1)消炎、抑菌。可选用痢菌净、新霉素及金霉素等敏感的抗生素。

(2)补液。病畜有严重肠炎时，粪便呈水样并混有血液，迅速出现脱水现象，因此每天必须补液 1～2 次，静脉输入复方氯化钠溶液、生理盐水或葡萄糖盐水 2 000～6 000 mL，必要时还可加入碳酸氢钠、乳酸钠等以防酸中毒。

(3)调节胃肠机能。在病初，犊牛体质尚强壮时，应先投予盐类泻剂，使胃肠道内含有大量病原菌及毒素的内容物及早排出；此后可再投予各种收敛和健胃剂。此外，也可灌服中药止泻剂。

# 沙门氏菌病

沙门氏菌病又称副伤寒，是由沙门氏菌属细菌引起的牛、羊的传染性疾病。沙门氏菌病主要由鼠伤寒沙门氏杆菌和都柏林沙门氏杆菌致病，有时其他沙门氏菌也可参与致病。各种年龄的牛、羊都可以发病，特别是 1～2 月龄的幼畜最易感。

## 一、临床症状

潜伏期 1～2 周。体温升高达 41℃，脉搏、呼吸加快，排出恶臭稀粪，含有血丝或黏液，表现出拒食、卧地不动、迅速衰竭等症状。一般于病症出现后 1 周内死亡，病死率可达 60%。部分病牛、病羊可恢复，病程长的会出现关节炎和肺炎症状。

有的病程可达1～2个月，高热、昏迷、食欲废绝、脉搏增数、呼吸困难，体力迅速下降，粪便稀薄带血丝，不久即下痢，粪便恶臭，含有纤维素片，病畜消瘦、脱水、眼球下陷、眼结膜充血发黄间有黏液团或黏膜排出，常并发肺炎、四肢关节炎，腕关节、跗关节肿大，跛行；怀孕牛会发生流产，流产胎儿已经死亡或几天之后夭折。

## 二、剖检变化

剖检常没有特殊病理变化，但从血液和内脏器官可分离出沙门氏菌。偶尔有病畜心壁、腹膜及腺胃、小肠和膀胱黏膜有小点出血，严重的肠黏膜发生脱落，大肠有局限性坏死区，肠系膜淋巴结不同程度水肿、出血，脾脏充血、肿大，肝脏发生脂肪变性或有灶性坏死区。肺有肺炎区，关节内有胶样液体。

## 三、病原及流行特点

沙门氏菌的血清型种类繁多，目前已达2 000多个。沙门氏菌属是革兰氏阴性杆菌属，牛主要由鼠沙门氏菌和都柏林沙门氏菌感染发病。这些细菌主要包括肠炎沙门氏菌、鼠伤寒沙门氏菌和都柏林沙门氏菌。

各种年龄都可感染，但牛以出生30～40 d以后的犊牛最易感。病畜和带菌者是本病的主要传染源，通过分泌物、排泄物排出病原，经消化道感染给健康畜。也可通过吸入含本菌的飞沫而经呼吸道感染。少数病畜可通过病畜与健康畜的交配或用病畜精液人工授精而感染。鼠类常携带病菌，传播疾病。本病一年四季都可发生，成年牛多散发，犊牛发病后可在群内流行。此外气候突变、过度役使、长途运输、营养不良、寄生虫侵袭等因素都可促进本病的发生。

## 四、诊断

根据流行病学、临床症状和病理变化只能作出初步诊断。确诊应采病畜的血液、内脏器官或流产胎儿内容物等材料做沙门氏菌分离培养。

## 五、防治

预防本病应加强饲养管理，消除发病诱因，保持饲料和饮水的清洁卫生，用犊牛副伤寒疫苗定期进行免疫。

本病用磺胺二甲基嘧啶、庆大霉素、氨苄青霉素、卡那霉素和喹诺酮类等抗菌药物都有疗效，每日每千克体重30～50 mg分两次内服。但用药物时间过长，易产生抗药性。对有条件的地区应分离细菌做药敏试验，再选择合适的药物。

# 巴氏杆菌病

牛巴氏杆菌病又称为牛出血性败血症，是牛的一种由多杀性巴氏杆菌引起的急性热性传染病。本菌对多种动物和人均有致病性。在牛群发生本病时，一般查不出传染源，往往认为牛在发病前已经带菌。羊巴氏杆菌病分布较广泛，又称羊出血性败血病。

## 一、临床症状

**1. 牛**　潜伏期为 2～5 d，临床症状可分为败血型和肺炎型。

(1)败血型。病初体温升高达 41℃～42℃，脉搏加快，精神沉郁，呼吸困难，皮毛粗乱，肌肉震颤，皮温不整，结膜潮红，鼻镜干燥，食欲减退或废绝，泌乳下降，反刍停止。随病情发展，病牛表现腹痛，开始下痢，初为粥状粪便后腹泻，排泄物稀而带有黏液和血液，恶臭，有时尿中也带血。病牛头颈咽喉部结缔组织出现炎性水肿，则出现吞咽困难，热痛而硬，后变凉，疼痛减轻。同时舌及周围组织高度肿胀，舌伸于齿外，呈暗红色，病牛流涎，流泪，磨牙，往往在 12～36 h 内由于窒息而死亡。

(2)肺炎型。临床主要表现纤维素性胸膜肺炎症状，病牛呼吸困难，干咳而痛苦，流泡沫样鼻汁，后呈脓性。听诊有水泡性杂音及胸膜摩擦音，胸部叩诊出现浊音区及疼痛感，病牛初便秘，后下痢，粪便恶臭并混有血液，病程一般 3～7 d。

**2. 羊**　本病在幼龄绵羊和羔羊常发，而在山羊不易感染。也可分为败血型和肺炎型。

(1)急性型。潜伏期很短，多见于哺乳羔羊，突然发病，出现寒战、虚弱、呼吸困难等，常在数小时内死亡。病程稍长的病羊精神沉郁，体温升高到 41℃～42℃，咳嗽，鼻孔流血并混有黏液。病初便秘，后期腹泻，有的粪便呈血水样，最后因腹泻脱水而死亡。

(2)慢性型。病羊消瘦，食欲减退，咳嗽，呼吸困难，死前极度消瘦。

## 二、剖检变化

**1. 牛**　牛的剖检具有典型的病理变化

(1)败血型。呈全身性急性败血症变化和咽喉部急性炎性水肿。病牛尸检可见咽喉部、下颌间、颈部与胸前皮下发生明显的凹陷性水肿，手按时会留压痕；有时舌体水肿肿大并伸出口腔。切开水肿部会流出微混浊的淡黄色液体。上呼吸道黏膜呈急性卡他性炎；胃肠呈急性卡他性或出血性炎；颌下、咽背与纵隔淋巴结呈急性浆液出血性炎。全身浆膜与黏膜出血。

(2)肺炎型。表现为纤维素性肺炎和浆液纤维素性胸膜炎。肺组织颜色从暗红、淡红到灰白，切面呈大理石样景象。随病变发展，在肝变区内可见到干燥、坚实、易碎的瓿黄色坏死灶，个别坏死灶周围还可见到结缔组织形成的包囊。胸腔积聚大量有絮状纤维素的浆液。此外，还常伴有纤维素性心包炎和腹膜炎。

**2. 羊** 剖检一般在皮下有液体浸润和小点状出血，胸腔内有黄色渗出物，肺有淤血、小点状出血和肝变，偶见有黄豆至胡桃大的化脓灶，胃肠道出血性炎症，其他脏器呈水肿和淤血，间有小点状出血，但脾脏不肿大。病期较长者尸体消瘦，皮下胶样浸润，常见纤维素性胸膜炎，肝有坏死灶。

## 三、病原及流行特点

**1. 病原** 病原体为多杀性巴氏杆菌。

**2. 流行特点** 本菌对多种动物和人均有致病性，家畜中以牛发病较多。幼龄绵羊和羔羊常发，而在山羊不易感染；主要通过污染饲料和饮水经消化道而传染于健康牛，或由咳嗽、喷嚏排出病菌，通过飞沫经呼吸道传染。另外吸血昆虫的媒介和皮肤黏膜的伤口也可发生传染。本病的发生一般无明显的季节性，但在气候骤变、潮湿多雨时多发生，一般为散发性。病原体可在健康牛、羊的上呼吸道内存在，当动物抵抗力下降时即可引起发病。

## 四、诊断

根据流行病学特点，临床症状及病理剖检变化，可对本病作出初步诊断。但必须进行细菌学检查才能确诊。

细菌检查可采取病死羊的肺、肝、脾及胸腔液，制成涂片，用碱性美蓝染液或瑞氏染液染色后镜检。从病料中看到两端明显着色的卵圆形小杆菌，结合临床症状和病理变化，即可作出诊断。分离培养可同时接种于麦康凯琼脂上不生长，而在血琼脂上长成淡灰白色、圆形、湿润、不溶血的露珠样菌落，染色镜检革兰氏阴性，可进一步进行生化鉴定。动物接种试验采集病料制成 1∶10 乳剂皮下或腹腔接种小鼠，一般于接种后 24～72 h 死亡，死后及时剖检，并作镜检和培养，以期确诊。

## 五、防治

**1. 预防** 要着重于日常的饲养管理，避免受寒、受热、拥挤、增加牛体抗病能力，畜舍要定期消毒，消毒药液选用 3%氢氧化钠、5%漂白粉或 10%石灰乳等。

**2. 治疗** 发生本病时，应立即隔离病牛和疑似病牛进行治疗。

(1)用盐酸四环素 8～15 g，溶解在 5%葡萄糖注射液 1 000～2 000 mL 中静脉注射，每日 2 次效果较好。

(2)用氟甲砜霉素和硫酸卡那霉素联合用药，配合地塞米松磷酸钠，肌肉注射。氟甲砜霉素 20 mg/kg 体重，硫酸卡那霉素 1.5 万 IU/kg，地塞米松磷酸钠 4 mg/只，每日 1 次，连用 3 d。

(3) 用 2%氧氟沙星针剂每千克体重 3～5 mg 肌肉注射，复方庆大霉素针剂肌肉注射每日 2 次，3 d 为 1 个疗程。

# 结核病

结核病是由结核分枝杆菌引起的一种人畜共患的慢性传染病，广泛流行于世界各地，目前已有不少国家有效控制了本病，但在防制措施不健全的国家和地区，该病仍有散发或地方性流行造成巨大的经济损失。

## 一、临床症状

潜伏期长短不一，一般为 10～45 d，长的达数月至 1 年以上。通常呈慢性经过，初期症状不明显，日渐消瘦，倦怠无力。

牛患肺结核时，易疲劳，消瘦，被毛干燥，精神不振，发生短而干的咳嗽，后为痛性湿咳，咳嗽频繁，病情加重。呼吸加快或气喘，肺部听诊有干性或湿性啰音，严重的可听到胸膜摩擦音，叩诊有浊音区。胸膜腹膜发生结核病灶即所谓的“珍珠病”，胸部听诊可听到摩擦音。体温一般正常。

乳牛常发乳房结核，主要表现乳房上淋巴结肿大，乳腺上有大小不等的局限性或弥漫性硬结，无热无痛，泌乳量减少，严重时呈水样稀薄。体表淋巴结肿大，病势恶化可发粟粒性结核。肠道结核多见于幼畜，主要表现消化不良，顽固性下痢和迅速消瘦。生殖器官结核，可见性功能紊乱；发情频繁，性欲亢进，慕雄狂与不孕。孕畜流产，公畜附睾肿大，阴茎前部可发生结节或糜烂等。中枢神经系统结核主要是脑与脑膜发生结核病变，常引起神经症状，癫痫样发作、运动障碍等。

其他畜禽患结核病时与牛大体相同，育肥猪、肉鸡由于生长期短，结核病不易发现。

## 二、剖检变化

在受害的组织器官形成特异性结核结节。为灰白色、半透明的坚实结节，病久的结节中心发生坏死，有的液化形成空洞，有的钙化变硬，周围有白色的瘢痕组织。出现病灶多的部位是肺、胸膜、肝、脾、肾、肠等。在胸、腹膜形成的结节如珍珠样称“珍珠病”。

## 三、病原及流行特点

**1. 病原** 结核分枝杆菌，主要有三个种，即人结核分枝杆菌、牛分枝杆菌和禽分枝杆菌。本菌无荚膜、芽孢、鞭毛，革兰氏染色阳性菌。其形态因种不同而稍有差异，结核分枝杆菌呈直或稍弯的细长杆菌，呈棒状，有时呈分枝状，牛分枝杆菌短粗，着色不均；禽分枝杆菌短小，为多形性。本菌对外界环境抵抗力很强，在干燥痰液中能存活 10 个月，在病变组织和尘埃中能存活 2～7 个月，在土壤和粪便中可存活 6 个月。但对热敏感，70℃～80℃经 5～10 min 即可死亡。一般消毒剂对结核杆菌杀菌力不大，碘化物消毒效果甚佳，但无机酸、有机酸、碱性物和季铵盐等对结核分枝杆菌无效。

**2. 流行特点** 约 50 种哺乳动物，25 种禽类可感染发病。动物中以奶牛最易感，次为黄牛、牦牛、水牛，而绵羊、山羊较少发病，罕见于单蹄兽。传染源主要是患病动物和人，尤其是开放性患病动物和患者，可以通过各种途径向外排菌，肺部病灶的结核菌可以随咳痰排出，肠结核病灶的病菌可随粪便排出，乳房结核可随乳汁排出。排出的病原菌可污染周围空气、地面、土壤、饲料、畜舍及其他用具，由此传染给易感动物。本病主要经呼吸道和消化道感染，也可经生殖道、胎盘和损伤的皮肤黏膜感染。舍内饲养的动物过密，而且拥挤，畜舍通风不良、潮湿、阳光不足，缺乏运动，最易患病。结核病是一种慢性传染病，一般呈散发，流行有一定的周期性。

## 四、诊断

根据患病动物的临床症状和病理剖检特征病变等，可初步诊断为本病，确诊需进行实验室检查。

**1. 细菌学诊断** 生前采取痰、乳汁、粪便或其他分泌物（最好采取集菌处理），死后采取病变组织涂片，经抗酸染色后镜检，见红色的小杆菌可确诊，或做分离培养和动物接种试验。

**2. 血清学检查** 可采用荧光抗体技术和酶联免疫吸附试验（ELISA）检查病原或检测抗体，诊断快速、准确、检出率高。

**3. 变态反应诊断** 变态反应是利用结核菌素对动物结核病进行检疫的主要方法，以往使用的结核菌素有老结核菌素（OT）和提纯结核菌素（PPD）两种。PPD 比 OT 特异性高，非特异性反应低，检出率高。

## 五、防治

**1. 预防**

(1)健康牛群，每年春秋各进行 1 次检疫。检出阳性牛，立即隔离或淘汰，其他牛群按假定健康牛群处理。引入牛时需严格进行产地检疫，检疫结果阴性方可引进，运回后隔离观察 1 个月以上，再进行 1 次检疫，确认健康方可混群。

(2)污染牛群，应反复多次检疫，阳性反应牛应立即淘汰。疑似反应牛隔离观察，复检，如仍为可疑，按阳性牛处理。其余牛按假定健康牛群处理。病牛分娩前对后躯和乳房进行消毒。犊牛出生后立即送往预防室隔离饲养。病牛所产犊牛，出生后只吃 3～5 d 初乳，以后喂以消毒乳或健康牛乳。犊牛出生后 1 月龄、3～4 月龄、6 月龄进行 3 次检疫，呈阳性反应的立即淘汰，阴性者放入假定健康牛群中饲养。

**2. 治疗** 对结核病牛一般不进行治疗，应早淘汰，达到净化畜群的目的。对有利用价值的良种牛羊，可用异烟肼、链霉素、曲霉素和对氨基水杨酸等药物治疗。

# 布鲁氏菌病

布鲁氏菌病(简称布病)是由布鲁氏菌引起的人、畜共患慢性传染病。对人类健康和畜牧业生产有一定的威胁。各种动物临床表现不完全一致，常见于牛、羊等家畜，并由它们传给人和其他家畜。本病广泛分布于世界各地，我国分布较广，曾经在某些地区的流行相当严重，通过多年的检疫淘汰，目前该病已基本得到控制，发病率逐年下降。

## 一、临床症状

潜伏期 2～6 个月。以生殖器官和胎膜发炎，引起流产、不育和各种组织局部病状为特征。最明显的症状是流产，流产可发生于妊娠后的任何时期，牛通常在妊娠后的第 6～8 个月，羊多发生于妊娠后 3～4 个月。流产前表现出精神沉郁、食欲减退、胃肠迟缓，喜伏卧，有分娩的征兆，阴道黏膜潮红肿胀，有粟粒大结节，阴道流出灰白色或灰色黏性分泌物。阴唇及乳房肿胀，不久即发生流产。流产胎儿多为死胎、弱胎，弱胎于生后不久死亡。多数母畜流产后发生胎衣滞留和子宫内膜炎，从阴道流出污秽不洁的红褐色恶臭分泌物，有的病例长期不愈，导致不孕。未发生胎衣滞留者，病牛可迅速康复，再次受孕，可能再次流产。公牛感染后主要发生睾丸炎和附睾炎。

## 二、剖检变化

牛、羊的病变大致相同，可见胎衣水肿增厚，并有出血点，呈黄色胶样浸润，表面覆以纤维蛋白絮片和脓液。胎儿皮下及肌间结缔组织出血性浆液性浸润，胸腹腔有淡红色液体。皱胃内有淡黄色或白色黏液絮状物，胃肠黏膜出血。淋巴结肿大，多发生于颌下、颈部、腹股沟和咽淋巴结，呈灰黄色，且较为硬固。流产胎儿和胎衣的病变不明显，偶见胎衣充血、水肿及斑状出血，少数胎儿皮下积有出血性液体，腹腔液增多，有自溶性变化。公牛睾丸、附睾和前列腺等处有脓肿。母牛子宫黏膜的脓肿为灰黄色，呈粟粒状。

## 三、病原及流行特点

**1. 病原** 布鲁氏菌为细小的球杆菌，一般不形成荚膜，革兰氏染色阴性。布鲁氏菌属共有 6 个种，18 个生物型。马尔他布鲁氏菌主要感染绵羊、山羊，也能感染牛。流产布鲁氏菌主要感染牛、马、犬，也能感染水牛、羊和鹿。但其他种的布氏杆菌相互间也有一定的感染性。本菌对外界环境有较强的抵抗力。在污染的土壤中能存活两个月以上，粪尿中可存活 45 d，羊毛上可存活 3～4 个月。对热较敏感，巴氏灭菌法 10～15 min 杀死，煮沸立即死亡。常用的消毒剂如 3%来苏儿、2%氢氧化钠可在 1 h 内将其杀死。

**2. 流行特点** 羊、牛、猪最易感，其次是水牛、牦牛、羚羊、鹿、骆驼、野猪、犬、猫、狐、狼、野兔、猴等。在一般情况下，初产动物最为易感，流产率也最高，随着产仔胎次的增加易感性也逐渐降低。传染源要是发病及带菌的羊、牛，患病动物的分泌物、排泄物、流产胎儿及分泌物、乳汁等均含有大量病菌。家畜感染后，可终身带菌，成为传染源。本病的传播途径包括皮肤黏膜、消化道、呼吸道及苍蝇携带和吸血昆虫叮咬等。感染动物首先在同种动物间传播，造成带菌或发病，随后波及人类。本病一年四季都有发生，但以产仔季节为多，牧区发病率明显高于农区。

## 四、诊断

根据流行病学调查，孕畜发生流产，第一胎流产多，胎衣不下，子宫内膜炎，不孕；公畜发生睾丸炎、附睾炎，不育；同群家畜中有发生关节炎、腱鞘炎，结合胎儿、胎衣的病理变化，可怀疑为本病，确诊需进行实验室诊断。

**1. 细菌学检查** 通常取胎儿、胎衣、阴道分泌物、乳汁等作为病料，直接镜检（柯氏染色）如反应为红色，可以确诊。同时接种于含 10%马血清的马丁琼脂斜面，如病料有污染可以用选择性培养基。

**2. 血清学试验**　试管凝集试验、平板凝集试验是牛、羊、猪检疫的常用方法；全乳环状试验常用于无污染牛群布鲁氏菌病的监测。此外，还可用反向间接血凝试验、抗球蛋白试验、荧光抗体试验、酶联免疫吸附试验（ELISA）、DNA 探针及聚合酶链反应（PCR）诊断技术等。

## 五、防治

**1. 预防**　加强动物群的保护措施，不从疫区引进可能被病菌污染的饲草、饲料和动物产品；尽量减少动物群的移动，防止误入疫区。加强检疫措施，对易感动物群每 2～3 个月进行一次检疫，检出的阳性动物及时清除淘汰，直至全群获得两次阴性结果为止。如果动物群经过多次检疫并将患病动物淘汰后仍有阳性动物不断出现，则可应用菌苗进行预防注射。我国普遍使用猪布鲁氏菌 2 号弱毒菌苗（$S_2$）、羊布鲁氏菌 5 号弱毒菌苗（$M_5$）免疫接种，均有较好的免疫效果。

**2. 治疗**　本菌为兼性细胞内寄生菌，治疗效果不佳。对病畜数量较多或有价值的病牛，可在严密隔离条件下治疗。可用金霉素、链霉素或磺胺类药物和中药益母散，需坚持用药。对有子宫炎的牛，用 0.1％高锰酸钾或 0.02％呋喃西林冲洗子宫，每日 1～2 次，2～3 d 后隔日 1 次，直到痊愈。

# 牛放线菌病

放线菌病是由放线菌引起的慢性传染病。牛放线菌引起骨骼的放线菌病，林氏放线菌引起皮肤和软组织器官（如舌、乳腺、肺等）的放线菌病。本病主要侵害牛，羊较少见。

## 一、临床症状

以头、颈、颌下和舌出现放线菌肿为特征。牛常见上、下颌骨肿大，有硬的结块，致引起咀嚼、吞咽困难。有时硬结破溃、流脓，形成瘘管。舌组织感染时，活动不灵，舌和咽组织发硬时称为“木舌病”。乳房患病时，出现硬块或整个乳房肿大、变形，排出黏稠、混有脓的乳汁。

## 二、剖检变化

临床所见的肿胀、结块部位，均为脓肿和肉芽肿。脓肿中的脓液乳黄色，含有硫黄样颗粒。受细菌侵害的骨骼体肥大，骨质疏松。舌放线菌的肉芽肿呈圆形隆起，黄褐色，蘑菇状，有的表面溃疡。

## 三、病原及流行特点

为林氏放线杆菌。细菌呈杆状，在脓小粒中成为长链，为革兰氏阴性。主要侵害头部和颈部皮肤及软组织，可以蔓延到肺部，但不侵害其他内脏。本菌抵抗力微弱，单纯干燥和加热至50℃能迅速将其杀死。

本病主要感染牛，尤其2～5岁幼龄牛。病原菌污染的土壤、饲料和饮水，病原菌寄生于口腔和上呼吸道的黏膜，当皮肤、黏膜损伤时，即可能引起发病。本病为散发性，很少呈流行性。经损伤的皮肤、黏膜接触感染。

## 四、诊断

根据患病动物的临床症状和病理剖检特征病变等，可初步诊断为本病，取脓汁中的硫黄颗粒做压片或取病变组织切片镜检确诊。

临床上应注意与口疮、结核病以及普通化脓菌所引起的脓肿进行区别诊断。放线菌病主要危害骨组织，放线杆菌病则只侵害软组织。口疮形成红疹和脓疱，累积一层厚的痂块；本病为结节状或大疙瘩；脓肿的性状与放线杆菌病完全不同，普通脓肿一般硬度较小，脓液很少为绿黄色；结核病很少发生于头部，而且结节较小。

## 五、防治

**1. 预防**　避免在低湿地放牧，饲喂前将干草、谷糠等浸软，避免刺伤口腔黏膜。合理管理及遵守防疫制度，防止皮肤、黏膜发生外伤，有伤口及时治疗。

**2. 治疗**

(1)硬结可用手术切除，若有瘘管形成，要一并切除，创口用碘酊纱布填塞，1～2 d更换一次。伤口周围注射10％碘仿或2％鲁戈氏液。

(2)也可用烧烙法治疗，内服碘化钾，连用2～4周，重症者可注射10％碘化钠，隔日一次。用药过程中，如出现碘中毒(黏膜、皮肤发疹、流泪、脱毛、消瘦、食欲缺乏)要及时停药。

(3)放线菌对青霉素、红霉素、氯霉素、四环素、林可霉素比较敏感，林氏放线菌对链霉素、磺胺类药比较敏感，但需大剂量应用才有效。

# 羊梭菌性疾病

羊梭菌性疾病是由梭状芽孢杆菌属中的微生物所致的一类疾病。本病包括羊肠毒血症、快疫、猝狙、羔羊痢疾和黑疫。其特点是发病快、病程短、死亡率高。临床症状有相似之处，容易混淆，对养羊业危害较大。

## 羊肠毒血症

是绵羊的一种急性毒血症，死后肾组织易于软化，又称“软肾病”。本病临床症状上类似羊快疫，故又称“类快疫”。

### 一、临床症状

潜伏期0.5～1 d，突然发病，很快死亡，很少能见到临床症状。体温不高，血、尿常规检查常有血糖、尿糖升高现象。临床上可分为两种类型：

**1.抽搐型** 抽搐为特征，表现为四肢强烈的划动，肌肉震颤，眼球转动，磨牙，口水过多，随后头颈显著抽缩，往往在2～4 h内死亡。

**2.昏迷型** 以昏迷和静静死亡为特征，表现为步态不稳，以后卧倒，并有感觉过敏，流涎，上下颌“咯咯”作响，继以昏迷，角膜反射消失，有的病羊发生腹泻，通常在3～4 h内静静地死去。

两种类型的差别是吸收的毒素多少不一。

### 二、剖检变化

病变常见于消化道、呼吸道、心血管系统，尸体异常膨胀，胃肠内充满气体和液状内容物，内充满未消化的饲料。皱胃黏膜发炎，有坏死灶。小肠黏膜充血、出血，重者肠壁呈血红色，俗称“红肠子”，有时出现溃疡。肾脏肿大，实质变软，重者软化如泥。胆囊肿大1～3倍。心包常扩大，内含灰黄色液体和纤维素絮块。心内外膜有出血点，肺脏出血和水肿。

### 三、病原及流行特点

**1.病原** 羊肠毒血症由D型魏氏梭菌引起。魏氏梭菌又称产气荚膜杆菌，根据产生毒素的不同，可将本菌分为A、B、C、D、E等5个型，为两端钝圆，呈单个或成双排列，无鞭毛，不能运动的杆菌，革兰氏染色为阳性，为厌气性粗大的杆菌。常用的消毒药能杀死魏氏梭菌的繁殖体，但芽孢体抵抗力较强，消毒时常用20%漂白粉、3%～5%氢氧化钠溶液等。

**2.流行特点** 各种品种和年龄的羊都可以感染发病，但绵羊多发，山羊较少，通常以2～12月龄、膘情好的羊多发。D型魏氏梭菌为土壤常在菌，也存在于污水中，病原体芽孢污染饲料或饮水，其次为病羊及带菌羊。主要经口感染，受污染的土壤、垫草、饮水等。本病发生有明显的季节性和条件性，多发于春末夏初青草萌发和秋季牧草结籽后的一段时期，羊吃了大量的菜叶、菜根的时候发病，多呈散发性。

## 四、诊断

可依据本病发生的情况和病理变化，尿内发现葡萄糖等作出初步诊断。

实验室检查可取肠内容物，如内容物稠厚可用生理盐水稀释1～3倍(若内容物稀薄则不必稀释)，用滤纸过滤或以3 000 r/min离心5 min，取上清液给家兔静脉注射2～4 mL或静注小白鼠0.2～0.5 mL。如肠内毒素含量高，即可使实验动物于10 min内死亡；如肠毒素含量低，动物于注射后0.5～1 h卧下，呈轻昏迷，呼吸加快，经1 h左右可能恢复。

因为D型魏氏梭菌广泛存在于自然界中，因此，确诊本病根据有以下几点：肠道内发现大量D型魏氏梭菌；小肠内检出ε毒素；肾脏和其他实质脏器内发现D型魏氏梭菌；尿内发现葡萄糖。

## 五、防治

**1. 预防** 加强饲养管理，农区、牧区春秋避免抢青、抢茬，秋天避免吃过量结籽饲草，同时注意饲料的合理搭配。在常发地区，应定期注射“羊快疫—猝狙—肠毒血症三联苗”或“羊快疫—猝狙—肠毒血症—羔羊痢疾—黑疫五联苗”。

发病时病羊隔离，对尚未发病的羊转移到高燥的地区放牧，并进行紧急预防接种。

**2. 治疗** 病急的来不及治疗，病缓的也没有良好的办法。病程长者可试用抗生素或磺胺类药物结合强心、镇静等对症治疗。

# 羊快疫

羊快疫是由腐败梭菌经消化道感染引起的主要发生于绵羊的一种急性传染病，发病突然，病程极短，死亡率高，皱胃呈出血性、炎性损害。本病世界各地均有发生。

## 一、临床症状

本病潜伏期12～72 h，羊突然发病，病羊往往未出现临床症状而突然死亡，常见于放牧时死于牧场或早晨死于羊圈中。病程长者有的表现离群独处，卧地，不愿走动，强迫行走时，表现虚弱和运动失调，腹部膨胀，有腹痛症状。排黑色软粪或稀粪，内混有黏液或脱落的黏膜。体温一般不高，但也有高达41.5℃，呼吸困难，多数在 1 d 内死亡。

## 二、剖检变化

尸体迅速腐败膨胀，剖开有恶臭，皮下有出血性胶样浸润。皱胃和十二指肠黏膜有明显的充血、出血，表面发生坏死，出血坏死区低于周围的正常黏膜，黏膜下组织水肿甚至形成溃疡。肠腔内充满气体。胸腔、腹腔和心包大量积液，暴露于空气中易凝固。心内外膜有出血点。多数羊胆囊肿大，充满胆汁。肠道和肺脏的浆膜下也可见到出血。

## 三、病原及流行特点

**1. 病原** 本病病原是腐败梭菌，革兰氏阳性的厌氧大杆菌，为两端钝圆的杆菌。幼龄培养物菌体有周身鞭毛，能运动，不形成荚膜，革兰氏染色为阳性。在动物体内外均可产生芽孢，不形成荚膜，可产生 $\alpha$、$\beta$、$\gamma$、$\delta$ 四种毒素，具有致死、坏死特性。常用的消毒药能杀死腐败梭菌的繁殖体，但芽孢体抵抗力很强，3%福尔马林溶液能在 10 min 内杀死。消毒常用 20%漂白粉、3%～5%氢氧化钠溶液。

**2. 流行特点** 本病主要发生于绵羊，以 6～18 月龄的绵羊多发。山羊也能感染，但发病少。腐败梭菌主要存在于低洼潮湿草地、熟耕地，污水及人畜的粪便中。许多羊的消化道平时就有这种细菌存在，但不发病，当存在不良的外界诱因使机体抵抗力下降，机体遭受刺激，抵抗力减弱时，羊只发病死亡。主要经消化道感染。多发生于冬春季节，呈地方流行性。

## 四、诊断

本病生前诊断比较困难，如果羊突然发病死亡，死后又发现第四胃及十二指肠等处有急性炎症，肠内容物中有许多小气泡，肝肿胀而色淡，胸腔、腹腔、心包有积水等变化时，应怀疑可能是这一类疾病。确诊需进行微生物学检查，必要时还可进行细菌的分离培养和动物试验。

## 五、防治

**1. 预防** 在疫区内的羊每年应定期注射羊厌氧菌病三联苗（羊快疫、羊猝狙、羊肠毒血症）或五联（羊快疫、羊肠毒血症、羊猝狙、羊黑疫和羔羊痢疾）灭活疫苗。加强饲养管理。

（1）加强饲养管理。防止受寒感冒，避免采食冰冻饲料。

（2）免疫接种。在本病常发地区，每年可定期注射三联苗（羊快疫、羊猝狙、羊肠毒血症)或五联(羊快疫、羊肠毒血症、羊猝狙、羊黑疫和羔羊痢疾)灭活疫苗,按说明书操作。

(3)发生本病后应及时隔离病羊,对病程长者用青霉素、磺胺类药物进行治疗。对未发病羊只,应转移到高燥地区放牧,加强饲养管理同时用菌苗紧急接种。

**2. 治疗** 大多数病羊来不及治疗即死亡。对那些病程稍长的病羊,可用青霉素肌肉注射或内服磺胺嘧啶。辅以强心、补液解除代谢性酸中毒。对可疑病羊全群进行预防性投药,如饮水中加入蒽诺沙星,或环丙沙星。

# 羊猝狙

羊猝狙是由C型魏氏梭菌引起的一种毒血症,以急性死亡、腹膜炎和溃疡性肠炎为特征。羊猝狙最先发现于英国。

## 一、临床症状

本病潜伏期0.5～1 d,病程短促3～6 h,看不到临床症状而突然死亡。有时发现病羊掉群、卧下,表现出不安、腹泻和痉挛,眼球突出,在数小时内死亡。

## 二、剖检变化

病变主要见于消化道和循环系统。十二指肠和空肠黏膜严重充血、糜烂,有的肠段可见大小不等的溃疡。胸腔、腹腔和心包积液,暴露于空气中可形成纤维素絮块。浆膜上有出血点。肌肉出血,有气性裂孔。死亡后骨骼肌出现气肿和出血。

## 三、病原及流行特点

本病病原为C型魏氏梭菌,C型菌产生$\beta$主要毒素和$\alpha$次要毒素,可在10%血琼脂培养基上进行厌氧培养。其他同羊肠毒血症。本病发生于成年绵羊,以1～2岁的绵羊多发。主要经消化道感染。常发生于低洼、沼泽地区。多发生于冬春季节,呈地方流行性。

## 四、诊断

根据成年绵羊突然发病死亡,剖检见糜烂和溃疡性肠炎、腹膜炎、体腔积液可作出初步诊断。确诊需从体腔渗出液、脾脏等取病料作细菌的分离和鉴定,以及从小肠内容物里检查有无$\beta$毒素。

## 五、防治

可参照羊快疫和羊肠毒血症的防治措施进行。

# 羔羊痢疾

羔羊痢疾是由B型魏氏梭菌引起初生羔羊的一种急性毒血症。特征为剧烈腹泻和小肠发生溃疡，常可使羔羊发生大批死亡，给养羊业带来重大损失。

## 一、临床症状

本病潜伏期1～2 d。病初精神委顿，低头拱背，不吃奶。不久就发生腹泻，粪便恶臭，呈黄绿色、黄白色或灰白色的糊状或水样。后期粪便中含有血液、黏液和气泡。病羔羊逐渐衰弱，卧地不起。如不及时治疗，一般在1～2 d内死亡，只有少数病轻者可能自愈。

有的羔羊腹胀而不下痢，或只排少量稀粪，但主要表现神经症状，四肢瘫软，卧地不起，呼吸急促，口流白沫，最后昏迷，头向后仰，体温降至常温以下，常在数小时到十几小时内死亡。

## 二、剖检变化

尸体严重脱水，主要病变在消化道，皱胃内有未消化的凝乳块，小肠(特别是回肠)黏膜充血发红，溃疡周围有一出血带环绕；有的肠内容物呈血色。肠系膜淋巴结肿大、充血或出血。肺常有充血区域或淤斑。心包积液，心内膜有时有出血点。

## 三、病原及流行特点

病原为B型魏氏梭菌，产生$\beta$型毒素。其他同羊肠毒血症。本病主要发生于7日龄以内的羔羊，以2～3日龄的羔羊发病最多，7日龄以上的羔羊很少发病。病羔是主要传染来源，其次是带菌母羊。主要经消化道感染，也可经脐带或伤口感染。当母羊妊娠期营养不良，羔羊体质衰弱，气候异常、哺乳不当、卫生不良等均可促进本病的发生。在产羔季节呈地方性流行，发病率30%～90%，死亡率可达100%。

## 四、诊断

根据流行特点、临床症状和剖检变化可作出初步诊断，但注意与沙门氏菌、大肠杆菌等引起初生羔羊下痢的区别。确诊需进行实验室检查以鉴定病原体及毒素。

## 五、防治

**1. 预防** 应加强饲养管理，增强妊娠母羊的体质；同时注意羔羊的保暖，合理哺乳，消毒、隔离、免疫接种和药物治疗等综合措施才能有效地防治本病。每年秋季注射羔羊痢疾菌苗或"羊快疫—猝狙—肠毒血症—羔羊痢疾—黑疫五联苗"，于产前14～21 d再接种1次。羔羊出生后12 h内可灌服土霉素0.15～0.2 g，每天1次，连用3 d，有一定的预防效果。

**2. 治疗** 药物治疗应与护理相结合。

(1)土霉素0.2～0.3 g，或再加胃蛋白酶0.2～0.3 g，加水灌服，每日2次。

(2)磺胺胍0.5 g，鞣酸蛋白0.2 g，次硝酸铋0.2 g，重碳酸钠0.2 g，或再加呋喃唑酮0.1～0.2 g，加水灌服，每日3次。

(3)先灌服含福尔马林0.5%的6%硫酸镁溶液30～60 mL，6～8 h后再灌服1%高锰酸钾溶液10～20 mL，每日2次。

(4)病程稍长的羊只，可选用青霉素肌肉注射，每次160万IU，每天2次；或内服磺胺嘧啶，每次5～6 g，连服3～4次。

# 羊黑疫

羊黑疫又名传染性坏死性肝炎，是B型诺维氏梭菌引起羊的一种急性、高度致死性毒血症，特征是肝实质发生坏死。本病发生于澳大利亚、新西兰、法国、智利、英国、美国、德国，亚洲也有此病存在。

## 一、临床症状

本病临床症状与羊快疫、羊肠毒血症等极其相似。病程急促，绝大多数病例未见临床症状而突然发生死亡。少数病例病程稍长，可拖延1～2 d，但不超过3 d。病畜掉群，不食，呼吸困难，体温41.5℃左右，呈昏睡俯卧，并保持在这种状态下毫无痛苦地突然死去。病死率近乎100%。

## 二、剖检变化

病羊尸体皮下静脉显著充血，皮肤呈暗黑色外观(黑疫之名由此而来)。胸部皮下组织常见水肿，胸腔、腹腔和心包积液，暴露于空气中易凝固。皱胃和小肠充血和出血。肝脏充血肿胀，从表面可看到或摸到有1个到多个凝固性坏死灶，坏死灶的界限清晰，灰黄色，不整圆形，周围常为一鲜红色的充血带围绕，坏死灶直径可达 2～3 cm，切面呈半圆形。羊黑疫肝脏的这种坏死变化是很特殊的，具有很大的诊断意义。

## 三、病原及流行特点

病原为诺维氏梭菌，又称水肿梭菌，革兰氏染色阳性大杆菌，呈单个或短链状排列。严格厌氧、有鞭毛、无荚膜、易形成芽孢。根据产生的毒素不同将本菌分为A、B、C、D 四个菌型。B 型菌产生 $\alpha$、$\beta$、$\eta$、$\zeta$、$\theta$ 五种外毒素。

本菌能使 1 岁以上的绵羊感染，以 2～4 岁的绵羊发生最多。发病羊多为肥胖羊只，山羊也可感染，牛偶可感染。诺维氏梭菌主要存在于土壤中、饲料及反刍动物消化道内，经消化道而感染。本病主要发生于春、夏肝片吸虫流行的低洼、潮湿地区。

## 四、诊断

在肝片吸虫流行的地区发现急死或昏睡状态下死亡的病羊，剖检见肝脏的特殊坏死变化，可作出初步诊断。必要时可作细菌学检查和毒素检查。

羊黑疫、羊快疫、羊猝狙、羊肠毒血症等梭菌性疾病由于病程短促，病状相似，在临床上不易互相区别，同时与羊炭疽也有相似之处，因此，应注意类症区别。

**1. 与羊肠毒血症的鉴别**　羊快疫发病季节常为秋、冬和早春，而羊肠毒血症多在春夏之交抢青时和秋季草籽成熟时发生。患羊快疫时，羊只常有明显的皱胃出血性炎性损害，而患羊肠毒血症时，多数无病损或仅见轻微病损。

**2. 与羊黑疫的鉴别**　羊黑疫的发生常与肝片吸虫病的流行有关，其皱胃损害轻微。患羊黑疫时，肝脏多见坏死灶，涂片检查可见到两端钝圆、粗大的诺维氏梭菌；而患羊快疫时，肝脏被膜触片多见无关节、长丝状的腐败梭菌。

**3. 与羊炭疽的鉴别**　羊快疫与羊炭疽的临床症状及病理变化较为相似，必须进行炭疽沉淀反应区别诊断，同时也应从病原形态上相鉴别。

## 五、防治

**1. 预防**　在肝片吸虫流行地区控制肝片吸虫的感染。药物预防用蛭得净（溴酚磷）按每千克体重 16 mg，1 次内服，或用丙硫苯咪唑，按每千克体重 15～20 mg，1 次内服，或用三氯苯唑，按每千克体重 8～12 mg，1 次内服。

用“羊快疫—猝狙—肠毒血症—羔羊痢疾—黑疫五联苗”进行免疫接种。

发生本病时，应将羊群移牧于高燥地区。对病羊可用抗诺维氏梭菌血清（7 500 IU/mL）治疗。

**2. 治疗** 对病羊可用抗诺维氏梭菌血清(每毫升含 7 500 IU)治疗。肌肉或皮下或静脉注射 50～80 mL,连用 1～2 次。病程缓慢的病羊,可用青霉素,肌肉注射 160 万 IU,每日 2 次。

# 支原体性肺炎

羊传染性胸膜肺炎又称羊支原体肺炎,是由支原体引起羊的一种高度接触性传染病,特征为高热、咳嗽,肺脏及胸膜发生浆液性和纤维素性炎症。死亡率很高,对养羊业危害很大。

## 一、临床症状

本病潜伏期一般为 2～28 d。根据临床症状和病程长短可分为最急性型、急性型和慢性型三种。

**1. 急性型** 最急性者多发生于本病流行的初期,突然发病,数小时后出现肺炎症状,干咳,而后出现呼吸困难,鼻孔扩张,鼻腔流出浆液并带有血液,常因窒息而死亡。病程稍长者最常见,病初体温升高,食欲减退,出现咳嗽,伴有浆液性鼻漏。几天以后,咳嗽变干而痛苦,鼻腔分泌物转为铁锈色的脓性黏液,黏附于鼻孔和上唇。胸部叩诊有实音区,听诊呈支气管呼吸音和摩擦音,按压胸壁表现敏感,疼痛,多发生在一侧。后期病羊高热稽留不退,食欲废绝,眼睑肿胀,流泪,有脓性或黏性分泌物。由于呼吸极度困难,表现头颈伸直,腰背拱起,张口呼吸。孕羊大批流产。濒死前体温降至常温以下,病程多为 1～2 周,有的可达 1 个月。

**2. 慢性型** 多数由急性转来,也有开始就是慢性经过的。多见于夏季,全身症状较轻,体温 42℃左右。病羊时常咳嗽和腹泻,鼻涕时有时无,身体衰弱,被毛粗乱、无光。如饲养管理不当或继发感染时可使病情恶化而迅速死亡。

## 二、剖检变化

特征病变是纤维素性胸膜肺炎的变化。急性病例的损害多为一侧或双侧肺叶与胸壁轻微粘连。肝变区凸出于肺表,颜色由红色至灰色不等,切面呈大理石样外观,纤维素渗出液的充盈使得肺小叶间组织变宽,小叶界限明显,支气管扩张。胸膜变厚而且粗糙,附着一层黄白色的纤维素,心包粘连。胸腔常有淡黄色液体,暴露于空气后其中有纤维蛋白凝块。此外,可见心包积液,心肌松弛、变软。肝、脾肿大,胆囊肿胀,肾肿大和膜下小点出血。病程延长者肺肝变区机化,结缔组织增生,甚至有包囊化的坏死灶。

## 三、病原及流行特点

**1. 病原** 支原体包括丝状支原体山羊亚种、丝状支原体丝状亚种、山羊支原体山羊肺炎亚种和绵羊肺炎支原体。该类支原体没有细胞壁，具有多形性，一般呈球形、环形、杆形、星形、弧形，但以球形为主，革兰氏染色呈阴性。对外界环境的抵抗力不强。对红霉素高度敏感，四环素也有较强的抑菌作用。常用消毒药能在几分钟内将其杀死。

**2. 流行特点** 山羊和绵羊均易感，半岁至1岁幼龄羊发病率较高。病羊和带菌羊是主要的传染源，感染羊的肺组织和胸腔渗出液中都含有大量的病原体。病原体主要从呼吸道排出，通过飞沫由呼吸道感染。常年可发病，呈地方性流行，但阴雨连绵、寒冷潮湿、饲养密度大、卫生条件差、抵抗力下降等可以激发或加剧该病的发生，发病率和死亡率较高。

## 四、诊断

根据流行特点、临床症状和剖检变化可作出初步诊断，确诊须进行病原学检查和血清学试验。血清学试验可用补体结合试验，多用于慢性病例。

本病在临床上和病理上均与羊巴氏杆菌病相似，但用病料进行涂片做细菌学检查，巴氏杆菌病为两极浓染的短小杆菌。

## 五、防治

**1. 预防** 平时应加强羊群的饲养管理，搞好环境卫生和日常消毒，防止羊群与其他反刍动物接触。防止引入或迁入病羊和带菌羊，新引进羊只必须隔离检疫1个月以上，确认健康时方可混入大群。

免疫接种是预防本病的有效措施，我国目前除丝状支原体山羊亚种制造的山羊传染性胸膜肺炎氢氧化铝苗和鸡胚化弱毒苗以外，最近又研制成绵羊肺炎支原体灭活苗。应根据当地的实际情况选择适当的疫苗。

发生该病时，应立即进行封锁，对病羊、可疑病羊和假定健康羊分群隔离和治疗。对被污染的羊舍、场地、饲养管理用具进行彻底消毒，对病羊尸体、粪便等进行无害化处理。

**2. 治疗** 发病初期可使用足够剂量的土霉素、四环素、恩诺杀星及卡那霉素等药物治疗。

**案例分析**

2006年7月2日，辽宁某奶牛场新购进150多头奶牛，进入隔离圈后第25天开始发病，第3天发展18头，第4天发展到72头。临床症状表现以剧烈腹泻、排水样稀便、血痢、体温升高为主，升高至40.6℃～42℃。

## 一、诊断

**1. 问诊** 饲喂合理，排除饲粮、饮水问题，圈舍泥泞，有积粪。并且这两天气候变化较大，早晚温差较大，夜间还下过雨，根据流行病学、临床症状不能作出准确诊断，初步怀疑为沙门氏菌感染引起。

**2. 实验室检验** 采病畜的血液做沙门氏菌分离培养。

分离培养：直接将血液接种普通琼脂培养基，37℃，18～24 h培养后，形成圆形、光滑、湿润、半透明、灰白色、大小不等的菌落。接种克氏双糖铁培养基，上层为红色，下层为黄色，产生硫化氢。分解葡萄糖产酸产气，分解麦芽糖、甘露糖，不分解乳糖、蔗糖。

药敏试验：选用土霉素、庆大霉素、链霉素、诺氟沙星、增效磺胺嘧啶5种药物，置37℃培养18 h。结果，庆大霉素、磺胺嘧啶钠高度敏感。

根据临床症状、细菌的分离培养、形态观察、生化试验及药敏试验等，诊断为奶牛沙门氏菌病。本次发病流行主要是由于该隔离圈卫生条件差，加之长途运输，下雨昼夜温差大等因素使其抵抗力下降而诱发本病。

## 二、防治

(1)全群牛立即口服磺胺二甲基嘧啶片0.3 g/kg体重，每日2次，连服5 d。同时立即清除圈舍内的积粪，改善饲粮结构。

(2)对病情严重的牛，静脉注射硫酸庆大霉素注射液3～5 mg/kg体重，每日2次，并且肌肉注射20 mL恩诺沙星注射液，每日2次。

(3)下痢不止牛、羊，应内服次硝酸铋5～10 g，以保护肠黏膜，减少毒素吸收。

(4)病情严重，有酸中毒的，静脉注射5% $NaHCO_3$ 液500 mL，并且肌肉注射维生素C溶液，连用3 d。

(5)对发病牛群采取严格的消毒措施，用3%～5%火碱消毒。

由于采取措施迅速，使该病得到了有效控制，除一例合并并发症死亡外，其余均治愈。

### 复习思考题

1. 怀疑为炭疽病畜应如何处理？
2. 对已死亡的炭疽病畜应该采取怎样的防护措施？
3. 怎样预防羊梭菌性疾病？如何进行免疫接种？
4. 羊传染性胸膜肺炎有哪些流行特点？
5. 如何预防羊传染性胸膜肺炎？
6. 牛大肠杆菌病的主要临床症状有哪些？
7. 沙门氏菌病有哪些特点？
8. 结核病的主要临床症状有哪些？
9. 布氏杆菌病的主要临床症状有哪些？
10. 临床上应怎样预防布氏杆菌病的传播？

# 子项目二　牛羊病毒性疫病的防治

## 牛病毒性腹泻-黏膜病

牛病毒性腹泻-黏膜病是由牛病毒性腹泻-黏膜病病毒引起牛的一种急性、热性、接触性传染病。本病呈世界性分布，尤其养牛业发达的地区，广泛存在于欧美等许多养牛发达国家，给养牛业造成巨大经济损失。本病 1980 年以来随奶牛及种牛的引入传入我国，并分离鉴定出了病毒。

### 一、临床症状

本病潜伏期为 7～14 d。本病特征为消化道黏膜发炎、糜烂、坏死和腹泻。根据临床症状和病程可分急性型和慢性型。

**1. 急性型**　多见于犊牛，表现为突然发病，体温升高达 40℃～42℃，持续 4～7 d。精神沉郁，厌食，发热，咳嗽，呼吸加快，白细胞减少。鼻腔流黏液性鼻液。鼻镜及口腔黏膜表面可能有糜烂，舌面上皮坏死，流涎，呼气恶臭。发生严重的腹泻，粪便呈水样、恶臭，以后带有黏液和血液。有些病牛常有蹄叶炎及趾间皮肤糜烂坏死，从而导致跛行。通常在发病后 1～2 周内死亡。

**2. 慢性型** 慢性病例临床症状不明显或逐渐发病，生长发育受阻，消瘦，体重逐渐下降。病牛很少出现体温升高。主要症状是鼻镜发生糜烂，此种糜烂可在全鼻镜上连成一片。在口腔内很少有糜烂，但门齿齿龈通常发红。眼有浆液性分泌物。间歇性腹泻。蹄叶炎及趾间皮肤糜烂、坏死，跛行。母牛在妊娠期感染本病，常发生流产或产出有先天性缺陷的犊牛。大多数患牛均死于2～6个月内。

## 二、剖检变化

主要病变在消化道和淋巴结。鼻镜、鼻腔、口腔黏膜有糜烂和溃疡，特征性病变是食道黏膜糜烂，呈大小和形状不一的直线排列。瘤胃黏膜偶见出血和糜烂，第四胃炎性水肿和糜烂。肠壁因水肿增厚，肠淋巴结肿大，小肠急性卡他性炎症，空肠、回肠较为严重，盲肠、结肠、直肠有卡他性、出血性、溃疡性以及坏死性等不同程度的炎症。在流产胎儿的口腔、食道、皱胃及气管内可能有出血斑及溃疡。

## 三、病原及流行特点

**1. 病原** 牛病毒性腹泻-黏膜病病毒属于黄病毒科、瘟病毒属。病毒呈球形，核酸类型为单股RNA，有囊膜。本病毒与猪瘟病毒、边界病毒为同属病毒，有密切的抗原关系。对外界环境的抵抗力很弱，56℃很快被灭活。常用消毒药能迅速杀死病毒，但在冻干状态下可存活数年。

**2. 流行特点** 各种牛对本病均有易感性。特别是幼龄牛，多见于肉用牛，羊、猪、鹿等也可感染，但一般不显临床症状，却对本病传播起着重要作用；病牛和带毒牛是本病的主要传染源。带毒牛的分泌物或排泄物包括鼻汁、唾液、精液、粪尿、泪液及乳汁均可分离出病毒。康复病牛可带毒200余天；主要经消化道感染，直接或间接接触均可传染本病。可经摄食被病毒污染的饲料、饮水而感染，也可由于病畜咳嗽、剧烈呼吸喷出的传染性飞沫而使易感动物感染，运输工具，饲养用具或者通过自然界的某些宿主也可以传播本病；本病无季节性，可常年发病，但在冬末和春天发生较多，新发病牛群呈暴发流行，发病后可获得长期免疫，老疫区为散发性。

## 四、诊断

根据临床上发热，早期白细胞减少及口腔糜烂、腹泻、消化道(尤其食道)糜烂、溃疡，结合流行情况等可初步诊断。确诊须依赖病毒的分离鉴定及血清学检查。

本病应注意与牛瘟、口蹄疫、牛传染性鼻气管炎、恶性卡他热及水疱性口炎、牛蓝舌病等相区别。

## 五、防制

要以预防为主，防止对引进病牛，特别是持续性感染牛。积极进行疫苗接种可以减少损失，但妊娠期不能进行接种。

(1)加强口岸检疫，从国外引进种牛、种羊时必须进行血清学检查，防止带毒。

(2)国内在进行牛只调拨或交易时，要加强检疫，防止本病的扩大或蔓延。

(3)免疫接种。主要应用弱毒疫苗和灭活苗进行免疫接种来预防本病，犊牛在断乳前后进行 1 次免疫接种，配种前 3 周再进行 1 次免疫接种，多数牛可获得终生免疫。

(4)本病目前无有效治疗方法。发病时应进行对症治疗和加强护理，增强机体抵抗力。应用收敛剂和补液疗法可缩短恢复期，减少损失。用抗生素和磺胺类药物，可减少继发性细菌感染。

(5)一旦发生本病，对病牛要隔离治疗或急宰。在有条件情况下，发现病牛及时扑杀是较理想办法。

# 牛流行热

牛流行热是由牛流行热病毒引起的一种急性、热性传染病，又称三日热、暂时热。本病广泛流行于非洲、亚洲及大洋洲。我国也有本病的发生和流行，而且分布面较广。

## 一、临床症状

潜伏期为 3～7 d。其特征为突发高热、呼吸和消化器官严重卡他性炎症和运动障碍。发病率高，但死亡率低，无继发病时死亡率为 1%～3%。

突然发病，体温升高达 41℃～42.5℃，持续 1～3 d 后骤退。患牛表现精神不振，食欲减退，反刍停止，脉搏、呼吸加快，呼吸困难，多呈腹式呼吸。多数病牛鼻流炎性分泌物成线状，后为黏性鼻涕。流泪，眼睑和结膜充血、水肿，畏光；口腔发炎，流涎，口角有泡沫；个别牛四肢关节浮肿、僵硬、疼痛，而出现跛行，重者起立困难、卧地不起；病牛有时出现便秘或腹泻，尿量少呈暗褐色混浊；妊娠牛可能发生流产、死胎，泌乳量下降或停止。多数病例呈良性经过，病程 3～4 d，很快恢复，死亡率一般不超过 1%。有的病例常因跛行或瘫痪而淘汰。

## 二、剖检变化

急性死亡病牛，可见肺膨大，显著水肿和气肿，有不同程度的水肿和间质性气肿，压迫有捻发音，切面流出大量暗紫红色泡沫状黏液。胸腔积液，呈暗紫红色。病程较长而死亡的，一般呈败血症变化。上呼吸道黏膜充血、出血、肿胀。气管内充满大量泡沫状的黏液，全身淋巴结充血、肿大或出血。皱胃、小肠和盲肠呈卡他性炎症和渗出性出血。实质脏器混浊肿胀或有出血点。皱胃及肠黏膜为卡他性炎症或出血。关节、腱鞘、肌膜发炎。流产胎儿体表有出血点。

## 三、病原及流行特点

**1. 病原**　牛流行热病毒又称牛暂时热病毒，属于弹状病毒科、弹状病毒属的成员。病毒粒子呈弹形或圆锥形，核酸类型为单股 RNA。本病毒耐寒不耐热，对低温稳定，4℃冻干毒和－70℃保存几年仍具有活性。对酸和碱均敏感，一般的消毒药能杀死病毒。

**2. 流行特点**　本病主要侵害于乳牛和黄牛，以 3～5 岁牛多发，肥胖的牛病情较严重。产奶量高的母牛发病率高。病牛是本病的主要传染源，病毒主要存在于病牛的血液中、呼吸道分泌物及粪便中。本病多经呼吸道传播，也可经吸血昆虫叮咬或与病畜接触经皮肤感染进行传播。本病的流行具有明显的季节性，一般在夏末到秋初、高温炎热、多雨潮湿、蚊虫多生的季节流行。本病的传染力强，传播迅速，短时间内可使很多牛发病，一般呈流行性或大流行性，并具有明显的周期性，约 6～8 年或 3～5 年流行 1 次，1 次大流行之后，常隔 1 次发生较小的流行。

## 四、诊断

本病的特点是大流行，传播快速，有明显的季节性和周期性，根据高热稽留，呼吸困难，流浆液性鼻液，咳嗽，畏光流泪，运动障碍，病程短，发病率高、病死率低等临床症状可作出初步诊断。但确诊本病还要做病原分离鉴定，或用中和试验、补体结合试验、琼脂扩散试验、免疫荧光法、酶联免疫吸附试验（ELISA）等进行检验。必要时采取病牛全血，用易感牛作交叉保护试验。

## 五、防治

（1）在本病的常发区加强消毒，扑灭蚊、蠓等吸血昆虫，切断本病的传播途径。

（2）定期对牛进行免疫注射是预防本病的重要措施，本病可选用 $\beta$-丙内酯灭活苗、亚单位疫苗及病毒裂解疫苗接种牛只。

(3)发生本病时，要对病牛及时隔离，及时治疗，对假定健康牛群及受威胁牛群可采用高免血清进行紧急预防接种。

(4)治疗本病无特效药物，只能进行对症治疗，病初可根据具体情况酌用退热药及强心药，停食时间长可适当补充生理盐水及葡萄糖溶液。另外可结合病情应用强心剂、解毒剂、镇静剂和抗生素等。治疗时，切忌灌药，因病牛咽肌麻痹，药物易流入气管和肺里引起异物性肺炎。

# 牛海绵状脑病

牛海绵状脑病俗称“疯牛病”，是一种神经性、渐进性、致死性传染性脑病。以潜伏期长、终归死亡为特征。本病于 1986 年首次发生于英国，于 20 世纪 90 年代传播到整个欧洲，至 2001 年 1 月，已有英国、爱尔兰、意大利、加拿大等 15 个国家发生过牛海绵体脑病。近年又传到亚洲，已成为继艾滋病之后世界性特殊传染病，给人类健康和畜牧业发展造成重大威胁。

## 一、临床症状

本病潜伏期平均为 4～5 年。主要表现精神失常、运动失调、轻瘫、体重减轻、死后大脑呈海绵状空泡变性，病牛终归死亡。

疾病呈进行性发展。表现为精神异常、运动障碍和感觉障碍。病牛很重要的临床特征是感觉障碍，用手触摸牛的颈部、肋部，病牛会异常紧张、颤抖，用异物轻碰后蹄，也会出现紧张的踢腿反应；病牛听到敲击金属器械的声音，会出现震惊和颤抖反应；病牛在黑暗环境中，对突然打开的灯光，出现惊吓和颤抖反应。病畜由于胆怯、恐惧，当有人靠近或追逼时出现攻击性行为，故俗称疯牛病。运动障碍主要表现为共济失调、颤抖或倒下，病牛步态呈“鹅步”状，四肢伸展过度，有时倒地难以站立。病程多为 1～4 个月，少数长达 1 年左右。病牛多因极度消瘦，以死亡而告终，病死率 100%。

## 二、剖检变化

多数病例以脑组织呈海绵状空泡变性为特征。肉眼观察病理变化不明显，组织学检查有明显的特征。

## 三、病原及流行特点

本病原极微小，为一种朊病毒，它是一种亚病毒因子，不同于一般病毒，也不同于类病毒，即不含任何种类的核酸，是一种特殊的具有致病能力的糖蛋白。朊病毒可低温或冷冻保存。134～138℃高压蒸汽 18 min，可使大部分病原灭活，焚烧是最可靠的杀灭办法。

不同品种和性别的牛均可发病，发病牛常为 4～8 岁，但多发于 3～5 岁的牛，2 岁以下或 10 岁以上牛很少发生。牛海绵状脑病可传染给猫和多种野生动物，也可传染给人。牛海绵状脑病病牛及带毒牛是主要传染源。该病主要是由于摄入混有痒病病羊或牛海绵状脑病病牛尸体加工成的骨肉粉而经消化道感染。本病潜伏期较长，流行没有明显的季节性。

## 四、诊断

根据特征的症状和流行病学特点可做出初步诊断。因本病既无炎症反应，又不产生免疫应答，病牛的血清生化指标也无显著异常，确诊需进一步做实验室诊断，目前定性诊断以大脑组织病理学检查为主。以病牛脑干核的神经元空泡化和海绵状变化的出现为检查依据。组织切片效果较好时，确诊率可达 90%。本法是最可靠的诊断方法，但需在牛死后才能确诊，且检查需要较高的专业水平和丰富的神经病理学观察经验。

## 五、防制

目前尚无有效的治疗方法，也无疫苗可用。我国尚未发现该病。

(1)应加强口岸检疫和邮检工作，禁止从有疫情国家和地区进口易感动物、动物性饲料、牛肉、牛精液、胚胎等，禁止在饲料中添加反刍动物蛋白(肉骨粉等)。

(2)发病时要严格隔离、封锁、消毒，捕杀和销毁病牛和可疑病牛，严禁屠宰和销售病牛及其肉制品。还应建立疯牛病监测系统，对疯牛病采取强制性检疫和报告制度。

(3)禁止用反刍动物源性饲料饲喂反刍动物。

(4)一旦发现可疑病牛，立即隔离并报告当地动物防疫监督机构，力争尽早确诊。确诊后扑杀所有病牛和可疑病牛，甚至整个牛群，并根据流行病学调查结果进一步采取措施。

# 牛白血病

牛白血病又称地方性牛白血病、牛淋巴肉瘤、牛白细胞增生病，是由牛白血病病毒引起牛的一种慢性肿瘤性传染病。本病早在 19 世纪末即被发现，目前本病分布广泛，几乎遍及全世界养牛的国家。

## 一、临床症状

本病潜伏期很长，为4～5年。根据临床表现可分为亚临床型和临床型。其特征是淋巴样细胞恶性增生，进行性恶病质和高度病死率。

体温一般正常，有时略为升高。食欲不振、生长缓慢，体重减轻。体表或经直肠能摸到淋巴结呈一侧性或对称性肿大，触诊无热无痛，能移动。腮淋巴结或股前淋巴结常显著增大，触摸时可移动。如一侧肩前淋巴结增大，病牛的头颈可向对侧偏斜；眶后淋巴结增大可引起眼球突出。通常以死亡而告终，但其病程可因肿瘤病变发生的部位、程度不同而异，一般在数周至数月之间。亚临床型无明显全身症状，多数牛可持续多年或终身不恶化，少数牛可进一步发展为临床型。

## 二、剖检变化

尸体消瘦、贫血。主要病变为体表的淋巴结肿大，被膜紧张，呈均匀灰色，柔软，切面突出，有出血和坏死。心脏、皱胃和脊髓常发生浸润。全身性充血和水肿。皱胃壁由于肿瘤浸润而增厚变硬。脊髓被膜外壳里的肿瘤结节，使脊髓受压、变形和萎缩。肾、肝、肌肉、神经干和其他器官亦可受损。

## 三、病原及流行特点

牛白血病病毒属于反转录病毒科牛白血病-人嗜T细胞反转录病毒属的代表种。病毒粒子呈球形，外包双层囊膜，核酸类型为单股RNA。对外界环境的抵抗力很弱，常用消毒药能迅速杀死。

本病主要发生于成年牛，以4～8岁牛最常见。绵羊、水豚也能感染。病牛和带毒者是本病的传染源。本病可水平传播、垂直传播及经初乳传染给犊牛。近年来证明吸血昆虫在本病传播上具有重要作用。被污染的医疗器械，可以起到机械传播本病的作用。

## 四、诊断

根据流行特点、临床症状和剖检变化可初步诊断。如不明原因的消瘦，发生于4～8岁的成牛，淋巴结肿大（腮、肩前、股前）；剖检可见到特征的肿瘤病变。确诊需进行病原学检查或血清学试验。

## 五、防制

(1)无本病的牛场,应防止本病的引入。引入种牛时应进行血清学检查,阴性牛也必须隔离 3～6 个月以上方能混群。

(2)定期消毒、驱除吸血昆虫、杜绝因手术、注射可能引起的交互传染。

(3)有本病可每年进行 3～4 次临床、血液和血清学检查,不断淘汰阳性牛。

(4)发病时应及时隔离和淘汰。

# 蓝舌病

蓝舌病是由蓝舌病病毒引起反刍动物的一种急性、非接触性传染病。特征为发热,消瘦,口、鼻和胃黏膜发生溃疡性炎症。本病的分布很广,很多国家均有本病存在,1979 年我国云南省首次确定绵羊蓝舌病,1990 年在甘肃省又从黄牛分离出蓝舌病病毒。

## 一、临床症状

本病潜伏期 3～8 d。绵羊病初体温升高达 40.5～41.5℃,稽留 2～3 d。表现厌食,委顿,离群。流涎,口唇水肿可蔓延到面部和耳部,甚至颈部、腹部。口腔黏膜充血而后发绀,呈青紫色,唇、齿龈、颊、舌黏膜糜烂,出现吞咽困难。鼻流炎性、黏性分泌物,鼻孔周围结痂,引起呼吸困难和鼾声。有的蹄冠、蹄叶发炎疼痛而发生跛行或卧地不起。有的便秘或腹泻,有时下痢带血,后期消瘦、衰弱。妊娠母羊可发生流产、死胎或胎儿先天性异常。病程为 6～14 d,

山羊的症状与绵羊相似,但一般比较轻微。牛通常缺乏症状,约有 5%的病例可显示轻微症状,其临床表现与绵羊相同。

## 二、剖检变化

病变主要见于口腔、瘤胃、心脏、肌肉、皮肤和蹄部。口腔出现糜烂和深红色区,舌、齿龈、硬腭、颊黏膜和唇水肿。瘤胃黏膜有深红色区和坏死灶。消化道、呼吸道和泌尿道黏膜及心肌、心内外膜均有出血点,重者消化道黏膜有坏死和溃疡。肌肉出血,肌纤维变性,真皮充血、出血和水肿,脾脏通常肿大。肾和淋巴结轻度发炎和水肿,有时有蹄叶炎变化。

## 三、病原及流行特点

**1. 病原** 蓝舌病病毒属于呼肠孤病毒科、环状病毒属，为一种双股 RNA 病毒，已知病毒有 24 个血清型，各型之间无交互免疫力。对外界环境的抵抗力较强，在腐败的血液中可保持活力数年，耐干燥，但对酸和碱敏感。常用的消毒药 3%甲醛溶液和 3%氢氧化钠溶液，能迅速杀死。

**2. 流行特点** 绵羊易感，不分品种、性别和年龄，以 1 岁左右的绵羊最易感，吃奶的羔羊有一定的抵抗力。牛和山羊的易感性较低，多为隐性感染。病羊和病后带毒羊是本病的主要传染源，病愈绵羊血液能带毒达 4 个月之久。牛和山羊感染后多数成为无症状带毒者，也是重要传染源。本病主要通过库蠓经血液传递，绵羊虱蝇也能机械传播本病。公牛感染后，其精液内带有病毒，可通过交配和人工授精传染给母牛。病毒也可通过胎盘感染胎儿。本病多发生于库蠓分布较多的夏秋季节，特别是池塘、河流较多的低洼地区。

## 四、诊断

根据流行特点、临床症状和剖检变化可作出初步诊断。确诊可采取病料进行人工感染或通过鸡胚或乳鼠和乳仓鼠分离病毒。也可进行血清学试验，主要应用琼脂扩散试验、酶联免疫吸附试验(ELISA)、荧光抗体技术等。

## 五、防制

(1)免疫接种是预防本病的有效办法，每年在昆虫开始活动前 1 个月用疫苗对羊群进行免疫接种；目前所用疫苗有弱毒疫苗、灭活疫苗和亚单位疫苗，以弱毒疫苗比较常用，二价或多价疫苗可产生相互干扰作用，因此二价或多价疫苗的免疫效果会受到一定影响。

(2)引入的种羊应进行严格的检疫。

(3)定期进行药浴、驱虫，控制和消灭本病的媒介昆虫(库蠓)，做好牧场的排水工作。

(4)严防用带毒精液进行人工授精。

(5)发现病羊及时扑杀，防止本病的扩散。

# 山羊病毒性关节炎-脑炎

山羊病毒性关节炎-脑炎是一种病毒性传染病。本病呈世界性分布且在许多国度感染率很高,可造成很大的经济损失。1985 年以来,我国先后在甘肃、贵州、四川、陕西和山东等省发现本病。

## 一、临床症状

潜伏期较长,特征是成年羊为慢性多发性关节炎,间或伴发间质性肺炎或间质性乳房炎。羔羊常呈现脑髓炎症状。

主要发生于 2～4 月龄羔羊。初期病羊精神沉郁、跛行,进而四肢僵直或共济失调,一肢或数肢麻痹,卧地不起,四肢划动。有的病例眼球震颤、惊恐、角弓反张、头颈歪斜,或做圆圈运动。病程半年至 1 年,个别耐过病例留有后遗症。有的羊腕关节肿大,病初关节周围的软组织水肿、湿热、波动、疼痛,有轻重不一的跛行。少数病例出现间质性肺炎,患羊出现咳嗽、呼吸困难,胸部叩诊有浊音、听诊有湿罗音。

## 二、剖检变化

主要病变见于中枢神经系统、四肢关节及肺脏,其次是乳腺。肺脏轻度肿大,质地硬,呈灰色,表面散在灰白色小点,切面有大叶性或斑块状实变区。淋巴结肿大,支气管空虚或充满浆液和黏液,小叶间结缔组织增生;关节周围软组织肿胀波动,皮下浆液渗出。关节囊肥厚,关节腔扩张,充满黄色粉红色液体,其中悬浮纤维蛋白条索或血凝块,滑膜表面光滑,或用结节状增生物。

## 三、病原及流行特点

山羊关节炎-脑炎病毒属反录病毒科、慢病毒属。病毒的形态结构和生物学特性与梅迪-维斯纳病毒相似,有囊膜。血清学试验抗原之间有交叉反应,因此,可用梅迪-维斯纳病毒抗原来诊断山羊病毒性关节炎-脑炎。

山羊是本病的易感动物。患病山羊和潜伏期隐性患羊是本病的主要传染源。感染途径以消化道为主。病毒经乳汁感染羔羊,被污染的饲草、饲料、饮水等可成为传播媒介。本病一年四季都可发生,以春、秋二季较为多见,常呈群发性或地方性流行。病死率很高,可达 100%。

## 四、诊断

根据病史、病状和病理变化可对临床病例做出初步诊断,确诊须进行病原分离鉴定和血清学试验。目前国内还有一种更加敏感,能从基因水平进行检测的核酸探针和 PCR 检测方法,临床应用较少。

## 五、防制

目前尚无有效疗法和特效疫苗。主要以加强饲养管理和防疫卫生工作为主。

(1)执行定期检疫。及时淘汰血清反应阳性羊。注意做好羊场的灭鼠工作。

(2)引进羊只实行严格检疫,特别是引进国外品种,进场前应单独隔离观察,定期复查,确认健康后,才能转入正常场中饲养繁殖或投入使用。

(3)用伪狂犬病免疫血清或病愈家畜的血清可获得良好的治疗效果,但必须在潜伏期或前驱期使用。

(4)采取检疫、扑杀、隔离、消毒和培育健康羔羊群的方法对感染羊群实行净化。羊群严格分圈饲养,一般不予调群。

# 绵羊痒病

绵羊痒病又称慢性传染性脑膜炎,是主要发生于成年绵羊和山羊的一种慢性退行性的中枢神经系统疾病,又称“驴跑病”或“瘙痒病”。本病在18世纪中叶发现于英格兰,随后传播到欧洲许多国家以及北美和世界其他地区。我国1983年从苏格兰引进的边区莱斯特羊群中发现该病,由于采取果断措施,及时扑灭了疫情。

## 一、临床症状

自然感染潜伏期为1～5年或更长,缓慢发展,主要表现为剧痒、肌肉震颤、衰竭、委顿、瘫痪,最后死亡。

病羊体温不高,食欲正常。病初表现精神沉郁、敏感、易惊、癫痫等;或表现过度兴奋、抬头、竖耳、眼凝视,以一种高抬腿姿态跑步,驱赶时常反复跌倒,共济失调逐渐严重,头颈部肌肉发生震颤。病羊不断摩擦其背部、体侧、臀中和头部,或用后肢搔抓胸侧、腹侧和头部,并常自咬其体侧和臀部皮肤,致使颈部、体侧、背部和荐部等大面积的皮肤出现秃毛区。触摸病羊可反射地刺激其伸颈、摆头、咬唇和舔舌。视力丧失。病程从几周到几个月,甚至1年以上,所有病羊终归死亡。

## 二、剖检变化

内脏常无肉眼可见的病理变化,脑组织学病变与牛海绵状脑病相似。

## 三、病原及流行特点

本病的病原为朊病毒。不同性别、不同品种的羊均可发病,常见于2～4岁的绵羊,山羊发病很少。患病羊和带毒羊是本病的主要传染源。本病发病率低,感染羊群几乎每年都有少数羊死亡或被淘汰。本病可以经垂直和水平两种方式传播,绵羊与山羊之间可以接触传播。

## 四、诊断

依据典型的临床症状(潜伏期长、有痒病病史、擦痒、反射性咬唇舔舌和共济失调等)和特征性的病理组织学变化即可做出诊断。确诊还必须进行实验室诊断。

## 五、防制

本病目前尚无有效的生物制剂和有效药物防治;因本病的潜伏期长、发展缓慢、无免疫应答等特殊性,一般的防制措施无效。必须加强疫情监测,坚决不从有痒病史的地区引进种羊,本病尚无有效的疫苗和有效治药物。无病区一旦出现本病,应立即扑杀全群。

### 案例分析

2007 年 5 月,内蒙古某肉牛场,有 2 头 18 月龄的牛开始发病,而后相继又有 10 头 16 月龄的牛发病。主诉:流泪,有分泌物,出现张口呼吸。病牛精神沉郁,食欲逐渐废绝,反刍停止,体温升至 41～42℃,鼻镜干燥,咳嗽,呼吸急促,严重腹泻,稀粪呈水样,有时排泄物为暗红色的血水。

## 一、诊断

**1. 问诊** 先有一头牛突然发病,体温升高达 41.2℃,使用了抗生素治疗,没有太好的效果,已经持续了 7 d 了。现在又有几头出现了体温升高的现象。初期有流泪,后眼分泌物变黏稠,鼻液由浆液性到黏液性,最后变为脓性,有的脓性鼻液堵塞鼻腔,2～3 d 后,唇、腭、齿龈、口腔黏膜上皮出现浅表性烂斑,流涎,呼气恶臭。经检查粪便中有黏液和血液,可视黏膜苍白。近期,饲料、饮水,管理没有改变。

**2. 初步诊断** 根据临床症状,初步怀疑为细菌性疾病,有使用了其他抗生素进行治疗,无效,最先发病的一头牛死亡,另一头逐渐好转,但食欲不振,进行性消瘦,间歇性腹泻,鼻镜上有多个糜烂病灶,经常起卧不安、回头顾腹、拱背、后肢踢腹、磨牙、呻吟等明显的腹痛症状。

**3. 实验室检验** 再次经过分析,根据发热、腹泻、黏膜损伤的典型症状,特别是治疗性试验无效,初步诊断为牛病毒性腹泻-黏膜病。

病理剖检:经对死亡牛病理解剖,其尸体消瘦,脱水;鼻镜、口腔黏膜有糜烂及浅溃疡，鼻腔黏膜潮红，充血；整个消化道广泛性充血、出血，水肿，其中小肠有严重充血、出血、脱落，肠壁菲薄，尤以空肠和回盲瓣最明显，肠内容物为红色，含有大量气泡和黏液；皱胃弥漫性出血，水肿，有小的溃疡；淋巴结肿大，切口外翻，有混浊液体流出，集合淋巴滤泡肿大坏死，心脏冠状沟和心内膜有出血斑变化。

采取死亡牛一头和临床症状典型的病牛 8 头，采集病料进行琼脂扩散实验室诊断。结果所检测的 9 头牛的病料琼脂扩散反应均呈阳性。确诊为牛病毒性腹泻-黏膜病。

## 二、防治

本病目前尚无特效治疗药物，因此主要采取对症治疗的方法。对于本场发病症状较严重的牛，采取喂服活性炭进行止泻，同时进行静脉补液，肌肉注射维生素 K、维生素 C 以及氢化可的松，注射头孢类抗生素和庆大霉素防止继发感染；对于症状较轻的牛，采取黄芪多糖饮水，同时里面加入黄连素和卡那霉素等进行止血和消炎。

通过一系列的积极的治疗，其他发病牛的病情基本都得到了控制，均逐渐康复。

### 复习思考题

1. 牛瘟的防制措施有哪些？
2. 急性型牛病毒性腹泻/黏膜病的症状有哪些？
3. 牛恶性卡他热眼型有哪些临床症状？
4. 牛海绵状脑病的剖检变化是什么？
5. 牛瘟应如何诊断和治疗？
6. 绵羊痒病的特点有哪些？
7. 山羊病毒性关节炎-脑炎的有哪些剖检变化？
8. 牛流行热的临床症状有哪些？
9. 牛白血病流行特点是什么？
10. 蓝舌病的病原是什么？

# 子项目三　牛羊寄生虫病的防治

## 牛巴贝斯虫病

牛巴贝斯虫病是由巴贝斯虫属的原虫寄生在牛的红细胞和网状内皮系统引起的寄生虫病。临床主要特征为高热、贫血、黄疸和血红蛋白尿。

### 一、病原及生活史

本病的病原主要为双芽巴贝斯虫、牛巴贝斯虫和卵圆形巴贝斯虫。

**1. 双芽巴贝斯虫**　形态有梨籽形、圆形、椭圆形及不规则形等，典型的形状是成双的梨籽形，尖端以锐角相连。虫体经姬姆萨氏法染色后，胞浆呈淡蓝色，染色质呈紫红色。虫体的长度大于红细胞半径，多位于红细胞中央。

**2. 牛巴贝斯虫**　虫体长度小于红细胞的半径，形态有梨籽形、圆形、椭圆形、不规则形和圆点形等。典型形状为成双的梨籽形，尖端以钝角相连，位于红细胞边缘或偏中央。

**3. 卵圆形巴贝斯虫**　虫体长度大于红细胞的半径，呈梨籽形、卵形、卵圆形、出芽形等。形态特征为虫体中央往往不着色形成空泡，双梨籽形虫体较宽大，位于红细胞中央，两尖端成锐角相连或不相连。

硬蜱是本病病原体的传播者，当蜱在牛体上吸血时，寄生在红细胞内的巴贝斯虫体被吸入到蜱体内进行发育繁殖，并可经过蜱的卵传递给蜱的下一代，在幼蜱的唾液腺细胞里发育到感染阶段。当幼蜱吸食健康牛血时，将巴贝斯虫接种到健康牛体内，在牛的红细胞内以“成对出芽”的方式进行繁殖，当带虫红细胞破裂时，虫体释出，然后又侵入新的红细胞内重复以上过程。

本病的流行与传播媒介蜱的滋生和消长密切相关，故有一定的地区性和季节性，病的发生以夏秋季节为多。放牧牛群易发病，舍饲牛发病较少。就年龄来说，本病多发生于1～7个月的犊牛，8个月以上的犊牛发病较少；成年牛多系带虫者，但当机体抵抗力减弱时(受营养不良、劳役过度等的影响)，则引起复发。带虫现象可持续2～3年。

## 二、症状及剖检变化

疾病多为急性型，体温高达 40℃～41.5℃，呈稽留热型，精神沉郁，食欲下降，反刍停止，发病 2～3 d 后迅速消瘦，贫血，黄疸，排恶臭的褐色粪便及特征性的血红蛋白尿（尿呈红色）。如不治疗，病程 4～8 d，死亡率高达 50%～90%。

## 三、诊断

当在夏秋季节放牧牛群中出现稽留高热，伴有贫血、黄疸和血红蛋白尿等症状的病牛时，应怀疑为本病，及时从病牛耳尖静脉采血做涂片，用姬姆萨氏或瑞氏染色法染色，镜检，若在红细胞内发现梨籽形虫体，即可确诊。

## 四、防治

应采取综合性防治措施。根据流行地区蜱活动规律，实施有计划、有组织的灭蜱。在流行季节，最好改为舍饲，并可肌肉注射咪唑苯脲（每千克体重 2 mg），可保护牛只不受侵袭。

治疗病牛要及时，可用咪唑苯脲配成 10%溶液肌肉注射（每千克体重 2 mg）；三氮脒（贝尼尔、血虫净）每千克体重 3.5～3.8 mg，配成 5%～7%溶液深部肌肉注射；锥黄素每千克体重 3～4 mg，配成 1%溶液静脉注射。

# 牛泰勒虫病

泰勒焦虫病是由泰勒焦虫引起的血液原虫病。临床以高热稽留、贫血和体表淋巴结肿大为特征。本病流行于我国的西北、华北和东北的一些省（区），发病率高，致死率也高，危害很大。

## 一、病原及生活史

文献记载寄生于牛的泰勒虫共有 5 种，我国共发现 2 种，即环形泰勒虫和瑟氏泰勒虫。

**1. 环形泰勒虫**　寄生于红细胞内的虫体称为血液型虫体（配子体），虫体很小，形态多样，有圆环形、杆形、卵圆形、梨籽形、逗点形、圆点形、十字形、三叶形等各种形状，其中以圆环形和卵圆形为主（占总数的 70%～80%）。寄生于巨噬细胞内和淋巴细胞内进行裂体增殖所形成的多核虫体为裂殖体。裂殖体呈圆形、椭圆形或肾形，位于淋巴细胞或巨噬细胞胞浆内或散布于细胞外。用姬姆萨氏法染色，虫体胞浆呈淡蓝色，其中包含许多红紫色颗粒状的核。裂殖体有两种类型，一种为大裂殖体（无性生殖体），另一种为小裂殖体（有性生殖体）。

**2. 瑟氏泰勒虫** 寄生于红细胞内的虫体，除有特别长的杆状形外，其他的形态和大小与环形泰勒虫相似，也具有多形性，它与环形泰勒虫的主要区别点为各形态中以杆形和梨籽形为主（占67%～90%）。但随着病理变化，这两种形态的虫体比例有变化。在上升期，杆形为60%～70%，梨籽形为15%～20%；高峰期两者均为35%～45%，下降期和带虫期，杆形为35%～45%，梨籽形为25%～40%。

环形泰勒虫的传播者是璃眼蜱属的蜱，我国主要为残缘璃眼蜱；瑟氏泰勒虫的传播者是血蜱属的蜱，我国主要为长角血蜱。当幼蜱或若蜱在病牛身上吸血时，把带有配子体的红细胞吸入胃内，配子体由红细胞逸出并变为大小配子，二者结合形成合子，进而发育成为棍棒形的能功的动合子。动合子穿入蜱的肠管及体腔等各处。当蜱完成其蜕化时，动合子进入蜱唾液腺的腺细胞内变圆为合孢子（母孢子），开始孢子增殖，分裂产生许多子孢子。在蜱吸血时，孢子被接种到牛体内，首先进入局部淋巴结的巨噬细胞和淋巴细胞内进行裂体增殖，形成大裂殖体（无性型）。大裂殖体发育成熟后，破裂为许多大裂殖子，又侵入其他巨噬细胞和淋巴细胞内，重复上述的裂体增殖过程。同时，部分大裂殖体可循淋巴和血液向全身扩散，侵入脾、肝、肾、淋巴结、皱胃等各器官的巨噬细胞和淋巴细胞进行裂体增殖。

泰勒虫和瑟氏虫都不能经卵传播。环形泰勒虫病的传播者璃眼蜱主要在圈内生活，因此，环形泰勒虫病主要在舍饲条件下发生，在内蒙古及西北地区，该病于6月份开始发生，7月份达最高期，8月份逐渐平息，病死率16%～60%。在流行地区，1～3岁牛发病高峰终止于10月份。

## 二、症状及剖检变化

环形泰勒虫病常取急性经过，大部分病牛经3～20 d趋于死亡。体温升高（多为稽留热），精神沉郁，行走无力，离群落后，多卧少立。脉快而弱，心音亢进有杂音，咳嗽，流鼻涕，结膜和可视黏膜贫血、黄染及有出血点。常磨牙、流涎，排少量干而黑的粪便，常带有黏液或血丝，前胃弛缓。体表淋巴结肿大为本病的特征。瑟氏泰勒虫病基本与环形泰勒虫病相似，但特点是病程长（一般在10 d以上），症状缓和，死亡率较低，体表淋巴结肿胀，然而淋巴结穿刺检查时较难查到石榴体。

## 三、诊断

在本病流行地区、流行季节，有病牛表现为体温升高且呈稽留热、体表淋巴结明显肿大、贫血等症状时，可怀疑为本病。此时应采耳静脉血涂片，姬姆萨氏法染色，镜检，若在红细胞内见到环形、椭圆形、逗点形、卵圆形、杆形等各种形状的泰勒虫时，即可确诊。

## 四、防治

在本病流行地区，应进行有组织、有计划的灭蜱，有条件的可接种环形泰勒虫裂殖体冻细胞苗，20 d 后可保护牛安全地度过发病季节。瑟氏泰勒虫病可在发病季节用药物预防（三氮脒每千克体重 3 mg 或咪唑苯脲每千克体重 2 mg，肌肉注射）。病牛用磷酸伯氨喹啉（PMQ）千克体重 3 mg，经口投服，每天一次，3 d 为一疗程。对重危病例应进行补液、强心、输血、利胆等对症治疗，才能提高治愈率。

# 牛球虫病

牛球虫病是由艾美耳属的球虫引起的，以出血性肠炎为特征的一种消化道原虫病。主要发生于犊牛，常呈季节性地方散发性流行，给养牛业造成较大的危害。

## 一、病原及生活史

在北方地区，牛球虫病原体主要为邱氏艾美耳球虫和牛艾美耳球虫，寄生于牛的盲肠和小肠（前者还寄生于直肠）。其生活史须经三个阶段：

①无性生殖阶段：在寄生部位的上皮细胞内，以裂殖体增殖；

②有性生殖阶段：在宿主上皮细胞内雌、雄两性配子融合为合子；孢子生殖阶段，即合子变成卵囊后随粪便排到体外，在外界合适的温度、湿度条件下进行孢子生殖，形成含有 4 个孢子囊（每个又含 2 个子孢子）的感染性卵囊，牛吞食了这样的卵囊便受到感染。

各品种的牛都有易感性，2 岁以内的牛发病率高，死亡率亦高。常发于潮湿、多沼泽的放牧区和放牧期间。

## 二、症状及剖检变化

以急性型多见。病初主要症状为精神沉郁，减食，粪便表面附有鲜红血液和血凝块，周围还残留有新鲜血液。约 1 周后呈现消瘦，不食，反刍停止，排恶臭带血稀便，其中混有样物。末期病牛高度贫血，粪便黑色，几乎全为血液，最后因高度衰弱而死亡。慢性型一般病后 3～5 d 逐渐好转，下痢和贫血症状可能维持数月，粪便中常带少量血液，如饲养管理不良可逐渐衰弱死亡。

## 三、诊断

根据流行病学特点(1 月龄以上的犊牛多发)、临床特征(血便、具恶臭)和病理变化特征(直肠有出血性炎症和溃疡)可作出诊断。为了进一步确诊,可镜检粪便和直肠刮取物,发现卵囊即可确诊。

## 四、防治

牛舍应保持干燥、通风,定期消毒。饲料和饮水应防止被粪便污染。犊牛应与成年牛分开饲养,哺乳母牛的乳房要经常擦洗。药物防治可用氨丙啉每天内服每千克体重 25 mg,连用 5 d;莫能菌素按每千克饲料 20～30 mg 添加混饲。

# 片形吸虫病

本病是由片形吸虫寄生于牛、羊胆管所引起的一种蠕虫病,俗称肝蛭病。多呈地方性流行,易造成严重的危害。

## 一、病原及生活史

病原体有肝片形吸虫和大片形吸虫两种。成虫形态基本相似,虫体扁平,呈柳叶状,是一类大型吸虫。肝片形吸虫的成虫长 20～35 mm,宽 5～13 mm。虫体前端有锥状突起,锥突底部向两侧扩展为"肩状"(图 5-1)。大片形吸虫的成虫长 25～75 mm,无明显的双"肩",虫体两侧较平直。虫卵为椭圆形,黄褐色,窄端有不明显的卵盖,卵内充满卵黄细胞和一个卵胚细胞。

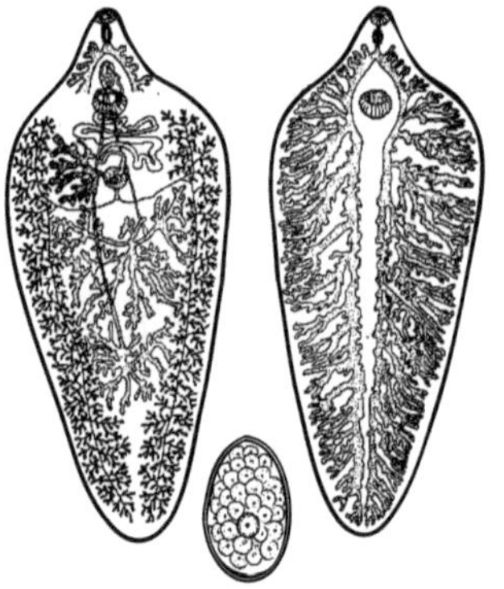
图 5-1 肝片形吸虫

寄生在牛、羊肝脏胆管中的片形吸虫成虫产的卵随胆汁进入肠腔,随粪便排出体外,在适宜的条件下经 10～25 d 孵出毛蚴并游动于水中,遇到适宜的中间宿主—椎实螺(主要是小蜗螺)便钻入其中,经胞蚴、雷蚴,最后发育为尾蚴,尾蚴离开螺体在水生植物或水面下脱尾形成囊蚴。牛、羊在吃草或饮水时吞入囊蚴而遭感染。幼虫穿过肠壁,经肝表面钻入肝内的胆管发育成熟。

本病的发生与中间宿主椎实螺密切相关。多发生在低洼、湖泊、草滩、沼泽地带,夏秋两季(南方包括春季)为主要感染季节,造成肝片吸虫呈地方性流行。

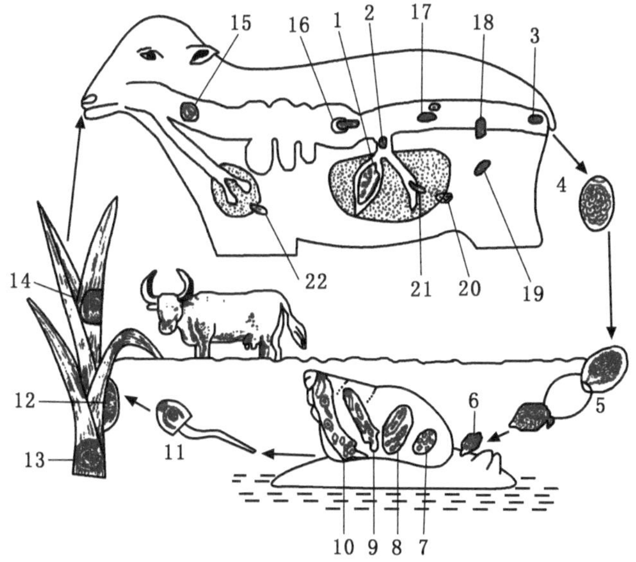


**图 5-2 肝片形吸虫的生活史**

1.成虫寄生在胆管内 2.从胆管排出的虫卵 3.随粪便排出的虫卵 4.虫卵随粪便落入水中 5.毛蚴孵化 6.毛蚴侵入螺体 7.胞蚴 8.母胞蚴内含母雷蚴 9.母雷蚴内含子雷蚴 10.子雷蚴内含尾蚴 11.尾蚴 12.附在水草上的囊蚴 13.囊蚴 14.在水面以上的囊蚴 15.囊蚴被终末

## 二、症状及剖检变化

轻度感染往往无明显症状，感染数量多时(牛 250 条、羊 50 条以上)则可出现症状。但幼畜即使感染虫体很少也呈现症状。急性型多见于羊，由于幼小虫体大量集中侵入而引起腹膜炎和创伤性肝炎，病羊精神沉郁，体温升高，食欲减退，腹胀，偶有腹泻，很快出现贫血，黏膜苍白，严重者多在几天内死亡。最多见的是慢性型，此时虫体已寄居于胆管内，临床上表现为贫血和水肿，食欲不振，消瘦，被毛粗乱，奶牛产奶量显著减少，孕畜流产，病情逐渐恶化。如不进行治疗，最后极度衰弱而死亡。

## 三、诊治

牛、羊在春、夏放牧之后，在正常的饲养管理下，长期消瘦、贫血，反复呈现消化不良，治疗效果不明显，即应考虑是否有寄生虫病。为了确诊，应采取粪便用水洗沉淀法检查虫卵。动物死后剖检时，若在胆管内发现虫体，即可确诊。

## 四、防治

在本病流行地区，应尽量选择在高燥地带建立牧场和放牧。最好一年内进行秋末冬初和冬末春初时期的两次全群预防性驱虫。对病畜应及时驱虫治疗。常用药物有：碘脒柳胺每千克体重 7.5 mg，灌服；三氯苯唑（商品名：肝蛭净）每千克体重 10～12 mg，灌服；溴酚磷（商品名：蛭得净）每千克体重 12 mg，一次口服硝氯酚牛每千克体重 5～8 mg，羊每千克体重 4～6 mg 一次口服；丙硫苯咪唑每千克体重 20 mg。

# 双腔吸虫病

双腔吸虫病是由双腔属的吸虫寄生于牛、羊等反刍动物肝脏内而引起的一种吸虫病。

## 一、病原及生活史

常见的虫种有矛形双腔吸虫和中华双腔吸虫。矛形双腔吸虫体窄长，前端较尖锐，后半部稍宽，成虫大小为(6.67～8.34) mm ×(1.61～2.14) mm，虫体长宽比例为(3～5)：1(平均 4.5：1)。2 个睾丸前后排列或斜列在腹吸盘后方呈团块状，边缘不整齐或分叶。中华双腔吸虫体较扁宽，腹吸盘前方部分呈头锥状，其后两侧呈肩样突起。成虫大小为(3.54～8.96) mm×(2.03～3.09) mm，虫体长宽比例为(1.5～3.1)：1。2 个睾丸并列于腹吸盘之后，呈圆形，边缘不整齐或稍分瓣。虫卵呈深褐色，稍不对称的椭圆形，卵壳厚，一端有盖，卵内毛又呈瓜子形。

病畜肝内成虫排出的虫卵随胆汁进入肠道，随粪便排出体外，被陆地螺吞食后，在其体内经毛蚴、母胞蚴、子胞蚴及尾蚴等发育阶段，成熟尾蚴自螺体逸出后粘在植物上，被蚂蚁吞食后形成囊蚴，牛、羊等吃草时吞食了含囊蚴的蚂蚁而受感染。幼虫由十二指肠经胆总管入胆管内寄生，经 72～85 d 发育为成虫。

本病的分布几乎遍及全世界，多呈地方性流行。在我国主要分布于东北、华北、西北和西南等省和自治区，尤其以西北各省区和内蒙古较为严重。

宿主动物极其广泛，哺乳动物达 20 余种，除牛、羊外，马、骆驼、鹿、兔等家畜和许多野生偶蹄动物均可感染。随动物年龄的增长，其感染率和感染程度也逐渐增加，感染的虫体数可达数千条，甚至上万条。虫卵对外界的抵抗力较强，可越冬。

在温暖潮湿的南方地区，第一、第二中间宿主蜗牛、蚂蚁可全年活动，因此，动物几乎全年都可感染；而在寒冷干燥的北方地区，中间宿主需要冬眠，动物的感染明显具有春秋两季特点，但动物发病多在冬春季节。

## 二、症状及剖检变化

一般感染无临床症状，只有严重感染时才可见到黏膜黄染，逐渐消瘦、水肿和腹泻等症状，最后逐渐衰弱而死亡。

## 三、诊断

根据流行地区资料和明显症状怀疑为寄生虫病时，可取粪便水洗沉淀法检查虫卵。

## 四、防治

应改善放牧环境，消灭陆地螺。但治疗患病牛、羊，消灭病原体是综合防制的关键。主要驱虫药物有：海托林（三氯苯丙酰嗪）羊每千克体重 40～50 mg，牛每千克体重 30～40 mg，口服比喹酮绵羊每千克体重 65～80 mg，口服六氯对二甲苯（血防 846）牛、羊每千克体重 200～400 mg，口服丙硫苯咪唑羊每千克体重 30～40 mg、牛每千克体重 10～15 mg，口服。

# 绦虫病

本病是由裸头科的多种绦虫寄生于绵羊、山羊、黄牛、水牛的小肠所引起的一种寄生虫病。绦虫呈扁平的带状，多为乳白色，大小自数毫米至 10 m 以上。从前至后分为头节、颈节与体节三部分。

## 一、病原及生活史

病原体有莫尼茨属绦虫、曲子宫属绦虫和无卵黄腺属绦虫。莫尼茨绦虫为乳白色，扁平带状，长为 1～6 m。头节呈球形，有 4 个吸盘，体节短而宽，每个成熟的节片里，各有两组生殖器官，生殖孔开口于体节的两侧边缘。曲子宫属绦虫长约 2 m，成熟节片内有一组生殖器官，子宫呈横行直管状，并有很多弯曲的侧支。无卵黄腺属绦虫的节片较狭窄，成熟节片有一组生殖器官。子宫呈袋状，位于节片中央，没有卵黄腺。

这三个属绦虫的发育规律相似。在宿主小肠内的成虫，含有大量虫卵的孕卵节片不断脱落，随粪便排出，孕卵节片崩解后，虫卵随粪散布并污染外界环境。虫卵被某些种类的地螨（无卵黄腺绦虫为长脚跳虫）吞食后，卵中的六钩蚴在中间宿主体内生长发育成具有感染能力的似囊尾蚴。牛、羊等吞食了含有似囊尾蚴的中间宿主后，幼虫吸附在牛、羊的小肠黏膜上，需 40 d 左右，发育为成虫。在牛、羊体内可寄生 2～6 个月。

莫尼茨绦虫为世界性分布，在我国的东北、西北和内蒙古的牧区流行广泛，在华北、华东、中南及西南各地也经常发生。农区不太严重。主要危害 1.5～8 月龄的羔羊和当年生的犊牛；曲子宫绦虫在我国许多省、区均有报道，动物具有年龄免疫性，4～5 月龄以前的羔羊不感染曲子宫绦虫，故多见于 6～8 月龄以上及成年绵羊。当年生的犊牛也很少感染，见于老龄牛；无卵黄腺绦虫主要分布于西北及内蒙古牧区，西南及其他地区也有报道。常见于 6 月龄以上的绵羊和山羊，多发生于秋季与初冬。

## 二、症状及剖检变化

轻度感染时无明显临床症状。严重感染时，幼畜消化不良，便秘，腹泻，慢性鼓气，贫血，消瘦。有的有神经症状，呈现抽搐、痉挛及回旋病样症状。有的由于大量虫体聚集成团，引起肠阻塞、肠套叠、肠扭转，甚至肠破裂。严重病例最后衰竭而死亡。

## 三、诊断

根据流行地区资料，结合临床症状怀疑为寄生虫病时，应在打扫牛、羊圈时注意观察粪表面是否有黄白色孕卵节片（俗称寸白），有者即可确诊。未发现者可取粪便用饱和盐水浮集法检查虫卵，有时可发现呈不正圆形、四角形、三角形的四周隆厚而中部较薄的饼形，直径 56～67 $\mu$m，卵内有特殊的梨形器的虫卵时，便可确诊。

## 四、防治

主要是采取预防性驱虫为主的综合性防治措施。首选药物为丙硫苯咪唑，剂量为每千克体重 5～6 mg，投药后灌服少量清水。驱虫前应禁食 12 h 以上，驱虫后留于圈内 24 h 以上，以免污染牧场。每年春秋应各驱虫一次。也可用吡喹酮（每千克体重 12 mg）或硫双二氯酚（每千克体重 60～80 mg）。

# 脑多头蚴病

脑多头蚴又称脑包虫，是由多头带绦虫的幼虫(脑多头蚴)寄生于羊、牛的脑内而引起的一种绦虫的幼虫病。多见于幼龄绵羊和犊牛。

## 一、病原及生活史

脑多头蚴为乳白色、半透明的囊泡，呈圆形或卵圆形，直径约 5 cm 或更大，其大小取决于寄生的部位、发育程度及动物种类。囊壁由两层膜组成，外膜为角质层，内膜为生发层，其上有许多原头蚴，直径为 2～3 mm，数量约有 100～250 个。囊内充满液体。多头带绦虫呈扁平带状，虫体长 40～100 cm，由 200～250 个节片组成，最大宽度为 5 mm，头节上有 4 个吸盘，顶突上有 22～32 个小钩，排列成两行。孕节的子宫内充满虫卵，子宫侧支为 14～26 对。虫卵的直径为 29～37 μm，内含六钩蚴。

成虫寄生于犬、狼等终末宿主的小肠内，脱落的孕节随粪便排出体外，虫卵逸出，污染饲草、饲料或饮水，牛、羊等中间宿主吞食后，六钩蚴钻入肠壁血管，随血流到达脑和脊髓中。幼虫生长缓慢，感染后 15 d，大小仅 2～3 mm，24～30 d 可生长至 1～1.5 cm，85 d 可生长至 4～7 cm。

感染 1 个月后开始形成头节，进而出现小钩，大约经 3 个月可变为感染性的脑多头蚴。犬、猪吞食了含脑多头蚴的脑脊髓而受感染。原头蚴吸附于肠壁上发育为成熟的绦虫。

脑多头蚴的分布很广，全国各地均有报道。在西北、东北及内蒙古等牧区多呈地方性流行。2 岁前的羔羊多发。牧羊犬是本病的主要传染源。虫卵对外界的抵抗力很强，在自然界中可长时间保持生命力，但在烈日暴晒下很快死亡。全价饲料饲养的羔羊和犊牛，对脑多头蚴的抵抗力增强。

## 二、症状及剖检变化

脑多头蚴的感染初期，由于六钩蚴的移行，机械地刺激和损伤宿主的脑膜和脑实质组织，引起脑炎和脑膜炎。可能表现体温升高，呼吸、脉搏加快，兴奋或沉郁，有前冲、后退和躺卧等神经症状，可于数日内死亡。若能耐过而转为慢性，则病畜精神沉郁，逐渐消瘦，食欲不振，反刍减弱。数月后，随着脑多头蚴包囊的增大，压迫脑而出现典型的症状，若压迫一侧的大脑半球，则常向健侧作转圈运动，所以又叫回旋病；若虫体寄生于脑前部，则可能头下垂，直向前奔或呆立不动，常把头抵在物体上；寄生于枕骨区时，头高举，后腿可能倒地不起，对侧眼失明；寄生于小脑时，患畜易敏感，四肢痉挛。

## 三、诊断

在流行地区，可根据其特殊的临床症状结合流行特点做出初步判断。寄生在大脑表层时，头部触诊可以判定虫体所在部位。有些病例在剖检时才能确诊。

## 四、防治

预防本病，主要是对牧羊犬进行定期驱虫，排出的粪便和虫体应深埋或烧毁。防止犬吃到含脑多头蚴的牛、羊等动物的脑及脊髓。吡喹酮和丙硫苯咪唑对脑多头蚴有较好的治疗效果。对头部前方脑髓表层寄生的虫体，可施行外科手术摘除。

# 胃肠道线虫病

牛、羊等反刍动物的皱胃及肠道内，经常有不同种类和数量的线虫寄生，并可引起不同程度的胃肠炎、消化机能障碍，患畜消瘦、贫血，严重者可造成畜群的大批死亡。

## 一、病原及生活史

**1. 血矛线虫（又称捻转胃虫）** 主要为捻转血矛线虫，寄生于宿主的皱胃及小肠。雄虫长 10～20 mm，雌虫长 18～30 mm，呈细线状。虫体吸血后，易见红色肠管被白色的生殖器官所缠绕的外观。小口囊内的背侧有一矛形小齿。随宿主粪便排出的虫卵污染土壤和草料，在适宜的温、湿度下，经数日发育成感染性幼虫（第三期幼虫）。牛、羊吞食了感染性幼虫后，幼虫在皱胃里经半个多月直接发育为成虫。

**2. 仰口属线虫（又称钩虫）** 常见的有羊仰口线虫和牛仰口线虫，分别寄生在羊和牛的小肠。两种虫体形态相似，虫体前部向背面弯曲，头端口囊较大，口缘有角质切板。羊仰口线虫的雄虫长 12～17 mm，体末端有发达的交合伞，2 根等长的交合刺。雌虫长 19～26 mm。虫卵两端钝圆，胚细胞大而数少，内含暗黑色颗粒。虫卵在潮湿的环境和适宜温度下，可在 4～8 d 内形成幼虫，幼虫从壳内逸出，经 2 次蜕皮，变为感染性幼虫。牛、羊吞食后或幼虫钻进牛、羊皮肤而感染。幼虫在结肠内发育为成虫。

**3. 食道口线虫** 寄生于羊和牛的食道口属的线虫主要有哥伦比亚食道口线

虫、微管食道口线虫、粗纹食道口线虫及辐射食道口线虫。本属线虫的口囊呈小而浅的圆筒形，其外周有一显著的口领，口缘有叶冠。有颈沟，其前部的表皮常膨大形成头囊。颈乳突位于颈沟后方的两侧，有或无侧翼。雄虫长 12～15 mm，交合伞发达，有一对等长的交合刺。雌虫长 16～20 mm，阴门位于肛门前方附近，排卵器发达，呈肾形，虫卵较大。食道口线虫的发育规律似捻转胃虫，但感染性幼虫侵入宿主肠道以后，先钻进肠壁，引起发炎，形成结节。虫体在结节里生长，发育 1 周或更长的时间以后，再返回大肠腔，发育为成虫。

**4. 毛首属线虫(又称鞭虫)** 较常见的有羊毛首线虫，寄生于宿主的大肠(盲肠)内。虫体长 35～80 mm。体前部(占全长的 2/3～4/5)呈细长毛发状，体后部短粗(雄虫的后端变卷，雌虫的后端较直)。虫卵呈长椭圆形，长 70～80 μm，宽 30～40 μm，两端各有塞。雌虫所产的虫卵随粪便排出，在适宜的条件下，经 2～3 周，卵内的胚胎可发育成感染性幼虫。被宿主吞食后，卵内的幼虫在盲肠里经 1 个月左右发育为成虫。

毛圆线虫病在我国西北、内蒙古、东北广大牧区普遍流行，给养羊业带来严重损失。其中以捻转血矛线虫的致病性最强。仰口线虫病在我国各地普遍流行，对牛、羊危害很大，可引起贫血，并可引起死亡。食道口线虫病在我国各地的牛、羊中普遍存在，其中哥伦比亚食道口线虫危害最大，主要是引起肠的结节病变。毛首线虫在我国各地的羊多有寄生，牛较少见，主要危害幼畜，严重时可引起死亡。

## 二、症状及剖检变化

牛、羊消化道内寄生的线虫种类甚多，数量不一，一般呈现慢性、消耗性疾病的症状。病畜被毛粗乱，消瘦，贫血，精神委顿，放牧时离群。严重感染时出现下痢，多黏液，有时混有血液，但毛圆线虫病下痢少见。最后多因极度衰弱而死亡。

## 三、诊断

本病无特征性症状，如果根据流行特点和慢性消耗性症状怀疑为寄生虫病时，应采取粪便检查虫卵来确诊。

## 四、防治

加强饲养管理，建立清洁的饮水点，合理地补充精料和矿物质，增强牛、羊的抵抗力，并有计划地进行分区轮牧。在严重流行地区，每年进行牧后和牧前的全群驱虫。驱虫药可选用左咪唑、丙硫苯咪唑、甲苯咪唑、伊维菌素等，酚嘧啶(羟嘧啶)为驱除毛首线虫的特效药，剂量为每千克体重 2～4 mg。

# 肺线虫病

牛、羊的肺线虫病是由网尾科和原圆科的线虫寄生于牛、羊呼吸器官(气管、支气管、细支气管和肺泡)内而引起的一类线虫病。

## 一、病原及生活史

牛、羊肺线虫病的病原体可分为大、小两种类型。

**1. 大型肺线虫**　寄生在羊体的是丝状网尾线虫,为白丝线状,雄虫长 30～80 mm,雌虫长 50～100 mm,虫卵椭圆形,长 120～130 μm,宽 70～90 μm,卵内含有已发育的幼虫。寄生在牛体的是胎生网尾线虫,外形与前者相似,但虫体较小,雄虫长 40～50 mm,雌虫长 60～80 mm。

寄生于宿主气管、支气管内的网尾线虫的雌虫产出含有幼虫的虫卵,当宿主咳嗽时,被咳到口中咽入胃肠道里,虫卵中的第一期幼虫孵出后,随宿主粪便排出。幼虫在适宜的条件下,经 1 周左右发育成具有感染能力的第二期幼虫。这种幼虫被牛、羊吞食后,沿血液循环经心脏到达肺,从肺的毛细血管中逸出,进入肺泡,再移行到支气管内发育为成虫。

**2. 小型肺线虫**　是属于原圆科各属的一些线虫,多达 50 种以上,虫体纤细,长 20～40 mm,肉眼刚能看见,呈灰色或褐色。

寄生在宿主细支气管和肺泡内的雌虫产卵并孵出幼虫,幼虫移行到口腔,再被吞咽到胃、肠道,随粪便排出。幼虫钻入旱螺和淡水螺体内,经 1～3 个月发育为感染性幼虫。当终末宿主吞食了感染性幼虫或被感染性幼虫所寄生的螺后,幼虫经血液循环到肺脏发育为成虫。

大型肺线虫病发生于我国各地,多见于潮湿地区,呈地方性流行,主要危害羔羊,常可引起大批死亡,对犊牛危害较小。小型肺线虫种类繁多,多系混合寄生,但分布最广、危害最大的为缪勒属和原圆属的线虫,主要危害羊,可造成严重损失。

## 二、症状及剖检变化

共同症状是咳嗽,消瘦,贫血,被毛粗乱无光,严重者喘气,呼吸困难,甚至窒息死亡。咳嗽先是个别牛发生,之后成群发作,牛在驱赶时和夜间休息时咳嗽最为明显,在圈舍附近可听到畜群咳嗽声和拉风箱似的呼吸声。阵发性咳嗽发作时,常常咳出黏液性团块。镜检时团块中有虫卵和幼虫。羊大型肺线虫病还可见到病羊流鼻涕,常干涸于鼻孔周围,形成痂皮,常打喷嚏。

## 三、诊断

根据临床症状，特别是畜群咳嗽，发病的季节和发病率，考虑是否有肺线虫感染的可能。如在粪便、唾液或鼻腔分泌物中发现第一期幼虫，即可确诊。剖检时，在支气管或气管中发现一定数量的虫体和相应的病变时，也可确认为本病。

## 四、防治

加强饲养管理，保持牧场清洁干燥，防止潮湿或积水，可选择久未放牧过的草场培养幼畜，注意饮水卫生，粪便堆肥发酵。流行严重的牧场，由放牧改为舍饲的前后进行 1～2 次驱虫。发现病畜或疑似病畜应立即进行治疗性隔离，治疗可选择左咪唑、丙硫苯咪唑、伊维菌素等驱虫药。但对小型肺线虫，可选用盐酸吐根素治疗，剂量为每千克体重 2～3 mg，间隔 2～3 d 一次，2～3 次为一疗程。

# 牛皮蝇蛆病

皮蝇蛆病是由皮蝇科、皮蝇属昆虫的幼虫寄生于牛的皮下而引起的一类蝇蛆病。本虫在我国西北、东北、内蒙古牧区广为分布，其他地区由流行区引进的牛也有发生。

## 一、病原及生活史

寄生于牛的皮蝇有 2 种，即牛皮蝇和纹皮蝇，成虫较大，体长各 15 mm、13 mm，有足 3 对和翅 1 对，体表被有密绒毛，翅呈淡灰色，外观似蜜蜂。口器退化，不能采食，也不叮咬牛只。虫卵黄白色，发育后的第三期幼虫呈深褐色，长 25～28 mm，外形较粗壮，体分 11 节，无口前钩，体表有很多节和小刺，最后两节腹面无刺。有 2 个后气孔，气门板为漏斗状，色泽随虫体成熟由淡黄、黄褐变为棕褐色。

两种皮蝇的发育规律大致相同，属完全变态，成虫野居，营自由生活，不采食，也不叮咬动物，只是飞翔，交配、产卵，成蝇仅生活 5～6 d，在牛的被毛上产完卵后即死亡。牛皮蝇的虫卵单个黏附在牛毛上，而纹皮蝇的虫卵则成串粘在牛毛上。虫卵经 4～7 d 孵出第一期幼虫，幼虫由毛囊钻入皮下。第二期幼虫沿外围神经的外膜组织移行 2 个月后到椎管硬膜的脂肪组织中，在此停留约 5 个月，尔后从椎间孔爬出，到腰背部皮下(少数到臀部或肩部皮下)成为第三期幼虫，在皮下形成指头大瘤状突起，上有 0.1～0.2 mm 的小孔。第三期幼虫长大成熟后从牛皮中钻出，落地入土化蛹，蛹期 1～2 个月，最后蛹可化为成虫，整个发育期为 1 年。

皮蝇成蝇的出现时间随季节气候不同而略有差异，一般牛皮蝇成虫出现于6～8月，纹皮蝇则出现于4～6月。成蝇一般在晴朗无风的白天侵袭牛只，在牛毛上产卵。

## 二、症状及剖检变化

成虫虽不叮咬牛，但雌蝇飞翔产卵时可引起牛只不安，踢蹴，恐惧而使正常的生活和采食受到影响，日久牛只变为消瘦，有时牛只出现“发狂”症状，偶尔跌伤或孕畜流产。

幼虫钻入皮肤，引起皮肤痛痒，精神不安，幼虫在体内移行，造成移行部组织损伤，特别是第三期幼虫在背部皮下时，引起局部结缔组织增生和皮下蜂窝织炎，有时继发感染可化脓形成瘘管，直到幼虫钻出，才始愈合。皮蝇幼虫的毒素，可引起贫血。患畜消瘦，肉质降低，乳畜产乳量下降，背部幼虫寄生处留有斑痕，影响皮革价值。个别患畜幼虫误入延髓或大脑脚寄生，可引起神经症状，甚至造成死亡，偶尔可见幼虫引起的变态反应。

## 三、诊断

幼虫出现于背部皮下时，易于诊断，最初在牛背部皮肤上可触诊到隆起，上有小孔，隆起内含幼虫，用力挤压出虫体，即可确诊。流行病学资料，亦有重要的参考价值。

## 四、防治

消灭幼虫可用药物或机械方法，采用手指挤压或向肿胀部及小孔内涂擦或注入2%敌百虫、4%蝇毒磷、皮蝇磷等药物，以杀灭幼虫，防止幼虫落地化蛹。皮下注射伊维菌素(每千克体重0.2 mg)，有良好的治疗效果，若能每年定期坚持下去，就可减少当年成虫的数量，逐步根除本病。

# 羊狂蝇蛆病

羊狂蝇又称羊鼻蝇，它的幼虫寄生于羊的鼻腔或其附近的腔窦中，引起慢性鼻炎。我国西北、华北、内蒙古、东北地区较为常见，流行严重地区感染羊可高达80%。

## 一、病原及生活史

羊狂蝇成虫体长10～12 mm，淡灰色，略带金属光泽，形状似蜜蜂，头大呈黄色，体表密生短细毛，有黑斑纹，翅透明，口器退化。幼虫体长由 1 mm 逐步生长，发育成第三期幼虫时，长达 28～30 mm，背面隆起，腹面扁平，前端尖，有 2 个口前钩，虫体背面无刺，成熟后各节上具有深褐色带斑，腹面各节前缘具有小刺数列，虫体后端平齐，凹入处有 2 个“D”形气门板，中央有钮孔。成虫野居，不采食，交配后，雄蝇死亡，

雌蝇生活至体内幼虫形成后，冲向羊鼻产出幼虫（一次产幼虫 20～40 只），每只雌虫数天内可产幼虫 500～600 只。幼虫迅即爬入鼻腔，在其中蜕化 2 次，变为第三期幼虫，再逐渐移向鼻孔，随羊打喷嚏时，幼虫被喷出，落地入土化蛹，蛹期 1～2 个月，最后从蛹中羽化为成虫。

羊狂蝇蛆主要寄生于绵羊，间或寄生于山羊。羊狂蝇成虫出现于每年 5～9 月，一般在晴朗无风的天气侵袭羊只。幼虫一般寄生 9～10 个月，到第二年春天发育为第三期幼虫，所以本病流行特点是夏季感染春季发病。

## 二、症状及剖检变化

成虫在侵袭羊群产幼虫时，羊只不安，互相拥挤，频频摇头，喷鼻，或以鼻孔抵于地面，或以头部埋于另一羊的腹下或腿间，严重扰乱羊的正常生活和采食，使羊生长发育不良，消瘦。

当幼虫在羊鼻腔内固着或移动时，以口前钩和体表小刺机械地刺激和损伤鼻黏膜，引起黏膜发炎和肿胀，鼻腔流出浆液性或脓性鼻液，干涸后形成鼻痂，并使鼻孔堵塞，呼吸困难，患羊表现为打喷嚏，摇头，甩鼻子，磨牙，磨鼻，眼睛浮肿，流泪，食欲减退，日益消瘦，数日后症状逐渐减轻，但发育到第三期幼虫时，虫体增大、变硬，并逐步向鼻孔移动，症状又有所加剧。少数第一期幼虫可移行入鼻窦，致鼻窦发炎，甚或累及脑膜，患羊表现运动失调，做旋转运动。

## 三、诊断

根据症状和流行特点，可初诊为本病，为了早期确诊，可用药液喷入羊鼻腔，收集用药后的鼻腔喷出物，发现死亡的幼虫，即可确诊。

## 四、防治

本病流行严重的地区，应重点消灭幼虫，每年夏、秋季节，应定期用 1%敌百虫喷擦羊的鼻孔，伊维菌素按每千克体重 0.2 mg，配成 0.1%溶液皮下注射；氯氰柳胺按每千克体重 5 mg 口服或每千克体重 25 mg，皮下注射，可杀死各期幼虫。

**案例分析**

2009年，某市一养羊户饲养120只羊，于2月下旬发现，有的羊只离群，吃草少，行动笨拙或垂头呆立，有的颈部弯向一侧、转圈，有的突然前冲或后退，步态不稳，且易跌倒，碰到障碍物时，将头抵在物体上呆立不动，眼睛对光或物反应迟钝，严重者双目失明。病羊精神沉郁，易惊，消瘦，卧地不起，最后死亡。自用青霉素等抗生素治疗无效。带病死羊前来兽医站就诊时，已发病6只，死亡2只。

## 一、诊断

(1)根据临床症状，问诊情况，此羊群为放牧饲养。临床检查时，有的病羊寄生虫寄生部位头骨变软、变薄，皮肤稍隆起，患病羊表现疼痛。

(2)根据剖检变化，脑内发现2枚鸡蛋大小的囊泡，囊内充满透明的液体，内膜上有许多白色的点状头节。

初步诊断为羊多头蚴寄生虫病。

## 二、治疗

(1)用吡喹酮治疗，按100～150 mg/千克(体重)内服，连用5 d，有1头羊好转，其他羊的症状无改变，决定手术治疗。

(2)手术方法取出虫体，有2只羊的虫体位于脑的浅层部位，治疗过程很顺利，另外1只羊虫体在脑内的位置较深，在取出过程中失败。

## 三、预防

本病的重点在预防，积极向畜主宣传预防知识。

(1)做好犬的管理与驱虫，定期驱虫，禁止犬在羊舍、饲料库及饮水附近饲养或出入，防止饲料和饮水被犬粪污染。

(2)搞好牧场的灭蝇工作。

(3)加强屠宰产品的检验。对患病器官要销毁或作无害化处理，禁止任意抛弃或喂犬。

**复习思考题**

1. 牛巴贝斯虫病的危害有哪些？如何进行预防？
2. 牛羊是如何患上片形吸虫病的？如何进行防制？
3. 羊脑多头蚴病的主要危害是什么？如何进行预防？

4. 如何进行胃肠道线虫病的防治？
5. 牛皮蝇蛆病对牛的主要危害有哪些？
6. 羊狂蝇蛆病的防治措施有哪些？

# 任务一　结核病的检疫

## 一、内容

牛分枝杆菌提纯结核菌素(PPD)皮内变态反应试验。

## 二、目标

掌握牛结核菌素变态反应的检验方法。

## 三、材料

提纯结核菌素(PPD)、酒精棉、卡尺、1～2.5 mL 注射器、针头、工作服、帽、口罩、胶鞋、记录表、线手套等。如为冻干结核菌素，还需准备稀释用注射用水或灭菌的生理盐水，带胶塞的灭菌小瓶。

## 四、方法与步骤

用结核分枝杆菌 PPD 进行皮内变态反应试验对活畜结核病是很有用的。出生后 20 d 的牛可用本试验进行检疫。

**1. 注射部位**　一般在颈侧中部上 1/3 处，3 个月以内的犊牛，也可在肩胛部进行。

**2. 术前处理**　将牛只编号后，在术部剪毛(或提前一天剃毛)，直径约 10 cm，用卡尺测量术部中央皮皱厚度，做好记录。如术部有变化时，应另选部位或在对侧进行。

**3. 注射剂量**　不论牛只大小，一律皮内注射 1 万 IU。即将牛型提纯结核菌素稀释成每毫升含 10 万 IU 后，皮内注射 0.1 mL。如用 2.5 mL 注射器，应再加等量注射用水皮内注射 0.2 mL。冻干提纯结核菌素稀释后应当天用完。

**4. 注射方法**　先以 70%酒精消毒术部，然后皮内注入定量的牛型提纯结核菌素，注射后局部应出现小泡，如注射有疑问时，应另选 15 cm 以外的部位或对侧重作。

**5. 观察反应** 皮内注射后经 72 h 判定，仔细观察局部有无热痛、肿胀等炎性反应，并以卡尺测量皮皱厚度，作好详细记录。对疑似反应牛应即在另一侧以同一批菌素同一剂量进行第二回皮内注射，再经 72 h 后观察反应。

如有可能，对阴性和疑似反应牛，于注射后 96 h、120 h 再分别观察一次，以防个别牛出现较迟的迟发型变态反应。

**6. 结果判定**

(1)阳性反应。局部有明显的炎性反应。皮厚差等于或大于 4 mm 以上者，其记录符号为(+)。对进出口牛的检疫，凡皮厚差大于 2 mm 者，均判为阳性。

(2)疑似反应。局部炎性反应不明显，皮厚差在 2.1～3.9 mm 间，其记录符号为(±)。

(3)阴性反应。无炎性反应。皮厚差在 2 mm 以下，其记录符号为(－)。

凡判定为疑似反应的牛只，于第一次检疫 30 d 后进行复检，其结果仍为可疑反应时，经 30～45 d 后再复检，如仍为疑似反应，应判为阳性。

## 五、报告

按训练课的实际情况记录牛结核病检疫的方法步骤、检疫结果，并作出最后判定，写出报告。

# 任务二　布鲁氏菌病的检疫

## 一、内容

凝集试验；变态反应。

## 二、目标

掌握布鲁氏菌病的检疫方法及判定标准。

## 三、材料

清洁灭菌小试管(试管口径为 1 cm)、试管架、0.5 mL 吸管、1 mL 吸管、10 mL 吸管、布鲁氏菌试管凝集抗原、平板凝集抗原(使用时用 0.5%石炭酸生理盐水做 1∶2 稀释)、琥红平板凝集抗原、布鲁氏菌水解素、全乳环状反应抗原、标准阳性血清和阴性血清。

## 四、方法与步骤

**1. 被检血清的制备**　牛、羊由颈静脉，猪于耳静脉或断尾采血。局部剪毛消毒后，以无菌操作采取血液 5～8 mL，盛于灭菌试管中，并立即摆成斜面使之凝固（冬季置于温暖处，夏季置于阴凉处），凝固后即可送实验室，或等 10～12 h 血清析出后，用毛细吸管或微量移液器吸取血清于灭菌的小瓶内。封存置冰箱中备用，并标明血清号及动物号。

**2. 被检血清稀释度**　一般情况，牛、马和骆驼用 1∶50、1∶100、1∶200 和 1∶400 四个稀释度；猪、山羊、绵羊和犬用 1∶25、1∶50、1∶100 和 1∶200 四个稀释度。大规模检疫时也可用两个稀释度，即牛、马和骆驼用 1∶50 和 1∶100；猪、羊、犬用 1∶25 和 1∶50。

**3. 凝集试验**

(1)试管凝集试验。

①操作方法：取洁净小试管 6 支，放于试管架上，标明血清号及试管号，按表 5-1 进行操作。

**表 5-1　牛试管凝集试验操作方法**

| 试管号 | 1 | 2 | 3 | 4 | 5 | 6 | 7 | 8 |
|---|---|---|---|---|---|---|---|---|
| 稀释倍数 | 1∶12.5 | 1∶25 | 1∶50 | 1∶100 | 1∶200 | 抗原对照 | 阳性对照 | 阴性对照 |
| 0.5%石炭酸生理盐水/mL | 2.3 | 0.5 | 0.5 | 0.5 | 0.5 | 0.5 | 1∶25 | 1∶25 |
| 被检血清/mL | 0.2 → | 0.5 → | 0.5 → | 0.5 → | 0.5 → | — | 阳性血清 | 阴性血清 |
| | 弃 1.5 | | | | | 弃 0.5 | 0.5 | 0.5 |
| 抗原(1∶20)/mL | 0.5 | 0.5 | 0.5 | 0.5 | 0.5 | 0.5 | 0.5 | 0.5 |

按上表加完充分振荡后，置 37℃温箱中 24 h，取出静止 15～20 min 观察判定结果。另一快速简易方法是按上表加完振荡后，置 37.5℃水浴 1 h(水面不得高出试管的 2/3)，再静置室温 2 h，观察判定。两者判定方法相同。检疫羊布病时稀释液用 10%氯化钠溶液。

②反应强度及判定标准：

＋＋＋＋：抗原 100%被凝集下沉，液体完全透明，管底有极显著的伞状沉淀物，振荡时沉淀物破碎浮起，似薄膜絮片或小粒；

＋＋＋：抗原 75%被凝集下沉，液体悬浮 25%的抗原而稍混浊，沉淀物情况同上；

＋＋：抗原 50%被凝集下沉，液体悬浮 50%抗原而呈半透明，管底有中等量伞状沉淀物，振荡易碎呈块状或粒状；

＋：抗原有25%被凝集下沉，液体悬浮75%抗原而混浊，管底有微量的沉淀物；

－：抗原完全不凝集，液体不透明，细菌可能沉于管底，但振荡时呈均匀混浊状态；

出现50%以上凝集（即＋＋）的最高被检血清稀释倍数为被检血清的凝集价。因此，可制备一支50%比浊管作为标准对照。制法是用1∶20抗原0.25 mL，稀释液0.75 mL充混匀即成。

牛、马和骆驼血清凝集价在1∶100或以上，绵羊、山羊和猪在1∶50以上判为阳性；牛、马和骆驼血清凝集价在1∶50，绵羊、山羊和猪在1∶25判为可疑。

可疑反应的家畜，经过3～4周重新采血检查一次，牛、羊重检时仍为可疑，判为阳性。猪和马重检时仍为可疑，但该场中未出现阳性反应及无临诊症状的家畜，判为阴性。

(2)平板凝集反应。

①操作方法(见表5-2)：取洁净无油脂光滑的玻璃一片，用蜡笔划分为4 $cm^2$左右的5个小格，第一格写血清号码，用0.2mL刻度吸管将血清以0.08 mL、0.04 mL、0.02 mL、0.01 mL的剂量，依次分别加入每排4个小格中，吸管必须稍抖并接触玻板。然后在每格血清上垂直滴加抗原0.03 mL(如为自制滴管，必须事先测定准确)；然后用牙签或火柴将血清和抗原混合均匀。一份血清用一根牙签，以0.01 mL、0.02 mL、0.04 mL及0.08 mL的顺序混合搅拌混匀后，并于酒精灯上稍稍加热(加热时防止温度过高，尤其应注意被检液干涸或玻板破损)，5～8 min内记录反应结果。

**表5-2　玻片凝集反应操作方法**

| 液滴序号 | 1 | 2 | 3 | 4 |
|---|---|---|---|---|
| 被检血清/mL | 0.08 | 0.04 | 0.02 | 0.01 |
| 玻板抗原/mL | 0.03 | 0.03 | 0.03 | 0.03 |
| 相当于试管反应的效价 | 1∶25 | 1∶50 | 1∶100 | 1∶200 |

平板凝集试验的血清量0.08 mL、0.04 mL、0.02 mL和0.01 mL，加入抗原后，其效价相当于试管凝集价的1∶25、1∶50、1∶100和1∶200，每批次平板凝集试验必须以阴、阳性血清对照。

②判定标准：

＋＋＋＋：液体完全透明，出现大的凝集片或小颗粒状，即100%凝集；

＋＋＋：液体几乎完全透明，有明显的凝集片，即75％凝集；

＋＋：液体不甚透明，有可见的凝集片，即50％凝集；

＋：液体混浊，仅仅可以看见颗粒物，即25％凝集；

－：液体均匀混浊，无凝集现象。

本法和试管凝集反应一样，确定凝集价时，按出现“＋＋”号以上凝集现象为准，大家畜（牛、骆驼）血清凝集价1∶100以上为阳性反应，1∶50为疑似反应；中小家畜（猪、山羊、绵羊、犬）血清在1∶50以上为阳性，1∶25为可疑反应。

（3）琥红平板凝集试验。这种试验是快速玻片凝集反应，抗原是布氏杆菌加琥红制成，它可与试管凝集及补体结合反应效果相比，且在犊牛菌苗接种后不久，以此抗原做试验就呈现阴性反应，对区别菌苗接种与动物感染有帮助。

①操作方法：被检血清和布氏杆菌琥红平板凝集抗原各0.03 mL滴于玻璃板的方格内，每份血清各用一支火柴棒混合均匀。在室温（20℃）4～10 min内记录反应结果。同时以阳、阴性血清作对照。取一块洁净的玻璃板，划成4 $cm^2$的若干小格，于每一小格内加一份被检血清0.03 mL，然后在每份血清中加入琥红平板凝集抗原0.03 mL。使抗原和血清混合均匀。于4 min内判定结果。

②反应强度及判定标准：

＋＋＋＋：凝集块呈菌丛状，凝集块间液体明显清亮；

＋＋＋：凝集反应较强，凝集块间液体基本清亮；

＋＋：形成较明显卷边，凝集块液体稍清亮；

＋：稍能查到凝集，稍有卷边形成，凝集物间液体呈红色；

－：无凝集，呈均匀粉红色。

凡出现“＋”以上反应者均为阳性。完全不凝集的判为阴性，无可疑反应。

**4. 变态反应试验**

本试验是用不同类型的抗原进行布鲁氏菌病诊断的方法之一。布鲁氏菌水解素即变态反应试验的一种抗原，这种抗原专供绵羊和山羊检查布鲁氏菌病之用。按《羊布鲁氏菌病变态反应技术操作规程及判定标准》进行。

（1）操作方法。使用细针头，将水解素注射于绵羊或山羊的尾褶襞部或肘关节无毛处的皮内，注射剂量0.2 mL。注射前应将注射部位用酒精棉消毒。如注射正确，在注射部形成绿豆大小的硬包。注射一只羊后，针头应用酒精棉消毒，然后再注射另一只。

（2）结果判定。注射后24 h和48 h各观察反应一次（肉眼观察和触诊检查）。若两次观察反应结果不符时，以反应最强的一次作为判定的依据。判定标准是：

阳性反应（＋）：注射部位有明显不同程度肿胀和发红（硬肿或水肿），不用触诊，凭肉眼即可察觉者；

疑似反应（±）：肿胀程度不明显，而触诊注射部位，常需与另一侧皱褶相比较才能察觉者；

阴性反应（－）：注射部位无任何变化。

阳性牲畜，应立即移入阳性畜群进行隔离，可疑牲畜必须于注射后 30 d 进行第二次复检，如仍为疑似反应，则按阳性牲畜处理，如为阴性则视为健畜。

## 五、报告

根据训练课的实际情况记录检疫方法步骤，判定结果。

# 任务三　蓝舌病琼脂扩散试验

## 一、内容

蓝舌病；琼脂扩散试验。

## 二、目标

掌握蓝舌病琼脂扩散试验方法及判定标准。

## 三、材料

标准阳性血清、待检血清、抗原，精制琼脂粉、生理盐水、载玻片、湿盒、吸管、模具、打孔器和挑针、滴管、温箱（25℃）、三角烧杯、玻璃搅拌、微量加样器、其他常用器材等。

## 四、方法与步骤

**1. 琼脂玻板的制备**

将溶化的 1%琼脂用滴管加玻板上，使之能将表面覆盖即可，放于温箱内干燥（或自然干燥），即可用以制备凝胶板。

**2. 凝胶板的制备**

溶化琼脂糖，在水平桌上将溶化的琼脂糖倒在预复琼脂玻板上，制成厚度约 3～4 mm 厚的琼脂糖凝胶板，待冷却后根据所需形状打孔（注意不宜在室温下放置过久，尽量缩短操作时间，以免干燥）。

**3. 加样**　采用六角形打孔法在琼脂板上打孔，孔径 4 mm，孔距 3 mm，中心孔滴加抗原，周边孔每隔1孔加1份被检血清，空下的周边孔内滴加标准阳性血清，加样完毕，静置10 min，放20～22℃水浴或放入湿盒置37℃。

## 五、判定

分别在24、48、72 h后观察并记录结果。判定标准阳性血清与抗原孔之间出现一条清晰的白色沉淀线，试验方成立。

阳性(＋＋＋)：被检血清与抗原之间出现明显清晰白色沉淀线，并与标准阳性血清的沉淀线相接。

疑似反应(±)：抗原与标准阳性血清之间的沉淀线端部向被检血清孔的内侧弯曲，而被检血清孔与抗原之间不形成完整的沉淀线，判为弱阳性。出现弱阳性反应时，应重复检验，若仍为弱阳性反应，判为阳性。

阴性反应(－)：被检血清孔与抗原孔之间无沉淀线，标准阳性血清与抗原孔间沉淀线直伸延到被检血清孔边缘，无弯曲。抗原孔与被检血清孔之间沉淀线粗而混浊，或与标准阳性血清和抗原之间的沉淀线交叉并直伸待检血清孔边缘，则为非特异性反应，应重试，若仍出现非特异性反应，判为阴性。

# 任务四　牛羊寄生性昆虫形态观察

## 一、内容

(1)观察牛皮蝇、羊狂蝇的形态特征。

(2)观察牛皮蝇蛆、羊狂蝇蛆第3期幼虫的形态特征。

(3)通过不同虫期的观察，掌握其联系，了解其生活史。

## 二、目标

(1)掌握牛皮蝇、羊狂蝇成虫形态特征，并且能够把牛皮蝇、羊狂蝇与其他蝇类区分开来。

(2)掌握牛皮蝇蛆、羊狂蝇蛆第3期幼虫的形态特征，并且能够捕捉并消灭第3期幼虫。

## 三、材料

(1)标本。牛皮蝇、羊狂蝇成虫的针插标本及第三期幼虫的浸渍标本；感染牛皮蝇蛆病、羊狂蝇蛆病的病理标本。

(2)形态构造图。牛皮蝇、羊狂蝇各阶段虫体构造模式图。

(3)仪器设备。生物显微镜、立体显微镜、放大镜、解剖针、平皿、尺子。

## 四、步骤与方法

**1. 学生操作**

(1)昆虫观察。在放大镜或实体显微镜下观察其形态特征,并观察其形态构造的特点。

(2)蝇蛆观察。取各种蝇蛆浸渍标本,在放大镜或立体显微镜下对比观察其形态特征。

(3)观察牛皮蝇蛆病、羊狂蝇蛆病的病理标本,认识其主要病理变化。

**2. 示教讲解**

教师用显微镜投影仪或多媒体投影仪,讲解牛皮蝇、羊狂蝇成虫的一般形态特征;牛皮蝇蛆、羊鼻蝇蛆第 3 期幼虫的形态特征和鉴别特点。

## 五、报告

1. 绘出牛皮蝇、羊狂蝇成虫及第 3 期幼虫图谱。

2. 写出牛皮蝇、羊狂蝇的生活史。

# 项目六　其他动物的主要疫病防治

◈**知识目标：**

● 掌握犬瘟热、犬传染性肝炎、犬细小病毒病、犬副流感、兔病毒性出血症的症状、病理变化及防制措施。

● 了解犬轮状病毒感染、兔巴氏杆菌病、犬焦虫病、犬球虫病防制情况。

◈**技能目标：**

● 学会犬钩端螺旋体病、兔球虫病临床诊断方法。

● 熟练掌握犬瘟热、犬传染性肝炎、犬心丝虫病、犬细小病毒病、兔病毒性出血症的临床及实验室快速诊断方法。

## 子项目一　细菌性疫病的防治

### 马破伤风

破伤风又称强直症，是由破伤风梭菌经伤口感染而引起的一种急性传染病。临诊表现以全身骨骼肌或某些肌群呈现持续性强直性痉挛和对外界刺激反应性增高为特征。

#### 一、症状及剖检变化

潜伏期1～2周，长的可达40 d以上。

**(1)马**　主要症状为肌肉强直性痉挛。首先发生于头颈部，渐渐四肢强直。病马开口困难，采食和咀嚼障碍，重的牙关紧闭，吞咽困难，流涎。两耳竖立，不能活动。眼凝视，瞬膜突出。头颈伸直，不能转动。背腰僵硬，肚腹卷缩，尾根高举，四肢强直，张开站立，状如木马。病马对光线、响声等刺激的反应极其敏感，表现惊不安，大量出汗。呼吸浅表，增快，心悸亢进，排粪迟滞，粪球干硬。体温升高达42℃

以上，如能耐过10 d以上，又无并发症，则有治愈希望。死亡由窒息和心脏停搏所致。

**(2)猪** 多由阉割感染，其主要症状为四肢强直，牙关紧闭，重症重发生全身性痉挛，角弓反张，不能起立，呼吸浅而快，心跳急速。对外界刺激兴奋性增强。

破伤风主要侵害神经系统，无特征性剖检变化。

## 二、病原及流行特点

破伤风梭菌为革兰氏染色阳性厌氧菌，具有周身鞭毛，能运动，无荚膜，形成芽孢，位于菌体顶端、形似鼓槌。能产生毒性极强的外毒素，即痉挛毒素、溶血毒素和非痉挛性毒素三种。芽孢的抵抗力极强，煮沸1～3 h，10%碘酊10 min，才能杀死。对干燥抵抗力特别强，在干燥的条件下经十多年仍有生活力。

破伤风梭菌对各种家畜均有易感生，其中单蹄最易感，猪、羊、牛次之，该菌人亦敏感，禽不感染。家畜经创伤感染破伤风梭菌以后，如果创内具备缺氧条件，如创口狭小而深或与需氧菌混合感染等，破伤风梭菌才能发育，产生毒素，引起发病。破伤风感染创伤有钉伤、刺伤、脐带伤、阉割伤、鞍伤等。本病以散发形式出现，环境卫生不良，春秋两季雨量较多时，易于发病。

## 三、诊断

根据特征性的临床症状可确诊。当经过较慢病程的轻症病例，应注意与急性肌肉风湿、马钱子中毒、脑炎及狂犬病等相鉴别。

当临诊不能确诊时，将可疑病料(如创伤分泌物或坏死组织)培养于肝片肉汤中，经4～7 d后滤过，用滤液接种小鼠，也可直接将病料作成乳剂，注射于小鼠尾根部，一般经2～3 d后可表现症状。

## 四、防治

早发现、早治疗，加强护理及综合治疗措施是提高治愈率、减少损失的关键。

**1. 预防** 预防本病首先要防止家畜发生外伤，对家畜阉割或进行外科手术时，应严格消毒，以防污染，最好注射预防量抗破伤风血清。破伤风类毒素是预防本病的有产生物制剂，发病较多的地区，每年定期注射破伤风类毒素。大家畜皮下注射1 mL，注射后1个月产生免疫力，免疫期为1年，第二年再注射1 mL免疫力可持续4年。

**2. 治疗** 应采取综合措施，即加强护理、创伤处理和药物治疗三个方面。

①加强护理：精心护理对破伤风病程有很大影响，应将病畜置于光线较暗、通

风良好、清洁干燥的畜舍中。务使病畜保持安静，避免音响刺激，以减少痉挛发生的次数。给予充足饮水和易消化的饲料。牙关紧闭不能采食时，可用胃管给予小米粥等半流动性食物。对恢复期的病畜如口腔已经张开时，饲料要少给勤添，防止过食；背腰及四肢强拘症状已有减轻的病畜，应每天牵遛，以促使早期恢复肌肉机能。

②创伤处理：必须对感染创伤进行有效防腐消毒处理，彻底排除脓汁、异物、坏死组织及痂皮等，并用消毒液（3％过氧化氢，2％高锰酸钾或5％碘酊）消毒创面，以清除生产破伤风毒素的源泉。

③药物治疗：抗破伤风血清。大家畜10万～30万IU，猪、羊5 000～20 000 IU。皮下或静脉注射；20％乌洛托品大家畜100 mL，静脉注射，每天1次；25％硫酸镁普鲁卡因100 mL，分点注射；氯丙嗪 大家畜300～500 mg，深部肌肉注射；青霉素100万IU，肌肉注射，连用3～5 d。

以上药品，可根据病情反复应用。当病畜出现酸中毒时，加用5％的碳酸氢钠500 mL，静脉注射。牙关紧闭，开口困难时，可用3％普鲁卡因10 mL和0.1％肾上腺素0.6～0.1 mL混合，注入咬肌。并配用强心药。病畜不能采食时，静脉注射25％～30％葡萄糖生理盐水500 mL，每日2次。此外，还可结合中药治疗，效果更好。

# 兔梭菌性下痢

兔梭菌性下痢是由A型魏氏梭菌及其毒素引起的兔的一种以泻下大量水样粪便和脱水死亡为主要特征的疾病。我国于1979年首先在江苏省昆山种兔场发现本病，至今全国已经有20多个省、市和自治区确诊了本病。

## 一、临床症状

除少数病例突然发病死亡看不到任何症状外，下痢是本病的特征性临床症状。病兔初期排灰褐色软便，随后出现水泻。粪便黄绿、黑褐或腐油色，水样或呈胶冻样，有特殊的臭味儿，污染臀部及后腿。病兔一般体温偏低，委顿、拒食、消瘦、脱水，大多于出现水泻的当天或次日死亡，少数病程可达1周甚至1个月，最终死亡。

## 二、剖检变化

死亡兔尸体肛门及后肢关节下端被毛污染粪便。剖开腹部有特殊臭味儿。胃内充满饲料，胃底黏膜脱落，有出血或黑色溃疡点。小肠和盲肠充满气体。小肠卡他性炎症，肠壁菲薄透明。盲结肠内容物稀薄呈黑绿色，具腐败味，肠黏膜弥漫性充血或出血。肝质脆。脾深褐色。膀胱有茶色尿液。

## 三、病原及流行特点

引起兔梭菌性下痢的病原属于梭状芽孢杆菌属中的 A 型魏氏梭菌，革兰氏染色阳性，有荚膜，能形成芽孢，一般为单个或成双存在。

各品种的兔均具有易感性，但毛用兔高于肉用兔，尤以纯种长毛兔和獭兔易感性最强。各种年龄兔都易感，但以 1～3 月龄的仔兔发病率最高。一年四季都可发生，冬春季节青饲料缺乏时更易发病。消化道是本病的主要传染途径。A 型魏氏梭菌的芽孢广泛分布于土壤、粪便、污水及劣质面粉中，经消化道和伤口进入机体。在饲养管理不当、突然更换饲料、气温骤变、长途运输等应激条件下，易导致本病的暴发。

## 四、诊断

根据临诊症状和病理变化的特征，可作出初步诊断。确诊需作流行病学调查及微生物学诊断或血清学试验。

**1. 微生物学诊断**

(1)检查病原：取空肠内容物或其黏膜刮下物做涂片，或取肝、脾、肾抹片，革兰氏染色，镜下可见大量革兰氏阳性大杆菌，单在或成双，有荚膜；取肠内容物加热 80℃，10 min，上清液接种于厌氧肉肝汤，37℃培养 20～24 h，可见到特征性产气；取肝、脾或心血划线接种血平板，厌氧培养 24 h，可见到典型的双重溶血环的菌落，经过生化试验和标准血清定型即可确诊。

(2)检查毒素：取大肠内容物用生理盐水 1∶3 稀释，3 000 r/min 离心 10 min，上清液除菌过滤，滤液腹腔注射体重 16～20 g 的小鼠数只，剂量 0.1～0.5 mL，均在 24 h 内死亡，证明肠内容物中有外毒素存在，进一步做毒素中和试验，确定毒素的类型。

**2. 血清学诊断** 对流免疫电泳、间接血凝试验以及 SPA 介导酶联免疫吸附试验等方法都可在必要的时候选用，以确诊本病。

## 五、防治

加强平时管理，减少应激因素对兔的刺激。做好兽医防疫工作可减少本病的发生。有病史的兔场可用 A 型魏氏梭菌甲醛氢氧化铝灭活苗，肌肉注射二次，间隔一周。剂量为成兔 2 mL，青年兔 1.5 mL，仔兔 1 mL。第二次注苗后 1～2 周产生免疫力,免疫期6个月。

病兔尽早应用抗血清(剂量5～10 mL每天1～2次,连用2 d)、配合抗菌药物、收敛药物和补液治疗,可收到较好的疗效。

# 兔巴氏杆菌病

兔巴氏杆菌病(又称兔出血性败血症)是由多杀性巴氏杆菌引起的一种急性、热性、败血性传染病。临床上以出现鼻炎、地方流行性肺炎、全身性败血症、中耳炎、结膜炎、子宫积脓和睾丸炎等特征。

## 一、症状及剖检变化

本病的潜伏期常为几小时至几天,根据病程长短和临床症状的不同可分为以下几种:

**1. 鼻炎型** 此型比较常见,其病程可长达数月或更长,以浆液性、黏液性、黏液脓性鼻液为特征。鼻黏膜潮红、肿胀或增厚,有时发生糜烂,鼻腔和副鼻窦内有多量分泌物。由于病兔抓擦鼻部可将病菌带到眼内、耳内或皮下,引起结膜炎、角膜炎、中耳炎、皮下脓肿、乳腺炎等并发症,最终衰竭而亡。

**2. 地方流行性肺炎型** 常表现为急性经过,自然发病时,很少见到肺炎的临床症状。通常头一天很健康的家兔,第二天就死于笼中。病初常见食欲不振、精神沉郁、体温较高,有时还出现腹泻、关节肿胀等症状,最终以败血症告终。剖检常见急性纤维素性肺炎和胸膜炎变化。

**3. 败血症型** 多呈急性经过,常在1～3 d发生死亡,病兔精神沉郁、食欲废绝、呼吸急促、体温升至40℃以上,流浆液性或脓性鼻液,有时出现下痢、全身震颤、四肢抽搐,有时病兔无明显症状而突然死亡,该型与鼻炎型和肺炎型联合发生的最为常见。剖检可见病兔鼻腔黏膜充血,鼻腔内有许多黏性、脓性分泌物,喉头、气管黏膜充血、出血、水肿。心内、外膜有出血斑点,肝大、淤血,并有许多坏死小点,肠黏膜充血、出血,脾和淋巴结肿大、出血,胸、腹腔有较多淡黄色液体,有的病例肺出现脓肿,胸腔、腹腔的肋膜和肺上常有乳白色纤维素附着。

**4. 中耳炎型** 又称斜颈病。单纯的中耳炎常不出现临床症状,但当病变蔓延至内耳及脑部,病兔即出现斜颈症,严重的病例兔向头颈倾斜的一侧翻滚,直到抵到围栏为止,感染扩散到脑膜和脑组织则可出现运动失调和其他神经症状,可造成化脓性脑膜炎。

**5. 结膜炎型** 幼兔和成年兔均可发病,以幼兔发病率较高。病兔眼睑中度肿胀、结膜发红、有多量分泌物，常将眼睑粘连，炎症转为慢性后，红肿消退，常出现流泪经久不止。

**6. 其他病型** 生殖器官感染主要表现为母兔子宫炎和子宫积脓，公兔的睾丸炎和附睾炎。脓肿可发生于皮下和任何内脏器官。

## 二、病原及流行特点

多杀性巴氏杆菌，是一种革兰氏阴性菌，通常分为 A、B、C、D 和 E 五个血清型。

各个品种、不同年龄的家兔对巴氏杆菌病均有易感性，其中以 2～6 月龄的兔最易感。病菌随着病兔唾液、鼻液、粪、尿等排出，污染饲料和饮水，致使其他健康兔发生感染。此外还可经吸血昆虫的叮咬和皮肤、黏膜的损伤发生感染。巴氏杆菌常存在于家兔的呼吸道黏膜中，家兔不表现任何临床症状。当饲养管理不善、营养缺乏、气候剧变、潮湿、拥挤、长途运输或患寄生虫病时，造成兔体抵抗力降低，引起内源性感染。本病一年四季均可发生，但以春、秋两季发生较多，呈散发或地方性流行。

## 三、诊断

根据流行特点、症状和病理变化可作出初步诊断。为了准确诊断，败血症型和肺炎型可以从心、脾、肝作细菌学检查，其他病例主要从病变部位的脓汁、渗出物、分泌物中检查病原。但慢性病例或大量使用抗生素的病例常常呈阴性结果。同时在进行诊断时应与兔瘟进行鉴别诊断。

## 四、防治

**1. 预防** 定期对兔群采用兔巴氏杆菌灭活苗免疫接种。幼兔断奶后 1 周皮下注射 1mL，此后每 4～6 个月免疫 1 次。

**2. 治疗** 一旦发生本病，立即采取隔离、治疗。治疗可选用以下药物：

(1)磺胺嘧啶钠注射液(0.2 mL/kg)＋恩诺沙星注射液(0.1 mL/kg)，混合后肌肉注射，一日一次，3 d 为一疗程。

(2)氟苯尼考注射液 (0.1～0.2 mL/kg)＋盐酸林可霉素注射液(0.2 mL/kg)，分开肌肉注射，每 2 日 1 次，连续注射 2～3 次。

(3)维血康注射液( 0.1～0.2 mL/kg)，每 2 日 1 次，连续注射 2～3 次。同时配合使用盐酸林可霉素注射液 0.2 mL/kg 体重，1 日 1 次，3～5 d 为一疗程。

# 犬钩端螺旋体病

钩端螺旋体病是一种重要而复杂的人畜共患病和自然疫源性传染病，由致病性的钩端螺旋体引起。该病多发生于热带及亚热带地区。我国南方部分地区较为严重。

## 一、临床症状

各种年龄的犬均可感染，发病率雄犬高于雌犬，潜伏期 5～15 d。

犬可突然发病，机体衰弱，不食、呕吐、体温升高(39.5℃～40℃)、精神沉郁、后躯肌肉僵硬和疼痛、不愿起立走动、呼吸困难、可视黏膜出现不同程度的黄疸或出血。一般 2 d 内机体衰竭，体温下降死亡。

某些犬的症状以发热、呕吐、厌食、脱水黄疸及黏膜坏死为特征。病犬眼部可见有结膜炎症状，眼角可见有黏液性分泌物。有咳嗽气喘及呼吸困难、烦渴多尿等症状，大约在 2～3 周后恢复。有的病犬后期常以慢性肝、肾及胃肠道症状出现，通过对症治疗，大多可康复。少数出现尿毒症、肝硬化腹水，最后机体衰竭死亡。

## 二、剖检变化

病变通常以黄疸、各脏器出血、消化道黏膜坏死和肝、肾不同程度受损为特征。某些慢性病例，肾间质增生呈灰白色，表面凹凸不平，发生纤维变性，形成萎缩肾，全身淋巴结尤其是肾淋巴结肿大。死于尿毒症的犬剖检时全身有强烈的尿臭味。

## 三、病原及流行特点

**1. 病原**　钩端螺旋体属中的“似问号钩端螺旋体”对人畜有致病性。我国分离出的致病性钩端螺旋体共有 6 个血清群，49 个血清型。钩端螺旋体很纤细，中央有一根轴丝，螺旋从一端盘绕至另一端，整齐而细密；在暗视野检查时，常看到细小的珠链状。常用姬姆萨氏染色和镀银法染色，后者效果较好。钩端螺旋体在一般的水田、池塘、沼泽里及淤泥中可以生存数月或更长。适宜的酸碱度为 pH 7.0～7.6，在水呈过酸或碱性地区，危害较小。

**2. 流行特点**

该病的动物宿主非常广泛，几乎所有温血动物都可感染，其中啮齿目的鼠类是最重要的贮存宿主，鼠类感染后，大多呈健康带菌者，且带菌率高，带菌时间长，约为 1～2 年。因此鼠类是本病自然疫源的主体。本病主要通过皮肤、黏膜和经消化道食入而传染,也可通过交配、人工授精和菌血症期间通过吸血昆虫如蜱、虻、蝇等传播。钩端螺旋体侵入动物机体后,进入血流,最后定位于肾脏的肾小管,生长繁殖,间歇地或连续地从尿中排出。

## 四、诊断

根据临床剖检所见,尿中镜检可见到钩端螺旋体及血清学试验进行诊断。

## 五、防治

**1. 预防** 首先消除带菌排菌的各种动物(传染源),尤其要做好灭鼠工作。其次清理被污染的水源、污水、淤泥、犬粮、用具等以防止传染和散播。同时实行预防接种和加强饲养管理,提高犬的特异性和非特异性抵抗力。

**2. 治疗**

(1)青霉素和链霉素对本病有较好疗效。青霉素 4 万～8 万 IU/kg 体重,链霉素 10～15 mg/kg 体重混合肌肉注射 2 次/天。

(2)对症治疗。补液、补糖、补碱。消除胃肠道症状、止血、消除皮肤黏膜溃疡等疗法。一般可用 5%葡萄糖盐水 200～500 mL、5%$NaHCO_3$ 注射液 10～40 mL 混合静脉滴注。止吐可用胃复安 2 mg/kg 肌肉注射;或口服吗丁啉片 2 mg/kg 体重 2 次/天。止血用维生素 K 12 mg/kg 体重或维生素 K 31 mg/kg 体重肌肉注射 2 次/天。口腔黏膜溃疡可涂布碘甘油。

# 兔密螺旋体病

兔密螺旋体病是由兔密螺旋体引起的成年家兔和野兔的一种常见的慢性传染病,典型特征是外生殖器、肛门以及口腔周围和鼻端等部位的皮肤和黏膜发生炎症、结节和溃疡。本病在世界范围内广泛存在。

## 一、症状及剖检变化

本病潜伏期较长,2～10 周不等。早期在阴茎包皮、阴囊皮肤以及阴户边缘和肛门四周出现红肿;继而形成小结节和溃疡,偶尔见有微细的小水泡和浆液性渗出,上面盖有紫红色或棕色痂块。剥去痂块后见溃疡面凹陷且高低不平,边缘不整齐,易出血。泛化后,可在嘴唇、眼睑、鼻和下颌发生小结节和溃疡。腹股沟淋巴结和腘淋巴结可能肿大。孕兔有时流产、产孱弱仔兔及产后发生无乳症,一般无全身症状,间或可见到病原侵入脊髓引发麻痹。病程长达数月,自愈的较少,康复兔无免疫力，可复发或再度感染。

## 二、病原及流行特点

兔密螺旋体是螺旋体科密螺旋体属的兔类梅毒密螺旋体，在形态上与人梅毒苍白密螺旋体相似，很难区分。暗视野显微镜检查可见其螺旋运动。病原主要存在于病兔的外生殖器病灶中，迄今未人工培养成功。对小鼠和豚鼠等实验动物人工接种均不感染。本菌染色困难，常用印度墨汁、姬姆萨或镀银染色。

本病只发生于家兔和野兔，人和其他动物不感染。病兔和痊愈带菌兔是主要传染源。交配是主要传播途径，因此发病的绝大多数是成年兔。间或也可通过污染的垫料、笼架和饲料传播，所以也有少数6月龄以内未配过种的兔发病，但其具体的传播途径尚不清楚。

## 三、诊断

根据临诊症状可以作出初步诊断。如需进一步确诊，则应采取病变部的汁液或溃疡面的渗出液，用暗视野显微镜检查，或做涂片用姬姆萨染色镜检密螺旋体。

## 四、防治

本病目前尚无菌苗，预防主要靠加强一般的兽医卫生防疫措施。健康兔群自繁自养。新购进的种兔应严格检疫隔离，饲养观察，阴性者方可合群。定期或配种前详细检查公母兔的外生殖器，发现病兔或疑似病兔，停止其配种，隔离饲养，治疗观察。重症病兔坚决淘汰。彻底清除污染物。用1%～2%烧碱或2%～3%来苏儿液消毒兔笼和用具等。

治疗可用新砷矾钠明(914)，40～60 mg/kg以灭菌蒸馏水配成5%溶液静脉注射或肌肉注射。必要时间隔两周重复一次。同时配合青霉素进行治疗，效果更佳。青霉素每天50万IU，分两次肌肉注射，连用5 d。除全身治疗外，局部可涂搽碘酊甘油或青霉素油膏。

### 案例分析

2009年6月，某动物医院接诊附近养殖户送来病死长毛兔一只。据养殖户介绍，该兔场于前天开始陆续出现兔死亡病例，病程为1～2 d，死前有腹泻症状，初期排出褐色软便，继而出现水样腹泻，粪便有特殊臭味。

## 一、诊断

**1. 视诊** 剖检病死兔发现兔尸体肛门及其周围被毛污染粪便。剖开腹部有恶臭味儿。胃内充满饲料，黏膜脱落，有少量出血点。小肠充气，内容物黄绿色含有黏液，小肠壁菲薄透明。大肠内充满黑绿色稀粪，有腐败味，肠黏膜弥漫性充血和出血，肝脏变脆，有较多针尖大小坏死灶。脾黑褐色。膀胱内积有血样尿液，其他器官无明显异常。

**2. 微生物学诊断** 取空肠内容物或其黏膜刮下物以及肝、脾、肾做涂片及抹片，革兰氏染色，镜检。镜下见到大量革兰氏阳性大杆菌，单在或成双，有荚膜；取肠内容物加热 80℃ 10 min，上清液接种于厌氧肉肝汤，37℃培养 20～24 h，可见到特征性产气；取肝、脾、或心血划线接种血平板，厌氧培养 24 h，可见到典型的双重溶血环的菌落。

根据临床症状、剖检变化及微生物学诊断，确诊该兔场发生了兔梭菌性下痢。

## 二、防治

针对该兔场不同兔的情况，对未出现症状的兔及症状轻微的病兔，采用高免血清治疗。每只皮下注射 5～10 mL，每天 1 次连用了 3 d。同时按 1～1.5 mL/kg 体重，给兔服用 0.5%痢菌净溶液，有效控制了兔的死亡，在使用上述治疗措施的同时，配合口服补液及收敛药物完全控制住了病情。

针对本场已经发生了该病，建议养殖户按期对兔进行免疫接种。

### 复习思考题

1. 马破伤风的临床症状有什么特征？主要的感染途径是什么？
2. 兔梭菌性下痢剖检变化有哪些特点？
3. 犬钩端螺旋体病具有哪些临床特征？如何防制？
4. 如何治疗兔密螺旋体病？

# 子项目二　病毒性疫病的防治

## 狂犬病

狂犬病俗称“疯狗病”、“恐水症”，是由狂犬病病毒引起的一种人兽共患急性、接触性传染病，以中枢神经高度兴奋而致狂暴和意识障碍，最后全身麻痹而死亡为特点。世界大多数国家本病仍有不同程度的发生。

### 一、临床症状

本病的潜伏期不一，一般为 2～8 周，最短的 8 d，长的可达数月或 1 年以上。

(一)犬

可分为狂暴型和麻痹型两种类型。典型的狂暴型可分为前驱期、兴奋期和麻痹期。

**1. 前驱期**　1～2 d。病犬精神沉郁，常躲在暗处，不听呼唤，强迫牵引则咬主人；食欲反常，异食。喉头轻度麻痹，吞咽时颈部伸展。瞳孔散大，反射机能亢进，轻度刺激即易兴奋，有时望空扑咬。性欲亢进，唾液分泌增多，后躯软弱。

**2. 兴奋期或狂暴期**　2～4 d。病犬高度兴奋，表现狂暴并常攻击人畜。狂暴发作常与沉郁交替出现。病犬疲惫卧地不动，但不久又立起，表现一种特殊的斜视和惶恐表情。再次受到外界刺激时，又可出现一次新的发作，狂乱攻击，自咬四肢、尾及阴部等。病犬在野外游荡，到处咬伤人畜。随着病程发展，陷于意识障碍。

**3. 麻痹期**　1～2 d。麻痹急剧发展，下颌下垂，舌脱出口外，流涎显著，不久后躯及四肢麻痹，卧地不起，最后因呼吸中枢麻痹或衰竭而死。

整个病程 6～8 d，少数病例可延长到 10 d。

麻痹型病犬的沉郁期、兴奋期很短或轻微表现即转入麻痹期。表现喉头、下颌、后躯麻痹、流涎、张口、吞咽困难和恐水等，经 2～4 d 死亡。

(二)牛

潜伏期 4～8 周。病初见精神沉郁，反刍、食欲降低，不久表现起卧不安，冲抵墙壁、饲槽，磨牙，性欲亢进，流涎等。一般少有攻击人畜现象。当兴奋发作后，往往有短暂停歇，以后再度发作。并逐渐出现麻痹症状，如吞咽麻痹、伸颈、流涎、鼓气、里急后重等。最后倒地不起，衰竭而死。

（三）羊

病例少见。症状与牛相似，但兴奋期较短或不明显。表现起卧不安，性欲亢进，并有攻击其他动物的现象。常舔咬伤口，使之经久不愈，末期发生麻痹。

（四）猪

兴奋不安，惊恐，闻声冲撞，攻击人畜。在发作间歇期间，常钻入垫草中，稍有声响即一跃而起，无目的地乱跑，最后发生麻痹症状，2～4 d后死亡。

（五）猫

多呈狂暴型，症状似犬，但病程短，有兴奋不安，出现症状后 2～4 d 死亡。在疾病发作时攻击其他动物和人。因常接近人，且行动迅速，常从暗处忽然跳出，咬伤人的头部，因此猫得病后可能比犬更为危险。

## 二、剖检变化

病死畜常见尸体消瘦，体表有伤痕，口腔和咽喉黏膜充血或糜烂。胃黏膜充血、出血，胃内空虚或有石块、泥土等异物。典型的病理变化为非化脓性脑炎，在大脑海马角或小脑皮层的神经细胞浆内可见内基氏小体。

## 三、病原及流行特点

**1. 病原** 狂犬病病毒属弹状病毒科狂犬病病毒属，病毒粒子呈弹状，有囊膜，为单链 RNA 病毒。狂犬病病毒在动物体内主要存在于中枢神经组织、唾液腺和唾液中，其他脏器、血液和乳汁中也可能有少量的病毒存在，病毒可在中枢神经组织（尤其在脑海马角、大脑皮层等）和唾液腺细胞的胞浆内形成特异性的包涵体，叫内基氏小体。

狂犬病病毒可被各种理化因素灭活，不耐湿热，56℃ 15～30 min 或 100℃ 2 min 均可使之灭活，但在冷冻或冻干状态下可长期保存病毒。在 50%甘油缓冲溶液保存的感染脑组织中病毒至少存活 1 个月，在 4℃以下低温可保存数月之久。

**2. 流行特点** 多种动物和人对本病均易感，尤其是犬科野生动物（野犬、狐、狼等）更易感，在自然界中，犬科和猫科中的很多动物常成为狂犬病的自然保毒者。患病动物是本病的主要传染源，无症状带毒动物和顿挫型感染动物可长期通过唾液排毒，并成为更危险的传染源。患狂犬病的犬是使人感染的主要传染源，其次是猫。主要通过被患病动物咬伤、抓伤、舔舐而感染。此外，还存在着非咬伤性的传播途径，人和动物都有经由呼吸道、消化道和胎盘感染的病例，值得注意。本病散发，无季节性，四季均可发生，病的发生具有明显的连锁性，致死率高达 100%。

## 四、诊断

根据发病特点、临诊症状，结合有被咬伤病史，可作出初步诊断。确诊需做实验室诊断，常用有病理组织学检查、动物接种试验、荧光抗体检查等。此外，酶联免疫吸附试验（ELISA）、核酸探针等技术也可用于本病的诊断。

## 五、防治

**1. 预防** 加强对犬的检疫，防止引进带毒犬；建立并实施有效的疫情监测体系，及时发现并扑杀病犬；认真贯彻执行养犬管理规定，合法养犬；对犬、猫等动物进行狂犬病疫苗的强制性免疫。国内使用的狂犬病疫苗有狂犬病弱毒苗和与其他疫苗联合制成的多联苗可供选用。对犬实行强制性免疫，每年 1 次。经免疫接种过的动物发放统一的动物免疫证明，佩戴免疫标记。

**2. 治疗** 狂犬病目前尚无特殊疗法。发现患有本病或者疑似本病的动物，都应当立即上报疫情，隔离疑似患畜，限制其移动，进行调查核实、诊断，并根据诊断结果采取相应措施。

人的狂犬病主要是由带狂犬病病毒的犬咬伤所致。人感染后潜伏期多为 1～3 个月，最短 3 天，最长可达数十年。一旦发病即无治疗办法，病死率高达 100%。人被犬、猫等动物咬伤后，应立即对受伤部位用 20%肥皂水、清水冲洗伤口至少 20 min，然后用 2%碘酊或 70%酒精涂擦伤口，以清除或杀灭局部的病毒，及时到当地卫生防疫机构注射狂犬病疫苗，以减少狂犬病的危害。

# 犬轮状病毒感染

犬轮状病毒感染是由轮状病毒引起的幼犬的急性肠道传染病，以腹泻、脱水为特征。成年动物感染后，多呈隐性经过。本病广泛存在于世界各地，许多国家有本病的报道。

## 一、症状及剖检变化

患病幼犬体温偏高，精神沉郁，食欲减少或废绝，呈现胃肠炎症状，严重腹泻，粪便水样，并混有黏液，可持续 8～10 天，呈现脱水，体况下降。

剖检可见其肠内容物稀薄，小肠黏膜呈条状或弥漫性出血，容易脱落。肠管胀满，肠壁菲薄，肠管内充满灰黄色或灰黑色液状物。

## 二、病原及流行特点

**1. 病原** 犬轮状病毒属于呼肠病毒科轮状病毒属成员，各成员间通常具有宿主特异性。轮状病毒有两种抗原，一种为群特异性抗原，属共同抗原；另一种为型特异性抗原。不同群间无任何血清学交叉反应，同群不同型间有部分交叉中和反应。轮状病毒对理化因素的抵抗力较强。病毒株在室温条件下，可存活 4 个月之久。0.01%碘、1%次氯酸钠和 70%酒精可将病毒灭活。

**2. 流行特点** 轮状病毒感染主要发生在幼龄动物，特别是 10～45 日龄之间的幼龄犬。成年犬常呈隐性经过。患病动物和隐性感染带毒动物是本病的主要传染源。病毒主要存在于肠道内，随粪便排出体外。易感动物主要通过接触被感染动物和污染的饮水、饲料用具和环境，经消化道途径传染。

轮状病毒感染通常以突然发生和迅速传播的方式在动物群中广泛流行，常呈地方流行性。本病的发生无明显季节性，全年均可发生，但有明显的流行高峰。我国东北以 10～11 月，其他地区为 10～12 月多发。

## 三、诊断

急性腹泻相当普遍，发病急，传播迅速，因此，及时准确地作出诊断，对控制本病的流行和临床治疗都具有重要意义。取腹泻开始后 24h 以内的粪便或小肠内容物为样品，进行免疫荧光染色法、ELISA 法及反向间接血凝法等实验室检查。

## 四、防治

加强饲料管理，增强母犬抵抗力，做好母犬免疫，使新生幼犬吃到足够的含有抗体的初乳，以获得保护。同时搞好幼犬的卫生防疫工作。

本病无特效治疗方法。发现腹泻幼犬应及时隔离，停止哺乳，静脉注射葡萄糖盐水和碳酸氢钠溶液或 1∶2 溶液，防止脱水和酸中毒。给予抗菌药物(参阅细小病毒病的治疗)，以预防和治疗继发性细菌感染。对病犬可用成犬免疫血清治疗，可收到较好效果。

# 犬瘟热

犬瘟热是由犬瘟热病毒引起的犬和肉食目中许多动物的一种高度接触性传染病，有高度接触性传染性，以双相热型、鼻炎、呼吸道炎症、严重肠胃炎和神经症状为特征。目前，我国各地时有发生，此病传染性强，病死率高，是危害犬及某些经济动物的重要传染病。

## 一、临床症状

本病潜伏期一般 3～5 d,临床症状一般比较典型,主要表现以下几个方面：

**1. 双相热型**　多数患犬于感染后第 4 天体温升高到 39.8～41℃,持续 1～2 d,接着有 2～3 d 的缓解期(体温趋于 38.9～39.2℃)。随着体温再度升高,出现呼吸系统和消化系统明显感染症状,甚至神经系统感染,病程达数周。

**2. 呼吸系统症状**　是本病的主要症状。病初随着体温升高,患犬精神轻度沉郁,食欲不振,流泪,有水样鼻液,时有咳嗽或人工诱咳阳性。病情发展不久,眼、鼻分泌物转为黏液性或脓性,喉气管及肺部听诊呼吸音粗粝。在疾病中、后期,往往发展为支气管肺炎,患犬鼻端干燥,有多量脓性鼻液。患犬大多表现本病特有的化脓性结膜炎外观,即脓性眼屎附着于内、外眼角与上、下眼睑,似戴一副眼镜状。

**3. 消化系统症状**　本病初、中期常有呕吐表现,但次数不多,食欲减退或废绝,对本病具有一定的示病意义。幼犬通常排出深咖啡色混有黏液或血液的稀便,而成犬一般数日无便。患犬因呕吐、腹泻以及食欲废绝,逐渐脱水、衰竭。

**4. 神经系统症状**　神经症状多在发病中、后期,少数于病初出现,对本病具有重要的示病意义。轻者口唇、眼睑、耳根抽动,重者踏脚、转圈或翻滚、运动共济失调、后肢麻痹,特别是咬肌或侧卧时四肢反复有节律的抽搐是本病的特征表现。有些病例在其症状消失后,还遗留舞蹈病、麻痹或瘫痪等症状。

**5. 皮肤、足垫症状**　在发病初期或末期,部分患犬四肢足垫角质化过度、变硬,幼年患犬常在腹下和股内侧皮薄处出现米粒或豆粒大小的红斑、水疱或脓疱。使用抗生素治疗后,腹下和股内侧的脓性皮疹很快干枯消失。康复犬硬化的足垫角质层逐渐脱去。

病程一般 2 周或稍长些,发生神经症状的病程最长。病死率差异很大,波动于 30%～80%之间。目前尚有非典型犬瘟热存在,表现为传统的疫苗预防无效。

## 二、剖检变化

本病病变分布广泛。有些病例皮肤出现水疱性脓疱性皮疹;有些病例鼻和脚底表皮角质层增生。上呼吸道、眼结膜呈卡他性或化脓性炎。肺呈现卡他性或化脓性支气管肺炎,支气管或肺泡中充满渗出液。在消化道中可见胃黏膜潮红,卡他性或出血性肠炎,大肠常有过量黏液,直肠黏膜皱襞出血。脾肿大。胸腺常明显缩小,且多呈胶冻状。肾上腺皮质变性。

## 三、病原及流行特点

**1. 病原** 本病的病原为副粘病毒科麻疹病毒属的犬瘟热病毒，呈圆形或不规则形，有时呈长丝状的 RNA 病毒。病毒在 −70℃ 可存活数年，冻干可长期保存。对热和干燥敏感，50～60℃ 30 min 灭活。3%福尔马林、5%石炭酸溶液以及 3%氢氧化钠等对本病都具有良好的消毒作用。

**2. 流行特点** 犬最易感，以 3～12 月龄的幼犬易感性最高；2 岁以上的犬发病率逐渐降低。犬科的其他动物对犬瘟热有自然易感性，人和其他家畜对本病无易感性。病犬是最重要的传染源，病毒随病犬的鼻、眼分泌物、唾液等，排出体外。健康犬通过直接接触或接触受污染的饲料、饮水等，通过呼吸道和消化道以及眼结膜和胎盘感染。犬瘟热康复犬可获得终身免疫力。本病多发生于寒冷季节，似有一定的周期性，每 2～3 年流行一次，但有的地方常年发生。

## 四、诊断

当患犬出现本病典型症状后，不难作出诊断。以早期表现双相热、急性鼻卡他以及随后的支气管炎、卡他性肺炎、严重的胃肠炎和神经症状为特征，少数病犬的鼻和足垫可发生角化过度。然而在发病初期，须与普通感冒进行鉴别。据临床观察，犬瘟热患犬病初双眼一般多因流泪而呈所谓“泪汪汪”现象，或上下眼睑黏附多量粘脓性分泌物，而普通感冒一般没有这种现象。目前许多宠物诊所或医院使用进口犬瘟热快速诊断试纸，取患犬眼、鼻分泌物、唾液或尿液等为检测样品，可在 5～10 min 内作出诊断。尤其对病初症状不典型的病例，有比较重要的诊断作用。

## 五、防治

**1. 预防** 目前国产犬三联、五联或七联疫苗均可用来预防犬瘟热等常见多种传染病。推荐的免疫程序为幼犬于 7～9 周龄时开始接种，然后以 2～3 周的间隔连续接种 2～3 次，以后每年加强免疫 1～2 次。进口疫苗较多使用荷兰英特威国际有限公司犬系列疫苗，对 7 周龄犬首免的血清学应答率可达 90%，对 9 周龄以上犬免疫的血清学应答率可达 100%，预防保护性确实。鉴于当前幼犬发病率很高，推荐犬于 4～6 周龄时注射小犬二联苗(Duppy, DP)，8～9 周龄时注射犬五联苗(DHPPi)和犬钩体苗，12 周龄时重复注射狂犬疫苗。以后每年加强免疫 1 次。

**2. 治疗** 病初尽快注射犬瘟热单克隆抗体或犬瘟热高免血清，连用 2～3 d，可使免疫状态增强到足以阻止疾病发展。为抑制病毒增殖和控制细菌继发感染，常应用双黄连、清开灵、氨苄青霉素、头孢菌素Ⅴ或头孢曲松等。对发热患犬，应用安痛定或复方氨基比林，并配合应用氢化可的松或地塞米松。有便血症状的，可应用安络血或止血敏。呕吐不多或已经控制的，可投服抗病毒口服液与庆大霉素等。有神经症状的，可用外国进口药物癫安舒口服，有一定疗效。实践证明，早期输液和配合应用犬干扰素、细胞因子等免疫增强剂，能有效防止机体脱水，提高抗病力，促进患犬康复。若特征性临床症状，尤其是神经症状出现，则预后不良，患犬即使经耐心治疗后幸存，往往遗留四肢抽搐或意识不清的后遗症。

# 犬传染性肝炎

犬传染性肝炎是由犬Ⅰ型腺病毒引起的犬的一种急性、高度接触性败血性的传染病。主要表现为肝炎和眼睛疾患。我国于 1984 年分离到犬传染性肝炎病毒，1989 年从患脑炎的狐狸中分离到了犬腺病毒Ⅰ型，即狐狸脑炎病毒，是犬、狐狸的重要疫病之一。

## 一、临床症状

本病潜伏期自然发病 6～9 d。多数患犬病似急性感冒，体温升高到 40℃～41℃，精神沉郁，食欲废绝，渴欲增加。眼、鼻有少许浆液或黏液性分泌物，但无咳嗽症状；呕吐、排果酱样血便或血性腹泻是本病的主要症状，齿龈上的出血点或出血斑是本病的重要症状。不少患犬腹部膨大，胸腹腔穿刺可排出多量清亮、淡红色液体，触诊剑状软骨部位敏感疼痛。很多患犬出现蛋白尿。部分患犬一眼或两眼角膜在疾病恢复期浑浊，似被淡蓝色薄膜覆盖，称为“肝炎性蓝眼”，数天后角膜转为透明。一般没有神经症状，也很少出现黄疸。病犬血液不易凝结，如有出血，往往流血不止。病程一般 2～14 d，大多在 2 周内康复或死亡。幼犬患病时，常于 1～2 d 内突然死亡，如耐过 48 h，多能康复。成年犬多能耐过，产生坚强的免疫力。

在体温上升的早期，血液学检查可见白细胞减数（常在 2 500 以下），红细胞沉降率加快，血凝时间延长。当肝损害严重时，血清中丙氨酸氨基转移酶（ALT）、天门冬氨酸氨基转移酶（AST）、碱性磷酸酶（AKP）、鸟氨酸氨基甲酰转移酶（OCT）和乳酸脱氢酶（LD）的活性升高以及血清 $\beta$ 球蛋白含量增加。

## 二、剖检变化

常见皮下水肿。腹腔积液，暴露空气常可凝固。肠系膜可有纤维蛋白渗出物。肝略肿大，包膜紧张，肝小叶清楚。胆囊黑红色，胆囊壁常水肿、增厚、出血，有纤维蛋白沉着。脾肿大。胸腺点状出血。体表淋巴结、颈淋巴结和肠系膜淋巴结出血。

## 三、病原及流行特点

**1. 病原** 犬传染性肝炎病毒，属腺病毒科、哺乳动物腺病毒属成员。世界各地分离毒株抗原性相同。本病毒为犬腺病毒Ⅰ型病毒，与1962年发现的犬腺病毒Ⅱ型病毒在补体结合、血细胞凝集、中和抗原以及致病性方面都不同。后者是引发犬的传染性喉气管炎的病原，但两者具有70%的基因亲缘关系，所以在免疫上能交叉保护。本病毒的抵抗力相当强大，在污染物上能存活10～14 d，冻干可长期保存。对乙醚和氯仿有耐受性，在室温下能抵抗95%酒精达24 h。苯酚、碘酊及氢氧化钠是常用的有效消毒剂。

**2. 流行特点** 本病可发生于任何季节，一般呈散发或地方流行性。主要感染犬和狐狸，无品种、年龄和性别差异，但发病多见于1岁以内的幼犬，断奶不久的发病率和死亡率很高，幼犬的病死率高达25%～40%。而成犬一般呈隐性感染。本病也可感染人，但不引起临床症状。患犬和带毒犬，通过眼泪、唾液、粪尿等分泌物和排泄物排毒，污染周围环境、饲料和用具等。通过直接或间接接触，经消化道传染易感动物，也可经胎盘感染胎儿。康复犬可获终身免疫，但病毒能在肾脏内存活，经尿长期排毒达6～9个月，是引起其他健康犬感染的重要疫源。

## 四、诊断

根据流行特点、临床症状及病变(包括包涵体检查)特征应怀疑本病，但注意与犬瘟热、细小病毒性肠炎、感冒或外伤性角膜浑浊等进行鉴别。与犬瘟热相比，本病无呼吸道和神经系统感染症状，与细小病毒性肠炎相比，两者都有出血性腹泻症状，但细小病毒感染不见齿龈出血点、斑，不见腹部膨大；与感冒相比，无呼吸道感染症状，而有消化道感染症状，与外伤性角膜浑浊相比，“肝炎性蓝眼”的角膜表面光滑，无外伤痕迹，而单纯外伤性角膜浑浊的患犬没有体温升高和消化道感染等全身症状。本病目前尚无临床快速诊断试纸，而实验室诊断方法很多，主要有微量血凝与血凝抑制试验、荧光抗体检查和聚合酶链反应(PCR)检查方法等。

## 五、防治

**1. 预防** 由于康复犬可经尿液长期排毒，所以应避免将其与健康犬合群饲养。对易感犬群，可选用国产或进口犬系列疫苗免疫注射，方法参见犬瘟热的预防。

**2. 治疗** 早期大剂量使用抗犬腺病毒Ⅰ型或Ⅱ型的高免血清，同时注重保肝和控制出血症状。保肝措施可试用肝炎灵注射液和肌苷注射液，前者有清热、解毒、消炎和止痛作用，能减轻损伤肝组织的变性与坏死，适用于急慢性病毒性肝炎；

后者参与机体能量代谢和蛋白质合成，可以改善缺氧状态的细胞代谢，促进组织修复，也适用于急慢性肝炎。因本病导致肝内凝血因子合成不足，血小板显著减少，所以使用常规止血药往往没有效果，最好及时输血或输入血浆补充凝血因子与血小板，同时应用抗病毒药、抗菌药、止血药、维生素等进行治疗。

由于病毒对肝脏与小血管内皮细胞造成损害，采用常规药物一般难以控制患犬出血症状，最终患病幼犬大多以严重贫血及脱水而死亡。成犬通常可以耐过，大多在周内康复，并产生坚强的免疫力。

# 犬细小病毒感染

犬细小病毒感染是由犬细小病毒引起的犬的一种急性传染病。临床表现以急性出血性肠炎和非化脓心肌炎为特征。我国于 1982 年证实此病以后，在东北、华东和西南等地区的警犬和良种犬中陆续发生和蔓延，并已分离获得多株病毒。犬细小病毒性肠炎是目前国内仅次于犬瘟热的致死率很高的传染病，感染犬的病死率达 10%～50%。

## 一、临床症状

本病潜伏期 1～2 周，本病在临诊上分两个型，即肠炎型和心肌炎型。

**1. 肠炎型**　多见于青年犬，病初首先表现呕吐，一般先呕出胃内未消化食物，随后的呕出物多为清水或黏液，往往含有黄绿色胆汁。同时食欲废绝，饮欲强烈，饮后立即呕吐，体温高达 40℃。频繁呕吐 1～2 d 后出现腹泻，粪便由软到稀，而后带血，呈番茄汁样血便，有特殊腥臭味，可迅速弥漫整个临诊空间。胃肠炎症状出现 24～48 h 后迅速脱水和体重减轻，眼球凹陷，皮肤弹性减退，衰弱无力，血液检查红细胞压积增加，白细胞减少。病程短的 4～5 d，长的 1 周以上。病死犬脱水，可视黏膜苍白、腹腔积液。

**2. 心肌炎型**　多见于 8 周龄以下的幼犬，常突然发病，数小时内死亡。感染犬精神、食欲正常，偶见呕吐，或有轻度腹泻和体温升高。或有严重呼吸困难，脉快而弱，可视黏膜苍白。听诊心律不齐。心电图 R 波降低，S-T 波升高。病死率 60%～100%，只有极少数轻症病例可以治愈。

## 二、剖检变化

**1. 肠炎型**　病变主要见于小肠中后段。浆膜暗红色，浆膜下充血出血，黏膜坏死、脱落、绒毛萎缩。肠腔扩张，内容物水样，混有血液和黏液。肠系膜淋巴结充血、出血、肿胀。

**2. 心肌炎型** 剖检病变主要限于肺和心脏。肺水肿，局灶性充血、出血，致使肺表面色彩斑驳。心脏扩张，心房和心室内有淤血块。心肌和心内膜有非化脓性坏死灶。肌纤维变性、坏死。

## 三、病原及流行特点

**1. 病原** 犬细小病毒是细小病毒科、细小病毒属成员。具有细小病毒属病毒典型形态和结构。本病毒对外界环境具有较强的抵抗力。在室温下能存活 3 个月；对甲醛、$\beta$ 丙内酯、羟胺和紫外线敏感，能使之灭活；但对氯仿、乙醚等有机溶剂不敏感。

**2. 流行特点** 主要感染犬，其他犬科动物也可感染。各种年龄和不同性别的犬都有易感性，但小犬的易感性更高，断乳前后的仔犬易感性最高，往往以同窝暴发为特征。3～4 周龄犬感染后呈急性致死性心肌炎的较多；8～10 周龄的犬则以肠炎为主。感染犬和康复带毒犬是传染源。病犬从粪便、尿液、唾液和呕吐物中排毒；而康复犬从粪尿中长期排毒。主要通过消化道传染。本病的发生无明显的季节性。一般夏、秋季多发。天气寒冷，气温骤变，拥挤，卫生水平差和并发感染，可加重病情和提高病死率。

## 四、诊断

依据患犬频繁呕吐、随即出现严重出血性腹泻、脱水等表现，对死亡患犬剖检，主要以空肠、回肠的出血性炎症为主，结合典型的流行特点，可以做出初步诊断。然而临床常见许多非犬细小病毒性的出血性腹泻，即不能将所有出血性腹泻病例一概认为是犬细小病毒感染。若临床重视仔细询问和观察此类患犬的发病特点，往往可以与本病初步鉴别。目前使用国产或进口犬细小病毒诊断试纸是诊断本病的快速方法，取少许患犬粪便稀释后检测，可在 5～10 min 内得出结果。

## 五、防治

**1. 预防** 安全地区的犬只，可于 10～12 周龄使用国产犬系列疫苗首次免疫，受犬细小病毒威胁的疫区或缺乏母源抗体的幼犬应提前 6～8 周龄首免，并以 2～3 周的间隔连续免疫 3 次。荷兰英特威国际有限公司犬系列疫苗的使用方法参见犬瘟热的预防。

**2. 治疗** 病初尽快注射犬细小病毒单克隆抗体或含抗犬细小病毒抗体的高免血清，同时针对出血性胃肠炎与脱水症状，采取强心补液、抗菌消炎、止吐、止泻和止血对症疗法。通常静脉滴注5%葡萄糖氯化钠溶液或复方氯化钠溶液,加入适当剂量的庆大霉素或丁胺卡那霉素、止血敏、维生素$K_1$、硫酸阿托品或盐酸654-2。肠道出血严重时,常规止血药往往难以控制症状,应选用目前的新型止血药,以获得快速止血效果。对顽固性呕吐的患犬,建议肌注爱茂尔、氯丙嗪或硫酸阿托品止吐,并可1 d内用药多次。但因本病损害小肠严重,呕吐频繁,实际止吐效果有时并不理想。胃复安是临床常用的止吐药,但不宜用于本病止吐,其促进胃肠正向蠕动的药理效应往往造成肠道大量出血。所以治疗重点应放在止吐、止泻、纠正脱水上,并对患犬严格禁水,避免诱发频繁呕吐而使脱水不能得到有效纠正。

# 犬副流感病毒感染

犬副流感病毒感染是由副流感病毒5型引起犬的一种主要呼吸道传染病。临床表现发热、流涕和咳嗽,病理变化以卡他性鼻炎和支气管炎为特征。患犬也可因急性脑脊髓炎和脑内积水,表现后躯麻痹和运动失调。目前,世界所有养犬国家几乎都有本病流行。

## 一、临床症状

本病潜伏期较短。病犬突然发热,精神沉郁、厌食、鼻腔有大量黏液性、脓性分泌物。结膜炎,咳嗽和呼吸困难。若与支气管败血波氏菌混合感染,则临床表现更严重,成窝犬咳嗽、肺炎,病程3周以上。11～12周龄幼犬死亡率较高。成年犬病症较轻,死亡率较低。有的犬感染后表现后躯麻痹和运动失调等神经症状。

## 二、剖检变化

剖检可见鼻孔周围有黏性脓性分泌物,结膜炎、气管炎和肺炎病变。神经型主要出现急性脑脊髓炎和脑积水。

## 三、病原及流行特点

本病的病原为副流感病毒5型,又称犬副流感病毒,为副粘病毒科副粘病毒属成员。本病毒只有一个血清型,但毒力有所差异。对热、乙醚、酸、碱不稳定。本病传播迅速、呈突然暴发,常见与支气管败血波氏菌合并感染。本病毒感染各种年龄犬,幼龄犬病情较重。急性期病犬是主要传染源。病毒主要存在于呼吸系统,通过呼吸道而感染。

## 四、诊断

根据临床症状和剖检变化可做出初步诊断，特征为突然发热、卡他性鼻炎和支气管炎。确诊可采用血清中和试验和 HI 试验等实验室诊断。

## 五、防治

预防本病主要是加强饲养管理，特别是犬舍周围环境卫生，新购入犬进行检疫，隔离和预防接种。我国 1989 年研制的犬瘟热、犬细小病毒、犬副流感病毒及犬腺病毒四联苗，对预防本病有积极作用。犬群一旦发病，立即隔离、消毒，重病犬及时淘汰。用镇咳药及抗生素治疗，对有细菌混合感染病有一定疗效。

# 兔病毒性出血症

兔病毒性出血症俗称“兔瘟”，是由兔病毒性出血症病毒引起的兔的一种急性、高度接触性传染病。病的特点是潜伏期短，发病急、病程短、传播快、发病和死亡比率均高。以呼吸系统出血、水肿、肝坏死、实质器官淤血、水肿、出血为特征。

## 一、临床症状

本病潜伏期自然感染 2～3 d。在新疫区的流行初期，病兔突然发病，迅速死亡。一般体温升高到 41℃，稽留 6～8 h 而死。有的死前还在吃食，突然抽搐几下即刻死亡。到了流行中期，病兔病初体温升高到 41℃以上，病兔精神委顿，食欲减退，渴欲增加。皮毛无光泽，迅速消瘦。死前有短期兴奋、挣扎、狂奔、咬笼架，继而前肢俯伏，后肢支起，全身颤抖，倒向一侧，四肢划动，惨叫几声而死。少数病死兔鼻孔中流出泡沫样血液。病程 1～2 d。而在老疫区或流行后期。潜伏期和病程较长。病兔体温升高达 41℃左右，精神委顿，食欲不振，被毛杂乱无光泽，逐渐消瘦、衰弱而死。耐过病兔生长迟缓，从粪便排毒至少一个月之久。

## 二、剖检变化

典型病变为鼻腔、喉头和气管黏膜充血和出血。气管和支气管内有泡沫状血液。肺有不同程度充血，一侧或两侧有数量不等的粟粒至绿豆大的出血斑点。切开肺叶流出多量红色泡沫状液体。肝淤血、肿大、质脆，肝实质坏死，而致表面呈淡黄或灰白色条纹，切面粗糙，流出多量暗红色血液。胆囊胀大，充满稀薄胆汁。肾皮质有散在的针尖状出血点。胸腺肿大，常出现水肿，并有散在性针尖至粟粒大出血点。胃肠多充盈，胃黏膜脱落，小肠黏膜充血、出血。肠系膜淋巴结水样肿大。

## 三、病原及流行特点

**1. 病原**　兔病毒性出血症病毒是一种新发现的病毒，病毒对氯仿和乙醚不敏感，对紫外线和干燥等不良环境的抵抗力较强。1%氢氧化钠 4 h、1%～2%甲醛、1%漂白粉 3 h 才被灭活。生石灰和草木灰对病毒几乎无作用。

**2. 流行特点**　本病只发生于家兔和野兔。各种品种和不同性别的兔都可感染发病，60 日龄以上的青年兔和成年兔的易感性高于 2 月龄以内的仔兔。未断乳的幼兔很少发病。病兔和带毒的兔是主要的传染来源。他们通过粪便、皮肤、呼吸和生殖道排毒，污染环境及用具。消化道是主要的传染途径。本病在新疫区多呈暴发性流行。60 日龄以上的兔发病率和病死率高达 90%～95%，甚至 100%。一般疫区的平均病死率 78%～85%。本病一年四季都可发生，但北方一般以冬、春寒冷季节多发。

## 四、诊断

根据呼吸系统出血、肝坏死、实质脏器水肿、淤血及出血性变化等特征，在疫区结合流行特点及典型的临诊症状，一般可以作出诊断。在新疫区要确诊可进行病原学检查和血清学试验。

## 五、防治

有效的预防措施是定期预防注射疫苗。常用的有国产的二联苗(兔瘟、兔巴氏杆菌)和三联苗(兔瘟、兔巴氏杆菌和波氏杆菌)，注射后 7～10 d 产生免疫力，保护力可靠。仔兔 20 日龄开始初免，一年免疫三次。平时坚持自繁自养，认真执行兽医卫生防疫措施，定期消毒，禁止外人进入兔场。新引进的兔需要隔离饲养观察至少 2 周，无病时方可入群饲养。

兔群发生疫情时，立即封锁疫点。对疫群中尚未发病兔紧急接种疫苗，轻病兔注射高免血清，剂量成年兔 3～4 mL，仔兔及青年兔 2～3 mL，疗效较好。重病兔扑杀，尸体深埋或焚烧。污染的环境和用具等彻底消毒。

# 貂病毒性肠炎

貂病毒性肠炎也叫貂泛白细胞减少症或貂传染性肠炎，是由貂细小病毒引起的一种传染病，典型特征是急性肠炎和白细胞减少。

## 一、临床症状

本病潜伏期4～9 d。病程12 h到14 d不等。病貂体温升高到40～40.5℃。食欲减少或拒食，渴欲增加。有的在12～24 h内迅速死亡；有的发生急性肠炎，腹泻、粪便稀软或呈水样，粉红色、褐色、灰白色或绿色，内含有脱落的肠黏膜、黏液或血液。白细胞明显减少，由正常的9 500个下降到5 000个以下。病貂消瘦、虚弱、脱水，常伸展四肢平卧。最后衰竭而死，或有逐渐康复者长期带毒，生长发育迟缓。病死率一般在10%～80%，甚至达90%以上。

## 二、剖检变化

剖检病变主要是小肠呈急性卡他性纤维素性或出血性肠炎。肠管变粗，肠壁菲薄，肠内容物含有脱落的黏膜上皮和纤维蛋白样物质及少量血液。肠系膜淋巴结充血、水肿。肝脏肿大、质脆、胆囊肿大，充满胆汁。脾脏肿大，暗紫色。组织学检查可见小肠黏膜上皮变性、坏死。有的上皮细胞内见有核内包涵体。而貂感染猫细小病毒所发生的肠炎时则见不到此种包涵体。

## 三、病原及流行特点

病原为貂肠炎病毒也叫貂细小病毒，属细小病毒属成员。其形态、大小、理化和生物学特性都与猫细小病毒完全相同，两者在抗原属性上也有密切的亲缘关系。

本病多发生于貂。雪貂、猫、小鼠、家鼠和田鼠都不感染，即使人工接种也都不出现症状或者病变。各种品种和不同年龄的貂都有易感性，但50～60日龄的仔貂和幼貂最易感。发病率为50%～60%，幼龄貂可达90%。病貂、痊愈带毒貂患泛白细胞减少症病猫是主要传染源。病毒经动物的粪便、尿、唾液排出体外，经消化道和呼吸道传染给易感健康貂。此外，鸟类、鼠类和昆虫等也可成为传播本病的媒介。本病南方5～7月份多发，北方8～10月份较为多见。发生时呈地方流行性。一旦引入貂场，没有良好的兽医防疫卫生措施，可长期存在并周期性发生流行。

## 四、诊断

根据发病日龄为50～60日龄幼貂、临诊表现主要为腹泻和白细胞减少等特点，可作出初步诊断。确诊需实验室检查。常用的实验室检查方法有本动物接种、琼脂扩散试验、血凝抑制试验等。

## 五、防治

预防本病主要依靠免疫接种疫苗。我国现应用的疫苗有貂病毒性肠炎组织灭活苗(皮下注射剂量为 1 mL)和貂病毒性肠炎与犬瘟热二联组织灭活苗及二联弱毒苗。种貂一般在配种前即 1 月或 2 月份免疫接种;仔貂则以在 4～5 周龄或断乳后即 6～7 月份接种为好。灭活苗接种两次,间隔 7 d。弱毒苗接种一次,接种后 3 d 产生免疫力。

本病目前无特效疗法,发现貂场发生本病,应立即采取隔离、消毒、封锁疫点,对受威胁貂立即用病毒性肠炎弱毒苗或貂犬瘟热和病毒性肠炎疫苗紧急接种,每只貂注射 1～2 mL,对病貂初期采取对症治疗、配合支持疗法及使用抗菌药物防止并发感染等综合防制措施。可望在 10 d 到 2 周的时间内控制住疫情,不再出现新的病例。

### 案例分析

2009 年 8 月,某兽医院收诊一只 2 岁雄性哈士奇病犬,症状表现为:发烧、咳嗽、食欲下降、有眼屎、脚垫变硬、呼吸急促、鼻镜干燥、结膜炎。

## 一、诊断

根据临床症状及经用试纸诊断,确诊为犬瘟热。

## 二、治疗

对发病犬给予注射犬瘟热高免血清,连用 2～3 d;应用双黄连、头孢拉定、利巴韦林,配合应用地塞米松静脉注射,同时给予复合维生素 B 1 瓶、辅酶 A、维生素 C。5 d 后,发病犬基本痊愈。

### 复习思考题

1. 犬瘟热临床分哪几个型,有何特征性症状? 如何进行防治?
2. 犬传染性肝炎有何特征性病理变化? 如何防治?
3. 临床如何诊断犬细小病毒病?
4. 犬的副流感是如何发生的?
5. 兔病毒性出血症有何特征性临床症状? 如何预防?
6. 貂瘟热临床症状有哪些?

# 子项目三　寄生虫病防治

## 犬钩虫病

钩虫病是由钩口科、钩口属和弯口属的线虫寄生于犬、猫的小肠，主要是十二指肠而引起的一种寄生虫病。典型症状是贫血、黑色柏油状粪便、肠炎和有低蛋白血症。我国各地广泛流行，多发生于热带和亚热带地区。

### 一、病原及其生活史

引起犬钩虫病的病原，常见的是犬钩虫与狭头钩虫。犬钩虫为淡黄白色小线虫，头端稍向背侧弯曲，口囊很发达，口囊前缘腹面两侧各有 3 个大齿，各齿向内呈钩状弯曲。雄虫长 10～12 mm，雌虫长 14～16 mm。狭头钩虫两端稍细，较犬钩虫小，口囊前缘腹面两侧各有 1 片半月状切板。雄虫长 5～8.5 mm，雌虫长 7～10 mm。

犬钩虫卵随粪便排出体外，在适宜条件下，经 12～30 h 孵出幼虫(杆状蚴)，再经 1 周左右，蜕化为感染性幼虫(带鞘丝状蚴)。犬通常经口感染，也可经皮肤和口黏膜感染。当幼虫经口进入宿主体后，停留在肠内，脱去囊鞘，逐渐发育为成虫。当幼虫经皮肤侵入时，钻入外周血管，移行到肺泡和气管，随痰进入口腔，吞下后到小肠发育为成虫。犬钩虫还可通过胎盘、初乳感染。狭头钩虫的生活史与犬钩虫相似，但以经口感染较为多见。

### 二、症状及剖检变化

钩虫幼虫侵入、移行和成虫寄生期均可引起临床症状。幼虫侵入皮肤时可引起皮肤炎症、瘙痒，也可继发细菌感染。常发生于趾间和腹下被毛较少处。幼虫移行阶段无临床症状，偶见大量幼虫移行至肺部引起肺炎。

成虫寄生阶段，虫体吸附于小肠黏膜上吸血，同时分泌抗凝素，延长凝血时间。因此可造成动物大量失血，动物临床表现为贫血、倦怠、呼吸困难，哺乳期幼犬更为严重。常伴有血性或黏液性腹泻，粪便呈柏油状。动物营养不良，严重感染者可引起死亡。血液检查可见白细胞总数增多，嗜酸性粒细胞比例增大，血红蛋白下降。剖检黏膜苍白，血液稀薄，小肠黏膜肿胀、出血，肠内容物混有血液，小肠内可见有许多虫体。

经胎内或初乳感染犬钩虫的3周龄内的仔犬，可引起严重贫血，导致昏迷和死亡。

## 三、诊断

根据流行病学、临床症状，结合病原学检查发现虫卵、幼虫或小肠内的虫体即可确诊。病原检查方法主要有饱和盐水漂浮法检查粪便中的虫卵，贝尔曼氏幼虫分离法分离犬栖息地土壤或垫草内的虫卵，剖检查找小肠中的虫体。

## 四、防治

定期驱虫，及时清理粪便，并进行生物热处理；保持圈舍清洁，干燥通风；定期用硼酸盐或酒精喷灯处理犬、猫经常接触的地方，以便杀死虫卵。

常见的驱线虫药均可用于治疗犬钩虫病。可选用左旋咪唑5～10 mg/kg体重，或丙硫咪唑10～15 mg/kg体重，或甲苯咪唑22 mg/kg体重口服，每天1次，连用3 d，必要时2周后可重复用药1次。或用阿维菌素或伊维菌素制剂0.2 mg/kg体重，一次性皮下注射。对于重度感染病例，应结合临床采取对症治疗，如输血、补液、消炎、止血、止泻等。

# 犬螨病

犬螨病又叫犬疥癣，俗称“癞皮狗病”。是由犬疥螨或犬耳痒螨寄生所致，其中以犬疥螨危害最大。本病广泛分布于世界各地，多发于冬季，常见皮肤条件很差的犬。

## 一、病原及生活史

**1. 犬疥螨**　浅黄色，呈圆形，背面隆起，腹面扁平。雄螨大小为(0.2～0.23) mm×(0.14～0.19) mm，雌螨大小为(0.33～0.45) mm×(0.25～0.35) mm。腹面有4对粗短的足，雄螨第一、二、四对足和雌螨第一、二对足尖端有带柄的吸盘，吸盘喇叭形，柄长，不分节。

**2. 犬耳痒螨**　呈椭圆形，雄螨大小为0.32～0.38 mm，雌螨大小为0.43～0.53 mm 。口器短圆锥形。足4对，较长，雄螨每对足末端和雌螨第一、二对足末端均有带柄的吸盘，柄短，不分节。

犬疥螨和犬耳痒螨的全部发育过程都在动物体上度过，包括卵、幼虫、若虫、成虫4个阶段,其中雄螨为1个若虫期,雌螨为两个若虫期。

犬螨病主要由于健康犬与病犬直接接触或通过被螨及其卵污染的犬舍、用具等间接接触引起感染。也可通过管理人员或兽医人员的衣服和手传播病原。

## 二、症状及剖检变化

**1. 疥螨病** 幼犬感染后症状较严重,病变多始于耳部,而后波及鼻梁、眼眶、耳根及腋间等处,后扩散至全身。病初皮肤发红有疹状小结,继而转为水疱,水疱破溃后,流出黏稠黄色油状渗出物,渗出物干燥后形成鱼鳞状痂皮。患部剧痒,病犬常以爪抓挠患部或在地面以及各种物体上摩擦,因而出现严重脱毛。继发感染时,患病部位可有脓性分泌物伴有恶臭味儿。

由于患病犬被螨虫长期慢性刺激,犬终日不停啃咬、挠抓、摩擦患部,使犬烦躁不安,影响正常休息和进食。临床可见犬日渐消瘦、营养不良甚至导致死亡。

**2. 耳痒螨** 寄生于犬外耳道,以吸食渗出液为食,引起大量的耳脂分泌和淋巴液外溢,且往往继发化脓。病变可深入到中耳、内耳及脑膜等处。犬患病后,有痒感,病犬不停地摇头、抓耳、鸣叫,在器物上摩擦耳部,耳道内有一种暗褐色的蜡质和渗出物,有时有鳞状的痂皮。如侵害脑膜,病犬会出现癫狂症状或做不自主旋转运动。

## 三、诊断

根据临床症状可作出初步诊断,确诊需要对患病犬的皮肤耳道渗出物进行病原检查,放大镜下见到螨虫即可确诊。

## 四、防治

**1. 犬疥螨病** 将患部被毛剪掉,清洗患部,去掉痂皮,选用溴氰菊酯、巴胺磷、双甲醚等进行涂擦或药浴。

**2. 耳痒螨** 应在麻醉状态下,清除耳道内渗出物。清除耳道内渗出物前应向耳道内注入刺激性小的油,如石蜡油或耳垢溶解剂,并轻轻按摩以助清洁。再用加有杀螨药的油剂(例如雄黄10 g、硫黄10 g、豆油100 mL,将豆油烧开加入研细的雄黄和硫黄,候温)局部涂擦。也可应用伊维菌素或灭虫丁注射液,用量为200 μg/kg体重,皮下注射。在治疗病犬同时,应以杀螨药物彻底消毒犬舍和用具,将治疗后的病犬安置到已消毒过的犬舍内饲养,由于大多数治螨药物对螨卵的杀灭作用差,因此,需治疗2～3次,每次间隔5 d,以杀死新孵出的幼虫。

# 犬 虱

犬猫的虱病是由虱目的虱(兽虱)和食毛目的虱(毛虱)寄生于体表所引起的,前者以血液淋巴液为食,后者不吸血,以毛、皮屑等为食,对犬猫造成危害。此外,犬毛虱还是犬复孔绦虫的传播者。

## 一、病原及生活史

在我国发现寄生于犬的虱主要有棘颚虱和犬毛虱两种,棘颚虱呈淡黄色,刺式口器,头呈圆锥形且狭于胸部,腹大于胸,触角短,足3对较粗短,雄虱常1.75 mm,雌虱长2.02 mm。犬毛虱呈淡黄褐色,具褐色斑纹,咀嚼式口器,头扁圆宽于胸部,腹大于胸,触角一对,足2对较细小。雄虱长1.74 mm,雌虱长1.92 mm。

颚虱和毛虱均属于不完全变态,成虫交配后,雄虫死亡;雌虫于交配后1～2 d开始产卵,产卵时分泌胶液,使卵黏附于被毛上。每个雌虫一天产卵10个左右,一生共产卵50～300个。卵经5～9 d孵化后,幼虫就可以从卵盖钻出,数小时后,即可吸血或啮食皮屑。幼虫分3期,经3次蜕皮后变成成虫。幼虫期8～9 d。从卵到成虫至少需要16 d,通常3～4周。虱的发育与环境温度、湿度、光线亮度、毛的密度等关系密切。

## 二、症状及剖检变化

犬虱病的主要有犬毛虱和犬颚虱两种,寄生活动于犬猫体表被毛之间,刺激皮肤神经末梢。犬毛虱以毛和表皮鳞屑为食,所以,它造成犬瘙痒和不安,犬啃咬瘙痒处而自我损伤,引起脱毛,继发湿疹、丘疹、水泡、脓疱等,严重时食欲差,影响犬的睡眠,造成营养不良。犬颚虱为吸血性寄生虫,它吸血时分泌有毒的液体,刺激犬的神经末梢,产生痒感,大量感染时引起化脓性皮炎,可见犬脱毛或掉毛,患犬精神沉郁,体弱,因慢性失血而贫血,犬对其他疾病的抵抗力差。

## 三、诊断

虱多寄生于犬猫的颈部、耳翼及胸部等避光处,仔细检查可发现虱和虱卵,据此可作出诊断。

## 四、防治

保持犬舍干燥及犬体清洁卫生,定期做好消毒工作;经常给犬梳刷洗澡;做好检疫工作，无虱者方可混群；发现带虱犬，及时隔离治疗。

治疗药物可选用溴氰菊酯、双甲脒、伊维菌素、阿维菌素等。由于药物不能杀死虫卵，2 周左右再重复用药一次。

# 犬焦虫病

犬焦虫病又称为犬巴贝斯虫病，是由巴贝斯科、巴贝斯属的犬巴贝斯虫、吉氏巴贝斯虫、韦氏巴贝斯虫引起的犬的发热性蜱传播性疾病。我国报道的为吉氏巴贝斯虫，其主要症状为贫血、黄疸、血红蛋白尿。本病在我国江苏、河南和湖北的部分地区呈地方性流行。它对良种犬，尤其是军犬、警犬和猎犬的危害很大。

## 一、病原及生活史

吉氏巴贝斯虫在红细胞内呈多形性，多位于红细胞边缘或偏中央，以圆点状、指环形及小杆形最常见。偶尔可见十字形的四分裂虫体和成对的小梨籽形虫体。虫体大小在 0.5 $\mu$m 至 2.5 $\mu$m 不等。在一个红细胞内可寄生 1～13 个虫体，多见寄生 1～2 个虫体。

犬巴贝斯虫虫体较大，虫体长度大于红细胞半径，大小为 5.0×(2.5～3) $\mu$m，其形态有梨籽形、圆形、椭圆形及不规则形等。典型的形状是成双的梨籽形，尖端以锐角相连，每个虫体内有一团染色质块。虫体经姬姆萨氏染色后，胞浆淡蓝色，染色质呈紫红色。

巴贝斯虫病的传播媒介是多种硬蜱。当具有感染性的蜱叮咬犬体时，存在于蜱唾液腺中的具有感染性的子孢子随蜱的唾液进入宿主体内，在犬体内的巴贝斯虫主要寄生于红细胞内。在红细胞内进行裂殖生殖或二次分裂生殖。当蜱吸食了含虫血后，巴贝斯虫灾蜱的肠上皮细胞内进行有性生殖，之后穿过肠壁进入血淋巴。推测巴贝斯虫灾蜱的下一个变态期或蜱卵胚胎内继续进行繁殖，并在感染性阶段时在唾液腺发育为具有感染性的子孢子。

## 二、症状及剖检变化

吉氏巴贝斯虫病常呈慢性经过。潜伏期 2～4 周。发病初期，病犬精神沉郁，不愿走动，走路时四肢无力，身躯摇晃。体温升高至 40℃～41℃，持续 3～5 d 后转至正常，5～7 d 后体温再次升高，呈不规则间歇热型。病犬食欲逐渐减少或废绝，可视黏膜苍白至黄染。尿呈黄色，有时出现血红蛋白尿。部分病犬有呕吐症状，眼有炎性分泌物。触诊脾脏肿大；单侧或双侧肾肿大有痛感。

犬巴贝斯虫病分急性型和慢性型。急性巴贝斯虫病的潜伏期为 2～10 d，病犬初期表现体温升高，在 2～3 d 内达到 40℃～43℃，随后食欲降低至废绝，呼吸和脉搏加快，可视黏膜由淡红、苍白，逐渐黄染。部分病犬出现血红蛋白尿。有的病犬脾脏肿大。慢性犬巴贝斯虫病，只在初期体温升高，少数病例会出现间歇热。病犬渐进性贫血，但通常无黄疸。尽管食欲正常，但精神不振，极度消瘦。尿中含有蛋白，红细胞可减少至正常值的 1/5～1/4，白细胞数目增加。如病犬耐过，贫血可在 3～6 周后逐渐消失。耐过的病犬常带虫免疫，长者可达 2 年。

## 三、诊断

根据临床症状和流行病学可做出初步诊断，确诊需进行病原学检查。

采集外周末梢血液制成薄血涂片，甲醇固定后姬姆萨染色镜检，发现红细胞内有特征性虫体，即可做出诊断结论。由于巴贝斯虫具有毛细血管内皮聚集的特性，往往第一滴血具有较高的检出率。另外可用血清学诊断技术确诊本病。

## 四、防治

**1. 预防**　关键在于灭蜱。要了解当地蜱的活动规律，有计划地采取一些有效措施灭蜱。当犬进行户外活动时，应注意观察犬体上的蜱，采用人工摘除或化学药物法灭蜱。对于新引进的犬可注射咪唑苯脲进行预防，也可以给犬带驱蜱项圈，预防期可达 3 个月。在免疫预防方面，法国利用犬巴贝斯虫体外培养可溶性抗原生产的疫苗已经商品化，临床应用的保护率超过 80%，我国还没有相关的疫苗。

**2. 治疗**　本病要及早确诊、及时治疗，才可取得好的效果。同时，还应采用对症支持疗法，如强心、健胃、补液等。

(1)咪唑苯脲。每千克体重 5 mg，配成 10%溶液肌肉注射或皮下注射，间隔 24 h 再次注射。或每千克体重 5～7 mg 的剂量配制成 10%溶液肌肉注射，间隔 14 d 后再用 1 次。

(2)硫酸喹啉脲。按每千克体重 0.25～0.5 mg，皮下注射或肌肉注射，有时需隔日重复一次。该药偶尔有明显的副作用，如兴奋、流涎、呕吐等。剂量降低至每千克体重 0.3 mg 可减轻不良反应，因此可多次低剂量给药。

(3)黄色素。0.5%黄色素按每千克体重 3 mg 的剂量，加 250 mL 生理盐水静脉注射。

# 犬心丝虫病

犬心丝虫病是由双瓣科，恶丝虫属中的犬恶丝虫，又称犬心丝虫寄生于犬的右心室和肺动脉引起循环障碍，呼吸困难及贫血等症状的一种丝虫病。

## 一、病原及生活史

犬恶丝虫雄虫长 12～16 cm，尾部短而钝圆，有窄的尾翼，有 5 对泄殖腔前乳突，6 对泄殖腔后乳突。有两根不等长的交合刺，左侧的长，末端尖；右侧的短，相当于左侧的 1/2 长，末端钝圆。整个尾部呈螺旋形弯曲。雌虫长 25～30 cm，尾部直，阴门开口于食道后端处。

犬恶丝虫的中间宿主是蚊子。成虫寄生于右心室和肺动脉，雌虫所产微丝蚴随血流到全身，在血液中可存活 1 年或 1 年以上，但被中间宿主吞食前不能进一步发育。当蚊子吸血时摄入微丝蚴，微丝蚴在其体内经 2 周发育成感染性幼虫；当蚊子再次吸血时将感染性幼虫注入犬的体内，微丝蚴从侵入犬体到血液中再次出现微丝蚴需要 6 个月；成虫可在终末宿主体内存活 5～6 年。此病的发生与蚊子的活动季节相一致。感染季节一般为蚊蝇最活跃的 6～10 月份，感染高峰期为 7～9 月份。感染率和年龄成正比，年龄越大则感染率越高。犬的性别、被毛长短、毛色等与感染率无关。

## 二、临床症状

感染犬主要表现为咳嗽，心悸，脉细而弱，心内有杂音，腹围增大，呼吸困难，运动后尤为显著，末期贫血明显，逐渐消瘦衰竭至死。

患心丝虫病的犬常伴发结节性皮肤病，由于虫体的寄生活动和分泌物刺激，患犬常出现心内膜炎和增生性动脉炎，死亡虫体还可引起肺动脉栓塞；另外，由于肺动脉压力过高造成右心室肥大，导致充血性心力衰竭，伴发水肿和腹水增多，患犬精神倦怠、衰弱。

## 三、诊断

根据病史调查和临床症状观察可以作出初步诊断，在血液中找到微丝蚴后可确诊。检查微丝蚴的较好的方法是改良 KNOTT 氏试验和毛细血管离心法。

**1. 改良 KNOTT 氏试验**　取全血 1 mL 加入 2%甲醛 9 mL，混合后 1 000～1 500 r/min 离心 5～8 min，弃上清液，取 1 mL 沉渣和 1 滴 0.1%美兰溶液混合

后,在显微镜下检查微丝蚴。注意其与隐匿双瓣线虫微丝蚴的鉴别诊断,前者一般长于 300 μm,尾端尖而直,后者多短于 300 μm,尾端钝并呈钩状。

**2. 毛细血(吸)管离心法**　取抗凝血,吸入特制的毛细管内,用橡皮泥封住下端,离心后在显微镜下于红细胞和血浆交界处直接观察微丝蚴,或将毛细管切断,将所要检查的部分血浆置于载玻片上镜检。

**3. 离心法**　用血液 1 mL 加 7%醋酸溶液或 1%盐酸溶液 5 mL,1 500 r/min 离心 2～3 min 后,倾去上清液,取沉淀物镜检微丝蚴。

**4. 血清学试验或用 ELISA 试剂盒诊断**

## 四、防治

**1. 预防**　药物预防为本病最有效的预防措施。常用的药物有伊维菌素、海群生、苯乙烯吡啶海群生合剂和硫乙砷胺钠。

**2. 治疗**　在确诊本病的同时,应对患犬进行全面的检查,对于心脏功能障碍的病犬应先给予对症治疗,然后分别针对成虫和微丝蚴进行治疗,同时对患犬进行严格的监护,因犬恶丝虫寄生部位的特殊性,药物驱虫具有一定的危险性。

(1)驱除成虫

①硫乙砷胺钠:每千克体重 0.22 mL,静脉注射,2 次/天,连用 2 d。注射时严防药物漏出静脉。该药对患严重心丝虫病的犬是较危险的,可引起肝中毒和肾中毒。

②菲拉松:每次每千克体重 1.0 mg,3 次/天,连用 10 d。

③酒石酸锑钾:按每千克体重 2～4 mg 溶于生理盐水,静脉注射,1 次/天,连用 3 d。

(2)驱除微丝蚴

①碘化噻唑氰胺:每天每千克体重 6.6～11.0 mg,连用 7 d。若微丝蚴检查仍为阳性,则可增大剂量到每千克体重 13.2～15.4 mg,直至微丝蚴检查阴性。因用药后可能有呕吐和腹泻等副作用,应尽量减小剂量以减少副作用。

②左咪唑:按每千克体重 11.0 mg,1 次/天,口服,连用 6～12 d。治疗后第 6 天开始检查血液,当微丝蚴检查为阴性时,停止用药。用药后可能出现呕吐、神经症状、严重的行为改变和死亡;治疗超过 15 d,有中毒的危险性;该药不能和有机磷酸盐或氨甲基酸酯合用。也不能用于患有慢性肾病和肝病的犬的治疗。

③二硫噻啉:按每千克体重 22 mg,每天一次,连用 10～20 d。

# 兔球虫病

兔球虫病记载的有14种，危害较大的是斯氏艾美耳球虫，寄生于肝脏胆管上皮细胞内，其次为大型艾美耳球虫、梨形艾美耳球虫、肠艾美耳球虫和黄色艾美耳球虫，均寄生于肠道上皮细胞内。

## 一、病原及流行特点

本病是兔的一种多发病，以4～5月龄内幼兔多发，3月龄最重，其感染率可达到100%，死亡率达70%。耐过的病兔长期不能康复，体重可减少12%～27%。温暖潮湿季节多发此病。晴雨交替、饲料骤变可促使本病的暴发。仔兔主要是通过食入母兔乳房沾污的卵囊而感染，幼兔主要通过饲料和饮水感染。此外，饲养人员、工具、鼠和蝇等昆虫均可机械地传播本病。成年兔多为带虫者。

## 二、临床症状

病兔食欲减退或废绝，精神委靡，动作迟缓，俯卧不动；眼、鼻分泌物增多，唾液分泌增多；腹泻与便秘交替、尿频；由于肠膨胀、膀胱积尿和肝脏肿大而出现腹围增大，肝区疼痛；结膜苍白、黄染。后期常出现神经症状，四肢痉挛、麻痹，多因高度衰竭而死亡。病程10多天至数周不等。病愈后长期生长发育不良。

## 三、诊断

根据临床症状和寄生虫学检查可确诊。粪便检查用漂浮法可见卵囊。

## 四、防治

**1. 预防**　本病应以预防为主，措施如下：①保持兔舍的干燥、清洁。②仔兔、幼兔、成兔分群饲养。③发现病兔，立即隔离治疗，同时全群紧急药物预防。④新引进兔一定要隔离观察。⑤加强饲养管理，提高兔抵抗力。⑥对断奶前后至4月龄幼兔进行药物预防。

**2. 治疗**　①磺胺六甲氧嘧啶(SMM)：按0.1%浓度混入饲料，连用3～5 d，隔1周再用1个疗程。②磺胺二甲基嘧啶($SM_2$)与三甲氧嘧啶(TMP)：按5∶1比例混合后，以0.02%浓度混入饲料，连用3～5 d，隔1周再用1个疗程。③克球粉和苄喹硫酯合剂：分别以100 mg/kg和8.35 mg/kg剂量混饲。④氯苯胍：按30 mg/kg体重混入饲料，连用5 d，隔3 d再用一次。⑤莫能菌素：按1 mg/L剂量混入饲料中，连用1～2个月，可预防本病。

**案例分析**

2010年4月，某兽医站接诊一只8月龄松狮病犬。

病犬头部、鼻梁、眼眶、耳部及胸部，分别表现为皮肤表面有大量麸皮状皮屑、皮肤增厚、被毛脱落、表面覆盖痂皮、龟裂。病犬剧痒烦躁不安消瘦。

## 一、诊断

经对病犬皮屑及其皮肤深层采集病例，涂片，显微镜下观察，发现有圆形、微黄白色、背部隆起、腹部扁平的虫体，大小约为0.2～0.35 mm。腹面有4对粗短的足。根据病原形态，确诊为犬疥螨病。

## 二、防治

(1)将患部被毛剪掉，清洗患部。

(2)伊维菌素1%浓度。0.5～1 mL/kg体重，背部皮下注射，隔6～7 d 1次，2～3次为一疗程。

(3)外用喷剂：应用广谱特效去癞灵直接对患处喷射，患处周边喷均匀，喷后抹去药液，药效可维持1周，开始使用时，每日1次，连续使用3～5 d后，病情得到缓解。用药5 d后改为每隔1天喷1次，7 d后基本痊愈。

在进行治疗的同时，提醒犬主人隔离病犬，防止互相感染。注意环境卫生，保持犬舍清洁干燥，对于犬舍、犬床、垫物等定期清理和消毒。

**复习思考题**

1. 兔球虫病的临床症状及其治疗措施有哪些？
2. 犬心丝虫病的症状及其综合防制措施有哪些？
3. 犬钩虫病侵入机体的途径有哪些？
4. 犬疥螨病的临床症状是什么？如何治疗？

# 任务　兔病毒性出血症的实验室诊断

## 一、内容

兔病毒性出血症病毒微量血凝试验；兔病毒性出血症病毒微量血凝抑制试验；

平板快速血凝和血凝抑制试验。

## 二、目标

学会通过微量血凝试验及血凝抑制试验和平板快速血凝和血凝抑制试验诊断兔病毒性出血症的方法。

## 三、材料

微量振荡器、离心机、离心管、微量加样器、96孔V形反应板、注射器(1 mL、5 mL)、针头、试管、吸管、兔剖检器材等仪器与器材;人O型红细胞悬液、灭菌生理盐水、青霉素、链霉素、兔病毒性出血症血清等药品;可疑病兔或死兔。

## 四、方法与步骤

(一)临床症状诊断

本病多导致兔急性死亡,无任何征兆,突然倒地,尖叫,抽搐,不能站立。有时鼻孔流出泡沫状血液,濒死前肛门排出淡黄色稀薄状粪便。

(二)病理剖检诊断

本病以实质器官的淤血、水肿及出血斑点或变性为主要特征。肝脏、脾脏淤血、肿大,气管黏膜、鼻腔及喉头黏膜弥漫性充血、出血,气管内充满大量血性泡沫。肺脏出血,肾脏淤血、变性较多见。

(三)实验室诊断

**1. 标本采取** 主要采取病死兔的肝脏、脾脏和肾脏,处理后冷冻备用。

**2. 病毒提纯** 将标本以1∶5加入灭菌生理盐水,匀浆数分钟加入少许氯仿去脂,4 000 r/min离心15 min,取上层液离心(1 000 r/min)30 min,用35%～40%饱和硫酸铵沉淀后,离心(40 000 r/min)90 min,收集沉淀溶于适量缓冲液中,直接镜检或冷冻备用。

**3. 分离培养** 本病可在乳兔肾细胞、兔睾丸细胞上生长并产生细胞病变(CPE)。

**4. 动物试验** 将无菌采取的标本,用灭菌生理盐水制成1∶10悬液,加入双抗(青、链霉素各1 000 IU/mL),在室温下作用2～3 h,皮下接种未经免疫的易感家兔2～3只,在严格隔离下饲养、观察,表现出与自然病例临诊及剖检症状相同的即初步判为阳性。

**5. 微量血凝及血凝抑制试验** 本病毒可凝集人O型红细胞,并能被其特异性抗体所抑制。本试验在96孔微量滴定板上进行。

(1)血凝试验。从第1孔至第11孔,每孔先加入生理盐水50 μL。然后在第1

孔加入 1∶10 稀释的病死兔肝脏悬液 50 μL。从第 1 孔开始，用 50 μL 的移液器做等量倍比稀释至第 10 孔，最后第 10 孔弃去 50 μL。每孔再各加入 1% 人 O 型红细胞 50 μL（见表 6-1），立即在微型振荡器上震荡 30～60 s，置 37℃温箱作用 45 min，待对照孔完全沉淀后观察，判定结果参见表 6-2。

**表 6-1　兔病毒性出血症病毒微量血凝试验(HA)**　　μL

| 孔号 | 1 | 2 | 3 | 4 | 5 | 6 | 7 | 8 | 9 | 10 | 11 |
|---|---|---|---|---|---|---|---|---|---|---|---|
| 病料稀释倍数 / 材料 | 1∶20 | 1∶40 | 1∶80 | 1∶160 | 1∶320 | 1∶640 | 1∶1 280 | 1∶2 560 | 1∶5 120 | 1∶10 240 | 生理盐水对照 |
| 生理盐水 | 50 | 50 | 50 | 50 | 50 | 50 | 50 | 50 | 50 | 50 | 50 |
| 1∶10 倍稀释病料 | 50 | 50 | 50 | 50 | 50 | 50 | 50 | 50 | 50 | 50 | — 弃 50 |
| 1% 人 O 型红细胞悬液 | 50 | 50 | 50 | 50 | 50 | 50 | 50 | 50 | 50 | 50 | 50 |
| 振荡 30～60 s，37℃温箱作用 45 min | | | | | | | | | | | |
| 结果举例 | # | # | # | # | # | # | # | # | + | − | − |

# 为完全凝集；+ 为不完全凝集；− 为不凝集。

**表 6-2　微量血凝实验结果判定标准**

| 类别 | 空底所见 | 结果 |
|---|---|---|
| 1 | 红细胞一片凝集。均匀铺于孔底 | ++++ |
| 2 | 红细胞凝集基本同上，但孔底有大圆 | +++ |
| 3 | 红细胞与孔底形成中等大的圆，四周有小凝块 | ++ |
| 4 | 红细胞与孔底形成小圆，四周有小凝块 | ++ |
| 5 | 红细胞沉于孔底，完全不凝集 | − |

（2）血凝抑制试验。病死兔肝混悬液稀释法同上述血凝试验，一个标本分作相同的两排，第 1 排孔加生理盐水 50 μL，第 2 排孔加已知诊断血清 50 μL 震荡，然后在 37℃温箱放置 10 min，每孔加入 1% 人 O 型红细胞 50 μL，立即震荡，置 37℃温箱中作用 45 min，待对照红细胞沉降后观察，判定结果。如两排孔的血凝价相差两个滴度以上者即为阳性，操作方法见表 6-3 和表 6-4。

**6. 平板快速血凝和血凝抑制试验**

（1）材料。发病死亡兔的肝、脾或肾脏，用灭菌生理盐水制成 1∶5 的悬液，离心后取上清备用。3% 人 O 型红细胞悬液。兔瘟阳性血清。白瓷板或玻璃板，棉签。

（2）操作方法。用红铅笔在白瓷板上画好 4 cm×4 cm 的小方格。在一个方格内滴加1∶5脾、肝悬液2滴，生理盐水1滴，3%人O型红细胞悬液一滴，立即搅

**表 6-3　兔病毒性出血症病毒微量血凝抑制试验(HI)(第一排孔操作方法)**　μL

| 孔号 | 1 | 2 | 3 | 4 | 5 | 6 | 7 | 8 | 9 | 10 | 11 |
|---|---|---|---|---|---|---|---|---|---|---|---|
| 病料稀释倍数<br>材料 | 1∶20 | 1∶40 | 1∶80 | 1∶160 | 1∶320 | 1∶640 | 1∶1 280 | 1∶2 560 | 1∶5 120 | 1∶10 240 | 生理盐水对照 |
| 生理盐水 | 50★ | 50 | 50 | 50 | 50 | 50 | 50 | 50 | 50 | 50 | 50 |
| 1∶10倍稀释病料 | 50 | 50 | 50 | 50 | 50 | 50 | 50 | 50 | 50 | 50 | —<br>弃50 |
| 已知诊断血清 | 50 | 50 | 50 | 50 | 50 | 50 | 50 | 50 | 50 | 50 | 50 |
| 振荡 30～60 s,37℃温箱作用 10 min | | | | | | | | | | | |
| 1%人O型红细胞悬液 | 50 | 50 | 50 | 50 | 50 | 50 | 50 | 50 | 50 | 50 | 50 |
| 立即振荡 30～60 s,37℃温箱作用 45 min | | | | | | | | | | | |
| 结果1举例 | # | # | # | # | # | — | — | — | — | — | — |

**表 6-4　兔病毒性出血症病毒微量血凝抑制试验(HI)(第一排孔操作方法)**　μL

| 孔号 | 1 | 2 | 3 | 4 | 5 | 6 | 7 | 8 | 9 | 10 | 11 |
|---|---|---|---|---|---|---|---|---|---|---|---|
| 病料稀释倍数<br>材料 | 1∶20 | 1∶40 | 1∶80 | 1∶160 | 1∶320 | 1∶640 | 1∶1 280 | 1∶2 560 | 1∶5 120 | 1∶10 240 | 生理盐水对照 |
| 生理盐水 | 50 | 50 | 50 | 50 | 50 | 50 | 50 | 50 | 50 | 50 | 50 |
| 1∶10倍稀释病料 | 50 | 50 | 50 | 50 | 50 | 50 | 50 | 50 | 50 | 50 | —<br>弃50 |
| 生理盐水 | 50 | 50 | 50 | 50 | 50 | 50 | 50 | 50 | 50 | 50 | 50 |
| 振荡 30～60 s,37℃温箱作用 10 min | | | | | | | | | | | |
| 1%人O型红细胞悬液 | 50 | 50 | 50 | 50 | 50 | 50 | 50 | 50 | 50 | 50 | 50 |
| 立即振荡 30～60 s,37℃温箱作用 45 min | | | | | | | | | | | |
| 结果2举例 | # | # | # | # | # | # | # | — | — | — | — |

匀。另一个方格除将生理盐水换成兔瘟阳性血清外,其他与第一个方格操作相同。加样完毕并搅匀后,轻轻晃动瓷板,2～5 min判定结果。如果第一个格内出现明显的红细胞凝集现象,而第二格不出现,则可诊断为兔瘟。

## 五、报告

根据实训课的内容,写一份兔病毒性出血症的诊断报告。

# 附录　各种动物主要寄生虫图谱

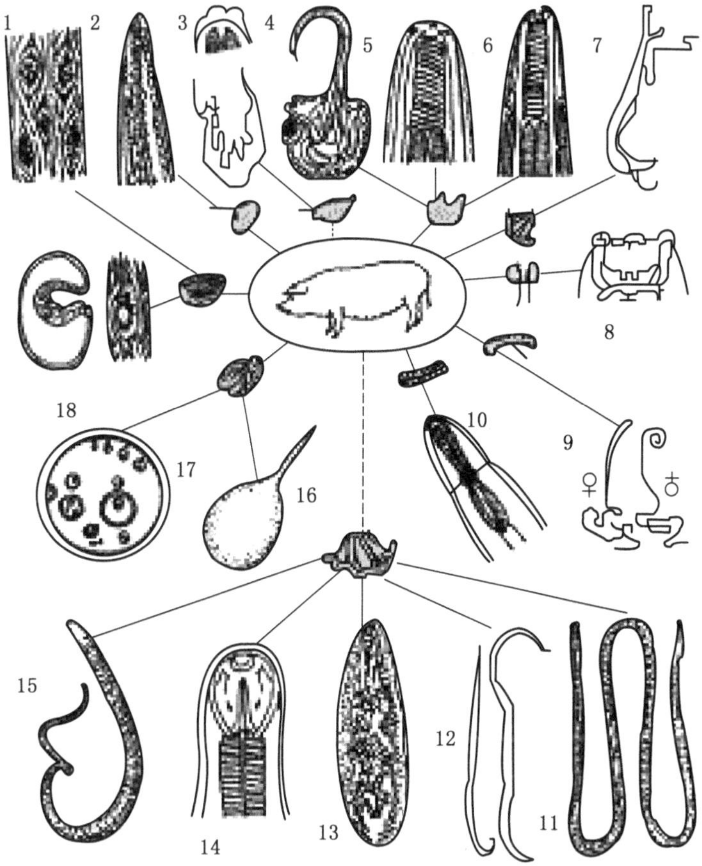


**附图1　猪的主要寄生蠕虫**

1.旋毛虫　2.简线虫　3.后圆线虫　4.奇异西蒙线虫
5.圆形蛔状线虫　6.流翼泡首线虫　7.分体吸虫
8.有齿冠尾线虫　9.毛首线虫　10.食道口线虫
11.类圆线虫　12.蛔虫　13.布氏姜片虫
14.球首线虫　15.蛭形巨吻棘头虫
16.细颈囊尾蚴　17.棘球蚴
18.猪囊尾蚴

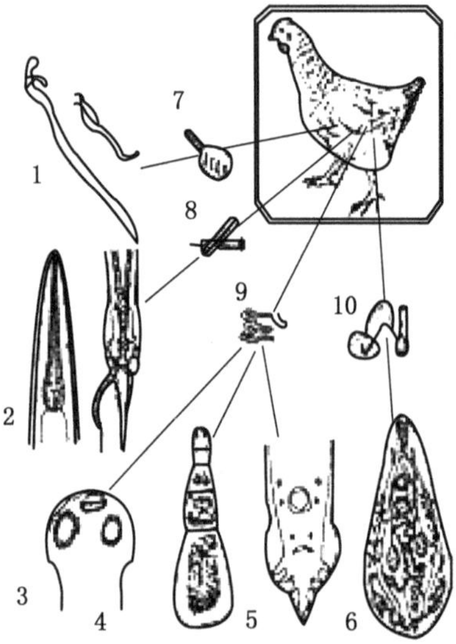


**附图 2 鸡的主要寄生蠕虫**

1.比翼线虫 2.异刺线虫 3.赖利绦虫 4.戴文绦虫 5.鸡蛔虫 6.前殖吸虫 7.气管 8.盲肠 9.小肠 10.输卵管

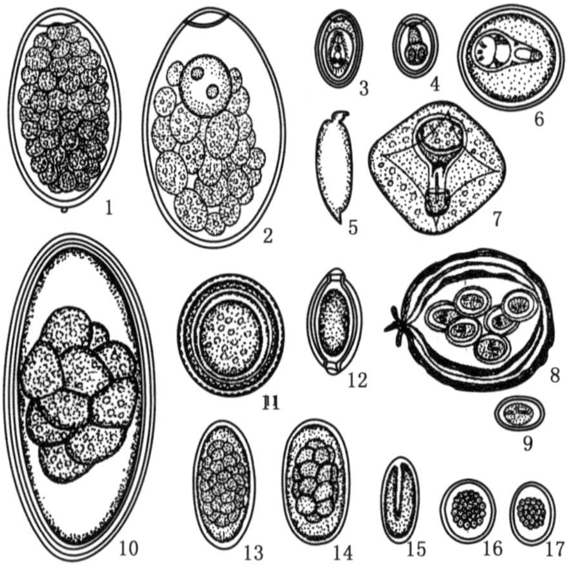


**附图 3 牛羊常见蠕虫卵**

1.干片形吸虫卵 2.前后盘吸虫卵 3.胰阔盘吸虫卵 4.双腔吸虫卵 5.东毕吸虫卵 6,7.莫尼茨绦虫卵 8.曲子宫绦虫副子宫 9.曲子宫绦虫卵 10.钝刺细颈线虫卵 11.牛弓首蛔虫卵 12.毛尾线虫卵 13.捻转血茅线虫卵 14.仰口线虫卵 15.乳突类圆线虫卵 16,17.牛艾美耳属球虫卵

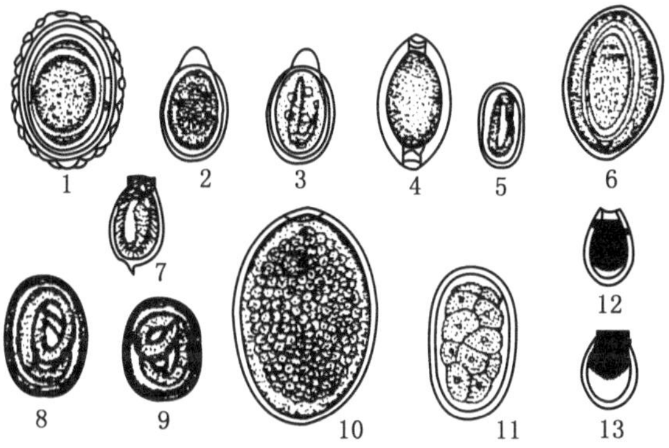


**附图 4　猪常见蠕虫卵**

1.猪蛔虫卵　2.刚棘颚口线虫卵(新鲜虫卵)　3.刚棘颚口线虫卵　4.猪毛尾线虫卵　5.六翼泡首线虫卵　6.蛭形棘头虫卵　7.华枝睾线虫卵　8.野猪后圆线虫卵　9.复阴后圆线虫卵　10.姜片吸虫卵　11.食道口线虫卵　12,13.猪球虫卵囊

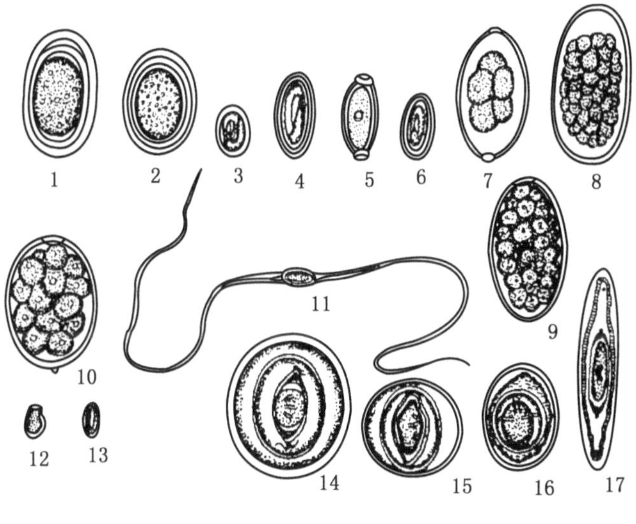


**附图 5　禽常见蠕虫卵**

1.鸡蛔虫卵　2.鸡异刺线虫卵　3.螺旋咽饰带线虫卵　4.四棱线虫卵　5.毛细线虫卵　6.鸭束首线虫卵　7.比翼线虫卵　8.鹅裂口线虫卵　9.隐叶吸虫卵　10.卷棘口吸虫卵　11.背孔吸虫卵　12.前殖吸虫卵　13.次睾吸虫卵　14.茅形剑带绦虫卵　15.冠状双盔绦虫卵　16.有轮赖利绦虫卵　17.鸭多形棘头虫卵

# 参 考 文 献


[1] 刘振湘，姚卫东. 畜禽传染病. 北京：中国农业大学出版社，2008.

[2] 葛兆宏. 动物传染病. 北京：中国农业出版社，2006.

[3] 陈溥言. 兽医传染病学. 北京：中国农业大学出版社，2006.

[4] 马兴元，赵玉军. 国家法定猪病诊断与防制. 北京：中国轻工业出版社，2007.

[5] 夏艳勋，王涛. 动物寄生虫病防治. 北京：中国农业大学出版社，2008.

[6] 张宏伟，杨廷桂. 动物寄生虫病. 北京：中国农业出版社，2008.

[7] 马兴树. 禽传染病实验诊断技术. 北京：化学工业出版社，2006.

[8] 刘泽文. 实用禽病诊疗新技术. 北京：中国农业出版社，2006.

[9] 周庆国. 犬猫疾病诊治彩色图谱. 北京：中国农业出版社，2005.

[10] 陈钟鸣，杨自军. 养鸡与鸡病防治. 北京：中国农业出版社，2005.

[11] 高波，杨文. 鸡病防控与治疗技术. 北京：中国农业出版社，2004.

[12] 高雅君. 家禽传染病·诊断与防治. 延边：延边人民出版社，2003.

[13] 白文彬. 于康震. 动物传染病诊断学. 北京：中国农业出版社，2002.

[14] 吴清明. 兽医传染病学. 北京：中国农业大学出版社，2002.